Lecture Notes in Mathematics 1557

Subseries: Institut de Mathématiques, Université de Strasbourg

J. Azéma P. A. Meyer M. Yor (Eds.)

Séminaire de Probabilités XXVII

Springer-Verlag
Berlin Heidelberg New York
London Paris Tokyo
Hong Kong Barcelona
Budapest

Author

Jacques Azéma
Marc Yor
Laboratoire de Probabilités
Université Pierre et Marie Curie
Tour 56, 3 ème étage
4, Place Jussieu
F-75252 Paris Cedex 05, France

Paul André Meyer
Institut de Recherche Mathématique Avancée
Université Louis Pasteur
7, rue René Descartes
F-67084 Strasbourg, France

Mathematics Subject Classification (1991): 60G, 60H, 60J

ISBN 3-540-57282-1 Springer-Verlag Berlin Heidelberg New York
ISBN 0-387-57282-1 Springer-Verlag New York Berlin Heidelberg

Printed in Germany

2146/3140-543210 - Printed on acid-free paper

SEMINAIRE DE PROBABILITES XXVII

TABLE DES MATIERES

Principle of Superposition and Interference of Diffusion Processes[1]

Masao NAGASAWA

Institute für Angewandte Mathematik
Universität Zürich
Rämistrasse 74, CH-8001 Zürich
Switzerland

1. Superposition Principle in Quantum Mechanics

Let ψ_k be arbitrary wave functions, then

(1.1) $$\psi = \sum \alpha_k \psi_k$$

defines a new wave function. This is the so-called superposition principle of states ψ_k in quantum mechanics. It is nothing but the linearity of the space of wave functions. On the other hand it is claimed in quantum theory that

(1.2) $$|\psi|^2 = \psi\overline{\psi}$$

is a probability distribution density. This gives no problem to probabilists. However, if formula (1.2) is combined with the superposition principle (1.1), then it turns out to be a serious (almost unsolvable) problem in probability theory.

To make things clear let us consider the simplest case of two wave functions

(1.3) $$\psi_1 + \psi_2,$$

where we neglect "normalization" for simplicity. Then

(1.4) $$|\psi_1 + \psi_2|^2 = |\psi_1|^2 + |\psi_2|^2 + 2\mathcal{R}e(\psi_1\overline{\psi_2}).$$

The real part $\mathcal{R}e(\psi_1\overline{\psi_2})$ of cross terms is called "interference" of the wave functions ψ_1 and ψ_2. Probabilists have found no mathematical structure in probability theory providing such, and hence this has been a long standing open problem in probability theory since 1926.

[1] Lecture given at the third European Symposium on Analysis and Probability held at the Henri Poincaré Institut on Jan. 6, 1992

If a probabilist were brave enough, he could have done the following:

(i) He gives nice names to a linear space of real valued functions ϕ, and defines a kind of its "dual space" of functions $\widehat{\phi}$;

(ii) claims

$$\phi\widehat{\phi} \tag{1.5}$$

is a probability distribution density; and

(iii) proposes to use real valued functions ϕ and $\widehat{\phi}$ instead of complex valued functions ψ and $\overline{\psi}$. If do so, formula (1.4) turns out to be

$$(\phi_1 + \phi_2)(\widehat{\phi}_1 + \widehat{\phi}_2) = \phi_1\widehat{\phi}_1 + \phi_2\widehat{\phi}_2 + (\phi_1\widehat{\phi}_2 + \phi_2\widehat{\phi}_1). \tag{1.6}$$

Then, finally:

(iv) He calls the term $\phi_1\widehat{\phi}_2 + \phi_2\widehat{\phi}_1$ in (1.6) "interference" or more probably "correlation" of ϕ_1 and ϕ_2.

Then probabilists could have been liberated from uneasy feeling against quantum theory.

2. A Diffusion Theory

Let us consider a diffusion equation

$$\frac{\partial u}{\partial t}(t,x) + Lu(t,x) = 0, \tag{2.1}$$

on $[a,b]\times\mathbf{R}^d$, $-\infty < a < b < \infty$, where

$$L = \frac{1}{2}\Delta + b(t,x)\cdot\nabla \tag{2.2}$$

$$\Delta = \frac{1}{\sqrt{\sigma_2(t,x)}}\frac{\partial}{\partial x^i}\left(\sqrt{\sigma_2(t,x)}\,\sigma^T\sigma^{ij}(t,x)\frac{\partial}{\partial x^j}\right) \tag{2.3}$$

with $\{(\sigma^T\sigma)^{ij}(t,x)\}$ which is positive definite diffusion coefficient, and $\sigma_2(t,x) = |(\sigma^T\sigma)_{ij}(t,x)|$. $b(t,x)$ is a drift vector satisfying a gauge condition div $b = 0$.

We assume the existence of space-time diffusion processes $\{(t,X_t): \mathrm{P}_{(s,x)}, (s,x) \in [a,b]\times\mathbf{R}^d\}$ determined by the diffusion equation given in (2.1), requiring necessary conditions on the coefficients. The existence of $\mathrm{P}_{(s,x)}$ is not of our interest. Our main concern will be on diffusion processes with additional singular drift, the existence of which is not at all evident.

Let us define, in terms of the parabolic differential operator L,

$$c(t,x) = -\frac{L\phi}{\phi}(t,x), \tag{2.4}$$

on $D = \{(t,x)\colon \phi(t,x) \neq 0\}$ for an arbitrary real valued function[2] $\phi(t,x)$, and call the function $c(t,x)$ the **creation and killing** induced by the function $\phi(t,x)$. The function $\phi(t,x)$ may take negative values, but for simplicity we assume it is non-negative.

As the naming itself indicates already, we consider a diffusion equation

$$Lp(t,x) + c(t,x)p(t,x) = 0, \tag{2.5}$$

with the creation and killing $c(t,x)$, which is singular at the zero set of $\phi(t,x)$, in general, as (2.4) shows. Therefore, the existence of the fundamental solution $p(s,x;t,y)$ of diffusion equation (2.5) is a non-trivial problem. Actually we can solve the existence problem applying a transformation in terms of a multiplicative functional, as will be seen.

Since the function ϕ is p-harmonic, namely, it satisfies

$$L\phi(t,x) + c(t,x)\phi(t,x) = 0, \tag{2.6}$$

(this is trivial, because of definition (2.4)), if we define

$$q(s,x;t,y) = \frac{1}{\phi(s,x)} p(s,x;t,y)\phi(t,y), \tag{2.7}$$

on a subset D of $[a,b]\times\mathbf{R}^d$

$$D = \{(s,x)\colon \phi(s,x) \neq 0\}, \tag{2.8}$$

then $q(s,x;t,y)$ is a transition probability density on the subset D.

Taking another arbitrary non-negative function $\widehat{\phi}(a,x)$ such that

$$\int dx \widehat{\phi}(a,x)\phi(a,x) = 1,[3] \tag{2.9}$$

we consider a diffusion process $\{(t,X_t), Q\}$ on D with the initial distribution density $\widehat{\phi}(a,x)\phi(a,x)$ and the transition probability density $q(s,x;t,y)$.

2 We consider sufficiently smooth bounded functions

3 dx denotes the volume element

To construct such diffusion processes we apply the following theorem on a transformation of singular drift. Then, we find that the diffusion process $\{X_t, Q\}$ constructed has an additional drift term

$$a(t,x) = \sigma^T\sigma(t,x)\,\nabla \log \phi(t,x), \tag{2.10}$$

which is singular at the boundary ∂D.

Theorem 2.1. (Nagasawa (1989)) *Require*

$$P_{(s,x)}\big[\exp\big(\int_s^b c(r,X_r)dr\big)1_{\{b<T_s\}}\big] < \infty. \tag{2.11}$$

Then, (i) *a multiplicative functional* N_s^t *defined by*

$$N_s^t = \exp\Big(-\int_s^t \frac{L\phi}{\phi}(r,X_r)dr\Big)\frac{\phi(t,X_t)}{\phi(s,X_s)}1_{\{t<T_s\}} \tag{2.12}$$

satisfies

$$P_{(s,x)}[N_s^t] = 1, \quad for\ \forall\,(s,x) \in D. \tag{2.13}$$

(ii) *The transformed diffusion process* $Q_{(s,x)} = N_s^b P_{(s,x)}$, $\forall\,(s,x) \in D$, *has an additional drift term* $a(t,x) = \sigma^T\sigma\nabla\log\phi(t,x)$.

(iii) *The space-time diffusion process* $\{(t,X_t), Q_{(s,x)}; (s,x) \in D\}$ *does not hit the zero set* N *of* ϕ.[4]

Remark. The diffusion process constructed in the above theorem corresponds to the diffusion equation

$$Bq(t,x) = 0, \quad in\ D, \tag{2.14}$$

where B is a time-dependent parabolic differential operator

$$B = B(t) = \frac{\partial}{\partial t} + \frac{1}{2}\Delta + \{b(t,x) + a(t,x)\}\cdot\nabla. \tag{2.15}$$

The drift coefficient $b(t,x)$ is regular, while $a(t,x)$ is so singular that the Novikov or Kazamaki condition cannot be applied. Thus we need a theorem such as Theorem 2.1. For related subject cf. references in Nagasawa (89, 90, Monograph).

---

[4] Cf. also Nagasawa (1990), Aebi-Nagasawa (1992) for another methods based on variational principle and large deviation

In terms of the diffusion process $\{(t, X_t), Q_{(s,x)}; (s, x) \in D\}$ given in Theorem 2.1 we put

$$(2.16) \qquad Q[\cdot] = \int dx \widehat{\phi}(a,x)\phi(a,x)Q_{(a,x)}[\cdot]$$

The finite dimensional distributions of the diffusion process $\{X_t, Q\}$ is given by

$$(2.17) \quad Q[f(X_{t_0}, X_{t_1}, \ldots, X_{t_n})]$$

$$= \int dx_0\widehat{\phi}_a(x_0)\phi_a(x_0)\frac{1}{\phi_a(x_0)}p(a,x_0;t_1,x_1)\phi_{t_1}(x_1)dx_1\frac{1}{\phi_{t_1}(x_1)}p(t_1,x_1;t_2,x_2)\times$$

$$\times\phi_{t_2}(x_2)dx_2 \cdots \frac{1}{\phi_{t_{n-1}}(x_{n-1})}p(t_{n-1},x_{n-1};b,x_n)\phi_b(x_n)dx_n f(x_0,x_1,\ldots,x_n),$$

where we denote $\widehat{\phi}_a(x) = \widehat{\phi}(a,x)$ and $\phi_t(x) = \phi(t,x)$. Then, it is clear that formula (2.17) turns out to be

$$(2.18) \quad Q[f(X_{t_0}, X_{t_1}, \ldots, X_{t_n})]$$

$$= \int dx_0\widehat{\phi}(a,x_0)p(a,x_0;t_1,x_1)dx_1p(t_1,x_1;t_2,x_2)dx_2 \cdots$$

$$\cdots p(t_{n-1},x_{n-1};b,x_n)\phi(b,x_n)dx_n f(x_0,\ldots,x_n),$$

where $a < t_1 < \cdots < t_{n-1} < b$.

Adopting formula (2.18) instead of (2.17) was one of genius ideas of Schrödinger (1931).

We will call the probability measure given on the right-hand side of formula (1.18) **Schrödinger's representation** (or **p-representation**) with an **entrance-exit law** $\{\widehat{\phi}_a, \phi_b\}$ of the diffusion process $\{X_t, Q\}$, and denote it symbolically as

$$(2.19) \qquad Q = [\,\widehat{\phi}_a p >><< p\,\phi_b\,],$$

while we denote the probability measure given on the right-hand side of formula (2.17) and its time-reversal as $[\,\widehat{\phi}_a\phi_a q>>$ and $<<\widehat{q}\widehat{\phi}_b\phi_b\,]$, respectively, and call them **Kolmogorov's representation (q-representation)** and **time reversed $\widehat{q}$-representation.**

Therefore, we have

Theorem 2.2.[5] *A diffusion process Q has three representations*

$$Q = [\hat{\phi}_a \phi_a q>> \tag{2.20}$$
$$= << \hat{q}\hat{\phi}_b \phi_b]$$
$$= [\hat{\phi}_a p>><<p\,\phi_b],$$

where

$$\hat{q}(s,x;t,y) = \hat{\phi}(s,x)p(s,x;t,y)\frac{1}{\hat{\phi}(t,y)}, \tag{2.21}$$

with

$$\hat{\phi}(t,x) = \int \hat{\phi}(a,z)dz p(a,z;t,x). \tag{2.22}$$

Moreover,

$$Q[f(X_t)] = \int dx \hat{\phi}(t,x)\phi(t,x)f(x). \tag{2.23}$$

Namely, the distribution density $\mu_t(x)$ *of* $\{X_t, Q\}$ *is given by*

$$\mu_t(x) = \hat{\phi}(t,x)\phi(t,x). \tag{2.24}$$

Formula (2.24) is exactly (1.5)! We will call (2.24) **Schrödinger's factorization** of the distribution density of the diffusion process $\{X_t, Q\}$.

The q-representation belongs to the real world, since it describes the real observable evolution of the distribution density of a diffusion process. It should be remarked that the p-representation, in contrast, describes an evolution in an "fictitious" world, because p does not concern the probability distribution of the diffusion process directly, but it describes the evolution of an entrance-exit law $\{\hat{\phi}, \phi\}$. This is exactly the real-valued counterpart of the relation between wave functions $\{\psi, \overline{\psi}\}$ and the product $\psi\overline{\psi}$ in quantum theory.

We can identify the two distribution densities

$$\psi(t,x)\overline{\psi}(t,x) = \hat{\phi}(t,x)\phi(t,x). \tag{2.25}$$

This identification of the products is enough to construct a diffusion process (see the following corollaries), but in addition we need to establish the equivalence of the Schrödinger equation and a pair of diffusion equations. This solves Schrödinger's conjecture, which will be explained in the next section.

We formulate simple corollaries of Theorem 2.1.

---

[5] Cf. Nagasawa (1961, 1964, monograph) for time reversal and the duality of diffusion processes

Corollary 2.1. *Let $\mu_t, t \in [a,b]$, be a flow of non-negative distribution densities and set*

$$\phi_t(x) = \sqrt{\mu_t(x)}\, e^{S(t,x)},$$

(2.26)

$$\widehat{\phi}_t(x) = \sqrt{\mu_t(x)}\, e^{-S(t,x)}.$$

Let $\phi_t \in C^{1,2}(D)$ (or $H^{1,2}(D)$), where $D = \{(t,x): \phi(t,x) \neq 0\}$ and assume the integrability condition (2.11) for the creation and killing $c = -L\phi_t/\phi_t$ induced by ϕ_t. Then, there exist a space-time diffusion process $\{(t,X_t), Q_{(s,x)}; (s,x) \in D\}$ with an additional drift coefficient $a(t,x) = \sigma^T\sigma\nabla\log\phi_t(x)$.

The same arguments applied to $\widehat{\phi}_t$ with $\widehat{c} = -\widehat{L}\widehat{\phi}_t/\widehat{\phi}_t$ implies the existence of a space-time diffusion process (in reversed time) $\{(s,X_s), \widehat{Q}_{(t,x)}; (t,x) \in \widehat{D}\}$ with an additional drift term $\widehat{a}(t,x) = \sigma^T\sigma\nabla\log\widehat{\phi}_t(x)$.

As is seen in Corollary 2.1, a flow $\mu_t, t \in [a,b]$ does not determine a diffusion process uniquely, since we can choose a function $S(t,x)$ freely. To specify a distribution of the process $\{X_t, Q_{\mu_a}\}$ (resp. $\{X_t, \widehat{Q}_{\mu_b}\}$) we need an additional requirement, as will be explained in the following corollaries.

Corollary 2.2. *Keep the assumptions of Corollary 2.1. Then:*
(i) *The distribution density of the process $\{(t,X_t), Q_{\mu_a}\}$, where*

$$Q_{\mu_a}[\,\cdot\,] = \int \mu_a(x)dx\, Q_{(a,x)}[\,\cdot\,], \tag{2.27}$$

coincide with the given flow $\mu_t, t \in [a,b]$, if and only if, with

$$\frac{\partial R}{\partial t} + \frac{1}{2}\Delta S + (\sigma\nabla S)\cdot(\sigma\nabla R) + b\cdot\nabla R = 0, \tag{2.28}$$

where $R = \frac{1}{2}\log\mu_t$.

(ii) *The diffusion processes with the additional drift coefficients $a = \sigma^T\sigma\nabla\log\phi_t$ and $\widehat{a} = \sigma^T\sigma\nabla\log\widehat{\phi}_t$, respectively, are time reversal of each other (in duality with respect to the given μ_t), namely, Q_{μ_a} is equal to*

$$[\,\mu_a q \gg\; = \;\ll \widehat{q}\,\mu_b\,],$$

in the q-representation, which can be represented also in the p-representation as

$$[\,\widehat{\phi}_a p \gg\ll p\,\phi_b\,].$$

Proof. The two diffusion processes are in duality with respect to $\mu_t(x)$, if and only if Fokker-Planck's equations

$$B^\circ\mu = -\partial\mu/\partial t + \frac{1}{2}\Delta\mu - \frac{1}{\sqrt{\sigma_2}}\nabla(\sqrt{\sigma_2}\{\,b(t,x) + a(t,x))\mu\} = 0,$$

$$(\widehat{B})^\circ\mu = \partial\mu/\partial t + \frac{1}{2}\Delta\mu - \frac{1}{\sqrt{\sigma_2}}\nabla\{\sqrt{\sigma_2}\,(-b(t,x) + \widehat{a}(t,x))\mu\} = 0,$$

hold, and hence after subtracting one from another we get (2.28).

Corollary 2.3. *Keep the assumptions of Corollary 2.1. If the given flow $\mu_t, t \in [a,b]$, satisfies the Fokker-Planck equation $B^\circ\mu = 0$, then the distribution density of the process $\{(t,X_t), Q_{\mu_a}\}$, where Q_{μ_a} is defined in* (2.27), *coincides with the given flow.*

Proof. $\phi_t(x)$ can be determined through $a(t,x) = \sigma^T\sigma\nabla\log\phi_t(x)$ (and hence $S(t,x)$ by the first equation of (2.26)), where we assume $a(t,x)$ is given.

Remark. A typical example of a flow is given by $\mu_t = \overline{\psi}_t\psi_t$, where ψ_t is a normalized wave function.

3. Schrödinger's conjecture

Based on formula (2.25) Schrödinger (1931, 32) was convinced that diffusion theory must provide better understanding of quantum mechanics.

Let us call this Schrödinger's conjecture, more precisely,

Schrödinger's conjecture: *Quantum mechanics is a diffusion theory.*

His conjecture was shown to be correct, because we can prove the following (cf. Nagasawa (1989, 91, monograph)):

We assume a gauge condition

$$\text{div}\, b = \frac{1}{\sqrt{\sigma_2}}\nabla(\sqrt{\sigma_2}\, b) = 0. \tag{3.1}$$

Theorem 3.1. *Let $\phi(t,x)$ and $\widehat{\phi}(t,x)$ be solutions of a diffusion equation and its adjoint equation*

$$\begin{aligned}&\frac{\partial\phi}{\partial t} + \frac{1}{2}\Delta\phi + b(t,x).\nabla\phi + c(t,x)\phi = 0,\\ &-\frac{\partial\widehat{\phi}}{\partial t} + \frac{1}{2}\Delta\widehat{\phi} - b(t,x)\cdot\nabla\widehat{\phi} + c(t,x)\widehat{\phi} = 0,\end{aligned} \tag{3.2}$$

respectively, and on $\{(t,x): \hat{\phi}(t,x)\phi(t,x) > 0\}$ *set*

$$R = \frac{1}{2}\log \hat{\phi}\phi \quad and \quad S = \frac{1}{2}\log\frac{\phi}{\hat{\phi}}. \tag{3.3}$$

Define a complex valued function $\psi(t,x)$ *by*

$$\psi(t,x) = e^{R(t,x) + iS(t,x)}. \tag{3.4}$$

Then, the function ψ *is a solution of the Schrödinger equation*

$$i\frac{\partial\psi}{\partial t} + \frac{1}{2}\Delta\psi + ib(t,x)\cdot\nabla\psi - V(t,x)\psi = 0, \tag{3.5}$$

with a potential function

$$V(t,x) = -c(t,x) - 2\partial S/\partial t(t,x) - (\sigma\nabla S)^2(t,x) - 2b\cdot\nabla S(t,x). \tag{3.6}$$

Conversely, let ψ *be a solution of the Schrödinger equation (3.5) of the form*

$$\psi(t,x) = e^{R(t,x) + iS(t,x)}. \tag{3.7}$$

Define a pair $\{\phi(t,x), \hat{\phi}(t,x)\}$ *of real valued functions by*

$$\phi(t,x) = e^{R(t,x) + S(t,x)}, \tag{3.8}$$

$$\hat{\phi}(t,x) = e^{R(t,x) - S(t,x)}. \tag{3.9}$$

Then, the functions ϕ and $\hat{\phi}$ *are solutions of diffusion equations in (3.2), where the creation and killing* $c(t,x)$ *is given by*

$$c(t,x) = -V(t,x) - 2\partial S/\partial t(t,x) - (\sigma\nabla S)^2(t,x) - 2b\cdot\nabla S(t,x). \tag{3.10}$$

Therefore, diffusion and Schrödinger equations are equivalent.[6]

We must aware of the fact that if the Schrödinger equation is linear, the corresponding diffusion equation is non-linear, and vice versa.[7] Since we know now Schrödinger's conjecture is correct, we we can also adopt a pair $\{\hat{\phi}, \phi\}$ of real valued functions instead of a pair $\{\psi, \overline{\psi}\}$ of complex valued functions .

[6] Notice that no "mechanics" is necessary in any form for the equivalence. In other words we need no "quantization" for Schrödinger equation. Cf. Nagasawa (1989, 91, monograph)

[7] Cf. Nagasawa (monograph) for the non-linearity appearing here and in (3.5) and (3.9)

4. Principle of Superposition of Diffusion Processes

Let $\hat{\phi}_t^{(k)} \phi_t^{(k)}$ be Schrödinger's factorization of diffusion processes $Q^{(k)}$, k = 1, 2, ... For α_k, $\beta_k \geq 0$ we set

$$\hat{\phi}_t = \sum_k \alpha_k \hat{\phi}_t^{(k)} \quad and \quad \phi_t = \sum_k \beta_k \phi_t^{(k)}, \tag{4.1}$$

where

$$1 = \sum_{k,j} \alpha_k \beta_j \tag{4.2}$$

so that

$$\int dx \hat{\phi}_t(x) \phi_t(x) = 1.$$

If $\hat{\phi}_t \phi_t$ is Schrödinger's factorization of a diffusion process Q, then we call the process Q the **superposition of the diffusion processes** $\{Q^{(k)}: k = 1, 2, \cdots\}$. It is clear that the claim in Section 1 on "interference" turns out to be correct for the superposition of diffusion processes defined above.

As an example let us consider an inverse problem; namely, we decompose a diffusion process Q into, say, two diffusion processes. We ignore, for simplicity, normalization. We decompose entrance and exit laws $\hat{\phi}_a$ and ϕ_b as

$$\begin{aligned} \hat{\phi}_a &= \hat{\phi}_a^{(1)} + \hat{\phi}_a^{(2)} \\ \phi_b &= \phi_b^{(1)} + \phi_b^{(2)}, \end{aligned} \tag{4.3}$$

and consider diffusion processes $Q^{(1)}$ and $Q^{(2)}$ with the $p^{(i)}$-representation

$$Q^{(i)} = [\, \hat{\phi}_a^{(i)} p^{(i)} >< p^{(i)} \phi_b^{(i)}], \quad i = 1,2, \tag{4.4}$$

where $p^{(i)}$ denotes a transition density. If Q is the superposition of $Q^{(1)}$ and $Q^{(2)}$, then, for $\forall t \in [a,b]$,

$$\begin{aligned} \hat{\phi}_a^{(1)} p^{(1)}(a,t) + \hat{\phi}_a^{(2)} p^{(2)}(a,t) &= \hat{\phi}_a p(a,t), \\ p^{(1)}(t,b)\phi_b^{(1)} + p^{(2)}(t,b)\phi_b^{(2)} &= p(t,b)\phi_b, \end{aligned} \tag{4.5}$$

where notations are self-explanatory. This is the requirement on $p^{(i)}$, $i = 1,2$, and p for Q to be the superposition of $Q^{(1)}$ and $Q^{(2)}$.

If we assume $p = p^{(1)} = p^{(2)}$, then the system of equations in (4.5) reduces to the system of equations in (4.3), and hence we can formulate

Proposition 4.1. *Let $p = p^{(1)} = p^{(2)}$. A diffusion process Q can be decomposed into two diffusion processes $Q^{(1)}$ and $Q^{(2)}$ with $\widehat{\phi}_a$ and ϕ_b given in* (4.3), *if $\mu_a^{(i)} = \widehat{\phi}_a^{(i)} \phi_a^{(i)}$ and $\mu_b^{(i)} = \widehat{\phi}_b^{(i)} \phi_b^{(i)}$, $i = 1, 2$, are admissible to p.*[8] *The two processes $Q^{(1)}$ and $Q^{(2)}$ interfere of each other with the correlation $\widehat{\phi}_t^{(1)} \phi_t^{(2)} + \widehat{\phi}_t^{(2)} \phi_t^{(1)}$* (cf. (1.6)).

This corresponds to the so-called "two slits problem" in quantum mechanics.

More generally we have :

Theorem 4.1. (Superposition Principle) *Let $\{X_t, Q^{(k)}\}$, $k = 1, 2, \ldots$, $Q^{(k)} = [\,\widehat{\phi}_a^{(k)} p^{(k)} >><< p^{(k)} \phi_b^{(k)}\,]$, be diffusion processes with Schrödinger's representation.*

Define

$$\widehat{\phi}_t = \sum_k \alpha_k \widehat{\phi}_t^{(k)} \quad \text{and} \quad \phi_t = \sum_k \beta_k \phi_t^{(k)}. \tag{4.6}$$

with $\alpha_k, \beta_k \geq 0$ *such that*

$$1 = \sum_{k,j} \alpha_k \beta_j. \tag{4.7}$$

Consider a flow $\mu_t = \widehat{\phi}_t \phi_t$ of probability distribution densities and determine $\widetilde{b}(t,x)$ with

$$\frac{\partial R}{\partial t} + \frac{1}{2}\Delta S + (\sigma \nabla S)\cdot(\sigma \nabla R) + \widetilde{b}\cdot \nabla R = 0, \tag{4.8}$$

where $R = \frac{1}{2}\log \mu_t$ and $S = \frac{1}{2}\log \widehat{\phi}_t \phi_t$. Let $\widetilde{L}$ be a parabolic differential operator defined in (2.2) *with this $\widetilde{b}(t,x)$ in place of $b(t,x)$, and assume the integrability condition* (2.11) *with $\widetilde{c}(t,x)$ defined in* (2.4) *with $\widetilde{L}$ in place of L.*[9] *Then there exists a diffusion process Q with the p-representation:*

$$Q = [\,\sum_k \alpha_k \widehat{\phi}_a^{(k)} p >><< p \sum_k \beta_k \phi_b^{(k)}\,], \tag{4.9}$$

---

[8] For the admissibility see Aebi-Nagasawa (1992), Nagasawa (Monograph)

[9] We can assume the drift coefficient $\widetilde{b}$ is good enough so that we can have a diffusion process corresponding to the parabolic operator $\widetilde{L}$

which is the superposition of $Q^{(k)}$*; namely, it holds that for a bounded measurable* f*, and* $\forall t \in [a,b]$

$$(4.10)\qquad Q[f(X_t)] = \sum_{k,j} \int dy\, \alpha_k \widehat{\phi}_t^{(k)}(y)\, \beta_j \phi_t^{(j)}(y) f(y),$$

where

$$\widehat{\phi}_t^{(k)}(y) = \int dx\, \widehat{\phi}_a^{(k)}(x) p(a,x;t,y),$$

$$(4.11)$$

$$\phi_t^{(j)}(y) = \int p(t,y;b,z) dz\, \phi_b^{(j)}(z).$$

The cross terms in (4.10) *represent "interference" of diffusion processes* $\{X_t, Q^{(k)}\}$.

Proof. We consider the flow $\mu_t = \widehat{\phi}_t \phi_t$ and the parabolic differential operator $\widetilde{L}$ with $\widetilde{b}(t,x)$, which is determined by (4.8), and require the integrability condition (2.11) with this $\widetilde{c}(t,x)$. Then, we can apply corollary 2.2, which claims the existence of a space-time diffusion process $\{(t,X_t), Q_{\mu_a}\}$ whose distribution density coincides with the $\mu_t = \widehat{\phi}_t \phi_t$, and moreover the process has the p-representation (4.9).

5. Complex or Real Superposition

Because of the non-linear dependence

$$(5.1)\qquad c(t,x) + V(t,x) = -2\partial S/\partial t(t,x) - (\sigma \nabla S)^2(t,x) - 2b\cdot\nabla S(t,x),$$

if we assume the Schrödinger equation is linear with a given potential $V(t,x)$, then the corresponding diffusion equation turns out to be non-linear. Therefore, it is not reasonable to apply the real-valued superposition in terms of ϕ_i, and hence we should apply the complex-valued superposition: namely, defining wave functions ψ_i in terms of R_i and S_i of ϕ_i (cf. (3.4)), we apply superposition of the wave functions.

In the simplest case of (1.3), we get the interference

$$(5.2)\qquad 2\mathcal{R}e(\psi_1 \overline{\psi}_2) = 2e^{R_1 + R_2} \cos(S_1 - S_2).$$

On the other hand, if a rate of creation and killing $c(t,x)$ is given, then the corresponding Schrödinger equation turns out to be non-linear. Therefore, it is reasonable to apply real-valued superposition, namely, defining ϕ_i in terms of R_i and S_i (cf. (3.8)), we apply superposition of ϕ_i. In the simplest case of (1.6) we get the interference

$$\phi_1\widehat{\phi}_2 + \phi_2\widehat{\phi}_1 = 2e^{R_1+R_2}\cosh(S_1 - S_2). \tag{5.3}$$

Remark. We have assumed $\phi(t,x)$ and $\widehat{\phi}(t,x)$ are non-negative for simplicity. However, since the space-time diffusion process $\{(t,X_t), Q\}$ does not cross over the zero set of the probability distribution density $\mu(t,x) = \phi(t,x)\widehat{\phi}(t,x)$ (ergodic decomposition occurs), even though functions $\phi(t,x)$ and $\widehat{\phi}(t,x)$ take negative values, the distribution density $\mu(t,x)$ is always non-negative. Therefore, $\phi(t,x)$ and $\widehat{\phi}(t,x)$ can be real-valued in general. This consideration applies also to equation (5.3). We have assumed ϕ_i and $\widehat{\phi}_i$, $i = 1,2$, are non-negative in (5.3). However, if they take negative values too, the interference in (5.3) turns out to be

$$(-1)^{K(t,x)}2e^{R_1+R_2}\cosh(S_1 - S_2), \tag{5.4}$$

where $K(t,x) = 0$ *or* 1, which may vary only on the zero set of the function $2e^{R_1+R_2}\cosh(S_1 - S_2)$, because of the ergodic decomposition of the space-time state space by the zero set, cf. Nagasawa (1989, 91, Monograph).

The non-linear dependence appeared in (5.1) and inaccessibility of the diffusion process $\{X_t, Q\}$ to the zero set of its distribution density indicate that it is necessary to find out a statistical mechanical structure behind the Schrödinger equation. For this see Nagasawa (1980, 90, monograph), Aebi-Nagasawa (1992).

Based on the superposition principle in quantum theory it has been claimed often that quantum theory is the third way of describing natural laws besides deterministic and stochastic ways, since deterministic theory and probability theory do not provide such a mathematical structure. We have shown that this claim was false, and moreover that quantum theory is an application of diffusion theory which provide the Schrödinger equation naturally without "quantization". Therefore, we can now fully rely on the theory of diffusion processes, even when we consider quantum theory. As many probabilists actually felt, there are only two mathematical ways describing natural laws: Deterministic mathematics and stochastic mathematics; more precisely, classical mathematics and the theory of probability and stochastic processes. There is no "third mathematics" at the moment.

References

Aebi, R., Nagasawa, M. (1992): Large deviations and the propagation of chaos for Schrödinger processes. Probab. Th. Rel. Fields, **94**, 53-68.

Nagasawa, M. (1961): The adjoint process of a diffusion process with reflecting barrier, Kodai Math. Sem. Rep. **13**, 235-248.

Nagasawa, M. (1964): Time reversal of Markov processes, Nagoya Math. Jour. **24**, 177-204.

Nagasawa, M. (1980): Segregation of a population in an environment, J. Math. Biology **9**, 213-235.

Nagasawa, M. (1989): Transformations of diffusion and Schrödinger processes. Probab. Th. Rel. Fields, **82**, 109-136.

Nagasawa, M. (1990): Can the Schrödinger equation be a Boltzmann equation? Evanston 1989, In "*Diffusion processes and Related problems in Analysis*". Ed. by M. Pinsky, Birkhäuser Verlag.

Nagasawa, M. (1991): The equivalence of diffusion and Schrödinger equations: A solution to Schrödinger's conjecture. Locarno Conference June, 1991. Ed. by S. Albeverio, World Scientific, Singapore.

Nagasawa, M. (Monograph): *Schrödinger Equations and Diffusion Theory*. Birkhäuser Verlag, Basel·Boston·Berlin, 1993.

Schrödinger, E. (1931): Über die Umkehrung der Naturgesetze. Sitzungsberichte der preussischen Akad. der Wissenschaften Physicalisch Mathematische Klasse, 144-153.

Schrödinger, E. (1932): Sur la théorie relativiste de l'électron et l'interprétation de la mécanique quantique. Ann. Inst. H. Poincaré 2, 269-310.

ESPACES DE LEBESGUE

Thierry DE LA RUE
Université de Rouen
UFR des Sciences – Mathématiques
URA CNRS 1378
F76821 Mont-Saint-Aignan Cedex
e-mail : delarue@univ-rouen.fr

Introduction

Le but de cet exposé est la présentation d'une certaine classe d'espaces probabilisés : les espaces de Lebesgue. Il existe deux raisons majeures à l'intérêt que l'on peut porter à ces espaces : d'une part, ils englobent la quasi-totalité des espaces probabilisés utilisés couramment (en particulier, tout espace polonais muni d'une mesure de probabilité est un espace de Lebesgue), d'autre part, ils possèdent de très bonnes propriétés que n'ont pas en général des espaces probabilisés abstraits.

Ce travail a été motivé par la lecture du magnifique article de V.A. ROKHLIN [1], dans lequel est menée une étude très poussée des espaces de Lebesgue. Mais il m'a semblé que l'on pouvait présenter les choses de manière plus simple que ne l'a fait ROKHLIN ; en particulier, le lien (très) étroit existant entre espaces de Lebesgue et mesures de Radon, entrevu par J. HAEZENDONCK [2], permet de montrer de manière élémentaire quelques propriétés essentielles des espaces de Lebesgue.

1– Une définition des espaces de Lebesgue

Commençons par introduire quelques notations : tout triplet de la forme $(\Omega, \mathcal{A}, \mu)$ désigne un espace probabilisé dont la tribu $\mathcal{A}$ est toujours supposée μ-complète. Si $\mathcal{B} \subset \mathcal{A}$, on note $\sigma(\mathcal{B})$ la plus petite sous-tribu de $\mathcal{A}$ contenant $\mathcal{B}$, et $\sigma(\mathcal{B})_\mu$ la tribu complétée de $\sigma(\mathcal{B})$ pour μ. Enfin, si $A \in \mathcal{A}$, on note par convention : $A^1 = A$, et $A^0 = A^c = \Omega \setminus A$.

Définition 1-1 : L'espace probabilisé $(\Omega, \mathcal{A}, \mu)$ est appelé *espace de Lebesgue* s'il existe une topologie τ séparée à base dénombrable vérifiant :

- $\tau \subset \mathcal{A}$ et $\sigma(\tau)_\mu = \mathcal{A}$, (1)
- Pour tout $A \in \mathcal{A}$, $\mu(A) = \sup_{\substack{K \subset A \\ K \text{ compact de } \tau}} \mu(K)$. (2)

Une telle topologie τ sera dite *adaptée à* μ.

Remarque : Grâce à (1), il suffit bien sûr de vérifier (2) pour tout $A \in \sigma(\tau)$. De plus, si tout ouvert de τ est réunion dénombrable de fermés (ce qui est le cas si τ est métrisable), on peut remplacer (2) par :

$$1 = \sup_{K \text{ compact de } \tau} \mu(K). \tag{2'}$$

En effet, on a alors (2) pour tout A fermé, puis pour tout A ouvert, puis pour tout A dans l'algèbre engendrée par τ. Comme l'ensemble des A vérifiant (2) est une classe monotone, on a bien (2) pour tout $A \in \sigma(\tau)$.

2– Plongement d'un polonais dans l'espace de Cantor

On suppose ici que l'espace Ω est muni d'une topologie τ vérifiant (1) qui en fait un espace polonais*. Fixons d une distance complète induisant τ. Soit $\mathcal{B} = (B_n)_{n\in\mathbb{N}}$ une base de la topologie de Ω. Puisque $\mathcal{B}$ sépare les points de Ω, on peut plonger Ω dans l'espace de Cantor $\mathcal{C} = \{0,1\}^{\mathbb{N}}$, par l'injection

$$\phi_{\mathcal{B}} : \omega \longmapsto \left(1_{B_n}(\omega)\right)_{n\in\mathbb{N}}.$$

Rappelons ici quelques propriétés de l'espace $\mathcal{C}$: muni de sa topologie produit, notée $\tau_{\mathcal{C}}$, c'est un espace compact métrisable. Une base de cette topologie est constituée par les cylindres (*i.e.* les parties obtenues en fixant un nombre fini de coordonnées), qui sont à la fois ouverts et fermés.

$\phi_{\mathcal{B}}$ étant clairement mesurable, on peut définir sur $\sigma(\tau_{\mathcal{C}})$ la mesure image de μ, notée $\mu_{\mathcal{B}}$, puis la tribu $\mathcal{A}_{\mathcal{B}} = \sigma(\tau_{\mathcal{C}})_{\mu_{\mathcal{B}}}$. L'espace probabilisé $(\mathcal{C}, \mathcal{A}_{\mathcal{B}}, \mu_{\mathcal{B}})$ est alors un espace de Lebesgue : puisque $\mathcal{C}$ est compact, (2') est trivialement vérifié. On a alors le résultat suivant :

Lemme 2-1 : *L'image de Ω par $\phi_{\mathcal{B}}$ est un borélien de $\mathcal{C}$.*

Preuve : Pour toute partie A de Ω, notons $\delta(A)$ le diamètre de A (relativement à la distance d).
Soit $y = (y_n)_{n\in\mathbb{N}} \in \mathcal{C}$. Par un exercice amusant de topologie, on montre que y est l'image d'un point ω par $\phi_{\mathcal{B}}$ si et seulement si y vérifie les trois propriétés suivantes :

- il existe $n \in \mathbb{N}$ tel que $\delta(B_n) \leq 1$ et $y_n = 1$,
- pour tout $n \in \mathbb{N}$, $\bigcap_{k=0}^{n} B_k^{y_k} \neq \emptyset$ (car ω est dedans !),
- si $y_n = 1$, et si $\mathcal{I}(n) = \left\{m \in \mathbb{N} \big/ \overline{B_m} \subset B_n \text{ et } \delta(B_m) \leq \frac{\delta(B_n)}{2}\right\}$, alors il existe $m \in \mathcal{I}(n)$ tel que $y_m = 1$.

Or, l'ensemble des y vérifiant ces trois propriétés est bien un borélien de $\mathcal{C}$: on peut facilement l'écrire à partir de cylindres en n'utilisant que des opérations d'union et d'intersection dénombrables. On a donc bien $\phi_{\mathcal{B}}(\Omega) \in \sigma(\tau_{\mathcal{C}})$. □

Voyons maintenant une conséquence importante du lemme 2-1 :

Lemme 2-2 : *Soit τ' la topologie engendrée par τ et une famille dénombrable $(F_p)_{p\in\mathbb{N}}$ de fermés de τ. Alors τ' est une topologie adaptée à μ.*

Preuve : Clairement, τ' vérifie (1). Il suffit donc de montrer (2') pour τ'.

---

* métrique, complet, séparable.

Soit $\mathcal{B} = (B_n)_{n\in\mathbb{N}}$ une base d'ouverts de τ, telle que tous les F_p^c soient dans $\mathcal{B}$. Grâce à l'injection $\phi_{\mathcal{B}}$, on peut considérer Ω comme une partie mesurable de $\mathcal{C}$. Soit τ'' la topologie induite par $\tau_{\mathcal{C}}$ sur Ω. On a alors : $\tau \subset \tau' \subset \tau''$. De plus, comme $(\mathcal{C}, \mathcal{A}_{\mathcal{B}}, \mu_{\mathcal{B}})$ est un espace de Lebesgue :

$$1 = \mu(\Omega) = \sup_{\substack{K\subset\Omega \\ K \text{ compact de } \tau''}} \mu(K).$$

Mais τ'' étant plus fine que τ', tout compact de τ'' est aussi un compact de τ'. □

Le lemme 2-2 contient bien sûr le résultat suivant :

Théorème 2-3 : *Ω étant un espace polonais, et $\mathcal{A}$ la tribu des boréliens complétée pour la probabilité μ, $(\Omega, \mathcal{A}, \mu)$ est un espace de Lebesgue.*

3– Quelques bonnes propriétés des espaces de Lebesgue

Nous pouvons à présent entrer dans le vif du sujet, et démontrer certaines des jolies propriétés qui font le charme des espaces de Lebesgue. Elles découlent toutes du lemme qui suit :

Lemme 3-1 : *Soit $(\Omega, \mathcal{A}, \mu)$ un espace de Lebesgue, et soit $(B_n)_{n\in\mathbb{N}}$ une famille dénombrable de parties mesurables. Alors il existe une topologie τ' sur Ω, adaptée à μ, et pour laquelle chaque B_n est ouvert.*

Preuve : Fixons une topologie τ adaptée à μ. Pour tout $n \in \mathbb{N}$, il existe alors un K_σ (union dénombrable de compacts de τ), noté S_n, tel que

$$S_n \subset B_n \text{ et } \mu(B_n \setminus S_n) = 0.$$

Soit $\mathcal{K}$ la famille (dénombrable) de compacts utilisés pour construire les S_n, et soit τ' la topologie engendrée par τ, $\mathcal{K}$, et les B_n. τ' est bien une topologie séparée à base dénombrable vérifiant (1), et chaque B_n est ouvert pour τ'. Posons

$$\mathcal{N} = \bigcup_{n\in\mathbb{N}} (B_n \setminus S_n), \text{ et } \Omega_0 = \mathcal{N}^c.$$

On a $\mu(\Omega_0) = 1$, et la trace de B_n sur Ω_0 est la même que la trace de S_n. Soit maintenant $A \in \mathcal{A}$ tel que $\mu(A) > 0$, et $\varepsilon \in]0, \mu(A)[$. Alors il existe K, compact de τ, tel que $K \subset A \cap \Omega_0$ et $\mu(K) \geq \mu(A) - \varepsilon$. K muni de la topologie trace $\tau \cap K$ est compact à base dénombrable, donc polonais. De plus, comme $K \subset \Omega_0$, l'autre topologie trace $\tau' \cap K$ est engendrée par $\tau \cap K$ et $\mathcal{K} \cap K$ (famille dénombrable de fermés de $\tau \cap K$). On peut alors appliquer le lemme 2-2, qui donne :

$$\mu(K) = \sup_{\substack{K'\subset K \\ K' \text{ compact de } \tau'\cap K}} \mu(K').$$

Mais comme tout compact de $\tau' \cap K$ est aussi compact pour τ', on trouve ainsi un compact K' pour τ' vérifiant

$$K' \subset A \text{ et } \mu(K') \geq \mu(A) - 2\varepsilon,$$

ce qui prouve que τ' est adaptée à μ. □

Théorème 3-2 : *Soient $(\Omega, \mathcal{A}, \mu)$ un espace de Lebesgue, $(\Omega', \mathcal{A}', \mu')$ un espace probabilisé, et $h : \Omega \longrightarrow \Omega'$ une application mesurable, telle que $h(\mu) = \mu'$.*
On suppose de plus qu'il existe une famille dénombrable $\mathcal{B}' = (B'_n)_{n \in \mathbb{N}}$ d'éléments de $\mathcal{A}'$, qui sépare les points de Ω'. Alors :

(a) $(\Omega', \mathcal{A}', \mu')$ est un espace de Lebesgue,
(b) $\mathcal{A}' = \sigma(\mathcal{B}')_{\mu'}$,
(c) $h(\Omega) \in \mathcal{A}'$.

Preuve : Quitte à rajouter les ${B'_n}^c$, on peut toujours supposer que la famille $\mathcal{B}'$ est stable par passage au complémentaire. Puisque $\mathcal{B}'$ sépare les points, on peut plonger Ω' dans l'espace de Cantor à l'aide de l'injection $\phi_{\mathcal{B}'}$, définie de la même façon qu'en 2. Munissons alors Ω' de la topologie induite par τ_C, notée τ', qui en fait un espace métrisable séparable. La famille $\mathcal{B}'_d$ des intersections finies d'éléments de $\mathcal{B}'$ est alors une base dénombrable de cette topologie.

Pour tout $n \in \mathbb{N}$, posons $B_n = h^{-1}(B'_n)$. Alors d'après le lemme 3-1, il existe une topologie τ sur Ω, adaptée à μ, et pour laquelle chaque B_n est ouvert, ce qui rend h continue. soit maintenant A' quelconque dans $\mathcal{A}'$, et $A = h^{-1}(A')$. Comme $h(\mu) = \mu'$, on a :

$$\mu'(A') = \mu(A) = \sup_{\substack{K \subset A \\ K \text{ compact de } \tau}} \mu(K).$$

$\varepsilon > 0$ étant fixé, soit $K \subset A$ tel que $\mu(K) \geq \mu(A) - \varepsilon$. Alors $K' \stackrel{\text{déf}}{=} h(K)$ est un compact de τ' inclus dans A', et

$$\mu'(K') = \mu(h^{-1}(K')) \geq \mu(K) \geq \mu'(A') - \varepsilon.$$

On a donc bien :

$$\mu'(A') = \sup_{\substack{K' \subset A' \\ K' \text{ compact de } \tau'}} \mu'(K').$$

De plus, comme tout compact de τ' est dans $\sigma(\mathcal{B}')$, on en déduit : $\sigma(\mathcal{B}')_{\mu'} = \mathcal{A}'$.
Enfin, on peut facilement trouver un K_σ S dans Ω' tel que $\mu'(S) = 1$ et $S \subset h(\Omega) \subset \Omega'$, ce qui prouve que $h(\Omega) \in \mathcal{A}'$. □

Définition 3-3 : Soit $(\Omega, \mathcal{A}, \mu)$ un espace de Lebesgue. On appelle *base* de $(\Omega, \mathcal{A}, \mu)$ toute famille dénombrable d'éléments de $\mathcal{A}$ qui sépare les points de Ω.

Théorème 3-4 : *Soit $(\Omega, \mathcal{A}, \mu)$ un espace de Lebesgue, et $\mathcal{B} = (B_n)_{n \in \mathbb{N}}$ une base de $(\Omega, \mathcal{A}, \mu)$. Alors $\sigma(\mathcal{B})_\mu = \mathcal{A}$.*

Preuve : Il suffit bien sûr d'appliquer le (b) du théorème précédent, avec $\Omega' = \Omega$, et $h = \mathrm{Id}_\Omega$. □

Théorème 3-5 : *Soient $(\Omega, \mathcal{A}, \mu)$ et $(\Omega', \mathcal{A}', \mu')$ deux espaces de Lebesgue, et h une injection mesurable de Ω dans Ω', telle que $h(\mu) = \mu'$. Alors pour tout $A \in \mathcal{A}$, $h(A) \in \mathcal{A}'$.*

Preuve : Soit $\mathcal{B}' = (B'_n)_{n\in\mathbb{N}}$ une base de $(\Omega', \mathcal{A}', \mu')$. Comme h est injective, la famille $\mathcal{B} = (B_n)_{n\in\mathbb{N}}$ définie par $B_n = h^{-1}(B'_n)$ est une base de $(\Omega, \mathcal{A}, \mu)$. Grâce au théorème 3-2, on sait que $h(\Omega) \in \mathcal{A}'$, et donc pour tout $n \in \mathbb{N}$, $h(B_n) = B'_n \cap h(\Omega) \in \mathcal{A}'$. Puis, comme les B_n engendrent (aux négligeables près) la tribu $\mathcal{A}$, on obtient facilement $h(A) \in \mathcal{A}'$ pour tout $A \in \mathcal{A}$. □

Remarque : La conclusion du théorème reste valable si on remplace l'hypothèse : $\mu' = h(\mu)$ par : μ' est *équivalente* à $h(\mu)$.

4– Classification des espaces de Lebesgue

Définition 4-1 : Soient $(\Omega, \mathcal{A}, \mu)$ et $(\Omega', \mathcal{A}', \mu')$ deux espaces probabilisés. On dit qu'ils sont *isomorphes modulo zéro* si il existe $\Omega_0 \in \mathcal{A}$, $\Omega'_0 \in \mathcal{A}'$, $\mu(\Omega_0) = \mu'(\Omega'_0) = 1$, et h une bijection bimesurable entre Ω_0 et Ω'_0, telle que $h(\mu) = \mu'$.

Théorème 4-2 : Plongement d'un espace de Lebesgue dans l'espace de Cantor
Soit $\mathcal{B}$ une base de l'espace de Lebesgue $(\Omega, \mathcal{A}, \mu)$. Construisons $\phi_{\mathcal{B}}$, $\mu_{\mathcal{B}}$ et $\mathcal{A}_{\mathcal{B}}$ comme en 2. Alors $(\Omega, \mathcal{A}, \mu)$ est isomorphe modulo zéro à $(\mathcal{C}, \mathcal{A}_{\mathcal{B}}, \mu_{\mathcal{B}})$.

Preuve : $\phi_{\mathcal{B}}$ vérifie bien sûr les hypothèses du théorème 3-5, et donc $\phi_{\mathcal{B}}$ est une bijection bimesurable entre Ω et $\phi_{\mathcal{B}}(\Omega)$. De plus, $\mu_{\mathcal{B}} = \phi_{\mathcal{B}}(\mu)$ et $\mu_{\mathcal{B}}(\phi_{\mathcal{B}}(\Omega)) = \mu(\Omega) = 1$. □

Dans tout ce qui suit, on se fixe un espace de Lebesgue $(\Omega, \mathcal{A}, \mu)$.
Pour tout $a > 0$, $\{\omega \in \Omega / \ \mu(\{\omega\}) > a\}$ est fini, car μ est une mesure de probabilité. L'ensemble des points de mesure non nulle est donc au plus dénombrable, et on peut numéroter ces points de telle sorte que $\mu(\{\omega_1\}) \geq \mu(\{\omega_2\}) \geq \cdots$
Posons pour $n \geq 1$: $m_n = \mu(\{\omega_n\})$ ($m_n = 0$ s'il y a moins de n points de mesure non nulle). On a clairement :

$$m_0 \overset{\text{déf}}{=} 1 - \sum_{n\geq 1} m_n \geq 0.$$

Les m_n sont appelés les *invariants* de l'espace de Lebesgue $(\Omega, \mathcal{A}, \mu)$.

Théorème 4-3 : *Si $(\Omega, \mathcal{A}, \mu)$ est un espace de Lebesgue d'invariants m_n, $n \in \mathbb{N}$, alors il est isomorphe modulo zéro à l'espace de Lebesgue $(\tilde{\Omega}, \tilde{\mathcal{A}}, \tilde{\mu})$ obtenu de la façon suivante :*

- $\tilde{\Omega} = [0, m_0] \cup \bigcup_{n\geq 1} \{x_n\}$, *où* $x_n = 1 + \dfrac{1}{n}$,
- *$\tilde{\mu}$ est la mesure de Lebesgue habituelle sur $[0, m_0]$, et $\tilde{\mu}(x_n) = m_n$,*
- *$\tilde{\mathcal{A}}$ est la tribu borélienne complétée.*

En conséquence : deux espaces de Lebesgue sont isomorphes modulo zéro si, et seulement si, ils ont les mêmes invariants.

Preuve : Grâce au théorème 4-2, il suffit de prouver le résultat lorsque $\Omega = \mathcal{C} = \{0,1\}^{\mathbb{N}}$. Commençons par étudier le cas où $m_0 = 1$, *i.e.* lorsque la mesure μ est diffuse.
Notons λ la mesure de Lebesgue sur $[0,1[$, et $\mathcal{L}$ la tribu des boréliens, complétée pour λ.
Pour tout $z = (z_0, \dots, z_p) \in \mathcal{C}_p \stackrel{\text{déf}}{=} \{0,1\}^{\{0,\dots,p\}}$, on va construire un intervalle $J(z) = [\alpha(z), \beta(z)[$ de mesure :

$$\beta(z) - \alpha(z) = \mu(Y_0 = z_0, \dots, Y_p = z_p),$$

où Y_n est la projection sur la $n^{\text{ème}}$ coordonnée. Posons :

$$J\big((0)\big) = [\,0, \mu(Y_0 = 0)\,[$$

$$J\big((1)\big) = [\,\mu(Y_0 = 0), 1\,[$$

Supposons qu'on ait construit $J(z)$ pour tout $z \in \mathcal{C}_k,\ k \leq p$. Soit $z = (z_0, \dots, z_{p+1})$ un élément de $\mathcal{C}_{p+1}$, et posons $\tilde{z} = (z_0, \dots, z_p)$.
• Si $z_{p+1} = 0$, on définit alors :

$$\alpha(z) = \alpha(\tilde{z}),$$
$$\beta(z) = \alpha(\tilde{z}) + \mu(Y_0 = z_0, \dots, Y_p = z_p, Y_{p+1} = 0),$$

• et si $z_{p+1} = 1$, on définit :

$$\alpha(z) = \alpha(\tilde{z}) + \mu(Y_0 = z_0, \dots, Y_p = z_p, Y_{p+1} = 0),$$
$$\beta(z) = \beta(\tilde{z}).$$

Puis, pour $n \in \mathbb{N}$, posons :

$$B_n = \bigcup_{\tilde{z} \in \mathcal{C}_{n-1}} J(\tilde{z}, 1).$$

On vérifie aisément la relation :

$$J(z_0, \dots, z_n) = B_0^{z_0} \cap \cdots B_n^{z_n}.$$

Puis, on montre que :

$$\sup_{z \in \mathcal{C}_n} \lambda\big(J(z)\big) \xrightarrow[n \to \infty]{} 0.$$

En effet, si ce n'est pas le cas, on peut construire par récurrence une suite $(y_n)_{n\in\mathbb{N}} \in \mathcal{C}$ telle que pour tout $n \in \mathbb{N}$, $\lambda\big(J(y_0, \dots, y_n)\big) \geq \varepsilon$, où ε est une constante strictement positive. Mais alors :

$$\begin{aligned} 0 = \mu(\{y\}) &= \lim_{n\to\infty} \searrow \mu(Y_0 = y_0, \dots, Y_n = y_n) \\ &= \lim_{n\to\infty} \searrow \lambda\big(J(Y_0 = y_0, \dots, Y_n = y_n)\big) \dots \end{aligned}$$

Cette propriété prouve que les $J(z)$ séparent les points de $[0,1[$, et donc la famille $\mathcal{B} = (B_n)_{n\in\mathbb{N}}$ est une base de $([0,1[, \mathcal{L}, \lambda)$. On dispose donc de $\phi_{\mathcal{B}} : [0,1[\longrightarrow \mathcal{C}$, et on vérifie que μ est la mesure image de λ par ϕ_B. ϕ_B est alors un isomorphisme modulo zéro entre $([0,1[,\mathcal{L},\lambda)$ et $(\Omega = \mathcal{C},\mathcal{A},\mu)$.

On a donc déjà montré : *Tout espace de Lebesgue dont la mesure μ est diffuse est isomorphe modulo zéro* à $([0,1[,\mathcal{L},\lambda)$.

Voyons maintenant le cas général, où la mesure μ n'est plus supposée diffuse. Posons $\Omega_0 = \Omega \setminus \bigcup_{n\geq 1}\{\omega_n\}$. Le cas où $m_0 = \mu(\Omega_0) = 0$ étant trivial, on suppose que $m_0 > 0$. Soit $\mathcal{A}_0 = \{A \in \mathcal{A}/\ A \subset \Omega_0\}$, et $\mu_0 = \frac{1}{m_0}\mu|_{\mathcal{A}_0}$. On vérifie alors que $(\Omega_0,\mathcal{A}_0,\mu_0)$ est un espace de Lebesgue, dont la mesure μ_0 est diffuse : il est donc isomorphe modulo zéro à $([0,1[,\mathcal{L},\lambda)$. Il est clair que si on ne normalise pas $\mu|_{\mathcal{A}_0}$, on obtient un isomorphisme entre Ω_0 et $[0,m_0[$, et donc Ω est isomorphe modulo zéro à $\tilde{\Omega}$. □

Bibliographie :

[1] V.A. ROKHLIN, On the fundamental ideas of measure theory, *AMS Translations Series One* 10, (1962), 2–53, (première publication en russe : 1949).

[2] J. HAEZENDONCK, Abstract Lebesgue-Rokhlin spaces, *Bull. soc. math. Belgique* 25, (1973), 243–258.

[3] D.J.RUDOLPH, Fundamentals of Measurable Dynamics – Ergodic Theory on Lebesgue Spaces, *Clarendon Press, Oxford*, (1990), 9–26.

UNICITÉ ET EXISTENCE DE LA LOI MINIMALE

par J.P. Ansel et C. Stricker

La transformation d'un processus donné en une martingale grâce à un changement de loi adéquat est devenue un outil très puissant pour l'évaluation des actifs conditionnels dans le domaine des mathématiques financières. Lorsque le marché est complet, c'est-à-dire lorsque le processus des prix actualisés possède la propriété de représentation prévisible, il existe une seule loi de martingale. Une telle situation se rencontre rarement en pratique car même si le marché traite un grand nombre d'actifs, les moyens limités dont dispose l'investisseur ne lui permettent pas d'utiliser tous ces actifs pour se couvrir. Ainsi il est confronté au problème d'un marché incomplet, c'est-à-dire que le nombre de sources d'incertitude est supérieur à celui des actifs pouvant être détenus par notre investisseur. Comme il existe alors plusieurs lois de martingale, il s'agit de trouver celle qui est minimale en un certain sens. L'objet de cet article est d'établir l'unicité et d'étudier l'existence d'une telle loi. Lorsque le processus des prix actualisés est continu, nous montrerons que la loi minimale existe au moins localement. Par contre, dans le cas discontinu, une telle loi n'existe pas nécessairement. Deux exemples tirés de [1] illustreront ce fait.

1) Quelques notations et définitions :

Les vecteurs de $\mathbf{R}^d$ seront assimilés à des matrices $d \times 1$ et x^* désignera le vecteur transposé de x.

Tous les processus sont définis sur un espace probabilisé filtré $(\Omega, \mathcal{F}, (\mathcal{F}_t), P)$ indexé par $[0, 1]$ et vérifiant les conditions habituelles. Lorsque Y est une semimartingale à valeurs dans $\mathbf{R}^d$ et H un processus prévisible à valeurs dans $\mathbf{R}^d$ intégrable par rapport à Y, on notera $H^*.Y$ l'intégrale stochastique de H par rapport à Y. Le lecteur intéressé par cette notion pourra consulter le livre de Jacod [8]. Bien entendu nous omettrons le signe $*$ dans le cas $d = 1$. Soit X un processus càdlàg adapté à valeurs dans $\mathbf{R}^d$. Nous dirons qu'une loi Q équivalente à P est une **loi de martingale** pour X si X est une martingale sous Q. La v.a. $Z_1 := \frac{dQ}{dP}$ est appelée **densité de loi de martingale** tandis que Z désigne la P martingale définie par $Z_t := E[Z_1 \mid \mathcal{F}_t]$ qui est aussi la densité de Q^t par rapport à P^t, Q^t et P^t étant les restrictions de Q et P à $\mathcal{F}_t$. Nous supposerons dorénavant que le processus des prix actualisés noté X est une P **semimartingale spéciale** de décomposition canonique $X = M + A$ où M est une martingale locale et A un processus à variation finie prévisible. Une martingale locale réelle L est **orthogonale** à M si elle est orthogonale à chaque composante M^i de M, c'est-à-dire $[M^i, L]$ est une martingale locale pour tout $i = 1, \ldots, d$.

Définition 1.1. Soit Q une loi de martingale. Elle est **minimale** si toute martingale locale réelle orthogonale à M sous P est aussi une martingale locale sous Q.

Cette notion qui fut introduite par Föllmer et Schweizer [6], a été utilisée implicitement par Karatzas, Lehoczky, Shreve et Xu dans [9]. D'autres auteurs (voir par exemple [3], [7], [11], [13]) se sont servis récemment de cette loi. En effet lorsque le marché est incomplet, elle permet de construire des stratégies de couverture qui minimisent le risque quadratique en utilisant la décomposition de Kunita-Watanabe d'une martingale locale (voir [2] pour une étude détaillée de cette décomposition). Avant de démontrer l'unicité de la loi minimale nous allons rappeler un lemme concernant les densités des lois de martingale. Si U est une semimartingale, $\mathcal{E}(U)$ désigne la solution de l'équation différentielle $dY = Y_- dU$ vérifiant la condition initiale $Y_0 = 1$.

Lemme 1.2. Soit Z le processus densité défini ci-dessus. Il existe une martingale locale K telle que $Z = Z_0\mathcal{E}(K)$.

Démonstration : D'après le théorème 17 page 85 de [5] nous savons que $Z_- > 0$. La martingale locale $K = \frac{1}{Z_-}.Z$ qui est le logarithme stochastique de Z vérifie trivialement l'égalité $Z = Z_0\mathcal{E}(K)$ et le lemme 1 est démontré.

2) Unicité :

Nous supposerons dorénavant que **la tribu $\mathcal{F}_0$ est dégénérée**. Il faut d'abord préciser la notion d'unicité. Comme la notion de martingale locale dépend de la loi considérée, il est clair que la loi minimale est étroitement liée à la loi initiale P si bien que le remplacement de P par une loi équivalente modifiera aussi la loi minimale.

Théorème 2.1. Pour toute loi initiale P fixée il existe au plus une loi minimale.

Démonstration : L'espace vectoriel des P martingales locales sera noté $\mathcal{L}(P)$. Soient Q^1 et Q^2 deux lois minimales de densités respectives Z_1^1 et Z_1^2. Au moyen du lemme 1.2. on leur associe les martingales locales $L^i = \frac{1}{Z^i_-}.Z^i$ pour $i = 1,2$. Rappelons que X est une semimartingale spéciale sous P de décomposition canonique $X = M + A$. Pour $j = 1,\ldots,d$ et $i = 1,2$ la formule d'intégration par parties et l'égalité $dZ^i = Z^i_- dL^i$ entraînent que :

$$d(Z^iX^j) = Z^i_- dM^j + X^j_- dZ^i + d[Z^i, A^j] + Z^i_-(dA^j + d[L^i, M^j]).$$

D'autre part les processus $[Z^i, A^j]$ et Z^iX^j sont des martingales locales en vertu du lemme de Yoeurp ([14]) et de la définition de Q^i. Il en résulte que $A^j + [L^i, M^j]$ est dans $\mathcal{L}(P)$ et par différence il en sera de même pour $[L^1 - L^2, M^j]$, c'est-à-dire la martingale locale $L^1 - L^2$ est orthogonale à M. Compte tenu du caractère minimal de Q^i, $[L^1 - L^2, Z^i] = Z^i_-.[L^1 - L^2, L^i]$ appartient à $\mathcal{L}(P)$. On en conclut que $[L^1 - L^2, L^i] \in \mathcal{L}(P)$ puis que $(L^1 - L^2)^2 = (L^1 - L^2)L^1 - (L^1 - L^2)L^2 \in \mathcal{L}(P)$. Donc la martingale locale $L^1 - L^2$ est constante et $L^1 = L^2$, $Q^1 = Q^2$.

3) Existence de la loi minimale :

Par souci de complétude nous allons reprendre l'étude entreprise dans [1] dans le cas $d = 1$. S'il existe une loi de martingale pour X et si de plus $E[\sup_{0\leq s\leq 1} X_s^2] < +\infty$, alors $X = M + \alpha.\langle M, M\rangle$ où M est une martingale locale localement de carré intégrable et α un processus prévisible vérifiant $(\alpha^2.\langle M,M\rangle)_1 < +\infty$. On peut alors définir le processus $\mathcal{E}(-\alpha.M)$ et on obtient la

Proposition 3.1. Si $1 - \alpha\Delta M > 0$ p.s., alors $\mathcal{E}(-\alpha.M)$ est une martingale locale strictement positive, la loi minimale existe au moins localement et le processus densité est $\mathcal{E}(-\alpha.M)$. En revanche si $P[1 - \alpha\Delta M \leq 0] > 0$, il n'existe pas de loi minimale.

Démonstration : Soit Z le processus densité associé à une loi de martingale pour X. D'après le lemme 1.1. $Z = \mathcal{E}(K)$ avec $K = \frac{1}{Z_-}.Z$ si bien que

$$\begin{aligned} ZX &= Z_-.M + X_-.Z + (Z_-\alpha).\langle M,M\rangle + \alpha.[Z,\langle M,M\rangle] + Z_-.[K,M] \\ &= Z_-.M + X_-.Z + \alpha.[Z,\langle M,M\rangle] + (Z_-\alpha).(\langle M,M\rangle - [M,M]) \\ &\quad + Z_-.[\alpha.M + K, M] \end{aligned}$$

Comme ZX est une martingale locale par définition de Z, le processus $Z_-.[\alpha.M + K, M]$ est dans $\mathcal{L}(P)$. Ainsi $[\alpha.M + K, M] \in \mathcal{L}(P)$ et la martingale locale $L := \alpha.M + K$ est orthogonale à M. Si Z est la densité d'une loi minimale, alors $L \in \mathcal{L}(Q)$ et $ZL \in \mathcal{L}(P)$. On en déduit aisément que $Z_-.[K,L] \in \mathcal{L}(P)$, puis $[K,L] = -\alpha.[M,L] + [L,L] \in \mathcal{L}(P)$ et enfin $[L,L] \in \mathcal{L}(P)$ si bien que $L = 0$ et $Z = \mathcal{E}(-\alpha.M)$. Rappelons que la solution de l'équation différentielle $dY = -Y\alpha_- dM$ vérifiant la condition initiale $Y_0 = 1$ s'écrit :

$$\mathcal{E}(-\alpha.M)_t = \exp\left(-(\alpha.M)_t - \frac{1}{2}(\alpha^2.\langle M^c, M^c\rangle)_t\right) \sum_{0\leq s\leq t} (1 - \alpha_s\Delta M_s)e^{\alpha_s\Delta M_s}.$$

Cette martingale locale sera strictement positive si et seulement si $1 - \alpha\Delta M > 0$ p.s., ce qui achève la démonstration de la proposition 3.1.

Remarque 3.2. On pourrait penser que l'existence d'une loi de martingale entraîne que $1 - \alpha\Delta M > 0$ mais il n'en est rien comme le montrent les deux exemples suivants tirés de [1]. Considérons le processus M défini par $M_t = 0$ pour $t < 1$ et

$$P[M_1 = 2] = P[M_1 = 0] = \frac{1}{2}P[M_1 = -1] = \frac{1}{4}.$$

Si $(\mathcal{F}_t)$ est la filtration naturelle de ce processus, on constate que M est une $(\mathcal{F}_t)$ martingale. On choisit alors un processus prévisible A tel que $A_t = 0$ pour $t < 1$ et A_1 soit une constante. Enfin on remarque que $\langle M,M\rangle_t = 0$ pour $t < 1$ et $\langle M,M\rangle_1 = E[M_1^2] = \frac{3}{2}$ si bien que $\alpha_t = 0$ pour $t < 1$ et $\alpha_1 = \frac{2}{3}A_1$. Lorsque $A_1 = \frac{3}{4}$, $1 - \alpha_1 M_1$ s'annule et lorsque $A_1 > \frac{3}{4}$, $1 - \alpha_1 M_1$ prend des valeurs négatives. Cependant la semimartingale $X = M + A$ peut être transformée en une martingale par un changement de loi dès que X_1 prend des valeurs positives et négatives, c'est-à-dire dès que $-2 < A_1 < 1$. Dans ces conditions X admet une loi de martingale mais $\mathcal{E}(-\alpha.M)$ n'est pas nécessairement une v.a. strictement positive, contrairement au cas continu. Voici un deuxième exemple. Considérons un mouvement brownien (B_t) et un processus de Poisson (N_t) standards indépendants. On note $(\mathcal{F}_t)$ la filtration naturelle du couple (B_t, N_t) et on désigne par α un processus prévisible vérifiant $\int_0^1 \alpha_s^2 ds < +\infty$. Soit $T = \inf \{t : \mathcal{E}(-(2\alpha).B)_t \geq \theta\}$ où θ est une constante strictement supérieure à 1. Dans ce cas le processus $X_t = B_t^T + N_t^T + (2\alpha - 1)t_\wedge T$ est manifestement une martingale sous la loi Q de densité $\mathcal{E}(-(2\alpha).B)_T$. En reprenant les notations de la proposition 3.1. on constate que $M_t = B_t^T + N_t^T - t_\wedge T$ et $\langle M,M\rangle_t = 2t_\wedge T$. Comme la densité de Q est bornée, on a l'inclusion $L^1(P) \subset L^1(Q)$ si bien que X admet une loi de martingale mais $\alpha\Delta M = \alpha\Delta N^T = \alpha 1_{\{\Delta N^T \neq 0\}}$ peut prendre des valeurs quelconques suivant le choix de α.

Nous allons poursuivre l'étude de l'existence de la loi minimale **en supprimant l'hypothèse** $d = 1$ mais nous supposerons en revanche que le processus des prix actualisés X est **continu.** Dans [1] nous avions explicité la forme générale des densités de loi de martingale lorsque X est continu. Toutefois pour pouvoir résoudre le problème qui nous intéresse il est judicieux de modifier légèrement ces expressions. Rappelons ce dont il s'agit.

Soient $(N^i)_{i=1,\dots,d}$ des martingales locales réelles continues deux à deux orthogonales telles que chaque composante M^i de M appartienne localement au sous-espace stable S engendré par (N^i). $\widetilde{A}$ désigne un processus croissant continu adapté tel que $d\langle N^i, N^i\rangle$ soit absolument continu par rapport à $\widetilde{A}$ pour $i = 1,\dots,d$. On peut alors choisir un processus prévisible δ à valeurs dans $\mathbf{R}^d$ vérifiant $d\langle N^i, N^i\rangle = \delta^i d\widetilde{A}$. Quitte à remplacer N^i par $\frac{1}{\sqrt{\delta^i}}.N^i$ on peut supposer que δ^i prend ses valeurs dans $\{0,1\}$ (c'est-à-dire $dN^i = 0$ sur $\{\delta^i = 0\}$). Il existe une matrice prévisible σ d'ordre d telle que pour tout i et j on ait $\int_0^1 (\sigma_s^{ij})^2 d\langle N^j, N^j\rangle_s < +\infty$ et $M^i = \sum_{j=1}^d \sigma^{ij}.N^j$. L'ensemble $\{\delta^j = 0\}$ n'étant pas chargé par le processus croissant $\langle N^j, N^j\rangle$ nous imposerons **la condition supplémentaire** $\sigma^{ij} = 0$ sur $\{\delta^j = 0\}$. Lorsque $(\mathcal{F}_t)$ est la filtration engendrée par un mouvement brownien W, on prendra simplement $N^i := W^i$, $d\widetilde{A}_t := dt$ et $\delta^i := 1$ (voir par exemple [9]). Le théorème suivant a été établi dans [1] sous une forme légèrement différente mais la démonstration est la même, c'est pourquoi nous l'omettrons.

Théorème 3.3. S'il existe une loi de martingale Q pour le processus continu X, on peut choisir des processus prévisibles θ et b à valeurs dans $\mathbf{R}^d$ vérifiant : $dA = bd\widetilde{A}$, $b = \sigma\theta$, $\theta^i = 0$ sur $\{\delta^i = 0\}$, θ^i est intégrable par rapport à N^i pour tout $i = 1,\dots,d$ et la décomposition canonique de X est $X = \sigma.N + b.\widetilde{A}$. En outre la densité de Q s'écrit $\mathcal{E}(-\theta^*.N + L)$ où L est une martingale locale orthogonale aux composantes de N. Réciproquement toute loi Q dont la densité s'écrit sous cette forme avec θ vérifiant toutes les conditions ci-dessus, est une loi de martingale locale pour X.

Remarque 3.4. Un peu plus loin nous préciserons légèrement le théorème 3.3. grâce à l'introduction de la loi de martingale minimale.

La proposition suivante qui a été établie par N. El Karoui et M.C. Quenez dans [11] lorsque N est un mouvement brownien et $d\widetilde{A}_t = dt$, va nous fournir une écriture explicite de la densité de la loi minimale dans le cas continu. Elle nous permettra aussi d'étudier son existence.

Proposition 3.5. On a l'équivalence entre :

i) Il existe une loi minimale θ.

ii) Il existe un processus prévisible θ vérifiant $b = \sigma\theta$, $\theta \in Im\,\sigma^*$, $\theta^i = 0$ sur $\{\delta^* = 0\}$ pour $i = 1, \dots, d, \mathcal{E}(-\theta^*.N)$ et $X^i\mathcal{E}(-\theta^*.N)$ $i = 1, \dots, d$ sont des P martingales.
Dans ce cas $\frac{dQ}{dP} = \mathcal{E}(-\theta^*.N)_1$ et θ est unique.

Démonstration : Montrons d'abord l'implication i) $\Rightarrow$ ii). D'après le théorème 3.3. le processus densité Z s'écrit $Z = \mathcal{E}(-\theta^*.N + L)$ avec $b = \sigma\theta$ et L orthogonale à chaque N^i, donc à chaque M^i. Comme Q est minimale, il en résulte que $[Z, L] \in \mathcal{L}(P)$. Or $[Z, L] = Z_-.[-\theta^*.N + L, L] = Z_-.[L, L]$ si bien que $[L, L] \in \mathcal{L}(P)$ et $L = 0$. Donc pour toute martingale locale U orthogonale à M, on a $[Z, U] = 0$, c'est-à-dire $[\theta^*.N, U] = 0$. En d'autres termes $\theta^*.N$ appartient localement au sous-espace stable engendré par M et il existe un processus prévisible φ intégrable par rapport à M (voir Jacod [8]) vérifiant $\theta^*.N = \varphi^*.M = (\sigma^*\varphi)^*.N$. On en déduit que $\theta^i\delta^i = \Big(\sum_{j=1}^{d} \sigma^{ji}\varphi^j\Big)\delta^i$, l'égalité ayant lieu aux ensembles $d\widetilde{A}$ négligeables près. Comme $\theta^i = 0$ et $\sigma^{ji} = 0$ sur $\{\delta^i = 0\}$, on a $\theta = \sigma^*\varphi$ et la première implication est démontrée.

Réciproquement soit $Z := \mathcal{E}(-\theta^*.N)$ une martingale telle que $\theta = \sigma^*\varphi$ et que ZX soit une P martingale. Alors Z est une densité de loi de martingale et $\theta^*.N = \varphi^*.M$ si bien que toute martingale locale U orthogonale à M sous P est aussi orthogonale à $\theta^*.N$, donc à Z. Par conséquent la loi Q de densité Z_1 est la loi minimale et la démonstration de la proposition 3.5. est achevée.

Quand le processus des prix actualisés est continu, l'existence d'une loi de martingale découle d'une certaine condition de non arbitrage (voir par exemple [2] pour le cas L^p $1 \leq p < +\infty$ et [4] pour le cas L^∞).

Théorème 3.6. Lorsque X est continu et admet une loi de martingale, la loi minimale existe au moins localement.

Démonstration : Par hypothèse il existe une loi de martingale dont le processus densité s'écrit $Z = \mathcal{E}(-\theta^*.N + L)$ d'après le théorème 3.3. De plus $\sigma\theta = b$ et $\sum_{i=1}^{d} (\theta^i)^2.\langle N^i, N^i\rangle = \Big(\sum_{i=1}^{d} (\theta^i)^2\delta^i\Big).\widetilde{A} = \|\theta\|^2.\widetilde{A} < +\infty$ car $\theta^i\delta^i = \theta^i$. Soit $\widetilde{\theta}$ la projection de θ sur $(\text{Ker }\sigma)^\perp = \text{Im }\sigma^*$. Alors $b = \sigma\widetilde{\theta}$ et $\widetilde{\theta} \in \text{Im }\sigma^*$ si bien que l'équation $\sigma\sigma^*\varphi = b$ admet au moins une solution qu'on peut choisir prévisible grâce à la méthode du pivot de Gauss. Nous posons $\widetilde{\theta} := \sigma^*\varphi$. On observera que $\widetilde{\theta}^i = 0$ sur $\{\delta^i = 0\}$ car $\sigma^{ji} = 0$ sur $\{\delta^i = 0\}$ et que $\|\widetilde{\theta}\|^2 \leq \|\theta\|^2$, c'est-à-dire $\|\widetilde{\theta}\|^2.\widetilde{A} < +\infty$. Ainsi $\widetilde{\theta}$ remplit **localement** les conditions ii) de la proposition 3.5. et la loi minimale Q existe au moins localement.

Le Théorème 3.6. va nous permettre de préciser un peu le théorème 3.3. en exprimant les densités des lois de martingale en fonction de la densité minimale et par là même nous apportons une motivation supplémentaire à l'étude de la loi minimale.

Corollaire 3.7. Si le processus continu X admet une loi de martingale, alors le processus densité Z s'écrit sous la forme $\mathcal{E}(-\theta^*.N + L) = \mathcal{E}(-\theta^*.N)\mathcal{E}(L)$ où θ est l'unique processus prévisible vérifiant les conditions de la proposition 3.5. et L une martingale locale orthogonale à N.

Démonstation : D'après le théorème 3.3. le processus densité Z s'écrit $\mathcal{E}(-\theta^*.N + L)$ où L est orthogonale à N. On considère alors le processus $\widetilde{\theta} := \sigma^*\varphi$ défini dans la démonstration du théorème 3.6. et on remarque que $\widehat{\theta} := \theta - \widetilde{\theta}$ appartient à Ker σ tandis que $\widetilde{\theta} \in (\text{Ker } \sigma)^\perp$. Donc $d\langle\widetilde{\theta}^*.N, \widehat{\theta}^*.N\rangle = \sum_{i=1}^{d} \widetilde{\theta}^i\widehat{\theta}^i d\langle N^i, N^i\rangle = \sum_{i=1}^{d} \widetilde{\theta}^i\widehat{\theta}^i\delta^i d\widetilde{A} = (\widetilde{\theta}^*\widehat{\theta})d\widetilde{A} = 0$ puisque $\widetilde{\theta}^i\delta^i = \widetilde{\theta}^i$. Il ne reste plus qu'à poser $\widetilde{L} := -\widehat{\theta}^*.N + L$ et une vérification élémentaire montre que le couple $(\widetilde{\theta}, \widetilde{L})$ répond à la question.

Remarque 3.8. Il serait intéressant d'avoir une existence **globale** et pas seulement locale de la loi minimale. Nous ne sommes pas parvenus à répondre à cette question. Toutefois si on se place par exemple dans le cadre de la modélisation retenue par N. El Karoui et M.C. Quenez [11], c'est-à-dire l'équation $\sigma\theta = b$ admet une solution bornée, $\widetilde{A}$ est borné et X est une semimartingale dans $\mathcal{H}^2$, alors la condition de Novikov entraîne immédiatement que $\mathcal{E}(-\widetilde{\theta}.N)$ est une martingale de carré intégrable et grâce à l'inégalité de Cauchy-Schwartz $X^i\mathcal{E}(-\widetilde{\theta}.N)$ est une martingale pour tout $i = 1, \ldots, d$. Dans le cas général on retrouve un problème déjà soulevé par Karatzas, Lehoczky, Shreve et Xu [9] : si M et N sont deux martingales locales strictement positives sur $[0,1]$ telles que $M_0 = N_0 = 1$ et que MN soit une martingale sur $[0,1]$, peut-on en déduire que M et N sont des martingales sur $[0,1]$? Une réponse négative a été fournie par D. Lépingle [12] et Karatzas, Lehoczky et Shreve [10] dans le cas discret. Toutefois nous ignorons la réponse dans le cas où M et N sont continues. On peut noter que si M_1 et N_1 sont indépendantes, alors la réponse est positive. En effet, M et N étant nécessairement des surmartingales positives d'après le lemme de Fatou, $E[M_1] \leq 1$ (resp. $E[N_1] \leq 1$)) l'égalité ayant lieu si et seulement si M (resp. N) est une martingale sur $[0,1]$. Or l'indépendance de M_1 et N_1 et la propriété de martingale de MN entraînent que $1 = E[M_1N_1] = E[M_1]E[N_1]$, si bien que $E[M_1] = E[N_1] = 1$, c'est-à-dire M et N sont des martingales. On peut aussi observer que la réponse à notre question sera positive si M et N possèdent la propriété de représentation prévisible par rapport à leurs filtrations naturelles respectives. Supposons en effet que pour toute fonction borélienne bornée f il existe un processus prévisible H tel que $\forall\, t \in [0,1]$ $E[f(M_1) \mid \mathcal{F}_t] = E[f(M_1)] + \int_0^t H_s dM_s$. Comme N est une martingale locale sur $[0,1]$, il existe une suite croissante de t.a. (T_n) tendent stationnairement vers 1 tels que N^{T_n} sont dans $\mathcal{H}^1$. En vertu de l'orthogonalité de M et N et grâce à la bornitude de f, donc de la martingale $H.M$, on obtient l'égalité $E[f(M_1)N_{T_n}] = E[f(M_1)]$. On considère alors la suite de fonctions f_p définies sur $\mathbb{R}^+$ par $f_p(x) = \inf\ (x,p)$ et on applique le lemme de Beppo-Levi à l'égalité précédente si bien que $E[M_1\ N_{T_n}] = E[M_1]$. Grâce au lemme de Fatou, on obtient : $E[M_1] \geq E[M_1\ N_1] = E[M_0\ N_0] = 1$. Donc $E[M_1] = 1$ et M est une martingale sur $[0,1]$. Nous remercions M. Yor pour des discussions fructueuses sur cette question.

Note ajoutée sur les épreuves : Dans la remarque 3.8 nous avons noté qu'il serait intéressant d'avoir une existence globale de la loi minimale. W. Schachermayer vient de trouver un splendide contre-exemple : A counter-example to several problems in the theory of asset pricing.

Bibliographie

[1] J.P. Ansel, C. Stricker :
Lois de martingale, densités et décomposition de Föllmer-Schweizer, (1991). A paraître dans les Annales de l'Institut Henri Poincaré.

[2] J.P. Ansel, C. Stricker :
Simulation des actifs contingents. A paraître.

[3] D.B. Colwell, R.J. Elliot :
Martingale Representation and non attainable Contingent claims. A paraître.

[4] F. Delbaen :
Representing Martingale Measures when Asset Prices are Continuous and Bounded. A paraître.

[5] C. Dellacherie, P.A. Meyer :
Probabilités et potentiel. Chapitres V à VIII. Théorie des Martingales. Hermann (1980).

[6] H. Föllmer, M. Schweizer :
Hedging of Contingent claims under Incomplete Inforamtion. Applied Stochastic Analysis, Stochastics Monographs, vol. 5, 389-414, Gorden and Breach (1991).

[7] N. Hofmann, E. Platen, M. Schweizer :
Option Pricing under Incompleteness and Stochastic Volatility. A paraître.

[8] J. Jacod :
Calcul Stochastique et Problème de Martingales. L.N. in M., 714. Springer 1979.

[9] I. Karatzas, J.P. Lehoczky, S.E. Shreve, G.L. Xu :
Martingale and duality Methods for utility Maximization in an Incomplete Market. SIAM J. Control and Optimization, vol. 29, n°3, 702-730, May 1991.

[10] I. Karatzas, J.P. Lehoczky, S.E. Shreve :
Retractation of equivalent martingale measures and optimal market completions.

[11] N. El Karoui, M.C. Quenez :
Programmation Dynamique et Evaluation des actifs Contingents en Marché Incomplet. Preprint, Université Paris VI (1991).

[12] D. Lépingle :
Orthogonalité et intégrabilité uniforme de martingales discrètes. A paraître dans le Séminaire de Probabilités XXVI.

[13] M. Schweizer :
Martingale Densities for General Asset Prices, SFB 303 discussion paper n° B-194, Université de Bonn (à paraître dans Journal of Mathematical Economics).

[14] C. Yoeurp :
Décomposition des martingales locales et formules exponentielles. Séminaire de Probabilités X, Lect. Notes Math., 511, 342-480, Springer (1976).

URA CNRS 741
Laboratoire de Mathématiques
Université de Franche-Comté
25030 Besançon Cedex

DÉCOMPOSITION DE KUNITA-WATANABE

par J.P. Ansel et C. Stricker

1. Introduction :

On se propose de faire ici un bilan des connaissances sur la décomposition de Kunita-Watanabe, apparue dans l'étude des sous-espaces de $\mathcal{M}^2$ (voir Kunita-Watanabe [4]), et utilisée récemment dans une question de Mathématiques financières sur la couverture des actifs contingents (voir [1] et [3]).

L'objet de cette décomposition est l'écriture d'une martingale locale N comme la somme de deux martingales locales, l'une appartenant au sous-espace stable engendré par une martingale locale M d-dimensionnelle, et l'autre étant orthogonale au sens du crochet droit à chaque composante de M.

Après des rappels sur l'intégrale stochastique vectorielle, nous explicitons quatre situations où l'on peut confirmer ou infirmer l'existence de cette décomposition.

2. Intégrales stochastiques par rapport à une martingale locale vectorielle :

Nous donnons ici la construction de Jacod [2] sur l'intégrale stochastique vectorielle. Soit $(\Omega, \mathcal{F}, (\mathcal{F}_t)_{t\geq 0}, P)$ un espace probabilisé filtré vérifiant les conditions habituelles. Les vecteurs x de $\mathbf{R}^d$ seront identifiés à des matrices $d \times 1$, x^* désignera la transposée de x et $\|x\|^2 := x^*x$. L'intégrale stochastique vectorielle (voir Jacod [2] pour une définition précise) du processus prévisible H à valeurs dans $\mathbf{R}^d$ est notée $(H^*. X)_t$. Nous conviendrons que $(H^*. X)_0 = 0$. Pour $q \geq 1$, $\mathcal{H}^q$ désigne l'espace vectoriel des martingales M telles que $E[\sup_t \|M_t\|^q] < +\infty$. Il est bien connu que $\mathcal{H}^q$ est un espace de Banach si on le munit de la norme $\|M\|_{\mathcal{H}^q} := \left(E[\sup_t \|M_t\|^q]\right)^{1/q}$.

On dit que $\mathcal{H}$ est un sous-espace stable de $\mathcal{H}^q$ si c'est un sous-espace vectoriel fermé tel que $1_A M^T \in \mathcal{H}$ pour tout $M \in \mathcal{H}, A \in \mathcal{F}_0$ et T temps d'arrêt. Pour que $\mathcal{H}$ soit stable il faut et il suffit qu'il soit fermé et stable par intégration stochastique.

Soit $M = (M^i)_{1\leq i\leq d}$ une martingale locale à valeurs dans $\mathbf{R}^d$ et telle que pour tout $i, M^i \in \mathcal{H}^q_{\text{loc}}$. On sait qu'il existe un processus à variation intégrable A et une matrice optionnelle a telle que $[M, M^*] = a. A$. On définit les ensembles suivants :

$L^q(M^i) = \{H^i \text{ prévisible } ; E[((H^i)^2.[M^i, M^i]_\infty)^{q/2}] < +\infty\}$.

$L^{q,0}(M) = \{H \text{ prévisible à valeurs dans } \mathbf{R}^d ; H^i \in L^q(M^i), 1 \leq i \leq d\}$.

$$\mathcal{L}^{q,0}(M) = \{H^*. M := \sum_{i=1}^{d} H^i. M^i \; ; \; H \in L^{q,0}(M)\}.$$

$L^q(M) = \{H$ prévisible à valeurs dans $\mathbf{R}^d$; $\|H\|_{L^q(M)} := E[((H^*aH).A)^{q/2}] < +\infty\}$.

$L^q(M)$ est la complétion de $L^{q,0}(M)$ pour la semi-norme $\|.\|_{L^q(M)}$, et pour $H \in L^q(M)$ on peut définir l'intégrale stochastique $H^*.M$. Si $\mathcal{L}^q(M)$ désigne la fermeture dans $\mathcal{H}^q$ de $\mathcal{L}^{q,0}(M)$ c'est aussi le sous-espace stable engendré par M et $\mathcal{L}^q(M) = \{H^*.M$; $H \in L^q(M)\}$.

Nous dirons que la martingale locale L est orthogonale à la martingale locale $M = (M^i)_{1\leq i\leq d}$ si le crochet $[L, M^i]$ est une martingale locale pour tout i ; $1 \leq i \leq d$.

3. Décomposition de Kunita-Watanabe :

Soient N une martingale locale réelle et M une martingale locale à valeurs dans $\mathbf{R}^d$. On appelle décomposition de Kunita-Watanabe de N sur M une décomposition de la forme $N_t = N_0 + H^*.M_t + L_t$ où $H \in L_{loc}(M)$ et L est une martingale locale orthogonale à M. Cette décomposition est évidemment unique.

Voici maintenant les quatre situations évoquées dans l'introduction. On suppose $N_0 = 0$.

D.K.W. cas 1 :

D'après Jacod [2] on a le résultat suivant :

Lorsque M et N sont localement de carré intégrable, alors la décomposition existe.

D.K.W. cas 2 :

Lorsque N est de carré intégrable mais M est quelconque, il existe un contre-exemple (décrit dans Jacod [2]). Supposons que $\mathcal{F}_0$ est la tribu dégénérée et considérons la filtration $\mathcal{F}_t = \mathcal{F}_0$ pour $t < \frac{1}{2}$ et $\mathcal{F}_t = \mathcal{F}$ pour $t \geq \frac{1}{2}$. On remarque que si H est un processus prévisible, alors H est égal à une constante h sur $[0, \frac{1}{2}]$, et si T est un t.a. alors $P\{T < \frac{1}{2}\} = 0$ ou 1. Ainsi toute martingale locale est une martingale et elle s'écrit $M_t = E[M_1]\, 1_{[0,1/2[} + M_1 1_{[1/2,1]}$.

Soient maintenant U et V deux v.a. centrées avec $E[V^2] < +\infty, E[U^2] = +\infty$ et $E[UV] \neq 0$. Posons $M = U\,1_{[1/2,1]}$ et $N = V\,1_{[1/2,1]}$. M et N ne sont pas orthogonales car $E[U\,V] \neq 0$, donc s'il existe une décomposition de Kunita-Watanabe $N = H.M + L$ alors $H \neq 0$ et $H.M = hU\,1_{[1/2,1]}, L = Z\,1_{[1/2,1]}$ avec $E[UZ] = 0$. Ainsi $V = hU + Z$ et $E[V^2] = h^2E[U^2] + E[Z^2]$ ce qui est impossible si $h \neq 0$.

D.K.W. cas 3 :

Lorsque N est quelconque mais que M est continue, alors la décomposition existe. En effet on peut écrire N sous la forme $N = N^c + N^d$ où N^c est la partie continue de N, N^d la partie purement discontinue. N^d est orthogonale à toute martingale locale continue et N^c est localement borné donc localement de carré intégrable, on lui applique la DKW cas 1. $N^c = H^*.M + U$ avec U orthogonale à M et $H \in L_{loc}(M)$. Il suffit de poser $L = U + N^d$ et $N = H^*.N + L$ convient.

D.K.W. cas 4 :

Malheureusement on ne peut pas généraliser le résultat précédent lorsque M n'est pas continue mais simplement localement borné comme le montre l'exemple suivant :

Soient B un mouvement brownien et P un processus de Poisson compensé. Posons $M = B + P$ et soit $f \in L^1([0,1]) \backslash L^2([0,1])$ alors $N = f.P$ (intégrale au sens de Stieltjes) est une martingale locale : en effet il suffit de montrer que N est dans $\mathcal{H}^1_{loc}$ et donc que $(f^2.[P,P])^{1/2}$ est localement de carré intégrable. Soit $(T_n)_{\mathbb{N}}$ la suite des instants de sauts de P, on suppose que $\Delta P_{T_n} = 1$, alors

$$[P,P]_t = \sum_{s \leq t} \Delta N_s^2 = \sum_n 1_{[T_n,+\infty[}(t) \text{ et } f^2.[P,P]_t = \sum_n f^2(T_n) 1_{[T_n,+\infty[}(t).$$

$$\text{Or } (f^2.[P,P]_t)^{1/2} \leq \sum_n |f(T_n)| 1_{[T_n,+\infty[}(t) = |f|.[P,P]_t \text{ et } E[(|f|.[P,P])_t] = \int_0^t |f_s| ds.$$

Ainsi N est une martingale locale et si on peut écrire $N = H.M + L$ avec $\langle L, M \rangle = 0$ alors $H = \frac{d\langle N,M \rangle}{d\langle M,M \rangle} = \frac{f}{2}$ et $L = \frac{f}{2}.(P - B)$ mais f n'est pas intégrable relativement à B. Il n'y a donc pas de décomposition de Kunita-Watanabe.

Remarque : Dans les questions de Mathématiques financières, la martingale locale que l'on cherche à décomposer est souvent positive. L'exemple ci-dessus reste valable en prenant f positive et $N = \int_0^1 f(s)ds + f.P$.

Bibliographie

[1] J.P. Ansel, C. Stricker :
Couverture des actifs contingents (1992). A paraître.

[2] J. Jacod :
Calcul stochastique et problème de martingales. Lect. Notes Math., n° 714. Springer 1979.

[3] N. El Karoui, M.C. Quenez :
Dynamic Programming and Pricing of Contingent claims in an Incomplete Market. A paraître.

[4] H. Kunita, S. Watanabe :
On square integrable martingales. Nagoya Math. J., 30, 1967, p. 209-245.

Laboratoire de Mathématiques
URA CNRS 741
16, Route de Gray
F - 25030 Besançon Cedex

UNE PREUVE SIMPLE DU THÉORÈME DE SHIMURA SUR LES POINTS MÉANDRE DU MOUVEMENT BROWNIEN PLAN

Jean BERTOIN

Soient $Z = (X,Y)$ un mouvement brownien plan issu de l'origine, et $\theta \in]0,2\pi[$ un angle fixé. On note $X' = \cos(\theta)X + \sin(\theta)Y$, la composante de Z dans la direction θ , et on dit qu'un instant $t > 0$ est point méandre s'il existe $\varepsilon \in]0,t[$ tel que

$$X_t \le X_s \quad \text{et} \quad X'_t \le X'_{s'} \quad \text{pour tout} \quad s \in [t,t+\varepsilon] \quad \text{et tout} \quad s' \in [t-\varepsilon,t] .$$

L'objet de cette note est de proposer une preuve simple du joli résultat suivant, dû à Shimura [3].

Théorème (Shimura). *La probabilité qu'il existe un point méandre est nulle.*

Dans le cas où $\theta = \pi$, le Théorème énonce que le mouvement brownien réel X ne croît jamais, ce qui est dû à Dvoretzky, Erdös et Kakutani [1]. Aussi, nous supposerons désormais que $\theta \neq \pi$. La démonstration de Shimura repose sur des arguments élémentaires semblables à ceux de [1], et est assez difficile à suivre. Notre preuve est plus directe, mais utilise des résultats fins de David Williams [5] sur le mouvement brownien réel, et de Varadhan et Ruth Williams [4] sur le mouvement brownien réfléchi dans un cône. Les arguments sont très proches de ceux de Le Gall [2].

Soit ζ , une v.a. exponentielle indépendante de moyenne 2, indépendante de Z . Nous tuons Z au temps ζ , et introduisons pour $t < \zeta$:

$$J_t = \inf\{X_s \ , \ s \in [t,\zeta[\} \ , \ I'_t = \inf\{X'_s \ , \ s \le t\} .$$

Clairement, il suffit de montrer:

$$(*) \qquad \mathbb{P}(\exists\ t \in]0,\zeta[\ : X_t = J_t \ \text{ et } \ X'_t = I'_t) = 0 .$$

Le Lemme suivant est implicite dans le travail de D. Williams, il découle aisément du Théorème 4.5 de [5] par retournement du temps.

Lemme. *Il existe β , un mouvement brownien réel avec drift +1 issu de J_0 et indépendant de Y , dont le processus supremum est noté*

$$\sigma_t = \sup\{\beta^+_s : s \le t\}$$

(β^+ désigne la partie positive de β), et tel que

$$X_t - J_t = \sigma_t - \beta_t \quad \textit{et} \quad J_t = \sigma_t + J_0 \quad \textit{pour} \quad t < \zeta .$$

Remarque. La filtration naturelle de β contient strictement celle de X. On peut sans doûte aussi montrer le Lemme en utilisant la théorie du grossissement de filtration.

Preuve du Théorème. Notons $\mathbb{Q}$ la mesure de probabilité donnée par

$$d\mathbb{Q}_{|\mathcal{F}_t} = \exp\{J_0 - \beta_t + \tfrac{1}{2} t\}\, d\mathbb{P}_{|\mathcal{F}_t},$$

où $(\mathcal{F}_t)_{t\geq 0}$ désigne la filtration naturelle de (β, Y). Ainsi, d'après le théorème de Girsanov, (β, Y) est un $\mathbb{Q}$-mouvement brownien plan. Soit $W = (W^1, W^2)$, le processus défini par les relations

$$X - J = W^1 \quad \text{et} \quad X' - I' = \cos(\theta)W^1 - \sin(\theta)W^2 .$$

Nous déduisons du Lemme:

$$W = (-J_0\, ,\, \cotan(\theta)J_0) + (\sigma\, ,\, \frac{I'}{\sin(\theta)} - \cotan(\theta)\sigma) + (-\beta\, ,\, -Y) .$$

En particulier, W s'exprime comme la somme de sa position initiale, d'un processus adapté à $(\mathcal{F}_t)$ qui ne varie que lorsque W atteint le bord du cône $\mathcal{C} = \{x \geq 0 \text{ et } \cos(\theta)x - \sin(\theta)y \geq 0\}$, et enfin d'un $\mathbb{Q}$-mouvement brownien. Autrement dit, sous $\mathbb{Q}$, W est un mouvement brownien réfléchi dans $\mathcal{C}$. De plus, les angles de réflexion par rapport à la normale entrante sur les deux demi-droites qui bordent $\mathcal{C}$ (les angles positifs étant en direction du sommet du cône), sont opposés. Voir les figures ci-dessous. D'après Varadhan et R. Williams [4], W ne visite pas $(0,0)$, $\mathbb{Q}$-p.s. Les lois $\mathbb{P}$ et $\mathbb{Q}$ étant équivalentes sur chaque $\mathcal{F}_t$, ceci établit (∗). □

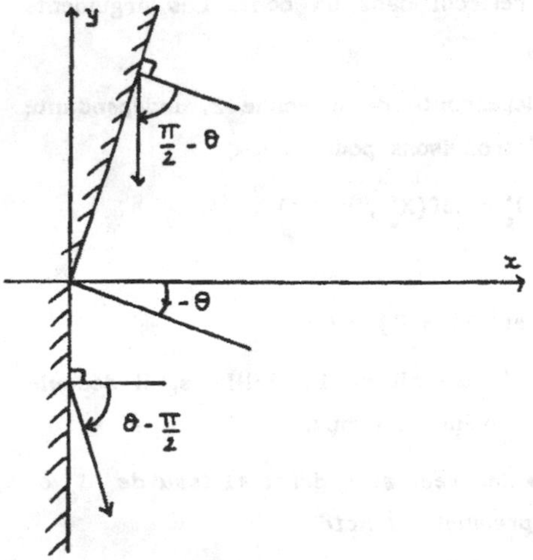

$0 < \theta < \pi$

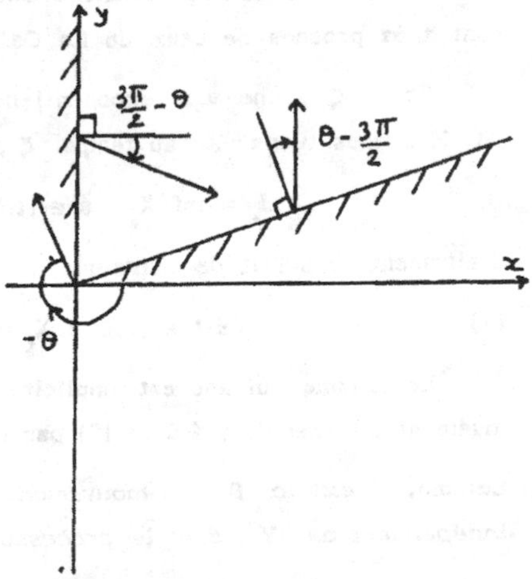

$\pi < \theta < 2\pi$

Angles de réflexion sur les bords du cône $\mathcal{C}$.

Références

[1] A. Dvoretzky, P. Erdös et S. Kakutani: Nonincrease everywhere of the Brownian motion process, *Proc. 4th Berkeley Symp. Math. Stat. and Prob. II* (1961), 103-116.

[2] J.F. Le Gall: Mouvement brownien, cônes et processus stables, *Prob. Th. Rel. Fields* 76 (1987), 587-627.

[3] M. Shimura: Meandering points of two-dimensional Brownian motion, *Kodai J. Math.* 11 (1988), 169-176.

[4] S.R.S. Varadhan et R.J. Williams: Brownian motion in a wedge with oblique reflection, *Commun. Pure Appl. Math.* 38 (1985), 405-443.

[5] D. Williams: Path decomposition and continuity of local time for one-dimensional diffusions, *Proc. London Math. Soc.* 28 (1974), 738-768.

J. Bertoin
Laboratoire de Probabilités
Université Paris VI
4, Place Jussieu
Tour 56 - 3 ème étage
75272 Paris Cedex 05

SOME REMARKS ON MUTUAL WINDINGS

FRANK KNIGHT

ABSTRACT. Some further results, doubtless evident to the specialists on windings, are obtained concerning the asymptotics of the mutual windings of n independent planar Brownian motions, or n planar random walks, about each other

One of the most intriguing results on the asymptotics of planar Brownian motions, in our opinion, is that of M. Yor (1991), [5], concerning the mutual windings of n independent planar Brownian motions, with distinct starting points, about each other. This result is very simply stated, as follows. Let $Z^1, \ldots, Z^n$ be mutually independent, planar (or complex) Brownian motions with distinct starting points z^k, $1 \leq k \leq n$. Let $\theta^{i,j}(t)$, $0 \leq t$, $1 \leq i < j \leq n$, be a continuous determination of the argument of $B_t^{i,j} := \frac{1}{\sqrt{2}}(Z_t^i - Z_t^j)$ about 0 (one can take $-\pi < \theta^{i,j}(0) \leq \pi$ for convenience—we note that the partially dependent Brownian motions $B_t^{i,j}$ do not reach $0 (:= (0,0))$, except on the P-nullset, which we may discard). Then, as $t \to \infty$, the $\frac{1}{2}n(n-1)$ normalized mutual winding angles $(2/\log t)\theta^{i,j}(t)$ converge in law to independent standard Cauchy random variables.

This remarkable result seems a bit overshadowed in the treatment of [5], which incorporates it in a much more general setting. Possibly for this reason, there are several simple corollaries of the result which seem to have gone unstated. Our object here is to call attention to the result itself by presenting a few of these corollaries. For these, we rest largely on the existant literature, and especially on [2], [3], [4], [5], and [6] for the basis of the proofs.

We cannot resist mentioning, from [6, §7.3], that the problem was originally suggested by the study of solar flares which travel randomly on the surface of the sun. For a sphere, however, it seems impossible to define the mutual windings. A better analogy might be to a colony of ants whose ant-hill has been removed. Note that, unlike the theory of windings about fixed points, the mutual windings do not raise the question of dependence on choice of external points (other than the starting points).

The first corollary consists of extending the result from convergence of random variables to convergence of processes.

Corollary 1. *As $t \to \infty$, $(2/\log t)\theta^{i,j}(t^\alpha)$, $1 \le i < j \le n$, converge to $\frac{1}{2}n(n-1)$ independent Cauchy processes with parameter $\alpha \ge 0$, in the sense of convergence in law of the finite dimensional joint distributions (it is noted in [4, p. 765] that it is impossible to strengthen this to the usual convergence in function space).*

Proof. The fact that for each (i,j) the process converges to a Cauchy process limit follows from the general discussion of log scaling limits in [4, Section 8; see especially (8.n) and (8.o)]. However, as that argument is buried rather deeply into [4], we call attention to it by presenting a direct argument which also yields the independence of the limit processes. For any process U_t and $c > 0$ we set $U_t^{(c)} := c^{-1}U_{c^2t}$, the Brownian rescaling of U by c. Transcribing a result of [4, Lemma 3.1] into the notation of [5], we obtain the existence of $\frac{n(n-1)}{2}$ (dependent) pairs of independent Brownian motions $(\rho_t^{i,j}, w_t^{i,j})$, $1 \le i < j \le n$, such that, for $0 < \alpha_1 < \cdots < \alpha_k$, $t > 0$ and $c_m = (\alpha_m/2)\log t$, $1 \le m \le k$ (suppressing a t-dependence)

$$(1.1) \qquad (2/\log t)\theta^{i,j}(t^{\alpha_m}) - \alpha_m w^{i,j,(c_m)}(T_1(\rho^{i,j,(c_m)})) \xrightarrow{P} 0$$

as $t \to \infty$ where $T_\alpha(w) := \inf\{t : w(t) = \alpha\}$; $w \in C(\mathbf{R}_+, \mathbf{R})$. Indeed, this is simply (2.a) of [5], somewhat specialized and with t^{α_m} in place of t. On the other hand, from (2.b) of [5] we have, for each $m \le k$

$$(1.2) \qquad (\rho^{i,j,(c_m)}, w^{i,j,(c_m)})) \xrightarrow{d} (\bar{\rho}^{i,j,m}, \bar{w}^{i,j,m})$$

where $(\tilde\rho^{i,j,m},\tilde w^{i,j,m})$ are independent pairs of independent Brownian motions starting at 0, and the convergence is that of law on $C(\mathbf{R}_+,\mathbf{R}^{n(n-1)/2})$ with the topology of uniform convergence on compact sets. Ostensibly, the right side of (1.2) depends on m. However, the dependence is transparent, because if we define $(\tilde\rho^{i,j},\tilde w^{i,j})$ to satisfy (1.2) with $\alpha_m = 1$, then jointly in $1 \le m \le k$, we have

$$(1.3) \qquad \rho^{i,j,(c_m)}(s) = c_m^{-1}\rho^{i,j}(c_m^2 s) \xrightarrow{d} \alpha_m^{-1}\tilde\rho^{i,j}(\alpha_m^2 s), \quad \text{as} \quad t \to \infty,$$

with the anaogous fact for $\tilde w^{i,j}$. Then combining (1.1) and (1.2) we obtain

$$(1.4) \qquad (2/\log t)\theta^{i,j}(t^{\alpha_m}) \xrightarrow{d} \tilde w^{i,j}(\alpha_m^2 T_1(\tilde\rho^{i,j,(\alpha_m)})), \quad 1 \le m \le k.$$

In fact, the passage time T_1 not being continuous in the topology of uniform convergence on compact sets, we need to appeal here to the (sufficiently remarkable) Lemma B.3 of [4], which says, in essence, that if the law of $(\rho^{i,j,(c_m)},w^{i,j,(c_m)})$ is fixed (free of (c_m)) for each (i,j), (1.2) implies the joint convergence in law of *any* finite set of measurable functionals $\phi^{i,j}$ of these pairs. To obtain this condition, we can simply replace $(\rho^{i,j},w^{i,j})$ by $((\rho^{i,j}-\rho_0^{i,j}),(w^{i,j}-w_0^{i,j}))$, which preserves (1.1) since the adjustment is uniformly small as $c_m \to \infty$. We will have further recourse to this lemma below, in treating the "big" windings. Finally, since

$$(1.5) \qquad \begin{aligned}(T_1(\tilde\rho^{i,j,(\alpha_m)}) &= T_1(\alpha_m^{-1}\tilde\rho^{i,j}(\alpha_m^2 t)) \\ &= \alpha_m^{-2}T_{\alpha_m}(\tilde\rho^{i,j}(t)),\end{aligned}$$

the right side of (1.4) becomes simply $\tilde w^{i,j}(T_{\alpha_m}(\tilde\rho^{i,j}))$. Now using the well-known characterization of the Cauchy process as subordinate to the Brownian motion $\tilde w^{i,j}$ at the passage times to α of $\tilde\rho^{i,j}$, the proof of Corollary 1 is complete.

This result is also an easy consequence of a more general result concerning jointly the large windings, the small windings, and the local times on the unit circle. Indeed, following the pattern for Corollary 1, we have only to transcribe Theorems 4.1 and 4.2 of [4] to the present setting. Still further extensions are, of course, possible. However, with a view to obtaining the analog of Corollary 1 for random walks, we confine our presentation to these three functionals. Let us recall first the necessary definitions. For each $i < j \le n$, we can write $\theta^{i,j}(t) = w^{i,j}(H_t^{i,j})$ where, if $R_t^{i,j} := |B_t^{i,j}|$, then $H_t^{i,j} = \int_0^t (R_s^{i,j})^{-2} ds$, and $\log R_t^{i,j} := \rho^{i,j}(H_t^{i,j})$. This defines the pairs $(\rho^{i,j}, w^{i,j})$ of (1.1). Now we define

the *small windings*

$$\theta_-^{i,j}(t) := \int_0^{H^{i,j}(t)} 1(\rho_u^{i,j} < 0) dw_u^{i,j},$$

the *large windings*

$$\theta_+^{i,j}(t) := \int_0^{H^{i,j}(t)} 1(\rho_u^{i,j} > 0) dw_u^{i,j},$$

and the *local time of $B^{i,j}$ on the unit circle* $L^{i,j}(t) := L(\rho^{i,j}, 0, H_t)$,

where $L(w, x, t)$ is the local time of path w at point x and time t. Here the $\theta_\pm^{i,j}(t)$ measure the increment of $\theta^{i,j}$ during the time when $R_t^{i,j}$ is > 1 (resp. < 1), but as far as the asymptotics as $t \to \infty$ are concerned, it is known that we could replace 1 by any other positive constant. Note that we are following the notation of [5], but the result we need to invoke is given in [4] under entirely different notation. The connection is, that (ρ, w) of [5], with or without ornaments, is (β, θ) of [4], whereas θ of [5] represents, as here, an actual winding angle. Now the proof of Theorem 4.1 of [4] shows immediately that (1.1) may be extended to (from here on, we drop all ornaments in ρ when writing $T_\alpha(\rho)$)

$$(2/\log t)\theta_\pm^{i,j}(t^{\alpha_m}) - \alpha_m \int_0^{T_1(\rho)} 1\left(\rho_u^{i,j,(c_m)} \begin{Bmatrix} > 0 \\ < 0 \end{Bmatrix}\right) dw_u^{i,j,(c_m)} \xrightarrow{P} 0,$$

(1.6) respectively, as $t \to \infty$, and

$$(2/\log t)L^{i,j}(t^{\alpha_m}) - \alpha_m L(\rho^{i,j,(c_m)}, 0, T_1(\rho)) \xrightarrow{P} 0.$$

Actually, since we must replace ρ by $\rho - \rho_0$ as before, we need to invoke here the continuity of $L(w, x, t)$ in (x, t) at $x = 0$. Now it is only a matter of making a linear change of variables in the stochastic integrals to see that, respectively,

$$(1.7)\qquad \begin{aligned}&\alpha_m \int_0^{T_1(\rho)} 1\left(\rho_u^{i,j,(c_m)}\left\{\begin{matrix} >0 \\ <0 \end{matrix}\right.\right) dw_u^{i,j,(c_m)} \\ &= \alpha_m c_m^{-1} \int_0^{T_{c_m}(\rho)} 1\left(\rho_u^{i,j}\left\{\begin{matrix} >0 \\ <0 \end{matrix}\right.\right) dw_u^{i,j},\end{aligned}$$

which connects to $(2/\log t)\theta_\pm^{i,j}(t^{\alpha_m})$ through the tightness argument of Williams (i.e. (3.f) of [4]). The two stochastic integrals and $\alpha_m L(\rho^{i,j,(c_m)}, 0, T_1(\rho))$, $1 \le i < j \le n$, constitute altogether $n(n-1)/2$ measurable functionals of the paths of $(\rho^{i,j,(c_m)}, w^{i,j,(c_m)})$ into R^{3k}, hence by (1.2), (1.3), and Lemma B.3 of [4], they converge as $t \to \infty$ jointly in law to the same functionals of $(\tilde\rho^{i,j}, \tilde w^{i,j})$. It follows that they are mutually independent in the limit for distinct (i,j), whereas for fixed (i,j) and each m, the limit law of the triple

$$((2\alpha_m^{-1}/\log t)\theta_\pm^{i,j}(t^{\alpha_m}), (2\alpha_m^{-1}/\log t)L^{i,j}(t^{\alpha_m}))$$

is given by Theorem 4.2 of [4]. In particular, that of the big windings $(2\alpha_m^{-1}/\log t)\theta_+^{i,j}(t^{\alpha_m})$ is the distribution with characteristic function $(\cosh\ \cdot)^{-1}$, called in [1] the "standard hyperbolic secant" because it has density $\frac{1}{2}(\cosh \frac{\pi}{2}\cdot)^{-1}$ over R, while that of the local time is the exponential distribution with mean 2. The corresponding limit processes of (1.7) and $\alpha_m L(\rho^{i,j(c_m)}, 0, T_1(\rho))$ in parameter α are inhomogeneous (unlike the Cauchy process, obtained by adding the two cases in (1.7)). These processes are most easily presented in probabilistic form, as in Table 1 of [4], and we have the following

Corollary 2. *As* $t \to \infty$, $\frac{2}{\log t}(\theta_-^{i,j}(t^\alpha), \theta_+^{i,j}(t^\alpha), L^{i,j}(t^\alpha))$ *converges in finite dimensional joint distribution to the* $\frac{1}{2}n(n-1)$ *independent processes on* R^3,

$$(1.8)\qquad \left(\int_0^{T_\alpha(\tilde\rho^{i,j})} I\left(\tilde\rho_u^{i,j}\left\{\begin{matrix} >0 \\ <0 \end{matrix}\right.\right) d\tilde w_u^{i,j},\quad L(\tilde\rho^{i,j}, 0, T_\alpha(\tilde\rho^{i,j}))\right),\quad 0 \le \alpha.$$

Proof. Immediate from the preceding remarks, in view of (1.3), (1.5),and a linear change of variables.

We consider now the mutual windings of n random walks on R^2. Let X^j_m, $1 \le m$, $1 \le j \le n$, be mutually independent, mean 0, unit variance, uncorrelated pairs of real random variables, identically distributed in m for each j, and let $S^j = (S^j_m, m \ge 0)$, be the corresponding (independent) random walks on R^2. The winding sequence of S^j about 0, say $\phi^j_m = \sum_{i=1}^m \lambda^j_i$, $-\pi < \lambda^j_i < \pi$, was defined by Bélisle [1] in the evident way (in the treatment below, the random walks eventually do not reach 0, so this case may be discounted). We are concerned here with the sequences $\phi^{i,j}(m)$ giving the windings about 0 of the random walks $S^i_m - S^j_m$, $1 \le i < j \le n$. Under a boundedness plus mild regularity condition, it follows from [1] that, for each (i,j), $2\phi^{i,j}(n)/\log n$ converges in distribution, as $n \to \infty$, to the same standard hyperbolic secant as does the large winding of a plane Brownian motion. Of course this is no coincidence, and a strong Brownian motion approximation is used in the proof, although the details are complicated.

It is natural to suppose that under the same regularity conditions the joint distributions converge to those of independent hyperbolic secant variables. This is probably true, but the obvious method—that of strong approximation by Brownian motion—seems to be technically too complicated even for the case of classical Bernoulli random walk. There is, however, a fairly general hypothesis, and one which has been frequently made in the literature, under which the argument is not difficult, and most of it is already in Bélisle [2]. Namely, we need to assume *circular symmetry*. (It is hardly surprising, in retrospect, that this simplifies treatment of windings about 0). Following [2], we introduce the

Hypothesis. For each $j \le m$, X^j_1 has a distribution which is circularly symmetric, with radial distribution $\mu^j(dr)$ such that $\mu^j\{0\} \ne 1$ and
$\int_1^\infty r^2 \log^2 r \mu^j(dr) < \infty$.

Now we have

Corollary 3. *Under this hypothesis, let $\phi^{i,j}(t) := \phi^{i,j}([t])$, $0 \le t$. Then as $t \to \infty$, the*

processes $\frac{2}{\log t}\phi^{i,j}(t^\alpha)$ *converge in finite dimensional joint distribution to* $n(n-1)/2$ *independent processes distributed as* $\int_0^{T_\alpha(\rho)} 1(\rho_u > 0)dw_u$, $0 \le \alpha$, *where* (ρ, w) *is a Brownian motion on* R^2 *starting at* 0.

Proof. We first show that $X_1^i - X_1^j$ satisfies the same hypothesis, $1 \le i < j \le n$. Indeed, since X_1^j and $-X_1^j$ have the same distribution, independently of X_1^i, and $|X_1^i - X_1^j| \le |X_1^i| + |X_1^j|$, we have

$$\begin{aligned}
&E(|X_1^i - X_1^j|^2 \log^2 |X_1^i - X_1^j|; |X_1^i - X_1^j| > 2)\\
&\le E((|X_1^i| + |X_1^j|^2 \log^2(|X_1^i| + |X_1^j|; |X_1^i + X_1^j| > 2)\\
&\le 4E((|X_1^i| \vee |X_1^j|^2 \log^2 2(|X_1^i| \vee |X_1^j|); |X_1^i| \vee |X_1^j| > 1)\\
&\le 4[E(|X_1^i|^2 \log^2 2(|X_1^i|); |X_1^i| > 1) + E(|X_1^j|^2 \log^2 2|X_1^j|; |X_1^j| > 1)] < \infty.
\end{aligned}$$

Besides, since $\mathcal{O}(X_1^i + X_1^j) = \mathcal{O}(X_1^i) + \mathcal{O}(X_1^j)$ for any rotation $\mathcal{O}$ of R^2, it is obvious that $X_1^i - X_1^j$ has a spherically symmetric distribution. Hence it satisfies the hypothesis.

Now let W_t^i, $1 \le i \le n$, be independent planar Brownian motions starting at 0, and let $W_t^{i,j} = \frac{1}{\sqrt{2}}(W_t^i - W_t^j)$, $1 \le i < j \le n$. Further, let $R_m^{i,j}$, $1 \le m$, $1 \le i < j \le n$, be independent random varibles on R^+ such that $R_m^{i,j}$ has the distribution of $c^{i,j}\|X_1^i - X_1^j\|$, with $c^{i,j} = \sqrt{2}(E\|X_1^i - X_1^j\|^2)^{-\frac{1}{2}}$. We define $\tau_1^{i,j} = \inf\{t : |W_t^{i,j}| = R_1^{i,j}\}$, and inductively $\tau_{m+1}^{i,j} = \inf\{t > \tau_m^{i,j} : |W_t^{i,j} - W_{\tau_m^{i,j}}^{i,j}| = R_{m+1}^{i,j}\}$. Then clearly the family $W_{\tau_m}^{i,j}$ has the same joint distribution as $c^{i,j}(S_m^i - S_m^j)$, $1 \le m$, $1 \le i < j \le n$. Let us assume, for convenience only, that $P\{X_1^j = 0\} = 0$, so that also $P\{X_1^i - X_1^j = 0\} = 0$ (in any case unless $P\{X_1^j = 0\} = 1$, we would have $P\{S_m^i - S_m^j \ne 0$ for sufficiently large $m\} = 1$, and we could carry out the asymptotics conditionally on $S_m^i - S_m^j \ne 0$). For $\epsilon > 0$, we have $W_\epsilon^{i,j} \ne 0$, $1 \le i < j \le n$, and we can apply Corollary 2 to the large windings $\theta_+^{i,j}(t)$ about 0 of the family $W_{\epsilon+t}^{i,j}$. It follows that $\frac{2}{\log t}\theta_+^{i,j}(t^\alpha)$ converges in finite dimensional joint distribution to $\int_0^{T_\alpha(\rho)} 1(\tilde\rho_u^{i,j} > 0)d\tilde w_u^{i,j}$, where $(\tilde\rho^{i,j}, \tilde w^{i,j})$ are independent planar Brownian motions starting at 0. Of course, as far as the large windings is concerned, starting at time

$\epsilon > 0$ is just a technicality to apply Corollary 2, and the same asymptotics hold starting at $t = 0$.

Finally, as shown in Bélisle [2], for each (i,j), $(\theta_+^{i,j}(\tau_m^{i,j}) - \phi^{i,j}(m))/\log m \xrightarrow{P} 0$ as $m \to \infty$, and at the same time $\theta_+^{i,j}(\tau_m^{i,j}) - \theta_+^{i,j}(m) \xrightarrow{P} 0$. It follows that, for each $\alpha > 0$, $\frac{2}{\log t}(\phi^{i,j}(t^\alpha) - \theta_+^{i,j}(t^\alpha)) \xrightarrow{P} 0$, and hence Corollary 3 is a consequence of the Brownian case.

REFERENCES

1. C. Bélisle, *Windings of random walks*, The Annals of Probability 17 (1989), 1377–1402.
2. C. Bélisle, *Windings of spherically symmetric random walks via Brownian embedding*, Statistics and Prob. Letters 12 (1991), 345–349.
3. P. Messulam and M. Yor, *On D. Williams' "pinching method" and some applications*, J. London Math. Society 26 (1982), 348–364.
4. J. Pitman and M. Yor, *Asymptotic laws of planar Brownian motion*, The Annals of Probability 14 (1986), 733–779.
5. M. Yor, *Etude asymptotique des nombres de tours de plusieurs mouvement browniens complexes corrélés*, In Random walks, Brownian motion, and interacting particle systems, 441- 455, Prog. Probab. 28, Birkhauser, Boston (1991).
6. M. Yor, *Some Aspects of Brownian Motion, Pt1*, Lectures in Mathematics, E. T. H. Zürich, O. Lanford Ed., Birkhauser, Boston (1992).

DEPARTMENT OF MATHEMATICS
UNIVERSITY OF ILLINOIS
1409 WEST GREEN STREET
URBANA, IL 61801

Sufficient statistics for the Brownian sheet

by
Oliver Brockhaus
Institut für Angewandte Mathematik
Universität Bonn

0. Introduction

Let P denote Wiener measure on $(\Omega, \mathcal{F})$, with $\Omega := C_0[0,\infty) := \{x \in C[0,\infty) : x(0) = 0\}$ and $\mathcal{F} := \sigma(X_t; t \geq 0)$. Then the following statement holds with respect to P:

(I) The process $\tilde{X}$ defined by

$$\tilde{X}_t := X_t - \int_0^t \frac{ds}{s} X_s \qquad (t \geq 0)$$

is a Brownian motion, and, in addition, X_t is independent of $(\tilde{X}_s; s \leq t)$ for all $t \geq 0$.

One may ask whether it is possible to replace P by some other probability measure Q on $(\Omega, \mathcal{F})$ such that this statement remains true with respect to Q. It turns out that the class $\mathcal{J}$ of such measures Q is characterized by the following condition:

(II) There exists a Q-Brownian motion B and a random variable Y such that

$$X_t = B_t + tY \qquad (t \geq 0).$$

In addition, B and Y are Q-independent.

Let $\mathcal{F}_t$, respectively $\hat{\mathcal{F}}_t$, denote the subfield $\sigma(X_s; s \leq t)$, respectively $\sigma(X_s; s \geq t)$, of $\mathcal{F}$. Due to Girsanov's theorem, any $Q \in \mathcal{J}$ is equivalent to P on $\mathcal{F}_t$ for each $t \geq 0$, and the densities are given by

(III) $$\left.\frac{dQ}{dP}\right|_{\mathcal{F}_t} = h(X_t, t) \qquad (t \geq 0),$$

with h denoting some space-time harmonic function . This implies

(III') $$Q[\,.\,|\hat{\mathcal{F}}_t\,] = P[\,.\,|\hat{\mathcal{F}}_t\,] \qquad (t \geq 0).$$

In fact, the conditions (I) to (III') are all equivalent and may thus be viewed as four different characterizations of the convex set $\mathcal{J}$ of probability measures on $(\Omega, \mathcal{F})$; cf. Jeulin-Yor [5] for the equivalence of (I) to (III). Note that (II) implies the integral representation

$$Q = \int_{\mathbb{R}} \nu(dy) P^y$$

of any measure $Q \in \mathcal{J}$, where P^y denotes the distribution of Brownian motion with constant drift $y \in \mathbb{R}$ and ν some probability measure on $\mathbb{R}$, i.e. $\nu(dy) = Q[\,Y \in dy\,]$.

These results admit a generalization to infinite dimensions: Regarding X_t, B_t and Y as E-valued random variables, $E := \{x \in C[0,1] : x(0) = 0\}$, and P on $\Omega := \{x \in C([0,\infty), E) : x(0) = 0\}$ as the distribution of the Brownian sheet, the conditions (I), (II) and (III') (with "Brownian sheet" instead of "Brownian motion") remain equivalent while the equivalence with (III) is lost, cf. [4]. In this context, the formula in condition (II) becomes

(1) $$X_{s,t} = B_{s,t} + tY_s \qquad (s \in [0,1], t \geq 0).$$

The equivalence of (II) and (III') was shown by Föllmer [4] using Dynkin's technique of sufficient statistics.

A second approach to a generalization from Brownian motion to Brownian sheet was suggested by Jeulin and Yor in [5]. This approach consists basically in replacing the time parameter t by the pair (s,t) with $s,t \geq 0$ and giving the appropriate generalization of condition (I). Our purpose in this paper is to formulate the analogues of conditions (II) and (III'), and to prove their equivalence with (I). In particular, we obtain the formula

$$X_{s,t} = B_{s,t} + tY_s^1 + sY_t^2 \qquad (s,t \geq 0),$$

which shows the connection with the first approach, cf. formula (1). In fact, the equivalence of the conditions (I), (II) and (III') in the first approach can be shown analogously to our proof of the Theorem below, cf. [1].

1. The result for the Brownian sheet

Let $\Omega := C_0([0,\infty)^2) := \{x \in C([0,\infty)^2) : x_{s,0} = x_{0,t} = 0;\ s,t \geq 0\}$. Using the coordinate mapping $X_{s,t}(\omega) := \omega(s,t)$, we define the fields

$$\mathcal{F} := \sigma(X_{s,t}; s,t \geq 0), \qquad \mathcal{F}_{s,t} := \sigma(X_{u,v}; u \leq s, v \leq t)$$

$$\text{and} \quad \hat{\mathcal{F}}_{s,t} := \sigma(X_{u,v}; u \geq s \text{ or } v \geq t)$$

on Ω. In order to simplify the notation, we introduce

$$R_{s,t} := [0,s] \times [0,t], \quad \mathring{R}_{s,t} := [0,s) \times [0,t) \quad \text{and} \quad \partial R_{s,t} := R_{s,t} - \mathring{R}_{s,t} \, .$$

Finally, let P on Ω denote the distribution of the Brownian sheet, i.e. X is a continuous gaussian two parameter process with covariance

$$E^P[\, X_{s_1,t_1} X_{s_2,t_2} \,] = (s_1 \wedge s_2)(t_1 \wedge t_2)$$

with respect to P. Now we can state our main result:

Theorem *Let Q be a probability measure on $(\Omega, \mathcal{F})$. Then the following three assertions are equivalent:*

I. (a) With respect to Q, the process $\tilde{X}$ defined by

$$\tilde{X}_{s,t} := \lim_{\varepsilon \to 0}\left(X_{s,t} - \int_\varepsilon^s \frac{du}{u} X_{u,t} - \int_\varepsilon^t \frac{dv}{v} X_{s,v} + \int_\varepsilon^s \frac{du}{u} \int_\varepsilon^t \frac{dv}{v} X_{u,v}\right)$$

is a Brownian sheet. (We assume the right hand side to be well defined Q-almost surely.)

(b) $(X_{u,v}; (u,v) \in \partial R_{s,t})$ and $(\tilde{X}_{u,v}; (u,v) \in R_{s,t})$ are Q-independent.

II. (a) There exists a Q-Brownian sheet B as well as a pair of $C_0[0,\infty)$-valued random variables (Y^1, Y^2) such that

$$X_{s,t} = B_{s,t} + tY^1_s + sY^s_t \qquad (s,t \geq 0).$$

(b) B and (Y^1, Y^2) are Q-independent.

III. For all $s,t \geq 0$ and $f \in b\mathcal{F}$ (i.e. f bounded and $\mathcal{F}$-measurable),

$$E^Q[\, f \mid \hat{\mathcal{F}}_{s,t} \,] = \pi_{s,t} f$$

holds Q-almost surely.

In the theorem above, $\pi_{s,t} f$ is defined by

$$\pi^\omega_{s,t} f := E^P[\, f(X^{s,t,\omega}_{u,v}, (u,v) \in R_{s,t}; X_{u,v}(\omega), (u,v) \notin \mathring{R}_{s,t}) \,],$$

where $X^{s,t,\omega}$ denotes the Brownian bridge from 0 to $(X_{u,v}(\omega), (u,v) \in \partial R_{s,t})$, i.e.

$$X^{s,t,g}_{u,v} := X_{u,v} - \frac{u}{s}(X_{s,v} - g_{s,v}) - \frac{v}{t}(X_{u,t} - g_{u,t}) + \frac{uv}{st}(X_{s,t} - g_{s,t})$$

for $(u,v) \in R_{s,t}$ and $g \in C_0([0,\infty)^2)$.

Remark 1 Since $X^{s,t,g}$ is P-independent of $\hat{\mathcal{F}}_{s,t}$, P satisfies *(III)*.

Remark 2 It is easy to see that $\Pi := (\hat{\mathcal{F}}_{s,t}, \pi_{s,t}; s,t \geq 0)$ is a specification in the sense of [2] and [3].

2. Proof of the Theorem

We prove *(I)* $\Rightarrow$ *(II)* $\Rightarrow$ *(III)* $\Rightarrow$ *(I)*.

2.1 *(I)* $\Rightarrow$ *(II)*

The key to this part of the proof is the following

Lemma 1 *Let B denote a Brownian sheet and X a process satisfying the following stochastic differential equation:*

$$(2) \qquad X_{s,t} = B_{s,t} + \int_0^s \frac{du}{u} X_{u,t} + \int_0^t \frac{dv}{v} X_{s,v} - \int_0^s \frac{du}{u} \int_0^t \frac{dv}{v} X_{u,v}$$

(We assume the right hand side to be well defined almost surely.)
Then

$$\frac{X_{s_2,t_2}}{s_2t_2} - \frac{X_{s_2,t_1}}{s_2t_1} - \frac{X_{s_1,t_2}}{s_1t_2} + \frac{X_{s_1,t_1}}{s_1t_1} = \int_{s_1}^{s_2} \int_{t_1}^{t_2} \frac{dB_{s,t}}{st}$$

holds for all s_i, t_i satisfying $0 < s_1 \leq s_2$ and $0 < t_1 \leq t_2$, or, shorter but less precisely,

$$d\frac{X_{s,t}}{st} = \frac{dB_{s,t}}{st}.$$

Proof: The proof is straightforward but involves some computation:

$$\begin{aligned} \int_{s_1}^{s_2} \int_{t_1}^{t_2} \frac{dB_{s,t}}{st} &= \frac{B_{s_2,t_2}}{s_2t_2} - \frac{B_{s_2,t_1}}{s_2t_1} - \frac{B_{s_1,t_2}}{s_1t_2} + \frac{B_{s_1,t_1}}{s_1t_1} \\ &\quad + \int_{t_1}^{t_2} \frac{dt}{t} \Big(\frac{B_{s_2,t}}{s_2t} - \frac{B_{s_1,t}}{s_1t}\Big) + \int_{s_1}^{s_2} \frac{ds}{s} \Big(\frac{B_{s,t_2}}{st_2} - \frac{B_{s,t_1}}{st_1}\Big) \\ &\quad + \int_{s_1}^{s_2} \frac{ds}{s} \int_{t_1}^{t_2} \frac{dt}{t} \frac{B_{s,t}}{st} \\ &= \frac{X_{s_2,t_2}}{s_2t_2} - \frac{X_{s_2,t_1}}{s_2t_1} - \frac{X_{s_1,t_2}}{s_1t_2} + \frac{X_{s_1,t_1}}{s_1t_1}. \end{aligned}$$

The first equation follows by considering the corresponding indicator functions. To conclude, replace B by X using (2) and simplify according to the classical product rule. □

Since Q satisfies *(I.a)*, we may apply Lemma 1. The right hand side of

$$\frac{X_{u,v}}{uv} - \frac{X_{u,t}}{ut} - \frac{X_{s,v}}{sv} + \frac{X_{s,t}}{st} = \int_s^u \int_t^v \frac{d\tilde{X}_{a,b}}{ab}$$

converges in $L^2(\Omega, \mathcal{F}, Q)$ for $u, v \to \infty$. Therefore,

$$Y_{s,t} := \lim_{u,v\to\infty}\left(\frac{X_{s,v}}{sv} + \frac{X_{u,t}}{ut} - \frac{X_{u,v}}{uv}\right)$$

exists Q-a.s. for all $s,t > 0$, i.e.

$$X_{s,t} = B_{s,t} + stY_{s,t} =: B_{s,t} + H_{s,t}. \tag{3}$$

Obviously, B defined by

$$B_{s,t} := st\int_s^\infty \int_t^\infty \frac{d\tilde{X}_{a,b}}{ab}$$

is a Brownian sheet.

We investigate the drift H. We see from (3) that H lives on $C_0([0,\infty)^2)$ Q-almost surely. Since

$$Y_{s,t_2} - Y_{s,t_1} = \lim_{u\to\infty}\left(\frac{X_{u,t_2}}{ut_2} - \frac{X_{u,t_1}}{ut_1}\right)$$

is independent of $s > 0$, we may introduce

$$Y_s^1 := sY_{s,1} \quad \text{and} \quad Y_t^2 := tY_{1,t} - tY_{1,1} = tY_{s,t} - tY_{s,1}$$

and decompose H as

$$H_{s,t} = tY_s^1 + sY_t^2 \qquad (s,t > 0).$$

Now, since $H \in C_0([0,\infty)^2)$ holds, $Y^1, Y^2 \in C_0[0,\infty)$.

It remains to show the Q-independence of B and (Y^1, Y^2), or, equivalently, the Q-independence of B and H: Let $Z \in L^2(\Omega, \tilde{\mathcal{F}}, Q)$, $\tilde{\mathcal{F}} := \sigma(\tilde{X}_{s,t}; s,t \geq 0)$ and let $\varphi \in C([0,\infty)^{n^2})$ be bounded. Then *(I.b)* implies

$$\begin{aligned} &E^Q[\,E^Q[\,Z \mid \tilde{\mathcal{F}}_{u,v}\,]\,\varphi(s_jt_k(\frac{X_{s_j,v}}{s_jv} + \frac{X_{u,t_k}}{ut_k} - \frac{X_{u,v}}{uv}); j,k \leq n)\,] \\ = \;& E^Q[\,Z\,]\,E^Q[\,\varphi(s_jt_k(\frac{X_{s_j,v}}{s_jv} + \frac{X_{u,t_k}}{ut_k} - \frac{X_{u,v}}{uv}); j,k \leq n)\,]. \end{aligned}$$

The independence follows by taking limits $u,v \to \infty$. □

2.2 *(II)* ⇒ *(III)*

We assume Q to satisfy *(II)*. Since H and B are Q-independent, *(II)* translates into the integral representation

(4) $$Q = \int_M \nu(dh) P^h,$$

where $\nu(dh) := Q[\, H \in dh\,]$, $P^h := \tau_h(P)$, τ_h denotes translation by h and the "Martin boundary" M is given by

$$M := \{h \in C_0([0,\infty)^2) : \exists\, y^1, y^2 \in C_0[0,\infty) : h_{s,t} = t y^1_s + s y^2_t\}.$$

Therefore we only have to show that $P^h[\,.\,|\,\hat{\mathcal{F}}_{s,t}\,] = \pi_{s,t}$ for $h \in M$. We prove this assertion by observing that $\tau_h(X^{s,t,g}) = X^{s,t,(\tau_h g)}$ holds on $R_{s,t}$ for any $h \in M$, as a short computation shows, and thus

$$\begin{aligned}
& E^{P^h}[\,(\pi_t f)\, g\,] \\
&= \int_\Omega P^h(d\omega) E^P[\, f(X^{s,t,\omega}_{u,v}, (u,v) \in R_{s,t}; X_{u,v}(\omega), (u,v) \notin R^\circ_{s,t})\,]\, g(\omega) \\
&= \int_\Omega P(d\omega) E^P[\, f(X^{s,t,\tau_h\omega}_{u,v}, —; (\tau_h X)_{u,v}(\omega), —)\,]\, (g \circ \tau_h)(\omega) \\
&= \int_\Omega P(d\omega) E^P[\, (f \circ \tau_h)(X^{s,t,\omega}_{u,v}, —; X_{u,v}(\omega), —)\,]\, (g \circ \tau_h)(\omega) \\
&= E^P[\,(\pi_{s,t}(f \circ \tau_h))\, (g \circ \tau_h)\,] \\
&= E^{P^h}[\, f\, g\,]
\end{aligned}$$

for all $f \in b\mathcal{F}$ and $g \in b\hat{\mathcal{F}}_{s,t}$. □

2.3 *(III)* $\Rightarrow$ *(I)*

This part of the proof is based on the fact that P satisfies *(I)*, cf. Jeulin-Yor [5]. We include an argument for part *(I.b)*:

Lemma 2 *Let X denote a Brownian sheet. Then, for all $a, b \geq 0$,*

$$\begin{aligned}
& \sigma(\tilde{X}_{s,t}; (s,t) \in R_{a,b}) \\
&= \sigma(X^{s,t,0}_{u,v}, (u,v) \in R_{s,t}; (s,t) \in R_{a,b}) \\
&= \sigma(X^{a,b,0}_{s,t}; (s,t) \in R_{a,b}).
\end{aligned}$$

Proof: We have

$$\tilde{X}_{s,t} = \int_0^s \frac{du}{u} \int_0^t \frac{dv}{v} X^{s,t,0}_{u,v}, \qquad X^{s,t,0}_{u,v} = (X^{a,b,0})^{s,t,0}_{u,v}$$

$$\text{and} \qquad X^{a,b,0}_{s,t} = st \int_s^a \int_t^b \frac{d\tilde{X}_{u,v}}{uv}.$$

The third equation is a consequence of Lemma 1. □

Now we assume that Q satisfies *(III)*. It is easy to see that $\tilde{X}_{s,t}$ is well defined Q-almost surely: Denote the set in question by A. Then

$$
\begin{aligned}
Q[\,\{\tilde{X}_{s,t} \text{ is well defined}\}\,] &= E^Q[\,I_A\,] = E^Q[\,\pi_{a,b} I_A\,] \\
&= \int_\Omega Q(d\omega)\, E^P[\,\lim_{\varepsilon\to 0}(X^{a,b,\omega}_{s,t} - \int_\varepsilon^s \frac{du}{u} X^{a,b,\omega}_{u,t} - \ldots + \ldots) \text{ is well defined}\,] \\
&= 1,
\end{aligned}
$$

since

$$
\begin{aligned}
&(\widetilde{X^{a,b,g}})_{s,t} \\
&= \lim_{\varepsilon\to 0}(X^{a,b,g}_{s,t} - \int_\varepsilon^s \frac{du}{u} X^{a,b,g}_{u,t} - \int_\varepsilon^t \frac{dv}{v} X^{a,b,g}_{s,v} + \int_\varepsilon^s \frac{du}{u} \int_\varepsilon^t \frac{dv}{v} X^{a,b,g}_{u,v}) \\
&= \tilde{X}_{s,t} + \lim_{\varepsilon\to 0}(\int_\varepsilon^s \frac{du}{u}\frac{t}{b}(X_{u,b} - g_{u,b}) + \int_\varepsilon^t \frac{dv}{v}\frac{s}{a}(X_{a,v} - g_{a,v}) \\
&\qquad - \int_\varepsilon^s \frac{du}{u} \int_\varepsilon^t \frac{dv}{v}[\frac{u}{a}(X_{a,v} - g_{a,v}) + \frac{v}{b}(X_{u,b} - g_{u,b})]) \\
&= \tilde{X}_{s,t} + \lim_{\varepsilon\to 0}(\frac{\varepsilon}{b}\int_\varepsilon^s \frac{du}{u}(X_{u,b} - g_{u,b}) + \frac{\varepsilon}{a}\int_\varepsilon^t \frac{dv}{v}(X_{a,v} - g_{a,v})) \\
&= \tilde{X}_{s,t},
\end{aligned}
$$

whenever $\tilde{X}_{s,t}$ is well defined. In order to show that Q satisfies *(I)*, we consider complex-valued functions which depend on $\tilde{X}$: Let $s_{j-1} \le s_j < s$, $t_{j-1} \le t_j < t$. Then for Q-almost every ω, one has

$$
\begin{aligned}
&E^Q[\,\exp\{i \sum_{j,k=1}^n \lambda_{j,k}(\tilde{X}_{s_j,t_k} - \tilde{X}_{s_j,t_{k-1}} - \tilde{X}_{s_j,t_{k-1}} - \tilde{X}_{s_{j-1},t_{k-1}})\} \mid \hat{\mathcal{F}}_{s,t}\,](\omega) \\
&= E^P[\,\exp\{i \sum_{j,k=1}^n \lambda_{j,k}((\widetilde{X^{s,t,\omega}})_{s_j,t_k} - \ldots - \ldots + \ldots)\}\,] \\
&= E^P[\,\exp\{i \sum_{j,k=1}^n \lambda_{j,k}(\tilde{X}_{s_j,t_k} - \tilde{X}_{s_j,t_{k-1}} - \tilde{X}_{s_j,t_{k-1}} - \tilde{X}_{s_{j-1},t_{k-1}})\}\,] \\
&= \exp\{-\frac{1}{2} \sum_{j,k=1}^n \lambda_{j,k}^2 (s_j - s_{j-1})(t_k - t_{k-1})\}.
\end{aligned}
$$

□

3. Another proof using Dynkin's technique of Sufficient Statistics

In the following, we give an alternative direct proof of the implication *(III)* $\Rightarrow$ *(II)* in the Theorem. This is analogous to Föllmer's proof in [4], cf. Introduction. We assume familiarity with the notions and results in [2]. As mentioned in Remark 2, $\Pi := (\mathcal{F}_{s,t}, \pi_{s,t}, s, t \geq 0)$ is a local specification. Therefore,

$$\hat{\mathcal{F}}_\infty := \bigcap_{s,t \geq 0} \hat{\mathcal{F}}_{s,t}$$

is sufficient for the set $G(\Pi)$ of Gibbs-states specified by Π, i.e. the set of probability measures Q satisfying *(III)*. Furthermore, the integral representation

$$Q = \int_{G(\Pi)^e} \mu(d\tilde{P})\, \tilde{P}$$

holds where μ denotes a probability measure on the set $G(\Pi)^e$ of extreme points of $G(\Pi)$. In order to prove *(II)* or equivalently

$$Q = \int_M \nu(dh) P^h$$

for some probability measure ν on M, cf. formula (4), it suffices to show

$$G(\Pi)^e \subset \{P^h : h \in M\}$$

since $P^h \mapsto h$ is a measurable mapping from $G(\Pi)^e$ to M.

Now we assume $Q \in G(\Pi)^e$ and choose two sequences (s_k) and (t_k) with $s_k, t_k \overset{k\to\infty}{\longrightarrow} \infty$. Then

$$\pi^\omega_{s_k,t_k} \overset{k\to\infty}{\Longrightarrow} Q,$$

i.e. weak convergence holds for some $\omega \in \Omega$, cf. [2]. In particular, the marginal distributions at a fixed parameter (s,t) converge, and this implies the existence of

$$h_{s,t} := \lim_{k\to\infty} \left(\frac{s}{s_k} X_{s_k,t}(\omega) + \frac{t}{t_k} X_{s,t_k}(\omega) - \frac{st}{s_k t_k} X_{s_k,t_k}(\omega)\right) \in I\!R \tag{5}$$

for any $s, t \geq 0$.

We claim $Q = P^h$. Indeed, we may regard Q as well as P^h as measures on the set of all real-valued functions on $[0,\infty)^2$. Then, for any continuous, bounded function $f = g(X_{s_1,t_1}, \ldots, X_{s_n,t_n})$, we obtain

$$\begin{aligned} Q[f] &= \lim_{k\to\infty} \pi^{\omega}_{s_k,t_k} f \\ &= \lim_{k\to\infty} P[\, g(X^{s_k,t_k}_{s_i,t_i}, 0 \le i \le n)\,] \\ &= P[\, g(X_{s_i,t_i} + h_{s_i,t_i}, 0 \le i \le n)\,] \\ &= P^h[f]. \end{aligned}$$

The function h in formula (5) is continuous on $[0,\infty)^2$ since, choosing sequences (s_k) and (t_k) with $s_k \to s$ and $t_k \to t$, one has

$$\begin{aligned} 1 &= Q[\liminf_{k\to\infty} X_{s_k,t_k} = \limsup_{k\to\infty} X_{s_k,t_k}\,] \\ &= P[\liminf_{k\to\infty}(X_{s_k,t_k} + h_{s_k,t_k}) = \limsup_{k\to\infty}(X_{s_k,t_k} + h_{s_k,t_k})\,] \\ &= P[\liminf_{k\to\infty} h_{s_k,t_k} = \limsup_{k\to\infty} h_{s_k,t_k}\,]. \end{aligned}$$

Finally, $h \in M$ follows as in section 2.1. □

References

[1] O.Brockhaus, *Der Zusammenhang zwischen Suffizienter Statistik und Drift beim Brownschen Blatt*, Diplomarbeit, Universität Bonn (1992).

[2] E.B.Dynkin, *Sufficient Statistics and extreme points*, Annals of Probability 6, 705-730 (1978).

[3] H.Föllmer, *Phase transition and Martin boundary*, Séminaire de Probabilités IX, Lecture Notes in Mathematics 465, 305-317, Springer (1975).

[4] H.Föllmer, *Martin Boundaries on Wiener Space*, Diffusion Processes and Related Problems in Analysis, volume I, Editor M.Pinsky, Progress in Probability 22, 3-16, Birkhäuser (1991).

[5] T.Jeulin, M.Yor, *Une décomposition non-canonique du drap brownien*, Séminaire de Probabilités XXVI, Lecture Notes in Mathematics 1526, 322-347, Springer (1992).

Moyennes mobiles et semimartingales.

T. Jeulin[1] et *M. Yor*[2]

(1) *UFR de Mathématiques et URA 1321, Université Paris 7, Tour 45-55, 5ème étage, 2, place Jussieu, 75251 Paris Cédex 05.*

(2) *Laboratoire de Probabilités, Université P. et M. Curie, Tour 56, 3ème étage, 4, place Jussieu, 75252 Paris Cédex 05.*

Soit $(X_t)_{t\geq 0}$ un mouvement brownien réel, issu de 0. On a étudié en [JY] le processus défini pour $t \geq 0$ par :

$$T(X)_t = X_t - \int_0^t \frac{1}{s} X_s \, ds \;;$$

on a vu en particulier que :

• $T(X)$ est un mouvement brownien réel ;

• pour tout $t > 0$, la tribu $\sigma(T(X)_s \mid s \leq t)$ coïncide, aux ensembles négligeables près, avec celle du pont brownien de longueur t, défini pour $u \leq t$ par : $X_u^{(t)} = X_u - \frac{u}{t} X_t$; en conséquence, pour tout $t \geq 0$, $\sigma(T(X)_s \mid s \leq t)$ est indépendante de $\sigma(X_s \mid s \geq t)$.

• la transformation T est ergodique sur l'espace de Wiener.

On peut aussi écrire : $T(X)_t = X_t - \int_0^t \frac{1}{s} \int_0^s dX_v \, ds = \int_0^t \left(1 - \mathrm{Log}\frac{t}{v}\right) dX_v$, ce qui incite à introduire :

$$\mathcal{M} \equiv \left\{\rho \,:\,]1,\infty[\longrightarrow \mathbb{R},\text{ fonction mesurable telle que : } 0 < \int_0^1 \rho^2\!\left(\frac{1}{u}\right) du < \infty\right\}$$

et à étudier pour $\rho \in \mathcal{M}$ le processus $\left(R_t \equiv \int_0^t \rho\!\left(\frac{t}{s}\right) dX_s\right)_{t\geq 0}$.

On peut chercher, par exemple :

- à quelles conditions R est une semi-martingale dans la filtration de X ou dans sa filtration propre ?
- Quelle est la famille $\mathcal{M}_b$ des fonctions ρ de $\mathcal{M}$ pour lesquelles R est un mouvement <u>brownien</u> et quelles sont dans ce cas les propriétés de la transformation $X \longrightarrow R$?

De fait, on voit aisément que le processus $\tilde{R}$ défini pour $\tau \in \mathbb{R}$ par :

$$\tilde{R}_\tau = e^{-\tau/2} R_{\exp\tau}$$

est un processus gaussien stationnaire (plus précisément une moyenne mobile) ;

l'étude proposée plus haut traite donc, en fait, de processus gaussiens stationnaires pour lesquels une importante littérature existe ; on apporte ici des compléments aux travaux de JAIN-MONRAD [JMo], EMERY [E], STRICKER [S]. On retrouve ainsi, avec une démonstration différente, le résultat suivant qui figure dans KNIGHT ([Kn] théorème 6.5) :

R *est une* $\mathcal{X}$*-semi-martingale si et seulement si il existe* $c \in \mathbb{R}$ *et* $\varphi \in \mathcal{M}$ *tels que :* $\rho = c + \int_1^{\cdot} \frac{1}{\psi}\, \varphi(\psi)\, d\psi$; cX *est alors la partie martingale de* R, *tandis que sa partie à variation finie est* $\int_0^{\cdot} \left(\frac{1}{u} \int_0^u \varphi\left(\frac{u}{s}\right) dX_s\right) du.$

Le passage par les processus gaussiens stationnaires permet en outre de donner un autre éclairage à certains résultats de [JY].

<u>*Conventions*</u> : soit J un intervalle de $\mathbb{R}$ et $(Z_r)_{r\in J}$ un processus mesurable défini sur l'espace probabilisé [complet] $(\Omega,\mathcal{A},\mathbb{P})$;

$\mathcal{Z} = (\mathcal{Z}_r)_{r\in J}$ désigne la filtration engendrée par Z :

$$\mathcal{Z}_r = \sigma(Z_s \mid s \le r,\ s \in J) \vee \mathcal{N},$$

où $\mathcal{N}$ est la famille des ensembles $\mathbb{P}$-négligeables de $\mathcal{A}$.

Pour $L = (L_t)_{t\ge0}$ processus indexé par $\mathbb{R}_+$, $\tilde{L}$ est le processus défini sur $\mathbb{R}$ par

$$\tilde{L}_\tau = e^{-\tau/2} L_{\exp\tau}$$

1) Quelques réécritures.

Soit $X = (X_t)_{t\ge0}$ un mouvement brownien ; $\tilde{X}$ est le processus d'Ornstein-Uhlenbeck associé à X : remarquons que, pour $\tau,\ \sigma \in \mathbb{R}$,

$$\mathbb{E}[\tilde{X}_\tau\, \tilde{X}_\sigma] = \exp-\tfrac{1}{2}|\tau - \sigma| = \frac{2}{\pi} \int_{\mathbb{R}} e^{i\gamma(\tau-\sigma)}\, \frac{1}{1 + 4\gamma^2}\, d\gamma\ ;$$

$\tilde{X}$ est gaussien stationnaire ; sa mesure spectrale λ_0 a pour densité $\frac{2}{\pi}\, \frac{1}{1 + 4\gamma^2}$ par rapport à la mesure de Lebesgue λ sur $\mathbb{R}$.

$$\text{Soit aussi } \beta_\tau = \begin{cases} \tilde{X}_\tau - \frac{1}{2}\int_\tau^0 \tilde{X}_s\, ds & \text{si } \tau \le 0 \\ \tilde{X}_\tau + \frac{1}{2}\int_0^\tau \tilde{X}_s\, ds & \text{si } \tau \ge 0 \end{cases}\ ;$$

β est un mouvement brownien (indexé par $\mathbb{R}$) (ses accroissements sont gaussiens, centrés, indépendants, $\mathbb{E}[(\beta_\tau - \beta_\sigma)^2] = |\tau - \sigma|$) et $\beta_0 = \tilde{X}_0 = X_1$) ;

pour φ de classe C^1, à support compact dans $]0,\infty[$,

$$\int_0^\infty \varphi(s)\, dX_s = - \int_0^\infty \varphi'(s)\, X_s\, ds = - \int_{\mathbb{R}} \frac{d}{d\tau}\left(\varphi(e^\tau)\right) e^{\tau/2}\, \tilde{X}_\tau\, d\tau$$

$$= \int_{\mathbb{R}} \mathcal{U}\varphi(\tau)\ (d\tilde{X}_\tau + \tfrac{1}{2}\ \tilde{X}_\tau\ d\tau) \equiv \int_{\mathbb{R}} \mathcal{U}\varphi(\tau)\ d\beta_\tau$$

où $\mathcal{U}$ est l'isométrie de $L^2(\mathbb{R}_+,\lambda)$ sur $L^2(\mathbb{R},\lambda)$ définie par :

$$\mathcal{U}\varphi(\tau) = e^{\tau/2}\ \varphi(e^\tau)\ ;$$

on notera que $\tilde{\mathcal{X}}_\tau$ coïncide avec la tribu $\sigma(\beta_y - \beta_z \mid y \le z \le \tau)$.

Dans la suite, on identifiera (isométriquement) l'espace gaussien de $\tilde{X}$ et $L^2(\mathbb{R},\lambda)$ en identifiant $\tilde{X}_\tau$ et la fonction $\gamma \longrightarrow e^{i\gamma\tau}\ \dfrac{1}{\frac{1}{2} + i\gamma}$.

Pour $\varphi \in L^2(\mathbb{R}_+,ds)$, $\int_0^\infty \varphi(s)\ dX_s$ sera donc identifié avec $\widehat{\mathcal{U}\varphi}$

(pour $f \in L^2(\mathbb{R},\lambda)$, $\hat{f}$ désigne la transformée de Fourier de f ; on notera aussi e_τ la fonction $\gamma \longrightarrow e_\tau(\gamma) = e^{i\gamma\tau}$).

Soit $\rho \in \mathcal{M}$ et, pour $t \ge 0$, $R_t \equiv \int_0^t \rho\left(\frac{t}{s}\right)\ dX_s$; on a :

$$\tilde{R}_\tau = e^{-\tau/2}\ R_{\exp\tau} = e^{-\tau/2} \int_{\mathbb{R}} e^{\sigma/2}\ \rho(e^{\tau-\sigma})\ 1_{(\sigma < \tau)}\ d\beta_\sigma\ ;$$

$\tilde{R}$ est donc la *moyenne mobile adaptée* $\tau \longrightarrow \int_{-\infty}^\tau \eta_\rho(\tau - \sigma)\ d\beta_\sigma$ où :

$$\eta_\rho(\tau) = 1_{(\tau > 0)}\ e^{-\tau/2}\ \rho(e^\tau) \quad (\eta_\rho \in L^2(\mathbb{R},\lambda))\ ;$$

$\tilde{R}$ est gaussien stationnaire, de fonction de covariance :

$$E[\tilde{R}_\sigma\ \tilde{R}_\tau] = \int_{-\infty}^\sigma \eta_\rho(\tau-\upsilon)\ \eta_\rho(\sigma-\upsilon)\ d\upsilon = \int_0^\infty \eta_\rho(\upsilon)\ \eta_\rho(\tau-\sigma+\upsilon)\ d\upsilon \quad (\sigma \le \tau)$$

$$= (2\pi)^{-1} \int_{\mathbb{R}} |\hat{\eta}_\rho(\upsilon)|^2\ e^{i\upsilon(\tau-\sigma)}\ d\upsilon\ ;$$

la mesure spectrale de $\tilde{R}$ est la mesure de densité $(2\pi)^{-1}\ |\hat{\eta}_\rho(\upsilon)|^2$ par rapport à la mesure de Lebesgue λ sur $\mathbb{R}$; on a donc :

<u>*Lemme 1*</u> : *Soit* $\rho \in \mathcal{M}$ *et* $\eta_\rho(\tau) = 1_{(\tau > 0)}\ e^{-\tau/2}\ \rho(e^\tau)$; *alors* ρ *appartient à* $\mathcal{M}_b$ *si et seulement si* :

$$(\tfrac{1}{4} + \gamma^2)\ |\hat{\eta}_\rho(\gamma)|^2 = 1 \qquad \lambda\text{-}p.s.$$

Si on utilise l'identification à $L^2(\mathbb{R},\lambda)$, $\tilde{R}_\tau$ s'identifie à $\overline{\hat{\eta}_\rho\ e_\tau}$.

Soit $t > 0$; l'étude de la tribu $\mathcal{R}_t$ ou de l'espace gaussien engendré par $\{R_s\}_{s \le t}$ revient, avec $\tau = \text{Log}t$, à la recherche du sous-espace fermé de $L^2(\mathbb{R},\lambda)$ engendré par $\{\gamma \longrightarrow \overline{\hat{\eta}_\rho(\gamma)}\ \exp i\gamma\sigma\ ;\ \sigma \le \tau\}$, ce qui motive les quelques rappels suivants ; les résultats énoncés sont essentiellement dûs à Paley et Wiener [PW] ou à Beurling [B] ; on en trouvera aussi des démonstrations dans le livre de Dym et McKean [DMK] qui a fortement inspiré ce travail (le lien avec les processus stationnaires remonte à Karhunen [Ka]) :

• la *classe de Hardy* $\mathbb{H}^2_+$ est l'ensemble des fonctions H analytiques dans le demi-plan supérieur $\mathbb{C}_+ = \{z \in \mathbb{C} | \ \mathcal{I}m(z) > 0\}$ et telles que

$$\sup_{b>0} \int_{\mathbb{R}} |H(a+ib)|^2 \, da < \infty ;$$

H appartient à $\mathbb{H}^2_+$ si et seulement si

$$H(z) = \int_{\mathbb{R}_+} e^{izt} \, h(t) \, dt \qquad \text{où } h \in L^2_{\mathbb{C}}(\mathbb{R},\lambda) \qquad (z \in \mathbb{C}_+) ;$$

on a alors : $\lim_{b\to 0} H(a+ib) = \hat{h}(a)$ $\quad da$ p.s. et dans $L^2_{\mathbb{C}}(\mathbb{R},\lambda)$:

dans la suite, pour $h \in L^2_{\mathbb{C}}(\mathbb{R},\lambda)$, nulle p.s. sur $]-\infty,0[$, on notera encore $\hat{h}$ la fonction de $\mathbb{H}^2_+$: $z \in \mathbb{C}_+ \longrightarrow \int_{\mathbb{R}_+} e^{izt} \, h(t) \, dt$; si h n'est pas triviale, $|\hat{h}|$ a la propriété caractéristique : $\displaystyle\int_{\mathbb{R}} \text{Log}|\hat{h}(\gamma)| \frac{d\gamma}{1+\gamma^2} > -\infty$.

• $H \in \mathbb{H}^2_+$ $(H = \hat{h})$ est dite *extérieure* si $H \not\equiv 0$ et vérifie en un (ou tout) point $a + ib$ de $\mathbb{C}_+$:

$$\text{Log}|H(a+ib)| = \frac{b}{\pi} \int_{\mathbb{R}} \frac{\text{Log}|\hat{h}|(x)}{(x - a)^2 + b^2} \, dx$$

Par exemple, <u>la fonction $\hat{\eta}_1(x) = \dfrac{1}{\frac{1}{2} - ix}$ est extérieure.</u>

• Une fonction G analytique sur $\mathbb{C}_+$ est dite *intérieure* si $|G| \le 1$ sur $\mathbb{C}_+$ et si $G_{0+}(a) \equiv \lim_{b\to 0} G(a+ib)$ est da p.s. de module 1.

• Toute H de $\mathbb{H}^2_+$ s'écrit (de façon unique à une constante multiplicative de module 1 près) comme produit $E \times G$ où $E \in \mathbb{H}^2_+$ est extérieure et G est intérieure ; avec $H = \hat{h}$, le sous espace fermé de $L^2(\mathbb{R},\lambda)$ engendré par $\{e_\tau \hat{h} | \ \tau \ge 0\}$ coïncide avec $G_{0+} \mathbb{H}^2_+$; une expression explicite de E est :

$$E(z) = \exp\left(-\frac{i}{\pi} \int_{\mathbb{R}} \frac{1+\gamma z}{\gamma - z} \, \text{Log}|\hat{h}|(\gamma) \frac{d\gamma}{1+\gamma^2}\right) .$$

On notera que pour $h \in L^2(\mathbb{R},\lambda)$, à valeurs réelles, on a la *condition de réalité* : $\overline{\hat{h}(z)} = \hat{h}(-\bar{z})$; "la" partie intérieure et "la" partie extérieure de $\hat{h}$ seront choisies de manière à vérifier la même propriété (elles sont alors définies à la multiplication par $\pm$ 1 près).

Pour $\kappa \in \mathcal{M}$, G_κ est un facteur intérieur de $\hat{\eta}_\kappa$ avec $\overline{G_\kappa(z)} = G_\kappa(-\bar{z})$ $(z \in \mathbb{C}_+)$;

si $\rho \in \mathcal{M}$, on prendra $G \equiv \dfrac{\hat{\eta}_\rho}{\hat{\eta}_1}$ et si on utilise l'identification de l'espace gaussien de $\tilde{X}$ à $L^2(\mathbb{R},\lambda)$, $\int_0^\infty \varphi(t)\, dR_t$ s'identifie à $(\mathcal{U}\varphi)^\wedge\, \overline{G}_\rho$.

Remarque : Pour φ de classe C^1, à support compact dans $]0,\infty[$, et $\kappa \in \mathcal{M}$,
$-\int_0^\infty \varphi'(s)\, K_s\, ds$ s'identifie dans $L^2(\mathbb{R},\lambda)$ à $\gamma \longrightarrow (\frac{1}{2} + i\gamma)\, (\mathcal{U}\varphi)^\wedge(\gamma)\, \overline{\hat{\eta}_\kappa(\gamma)}$

L'application $\varphi \longrightarrow \int_0^\infty \varphi(s)\, dK_s \equiv -\int_0^\infty \varphi'(s)\, K_s\, ds$ se prolonge par continuité aux φ de $L^2(\mathbb{R}_+,\lambda)$ telles que : $\int_{\mathbb{R}} \left|(\mathcal{U}\varphi)^\wedge(\gamma)\right|^2 (\frac{1}{4} + \gamma^2)\, \left|\hat{\eta}_\kappa(\gamma)\right|^2 d\gamma < \infty$
(on retrouve l'intégrale gaussienne classique).

Lemme 2 : Soit $\kappa \in \mathcal{M}$; soit κ_e et ρ_κ les fonctions de $\mathcal{M}$ telles que :

$$\widehat{\eta_{\kappa_e}}(z) = \exp\left(-\frac{i}{\pi}\int_{\mathbb{R}} \frac{1+\gamma z}{\gamma - z}\, \mathrm{Log}|\hat{h}|(\gamma)\, \frac{d\gamma}{1+\gamma^2}\right), \qquad \widehat{\eta_{\rho_\kappa}} = \hat{\eta}_1 \times \frac{\widehat{\eta_{\kappa_e}}}{\widehat{\eta_\kappa}}.$$

Soit, pour $t > 0$, $K_t \equiv \int_0^t \kappa\left(\frac{t}{s}\right) dX_s$ *et* $Y_t^{(\kappa)} = \int_0^t \rho_\kappa\left(\frac{t}{s}\right) dX_s$; $Y^{(\kappa)}$ *est un mouvement brownien engendrant la même filtration que* K *et* $K_t \equiv \int_0^t \kappa_e\left(\frac{t}{s}\right) dY_s^{(\kappa)}$.

Démonstration :

On notera que $\widehat{\eta_{\kappa_e}}$ est un facteur extérieur de $\widehat{\eta_\kappa}$ et que $\dfrac{\hat{\eta}_{\rho_\kappa}}{\hat{\eta}_1}$ est intérieure ;
comme $|\widehat{\eta_{\rho_\kappa}}| = |\hat{\eta}_1|$ λ-p.s., $Y^{(\kappa)}$ est un mouvement brownien (lemme 1) ;
si on identifie $\tilde{X}_\tau$ et $\overline{\hat{\eta}_1}\, e_\tau$ $(\tau \in \mathbb{R})$ dans $L^2(\mathbb{R},\lambda)$, $\tilde{K}_\tau$ s'identifie à $\overline{\hat{\eta}_\kappa}\, e_\tau$;
$\int_0^\infty \varphi(s)\, dY_s^{(\kappa)}$ s'identifie à $\overline{G_{\rho_\kappa}}\, (\mathcal{U}\varphi)^\wedge(\gamma)$ $(\varphi \in L^2(\mathbb{R}_+,dt))$;
$e^{-\tau/2}\int_0^{e^\tau} \kappa_e\left(\frac{1}{s}e^\tau\right) dY_s^{(\kappa)}$ s'identifie à $\overline{G_{\rho_\kappa}}\, e^{-\tau/2}\left\{\mathcal{U}\kappa_e(\tfrac{1}{\cdot}e^\tau)\right\}^\wedge = \overline{G_{\rho_\kappa}\hat{\eta}_{\kappa_e}}\, e_\tau = \overline{\hat{\eta}_\kappa}\, e_\tau$.
En outre, l'espace gaussien engendré par $\{\tilde{K}_\sigma \mid \sigma \le 0\}$ (resp. par $\{\tilde{Y}_\sigma^{(\kappa)} \mid \sigma \le 0\}$ s'identifie au sous espace fermé de $L^2(\mathbb{R},\lambda)$ engendré par $\{\overline{\hat{\eta}_\kappa}\, e_\sigma \mid \sigma \le 0\}$ (resp. par $\{\overline{\hat{\eta}_{\rho_\kappa}}\, e_\sigma \mid \sigma \le 0\}$) ; $\hat{\eta}_\kappa$ et $\hat{\eta}_{\rho_\kappa}$ ont même facteur intérieur G_{ρ_κ} ; ces deux espaces coïncident donc avec $\overline{G_{\rho_\kappa}}\, \mathbb{H}_-^2$; d'où l'égalité des filtrations de $Y^{(\kappa)}$ et de K □

<u>Si</u> $G_\kappa \not\equiv 1$ <u>et</u> $G_\kappa \not\equiv -1$, $\overline{G}_\kappa\, \mathbb{H}_-^2 \subseteq \mathbb{H}_-^2$, $\overline{G}_\kappa\, \mathbb{H}_-^2 \neq \mathbb{H}_-^2$; <u>en conséquence</u>, pour $t \in \mathbb{R}_+^*$, <u>la tribu $\mathcal{R}_t$ est contenue strictement dans $\mathcal{X}_t$</u>.

Plus précisément, pour $\varphi, \psi \in L^2(\mathbb{R}_+,dt)$, $\mathbb{E}\left[\int_0^\infty \varphi(t)\, dY_t^{(\kappa)} \times \int_0^\infty \psi(t)\, dX_t\right] = 0$

équivaut à : $\int_{\mathbb{R}} (\mathcal{U}\varphi)^\wedge(\gamma)\, \overline{(\mathcal{U}\varphi)^\wedge(\gamma)}\, \overline{G}_\kappa(\gamma)\, d\gamma = 0$; par suite :

Lemme 3 : *Pour* $\varphi \in L^2([0,1],\lambda)$, $\int_0^1 \varphi(t)\, dY_t^{(\kappa)}$ *est indépendante de* $\mathcal{R}_1$ *si* $(\mathcal{U}\varphi)^\wedge$ *est orthogonale à* $\overline{G}_\kappa\, H^2_-$.

Par contre, comme $|G_\kappa| = 1$, on a $G_\kappa L^2 = L^2$ et $\sigma(R_s, s \ge 0) = \sigma(X_s, s \ge 0)$;

Lemme 4 :

1) *Soit* $\overline{X}$ *le mouvement brownien obtenu à partir de* X *par inversion du temps* : $\overline{X}_t = t\, X_{1/t}$ $(t > 0)$; *pour* $f \in L^2(\mathbb{R}_+,dt)$, $\int_0^\infty f(t)\, d\overline{X}_t = \int_0^\infty \mathcal{H}(t)\, dX_t$ *où* $\mathcal{J}$ *est l'isométrie (involutive) de* $L^2(\mathbb{R}_+,dt)$:

$$f \longrightarrow : \mathcal{H}(t) = \int_0^{1/t} f(s)ds - \frac{1}{t} f\left(\frac{1}{t}\right) ;$$

on a :
$$((\mathcal{U}\circ\mathcal{J})f)^\wedge(\gamma) = \frac{\frac{1}{2} + i\gamma}{\frac{1}{2} - i\gamma}\, \overline{(\mathcal{U}\varphi)^\wedge(\gamma)} .$$

2) *Soit* $\rho \in \mathcal{M}_b$ *et* $\overline{R}_t = t\, R_{1/t}$. *i)* $\overline{X}_t = \int_0^t \rho\left(\frac{t}{s}\right) d\overline{R}_s$.

ii) Avec $\tilde{\rho}(z) = \int_0^{1/z} \rho\left(\frac{1}{u}\right) du - \frac{1}{z}\rho(z)$ $(\rho \equiv 0$ *sur* $]-\infty,1[)$, *on a* :

$$X_t = \tilde{\rho}(1)\, R_t + \int_t^\infty \tilde{\rho}\left(\frac{u}{t}\right) dR_u ;$$

en particulier $\mathbb{E}[X_t|\mathcal{R}_t] = \tilde{\rho}(1)\, R_t$ *et* X_t *est indépendant de* $\mathcal{R}_t$ *si et seulement si* $\tilde{\rho}(1) = 0$; *une condition équivalente est* :

$$G_\rho\left(\frac{i}{2}\right) = 0 \qquad \left(\text{et } \gamma \longrightarrow \frac{\frac{1}{2} + i\gamma}{\frac{1}{2} - i\gamma} \text{ est un des "facteurs" de } G_\rho\right).$$

Démonstration :

1) Pour φ de classe C^1 à support compact sur $\mathbb{R}_+^*$,

$$\int_0^\infty \varphi(s)\, d\overline{X}_s = - \int_0^\infty \overline{X}_s\, \varphi'(s)\, ds = - \int_0^\infty X_{1/s}\, s\, \varphi'(s)\, ds = - \int_0^\infty X_v\, \varphi'\left(\frac{1}{v}\right) v^{-3}\, dv$$
$$= \int_0^\infty \left(\int_s^\infty \varphi'\left(\frac{1}{v}\right) v^{-3}\, dv\right) dX_s = \int_0^\infty \mathcal{J}\varphi(s)\, dX_s$$

(on a aussi $e^{-\tau/2}\overline{X}_{\exp\tau} = e^{\tau/2} X_{\exp-\tau}$; $\mathcal{J}$ correspond donc au retournement du temps dans les intégrales "stochastiques" par rapport au mouvement brownien β introduit au début de ce paragraphe). Remarquons de plus que :

$$(\mathcal{U}\circ\mathcal{J})f(v) = e^{v/2} \int_0^{e^{-v}} f(s)ds - e^{-v/2} f(e^{-v}) = e^{v/2} \int_{-\infty}^{-v} e^{r/2}\, \mathcal{U}f(r)\, dr - \mathcal{U}f(-v)$$

$$= \int_{-\infty}^{0} e^{x/2}\, \mathcal{U}f(x-v)\, dx - \mathcal{U}f(-v), \text{ d'où : } \quad ((\mathcal{U}\circ\mathcal{J})f)^{\wedge}(\gamma) = \frac{\frac{1}{2} + i\gamma}{\frac{1}{2} - i\gamma}\, \overline{(\mathcal{U}f)}^{\wedge}(\gamma)$$

(lue dans $L^2(\mathbb{R},\lambda)$, $\mathcal{J}$ correspond à la multiplication par une fonction Δ, vérifiant : $\overline{\Delta(\gamma)} = \Delta(-\gamma)$ et $|\Delta(\gamma)| = 1$, suivie d'une conjugaison, ou d'un retournement du temps).

2) Soit $\mathcal{D}_\rho$ l'isométrie de $L^2(\mathbb{R}_+,\lambda)$ définie par $\int_0^\infty \varphi(t)\, dR_t = \int_0^\infty \mathcal{D}_\rho(\varphi)(t)\, dX_t$.

$[(\mathcal{U}\circ\mathcal{D}_\rho)(\varphi)]^{\wedge} = \overline{G}_\rho(\mathcal{U}\varphi)^{\wedge}$, $[(\mathcal{U}\circ\mathcal{J}\circ\mathcal{D}_\rho)(\varphi)]^{\wedge}(\gamma) = \dfrac{\frac{1}{2} + i\gamma}{\frac{1}{2} - i\gamma}\, G_\rho(\mathcal{U}\varphi)^{\bar{\wedge}}$, d'où $\mathcal{D}_\rho\circ\mathcal{J}\circ\mathcal{D}_\rho = \mathcal{J}$;

si $W_t = \int_0^t \rho\left(\frac{t}{s}\right) d\overline{R}_s$, on a :

$$\int_0^\infty \varphi(t)\, dW_t = \int_0^\infty \mathcal{D}_\rho\varphi(t)\, d\overline{R}_t = \int_0^\infty (\mathcal{J}\circ\mathcal{D}_\rho)\varphi(t)\, dR_t$$

$$= \int_0^\infty (\mathcal{D}_\rho\circ\mathcal{J}\circ\mathcal{D}_\rho)\varphi(t)\, dX_t = \int_0^\infty \mathcal{J}\varphi(t)\, dX_t \quad \text{et } W_t = \overline{X}_t.$$

$$\overline{X}_a = \int_0^a \rho\left(\frac{a}{s}\right) d\overline{R}_s = \int_0^\infty \mathcal{J}\varphi(t)\, dR_t, \quad \text{où } \varphi(s) = \rho\left(\frac{a}{s}\right) 1_{\{s\le a\}} ;$$

$$\mathcal{J}\varphi(t) = \int_0^{\inf(a,1/t)} \rho\left(\frac{a}{s}\right) ds - \frac{1}{t}\rho(at)\, 1_{\{t\ge 1/a\}}$$

$$= 1_{\{t\ge 1/a\}}\, a \left(\int_0^{1/at} \rho\left(\frac{1}{s}\right) ds - \frac{1}{at}\rho(at)\right) + 1_{\{t<1/a\}}\, a \int_0^1 \rho\left(\frac{1}{s}\right) ds ;$$

$$X_b = b\overline{X}_{1/b} = R_b \int_0^1 \rho\left(\frac{1}{s}\right) ds + \int_b^\infty \left(\int_0^{b/t} \rho\left(\frac{1}{s}\right) ds - \frac{b}{t}\rho\left(\frac{b}{t}\right)\right) dR_t = \tilde{\rho}(1)\, R_b + \int_b^\infty \tilde{\rho}\left(\frac{u}{b}\right) dR_u \quad \square$$

Remarques 5 :

1) La transformation T, obtenue pour $\rho(x) \equiv (1 - \mathrm{Log}x)\, 1_{\{x>1\}}$, correspond dans $L^2(\mathbb{R},\lambda)$ à la multiplication par $\dfrac{i\gamma - \frac{1}{2}}{i\gamma + \frac{1}{2}}$.

On notera, de façon générale, que pour $\tilde{W}$ processus gaussien stationnaire, le processus W défini sur $\mathbb{R}_+$ par $W_t = t^{1/2}\, \tilde{W}_{\mathrm{Log}t}$ vérifie :

$$\int_{0+} \frac{1}{s}\, |W_s|\, ds \text{ converge p.s et } T(W) \text{ a même loi que } W.$$

2) Soit $\mathcal{K} : L^2(\mathbb{R}_+,dt) \longrightarrow L^2(\mathbb{R}_+,dt)$ l'isométrie : $f \longrightarrow \mathcal{K}f(t) = \frac{1}{t}\, f\left(\frac{1}{t}\right)$;

on a : $\quad (\mathcal{U}\circ\mathcal{K})f(v) = e^{-v/2} f(e^{-v}) = \mathcal{U}f(-v)$; $\mathcal{J} = T\circ\mathcal{K}$.

3) Toute fonction intérieure G se factorise en

$$G(x) = c\, e^{ikx}\, B(x)\, S(x),$$

avec $|c| = 1$, $k \ge 0$,

$$S(x) = \exp i \int_{\mathbb{R}} \frac{\gamma x + 1}{\gamma - x} \frac{d\mu(\gamma)}{1+\gamma^2}$$ où μ est une mesure (positive) singulière

telle que : $\displaystyle\int_{\mathbb{R}} \frac{d\mu(\gamma)}{1+\gamma^2} < \infty$ (S est la partie *singulière* de G) ;

$$B(x) = \prod_{n\in\mathbb{D}} \varepsilon_n \frac{a_n - x}{\bar{a}_n - x}, \ \varepsilon_n = 1 \text{ si } |a_n| \le 1, \ \varepsilon_n = \frac{\bar{a}_n}{a_n} \text{ sinon}$$

(les (a_n) sont les zéros de G situés dans le demi-plan supérieur ouvert).

Pour $\rho \in \mathcal{M}_b$, η_ρ étant réelle, $\hat{\eta}_\rho(-u + iv) = \overline{\hat{\eta}_\rho(u + iv)}$ $(u \in \mathbb{R},\ v > 0)$;
en conséquence :

- $c = 1$ ou -1 ;
- l'ensemble des zéros de G_ρ est invariant par $\mathcal{R}ez \longrightarrow -\mathcal{R}ez$;

B se factorise donc en $B_1 B_2$, B_1 correspondant aux zéros imaginaires purs :

$$B_1(x) = \left(\prod_{n\in\mathbb{D}_1, v_n \le 1} \frac{x - iv_n}{x + iv_n}\right)\left(\prod_{n\in\mathbb{D}_1, v_n > 1} \frac{-x + iv_n}{x + iv_n}\right) \text{ avec } v_n > 0 \text{ et } \sum_{n\in\mathbb{D}_1} \frac{v_n}{1+v_n^2} < \infty$$

(condition de convergence du produit pour $\mathcal{I}mx > 0$) ;

$$B_2(x) = \prod_{n\in\mathbb{D}_2} \left(\frac{u_n + iv_n - x}{u_n - iv_n - x} \times \frac{u_n - iv_n + x}{u_n + iv_n + x}\right)$$

$$\left(u_n > 0,\ v_n > 0 \text{ et } \sum_{n\in\mathbb{D}_2} \frac{v_n}{1 + u_n^2 + v_n^2} < \infty\right) ;$$

- $S(x) = \exp -i\left(\dfrac{\ell}{x} + 2x \displaystyle\int_{]0,\infty[} \frac{1}{x^2 - \gamma^2}\, dF_\rho(\gamma)\right)$ où $\ell \in \mathbb{R}_+$ et

F_ρ est une mesure singulière symétrique telle que : $\displaystyle\int_{\mathbb{R}^*} \frac{1}{1+\gamma^2}\, dF_\rho(\gamma) < \infty$

Si G est une fonction intérieure, on a vu en [CJ]-Proposition IV.6.3 que $1 - G$ appartient à $\mathbb{H}_+^2$ si et seulement si $\sum_{n\in\mathbb{D}} \mathcal{I}m(a_n) + \mu(\mathbb{R}) < \infty$ et

$$G(x) = B_0(x)\, S(x) \qquad \text{où } B_0(x) = \prod_{n\in\mathbb{D}} \frac{a_n - x}{\bar{a}_n - x}$$

On a alors $1 - G = \hat{h}$ et $\displaystyle\int_{\mathbb{R}_+} |h|^2(t)\, dt = \sum_{n\in\mathbb{D}} 2\mathcal{I}m(a_n) + \mu(\mathbb{R})$.

2) Propriétés ergodiques.

Soit $C = C(\mathbb{R}_+, \mathbb{R})$, muni de sa tribu borélienne $\mathcal{C}$; ξ est le processus des coordonnées sur C, $\mathcal{C}_t = \sigma(\xi_s \mid s \le t)$; $\mathbb{W}$ est la mesure de Wiener sur $(C, \mathcal{C})$.
Pour $\rho \in \mathcal{M}_b$, on note Ξ_ρ l'application définie sur $(C, \mathcal{C}, \mathbb{W})$ par

$$\xi \longrightarrow \left(\int_0^t \rho\left(\frac{t}{u}\right) d\xi_u\right)_{t\ge 0} ;$$

$\mathbb{W}$ est invariante par Ξ_ρ.

Remarque 6 : Pour ρ, κ dans $\mathcal{M}_b$, $\Xi_\rho \circ \Xi_\kappa = \Xi_\kappa \circ \Xi_\rho = \Xi_{\rho\circ\kappa}$ où $G_{\rho\circ\kappa} = G_\rho\, G_\kappa$; en particulier, $\Xi_\rho^n = \Xi_{\rho_n}$ où $G_{\rho_n} = (G_\rho)^n$.

Proposition 7 : Soit $\rho \in \mathcal{M}_b$, $\rho \neq 1$ et $\rho \neq -1$;

i) la tribu $\bigcap_n (\Xi_\rho^n)^{-1}(\mathcal{C}_1)$ est W-triviale ;

ii) en conséquence, la transformation Ξ_ρ est fortement mélangeante et donc ergodique sur $(C,\mathcal{C},W)$.

Démonstration :
le point essentiel est *i)* ; on en déduit, par "*scaling*", que pour tout $t \geq 0$, $\bigcap_n (\Xi_\rho^n)^{-1}(\mathcal{C}_t)$ est W-triviale ; comme $\Xi_\rho^{-1}(\mathcal{C}_t) \subseteq \mathcal{C}_t$ aux ensembles W-négligeables près, on obtient (théorème de convergence des martingales inverses) :

pour tout $B \in \mathcal{C}_t$, $\lim_n W[B|(\Xi_\rho^n)^{-1}(\mathcal{C}_t)] = W[B]$; d'où la propriété de mélange, d'abord sur $\mathcal{C}_t$ puis sur $\mathcal{C} = \bigvee_t \mathcal{C}_t$. D'après le lemme 3, *i)* est conséquence de :

$$\bigcap_n (\overline{G}_\rho^n\, H_-^2) = \{0\} ;$$

ce dernier point résulte de l'unicité (à des constantes multiplicatives près) de la décomposition de $\varphi \in H_+^2$, $\varphi \neq 0$, en un produit $j \times e$ où j est intérieure et e extérieure □

Remarques 8 :
i) Soit $k > 0$: $G_k(\gamma) = e^{ik\gamma}$ correspond à $\kappa = \sqrt{r}\,1_{[r,\infty[}$ ($r = e^k > 1$) et à la transformation $\xi_t \longrightarrow \sqrt{r}\,\xi_{t/r}$ ("*scaling*").

ii) Soit $m \in \mathbb{N}^*$ et $q_m(s) = \frac{1}{(m-1)!}\, s^{-1/2}\, s^{-iy}\, \mathrm{Log}^{m-1}\left(\frac{1}{s}\right) 1_{(s<1)}$;

$$\mathcal{U}q_m(x) = 1_{(x<0)}\, \frac{1}{(m-1)!}\, (-x)^{m-1}\, e^{-iyx}\, , \quad (\mathcal{U}q_m)\hat{}\,(\gamma) = \left(\frac{i}{\gamma - y}\right)^m ;$$

Si L_n désigne le $n^{\text{ème}}$ polynôme de Laguerre, $L_n(\omega) = \sum_{k=0}^{n} C_n^k\, (-1)^k\, \frac{1}{k!}\, \omega^k$, avec $\tau = \mathrm{Log}t$ et $\mathcal{I}m\,y > 0$, $\int_0^t s^{-(\frac{1}{2}+iy)}\, L_n\left(\omega \mathrm{Log}\frac{t}{s}\right) dX_s$ s'identifie dans $L^2(\mathbb{R},\lambda)$ à :

$$e^{i(\gamma-y)\tau} \sum_{k=0}^{n} C_n^k\, (-1)^k\, \omega^k \left(\frac{i}{\gamma - y}\right)^{k+1} = e^{i(\gamma-y)\tau} \left(\frac{i}{\gamma - y}\right) \left(\frac{\gamma - y - i\omega}{\gamma - y}\right)^n ;$$

$\int_0^t s^{-1/2}\, s^{-iy}\, L_n\left(-2\mathcal{I}m\,y\, \mathrm{Log}\frac{t}{s}\right) dX_s$ s'identifie à $e^{i(\gamma-y)\tau} \left(\frac{i}{\gamma - y}\right) \left(\frac{\gamma - \overline{y}}{\gamma - y}\right)^n$.

Si y est zéro de multiplicité h *de* G_ρ *($\mathcal{I}m\,y > 0$), la tribu*

$$\sigma\left\{\int_0^t s^{-1/2}\, s^{-iy}\, \log^{r-1}s\, dX_s\ ;\ 1 \leq r \leq h\right\}$$

est indépendante de $\mathcal{R}_t$:

pour $n < h$, $G_\rho(\gamma) \frac{i}{\gamma - \psi} \left(\frac{\gamma - \bar\psi}{\gamma - \psi}\right)^n = \frac{i}{\gamma - \bar\psi} G^\#(\gamma)$ où $G^\#$ est intérieure ; comme

$$\frac{1}{\gamma - \bar\psi} = \int_0^\infty e^{-i\bar\psi x} e^{i\gamma x} dx, \ \gamma \longrightarrow G_\rho(\gamma) \left(\frac{i}{\gamma - \psi}\right) \left(\frac{\gamma - \bar\psi}{\gamma - \psi}\right)^n$$ appartient à $\mathbb{H}^2_+$ et il suffit d'appliquer le lemme 3.

L'ensemble des fonctions $\{s \longrightarrow s^{\pm iu} \, s^{-(v+1/2)} \, \mathrm{Log}^n\left(\frac{1}{s}\right) 1_{\{s<1\}}, \ n \geq 0\}$ étant total dans $L^2([0,1],ds)$, on retrouve l'ergodicité de Ξ_ρ ; c'est la démarche adoptée en [JY] pour montrer l'ergodicité de T.

iii) Indiquons une autre approche de l'ergodicité dans le cas singulier :

Lemme 9 :

Soit ν une mesure positive bornée, singulière, à support compact sur $\mathbb{R}$ et N_ν la fonction intérieure définie par $N_\nu(x) \equiv \exp -i\int_{\mathbb{R}} \frac{1}{x - \zeta} d\nu(\zeta)$ $(\mathcal{I}m\, x > 0)$;

1) $1 - N_\nu \in \mathbb{H}^2_+$; *plus précisément, si* $\psi_\nu(t) \equiv 1_{\{t>0\}} \int_{\mathbb{R}} e^{-it\zeta} d\nu(\zeta)$,

$\mathcal{Y}_\nu \equiv - \sum_{n\geq 1} (-1)^n \frac{1}{n!} \psi_\nu^{*n}$, *on a :* $\mathcal{Y}_\nu \in L^2$, $\mathcal{Y}_\nu = \mathcal{Y}_\nu 1_{\mathbb{R}_+}$ *et* $1 - N_\nu = \hat{\mathcal{Y}}_\nu$.

2) Si $\nu = \ell\delta_a$ $(\ell > 0)$, *alors :* $\mathcal{Y}_\nu(t) = 1_{\{t>0\}} e^{-iat} \left(\frac{\ell}{t}\right)^{1/2} J_1(2\sqrt{\ell t})$, *où* J_1 *désigne la fonction de Bessel d'ordre* 1.

3) Soit a un point du support de ν, et soient $c, \eta > 0$;

$$N_{c,\eta}(\gamma) = \lim_{r\to 0+} \exp -ic \int_{]a-\eta, a+\eta]} \frac{1}{\gamma + ir - \zeta} d\nu(\zeta) \quad (\gamma \in \mathbb{R}) ;$$

$1 - N_{c,\eta}$ *converge* λ*-p.s. et dans* $L^2(\mathbb{R},\lambda)$ *vers* $1 - \exp\frac{ic}{a - \gamma}$ *quand* $\eta \longrightarrow 0$.

Démonstration :

1) pour $x = s + ip$ avec $p > 0$,

$$\int_{\mathbb{R}} \frac{i}{x - \zeta} d\nu(\zeta) = \int_{\mathbb{R}} \frac{1}{p + i(\zeta - s)} d\nu(\zeta) = \int_{\mathbb{R}} \int_0^\infty e^{-(p+i\zeta-is)t} dt \, d\nu(\zeta)$$

$$= \int_0^\infty e^{-(p-is)t} \psi_\nu(t) \, dt = \hat\psi_\nu(x) \qquad \text{(noter que } \psi_\nu \text{ est bornée)} ;$$

$$N_\nu(x) = \sum_{n\geq 0} (-1)^n \frac{1}{n!} \hat\psi_\nu^n(x) = 1 - \int_0^\infty \mathcal{Y}_\nu(u) e^{iux} du ;$$

soit pour $\gamma \in \mathbb{R}$, $N_\nu(\gamma) = \lim_{r\to 0+} N_\nu(\gamma + ir)$ (cette limite existe λ-p.s., est de module 1 et vaut $\exp -i\int_{\mathbb{R}} \frac{1}{\gamma - \zeta} d\nu(\zeta)$ si $\gamma \notin \mathrm{Supp}\nu$) ;

si $\mathrm{Supp}\nu \subseteq]-A,+A[$ $(A > 0)$, on a :

$$|1 - N_\nu(\gamma)| \leq 2 \, 1_{[-2A,2A]}(\gamma) + \frac{1}{2} \int_{\mathbb{R}} \frac{1}{|\gamma - \zeta|} d\nu(\zeta) \, 1_{\{|\gamma| > 2A\}}$$

$$\leq 2 \, 1_{[-2A,2A]}(\gamma) + \frac{1}{2} \nu(\mathbb{R}) \frac{1}{|\gamma| - A} 1_{\{|\gamma| > 2A\}} \in L^2(\mathbb{R},\lambda) .$$

2) Si $\nu = \ell\delta_a$ $(\ell > 0)$, $\psi_\nu(t) = 1_{\{t>0\}}\, \ell\, e^{-ita}$, $\psi_\nu^{*n}(t) = 1_{\{t>0\}} \frac{\ell^n t^{n-1}}{(n-1)!} e^{-ita}$

$$y_\nu(t) = e^{-iat}\, 1_{\{t>0\}} \sum_{n\geq 1} (-1)^{n-1} \frac{\ell^n t^{n-1}}{n!(n-1)!} = e^{-iat}\, 1_{\{t>0\}} \left(\frac{\ell}{t}\right)^{1/2} J_1(2\sqrt{\ell t}).$$

3) résulte de la majoration (vérifiée pour $-A < a - \eta < a + \eta < A$) :

$$|1 - N_{c,\eta}| \leq 2\, 1_{[-2A,2A]}(\gamma) + \frac{1}{2} \frac{1}{|\gamma| - A} 1_{\{|\gamma| > 2A\}} \;\square$$

Soit donc $\rho \in \mathcal{M}_b$ avec G_ρ *singulière*, $0 < F_\rho(\mathbb{R})$, et $c = 1$;

si N_ν est une fonction intérieure singulière de mesure associée ν vérifiant :

$$\nu(\mathbb{R}) < \infty,\ \nu \ll F_\rho \text{ et } \frac{d\nu}{dF_\rho} \leq 1,$$

$G_\rho \overline{N}_\nu$ est intérieure singulière, $1 - N_\nu \in \mathbb{H}^2_+$ (lemme 9-*1*), $\overline{\overline{N}_\nu\, G_\rho\, (N_\nu - 1)} \in \mathbb{H}^2_+$

et pour $h \in \mathbb{H}^2_-$, $\int_{\mathbb{R}} \overline{G}_\rho(\gamma) h(\gamma)(1 - N_\nu(\gamma))\, d\gamma = \int_{\mathbb{R}} h(\gamma)\, \overline{\overline{N}_\nu\, G_\rho\, (N_\nu - 1)(\gamma)}\, d\gamma = 0$

(avec les notations du lemme 9, $\int_0^t \left(\frac{t}{s}\right)^{1/2} y_\nu \circ \mathrm{Log}\left(\frac{t}{s}\right) dX_s$ est indépendant de $\mathcal{R}_t$)

$\bigcup_n (\overline{G}^n_\rho \mathbb{H}^2_-)^\perp$ contient donc V_ρ, le sous-espace de $\mathbb{H}^2_-$ engendré par les $(1 - \overline{G})$ où G est une fonction intérieure singulière de mesure associée ν vérifiant :

$$\nu(\mathbb{R}) < \infty,\ \nu \ll F_\rho \text{ et } \frac{d\nu}{dF_\rho} \text{ bornée ;}$$

d'après le lemme 6-*3*), il existe $a \in \mathbb{R}$ tel que pour tout $\ell > 0$,

$$\gamma \longrightarrow 1 - \exp\frac{-i\ell}{a - \gamma} \text{ appartient à l'adhérence de } V_\rho \text{ dans } \mathbb{H}^2_+ ;$$

soit $\hat{h} \in \mathbb{H}^2_-$, orthogonal à $\bigcup_n (\overline{G}^n_\rho \mathbb{H}^2_-)^\perp$; on a :

$$\int_0^\infty h(t) \exp{-iat} \left(\frac{c}{t}\right)^{1/2} J_1(2\sqrt{ct})\, dt = 0 \text{ pour tout } c \geq 0 ;$$

pour tout $r > 0$, $\int_0^\infty h(t^2) \exp{-iat^2}\, J_1(rt)\, dt = 0$; la transformée de Hankel de la fonction : $t > 0 \longrightarrow \frac{1}{t} h(t^2) \exp{-iat^2}$ est nulle ; h est donc nulle λ-p.s..

iv) Conservons les notations du lemme 9 ; on a $\int_{\mathbb{R}} |1 - N_\nu|^2(x)\, dx = 2\pi\, \nu(\mathbb{R})$ (voir Remarque 5-3) ; supposons que ν soit une probabilité symétrique [singulière] ; pour $0 \leq a \leq b$, $N_{b\nu}\, \overline{N_{a\nu}}$ est intérieure singulière et $1 - N_{a\nu}$ est orthogonale à $(N_{b\nu} - N_{a\nu})$; par suite :

$$\int_{\mathbb{R}_+} y_{a\nu}(t)\, y_{b\nu}(t)\, dt = (2\pi)^{-1} \int_{\mathbb{R}} (1 - N_{a\nu})(x)\, \overline{(1 - N_{b\nu})}(x)\, dx$$
$$= (2\pi)^{-1} \int_{\mathbb{R}} |1 - N_{a\nu}|^2(x)\, dx = a$$

et $a \geq 0 \rightarrow \int_0^1 s^{-1/2}\, y_{a\nu} \circ \mathrm{Log}\left(\frac{1}{s}\right) dX_s$ est un mouvement brownien.

3) Variations quadratiques.

Proposition 10 :

Soit $\kappa \in \mathcal{M}$ *et pour* $t > 0$, $K_t \equiv \int_0^t \kappa\left(\frac{t}{s}\right) dX_s$;

$$\Delta(\tau) \equiv \mathbb{E}[(\tilde{K}_\tau - \tilde{K}_0)^2] = \frac{1}{\pi}\int_{\mathbb{R}} (1 - \cos(\tau x)) \, |\hat{\eta}_\kappa|^2(x) \, dx.$$

K *a une version continue si et seulement si* $\tilde{K}$ *a une version continue ; une condition nécessaire et suffisante pour cela est :*

$$\int_{0+} du \left\{-\log\left(\int_0^1 1_{\{\Delta(\tau) \le u^2\}} \, d\tau\right)\right\}^{1/2} < \infty .$$

Plus précisément, si K *est continu, pour tout* $\varepsilon < \frac{1}{2}$, $\lim_{t\to 0} t^{-\varepsilon} K_t = 0$.

Démonstration :

Le critère de continuité sur $\tilde{K}$ est celui de Fernique [F2] (voir aussi [JMa]).

Comme $\mathbb{E}[K_t^2] = t \int_0^1 \kappa^2\left(\frac{1}{s}\right) ds$, il reste à vérifier : $\lim_{t\to 0} t^{\varepsilon} K_t = 0$ ($\varepsilon > -\frac{1}{2}$).

Soit donc Z un processus gaussien stationnaire, continu, et pour $n \in \mathbb{Z}$,

$$\xi_n = \sup_{n\le\tau\le n+1} |Z_\tau - Z_n| ;$$

on déduit de : $\sup_{n\le\tau\le n+1}|Z_\tau| \le |Z_n| + \xi_n$ et $\mathbb{E}[\xi_n] = \mathbb{E}[\xi_0] < \infty$, que :

$$\forall \alpha > 0, \ \sum_{n\le 0} e^{n\alpha} \sup_{n\le\tau\le n+1}|Z_\tau| \in \mathcal{L}^1 \text{ et } \lim_{n\to-\infty}(\sup_{\tau\le n} e^{\alpha\tau}|Z_\tau|) = 0. \qquad \square$$

Remarque : Si H est un processus gaussien stationnaire dont la mesure spectrale admet une densité φ décroissante au voisinage de ∞, Marcus [M] montre que H a une version continue si et seulement si :

$$\int^{\infty}\left(\int_x^{\infty} \varphi(u)\, du\right)^{1/2} \frac{1}{x\sqrt{\log x}} \, dx \quad \text{est fini.}$$

Avec $\varphi(x) \approx \dfrac{1}{x(\log x)^\alpha}$ au voisinage de ∞ , on obtient, pour $0 < \alpha \le 1$, des exemples de moyennes mobiles non continues.

Proposition 11 :

Soit $\tilde{W}$ *un processus gaussien stationnaire de mesure spectrale* μ ;

$$\mathbb{E}[(\tilde{W}_\tau - \tilde{W}_0)^2] = \int_{\mathbb{R}} (1 - \cos(\tau x)) \, d\mu(x) \equiv \Delta_\mu(\tau) \equiv \tau \, \tilde{\Delta}_\mu(\tau) .$$

Pour $\mathcal{T}$ *subdivision de* $[a,b]$ ($\mathcal{T} = \{a = \tau_0 \le \tau_1 \le \ldots \le \tau_n \le \tau_{n+1} = b\}$, $n \in \mathbb{N}$),

soit $\Sigma_2(\tilde{W},[a,b],\mathcal{T})$ *la variation quadratique de* $\tilde{W}$ *le long de* $\mathcal{T}$:

$$\Sigma_2(\tilde{W},[a,b],\mathcal{T}) \equiv \sum_{j=0}^{n} (\tilde{W}_{\tau_{j+1}} - \tilde{W}_{\tau_j})^2 .$$

Une condition nécessaire et suffisante pour que $\Sigma_2(\tilde{W},[a,b],\mathcal{T})$ *converge en probabilité quand le pas* $|\mathcal{T}|$ ($\equiv \sup(|\tau_{j+1} - \tau_j|, 0 \le j \le n)$) *tend vers* 0 *est :*

(#1) $c^2 = \lim_{h\to 0_+} \frac{1}{h}\int_{\mathbb{R}} (1 - \cos(hx))\, d\mu(x)$ *existe*[1] *et*

(#2) $0 = \lim_{|\mathcal{T}|\to 0} \iint d\mu(x)d\mu(y) \left|\sum_{j=0}^{n} (\exp ix\tau_{j+1} - \exp ix\tau_j)(\exp iy\tau_{j+1} - \exp iy\tau_j)\right|^2$

$\Sigma_2(\tilde{W},[a,b],\mathcal{T})$ converge alors en probabilité vers $c^2(b - a)$.

Démonstration : D'après Schreiber [Sc], si $(\Sigma_2(\tilde{W},\mathcal{T},[a,b]))_{\mathcal{T}}$ converge en probabilité, elle converge aussi dans tous les espaces L^p. En particulier,

$$\lim_{|\mathcal{T}|\to 0} \mathbb{E}[\Sigma_2(\tilde{W},[a,b],\mathcal{T})] \text{ existe.}$$

Or $\mathbb{E}[(\tilde{W}_\tau - \tilde{W}_\sigma)^2] = \int_{\mathbb{R}} (1 - \cos(\tau - \sigma)x)\, d\mu(x) = \Delta_\mu(\tau - \sigma)$;

en prenant pour $0 < 2h < b - a$, $n = \left[\frac{b - a}{h}\right]$ $(n \geq \frac{b-a}{2h} > 1)$, on obtient, si $\mathcal{T}$ est la subdivision définie par $\tau_j = a + jh$ pour $0 \leq j \leq n$, $\tau_{n+1} = b$:

$$\mathbb{E}[\Sigma_2(\tilde{W},[a,b],\mathcal{T})] = \tilde{\Delta}_\mu(h)\, h \left[\frac{b - a}{h}\right] + \Delta_\mu\left(b - a - \left[\frac{b - a}{h}\right]h\right) ;$$

d'où la nécessité de l'existence de $c^2 = \lim_{h\to 0} \tilde{\Delta}_\mu(h)$;

si cette limite existe, on a : $\lim_{|\mathcal{T}|\to 0} \mathbb{E}[\Sigma_2(\tilde{W},[a,b],\mathcal{T})] = c^2(b - a)$.

Rappelons pour mémoire les propriétés élémentaires suivantes :

Lemme 12 : *i) Pour* (U,V) *vecteur gaussien centré,*

$$\mathbb{E}[U^2V^2] = \frac{\partial^4}{\partial x^2\partial^2 y} \mathbb{E}[\exp i(xU + yV)]\Big|_{x=y=0} = 2\,(\mathbb{E}[UV])^2 + \mathbb{E}[U^2]\,\mathbb{E}[V^2].$$

ii) Pour $(U_1, \ldots, U_n)$ *vecteur gaussien centré,* $\alpha_1, \ldots, \alpha_n$ *réels,*

$$\mathrm{Var}\left(\sum_{j=1}^{n}\alpha_j U_j^2\right) = 2 \sum_{1\leq j,\,k\leq n} \alpha_j\, \alpha_k\, \mathrm{cov}(U_j,U_k)^2 \leq 2\left(\sum_{j=1}^{n}|\alpha_j|\, \mathbb{E}[U_j^2]\right)^2.$$

On a donc :

$$\mathrm{Var}(\Sigma_2(\tilde{W},[a,b],\mathcal{T})) = 2 \sum_{1\leq j,\,k\leq n} \mathbb{E}\left[(W_{\tau_{j+1}} - W_{\tau_j})(W_{\tau_{k+1}} - W_{\tau_k})\right]^2$$

$$= 2 \sum_{1\leq j,\,k\leq n}\left|\int d\mu(x)\, (\exp ix\tau_{j+1} - \exp ix\tau_j)(\exp -ix\tau_{k+1} - \exp -ix\tau_k)\right|^2$$

$$= 2 \iint d\mu(x)\, d\mu(y)\, |H_{\mathcal{T}}(x,y)|^2$$

$$\text{où } H_{\mathcal{T}}(x,y) = \sum_{j=0}^{n} (\exp ix\tau_{j+1} - \exp ix\tau_j)(\exp iy\tau_{j+1} - \exp iy\tau_j)$$

$$\left(= -xy\, (1_{\mathcal{D}_{\mathcal{T}}})\hat{}\,(x,y) \text{ si } \mathcal{D}_{\mathcal{T}} = \bigcup_{j=1}^{n} [\tau_j,\tau_{j+1}]^2\right).$$

[1] *La condition (#1) assure déjà l'existence d'une version continue de $\tilde{W}$.*

et $\mathrm{Var}(\Sigma_2(\tilde{W},[a,b],\mathcal{T}) - \Sigma_2(\tilde{W},[a,b],\mathcal{S})) = 2 \iint d\mu(x)\, d\mu(y)\, |H_{\mathcal{T}}(x,y) - H_{\mathcal{S}}(x,y)|^2$.

La convergence quand $|\mathcal{T}| \to 0$ de $\Sigma_2(\tilde{W},[a,b],\mathcal{T})$ revient donc à celle de $H_{\mathcal{T}}$ dans $L^2(\mu\otimes\mu)$; comme $\lim_{|\mathcal{T}|\to 0} H_{\mathcal{T}}(x,y) = 0$, on a les résultats annoncés □

Remarques 13 :

1) D'après Wiener ([W], Théorème 21), les limites $\lim_{h\to 0_+} \frac{1}{h} \int_{\mathbb{R}} (1-\cos(hx))d\mu(x)$ et $\lim_{T\to\infty} \frac{\pi}{T} \int_{\{0<x\leq T\}} x^2\, d\mu(x)$ existent simultanément et sont égales.

2) Une condition équivalente à *(#2)* est :

$$\sum_{1\leq j,k\leq n} (\Delta_\mu(\tau_{j+1} - \tau_{k+1}) - \Delta_\mu(\tau_{j+1} - \tau_k) - \Delta_\mu(\tau_j - \tau_{k+1}) + \Delta_\mu(\tau_j - \tau_k))^2 \xrightarrow[|\mathcal{T}|\to 0]{} 0$$

Nous n'avons malheureusement pas su trouver de condition équivalente à *(#2)* ne faisant pas apparaître de subdivision ...

3) Soit f et g deux fonctions continues sur $\mathbb{R}$, à variation finie sur tout intervalle borné ; on suppose g croissante et on s'intéresse à l'existence d'une variation quadratique sur tout intervalle $[a,b]$ pour le processus $f\, \tilde{W}\circ g$.

• Supposons *(#1)* et *(#2)* vérifiées ; $\tilde{W}$ est continu et, pour $\mathcal{T}$ subdivision de $[a,b]$ ($\mathcal{T} = \{a = \tau_0 \leq \tau_1 \leq \ldots \leq \tau_n \leq \tau_{n+1} = b\}$, $n \in \mathbb{N}$),

$$\Sigma_2(f\, \tilde{W}\circ g,[a,b],\mathcal{T}) = \sum_{j=0}^n f^2(\tau_j)\left(\tilde{W}_{g(\tau_{j+1})} - \tilde{W}_{g(\tau_j)}\right)^2 + \sum_{j=0}^n \tilde{W}_{g(\tau_{j+1})}(f(\tau_{j+1}) - f(\tau_j))^2$$
$$+ 2\sum_{j=0}^n f(\tau_j)\, \tilde{W}_{g(\tau_{j+1})}(\tilde{W}_{g(\tau_{j+1})} - \tilde{W}_{g(\tau_j)})(f(\tau_{j+1}) - f(\tau_j)) ;$$

quand $|\mathcal{T}|$ tend vers 0, les deux derniers termes convergent vers 0, tandis que

$$\mathbb{E}\left[\sum_{j=0}^n f^2(\tau_j)\left(\tilde{W}_{g(\tau_{j+1})} - \tilde{W}_{g(\tau_j)}\right)^2\right] = \sum_{j=0}^n f^2(\tau_j)\, \Delta_\mu(g(\tau_{j+1}) - g(\tau_j))$$
$$\xrightarrow[|\mathcal{T}|\to 0]{} c^2 \int_a^b f^2(\tau)\, dg(\tau) ;$$

si $\mathcal{S}$ est la subdivision de $[g(a),g(b)]$ définie par $\sigma_j = g(\tau_j)$,

$$\mathrm{Var}\left(\sum_{j=0}^n f^2(\tau_j)\left(\tilde{W}_{g(\tau_{j+1})} - \tilde{W}_{g(\tau_j)}\right)^2\right) =$$
$$= 2\sum_{1\leq j,k\leq n} f^2(\tau_j)\, f^2(\tau_k)\left|\int d\mu(x)\, (\exp ix\sigma_{j+1} - \exp ix\sigma_j)(\exp{-ix\sigma_{k+1}} - \exp{-ix\sigma_k})\right|^2$$
$$\leq 2 \sup_{z\in[a,b]} f^4(z) \iint d\mu(x)\, d\mu(y)\, |H_{\mathcal{S}}(x,y)|^2 \xrightarrow[|\mathcal{T}|\to 0]{} 0.$$

Inversement, supposons g strictement croissante et f non identiquement nulle ; supposons que $f\, \tilde{W}\circ g$ ait une variation quadratique sur tout intervalle $[a,b]$. Avec une démonstration analogue à celle de la proposition 11, on montre que

(#1) et (#2) sont vérifiées et que la variation quadratique de $\ell\ \tilde{W}\circ q$ sur $[a,b]$ est $c^2 \int_a^b \ell^2(\tau)\ dq(\tau)$.

Soit en particulier, $W_t = \sqrt{t}\ \tilde{W}_{\log t}$ $(t > 0)$; W a une variation quadratique sur tout intervalle $[a,b] \subseteq]0,\infty[$ si et seulement si (#1) et (#2) sont vérifiées ; cette variation est alors $c^2(b - a)$; de plus, W admet une variation quadratique sur $[0,b]$ pour $b > 0$:

si $\mathcal{T} = \{0 = t_0 \le t_1 \le \dots \le t_n \le t_{n+1} = b\}$ est une subdivision de $[0,b]$

$$\Sigma_2(W,[0,b],\mathcal{T}) = \sum_{j=0}^{n} (\sqrt{t_{j+1}} - \sqrt{t_j})^2\ t_{j+1}^{-1}\ W_{t_{j+1}}^2$$
$$+ 2\sum_{j=1}^{n} (\sqrt{t_{j+1}} - \sqrt{t_j})\ t_j\ t_{j+1}^{-1/2}\ W_{t_{j+1}} (\tilde{W}_{\log(t_{j+1})} - \tilde{W}_{\log(t_j)})$$
$$+ \sum_{j=1}^{n} t_j\ (\tilde{W}_{\log(t_{j+1})} - \tilde{W}_{\log(t_j)})^2 ;$$

d'après la proposition 10, pour $u < 1$, il existe une v.a. positive C avec :

$$\sum_{j=0}^{n} (\sqrt{t_{j+1}} - \sqrt{t_j})^2\ t_{j+1}^{-1}\ W_{t_{j+1}}^2 \le C \sum_{j=0}^{n} (\sqrt{t_{j+1}} - \sqrt{t_j})^2\ t_{j+1}^{u-1}$$
$$\le C\ |\mathcal{T}|^{1-v} \sum_{j=0}^{n} \frac{1}{(\sqrt{t_{j+1}} + \sqrt{t_j})^2}\ t_{j+1}^{u+v-1}\ (t_{j+1} - t_j) \le C\ |\mathcal{T}|^{1-v} \int_0^b t^{u+v-2}\ dt ;$$

en choisissant $0 < u,\ v < 1$ avec $u + v > 1$, on obtient :

$$\sum_{j=0}^{n} (\sqrt{t_{j+1}} - \sqrt{t_j})^2\ t_{j+1}^{-1}\ W_{t_{j+1}}^2 \xrightarrow[|\mathcal{T}|\to 0]{} 0 \text{ p.s. } ;$$

comme $\left|\sum_{j=1}^{n} (\sqrt{t_{j+1}} - \sqrt{t_j})\ t_j\ t_{j+1}^{-1/2}\ W_{t_{j+1}} (\tilde{W}_{\log(t_{j+1})} - \tilde{W}_{\log(t_j)})\right|$ est majoré par

$\left(\sum_{j=1}^{n} (\sqrt{t_{j+1}} - \sqrt{t_j})^2\ t_{j+1}^{-1}\ W_{t_{j+1}}^2\right) \times \left(\sum_{j=1}^{n} t_j\ (\tilde{W}_{\log(t_{j+1})} - \tilde{W}_{\log(t_j)})^2\right)$, il reste à établir que $\Theta_{b,\mathcal{T}} \equiv \sum_{j=1}^{n} t_j (\tilde{W}_{\log(t_{j+1})} - \tilde{W}_{\log(t_j)})^2$ converge dans L^2 vers $c^2 b$, quand $|\mathcal{T}| \to 0$.

Soit $0 < \eta < b$; on peut supposer que la partition $\mathcal{T}$ contient toujours η ;

$$\mathbb{E}[\Theta_{b,\mathcal{T}}] = \sum_{j=0}^{n} t_j\ \Delta_\mu \circ \log\left(\frac{t_{j+1}}{t_j}\right) = \int_0^b \mathcal{K}_{\mathcal{T}}(u)\ du$$

où $\mathcal{K}_{\mathcal{T}}(u) = \sum_{j=0}^{n} 1_{]t_j,t_{j+1}]}(u)\ \frac{t_j}{u}\ \tilde{\Delta}_\mu \circ \log\left(\frac{t_{j+1}}{t_j}\right) \xrightarrow[|\mathcal{T}|\to 0]{} c^2$

en étant dominé par $\sup_{h>0} \tilde{\Delta}_\mu(h) < \infty$.

$$\mathrm{Var}(\Theta_{b,\mathcal{T}}) \le 2\ \mathrm{Var}(\Theta_{\eta,\mathcal{T}|[0,\eta]}) + 2\ b^2\ \mathrm{Var}(\Sigma_2(\tilde{W},[\eta,b],\mathcal{T}_{|[\eta,b]}))$$
$$\le 2\ \eta^2 \sup_{h>0} \tilde{\Delta}_\mu^2(h) + 2\ b^2\ \mathrm{Var}(\Sigma_2(\tilde{W},[\eta,b],\mathcal{T}_{|[\eta,b]}))$$

et $\limsup_{|\mathcal{T}|\to 0} \mathrm{Var}(\Theta_{b,\mathcal{T}}) \le 2\,\eta^2 \sup_{h>0} \tilde{\Delta}^2_\mu(h)$ pour tout $\eta > 0$ □

Exemples 14 :

1) Supposons qu'au voisinage de 0, Δ_μ soit différence de deux fonctions convexes. La dérivée à droite $x \longrightarrow \Delta'_\mu(x+)$ définit alors une mesure (signée) ν sur un voisinage de 0 (*noter* que ν est symétrique et $\nu[\{0\}] = \Delta'_\mu(0+) \ge 0$) ;

$$|\Delta_\mu(x + h - k) - \Delta_\mu(x + h) - \Delta_\mu(x - k) + \Delta_\mu(x)|^2$$

$$= \left(\int_x^{x+h} du\ \nu(]u-k,u])\right)^2 = \left(\int d\nu(v)\ \lambda_1([x,x+h] \cap [v,v+k])\right)^2$$

$$= \iint d\nu(v)\ d\nu(w)\ \lambda_1([x,x+h] \cap [v,v+k])\ \lambda_1([x,x+h] \cap [w,w+k])\ ;$$

pour $h,\ k \ge 0$, $\lambda_1([x,x+h] \cap [v,v+k]) \le \inf(h,k)\ 1_{\{x - k < v < x + h\}}$;

pour $\mathcal{T}$ subdivision de $[a,b]$ (avec $b - a$ assez petit),

$$\sum_{1\le j,k\le n} (\Delta_\mu(\tau_{j+1} - \tau_{k+1}) - \Delta_\mu(\tau_{j+1} - \tau_k) - \Delta_\mu(\tau_j - \tau_{k+1}) + \Delta_\mu(\tau_j - \tau_k))^2$$

$$\le \iint d|\nu|(v)d|\nu|(w) \sum_{j,k} \lambda_1([\tau_j,\tau_{j+1}]\cap[v+\tau_k,v+\tau_{k+1}])\ \lambda_1([\tau_j,\tau_{j+1}]\cap[w+\tau_k,w+\tau_{k+1}])$$

De $\sum_{j,k} \lambda_1([\tau_j,\tau_{j+1}] \cap [v+\tau_k,v+\tau_{k+1}])\ \lambda_1([\tau_j,\tau_{j+1}] \cap [w+\tau_k,w+\tau_{k+1}])$

$$\le \sum_{j,k} 1_{\{\tau_j-\tau_{k+1}<v<\tau_{j+1}-\tau_k\}}\ 1_{\{\tau_j-\tau_{k+1}<w<\tau_{j+1}-\tau_k\}}\ \inf(\tau_{j+1} - \tau_j,\tau_{k+1} - \tau_k)^2$$

$$\le \sum_j (\tau_{j+1} - \tau_j)\ \{2|\mathcal{T}| + \lambda_1(]\tau_j-v,\tau_{j+1}-v[\ \cap\ ]\tau_j-w,\tau_{j+1}-w[)\}$$

$$\le \sum_j (\tau_{j+1} - \tau_j)\ \{2|\mathcal{T}| + \lambda_1(]\tau_j,\tau_{j+1}[\ \cap\ ]\tau_j+|v-w|,\tau_{j+1}-|v-w|[)\}$$

$$\le 2|\mathcal{T}|\ (b - a) + \sum_j (\tau_{j+1} - \tau_j)^2 \xrightarrow[|\mathcal{T}|\to 0]{} 0,$$

on déduit que $\tilde{W}$ a une variation quadratique sur $[a,b]$, égale à $(b - a)\ \nu[\{0\}]$.

2) Soit ν une mesure de Radon sur $]0,1]$ telle que $\int_{]0,1]} \sqrt{y}\ d|\nu|(y) < \infty$ et soit $Y_t = \int X_{ty}\ d\nu(y)$; Y est continu et $Y_t = \int_0^t \kappa\left(\frac{t}{s}\right) dX_s$ où $\kappa(x) = \nu\left(\left[\frac{1}{x},1\right]\right)$;

on a en effet : $\int_0^1 \kappa^2\left(\frac{1}{s}\right) ds = \int_0^1 \nu([x,1])^2\ dx \le \int_0^1 |\nu|([x,1])^2\ dx$

$$= \iint u\wedge v\ d|\nu|(u)\ d|\nu|(v) \le \left(\int_{]0,1]} \sqrt{y}\ d|\nu|(y)\right)^2 < \infty\ ;$$

soit N la mesure [bornée] sur $\mathbb{R}_+$ définie pour f borélienne bornée par :

$$\int f\ dN = \int_{]0,1]} \sqrt{y}\ f(-\log y)\ d\nu(y),$$ et $\check{N}$ sa symétrisée.

On a : $\hat{\eta}_\kappa(\gamma) = \dfrac{1}{\frac{1}{2} - i\gamma} \displaystyle\int_{]0,1]} \sqrt{y}\, \exp(i\gamma\log y)\, d\nu(y) = \dfrac{1}{\frac{1}{2} - i\gamma} \hat{N}(\gamma)$;

Y est gaussien stationnaire, de mesure spectrale $d\mu(\gamma) = \dfrac{2}{\pi} \dfrac{1}{1 + 4\gamma^2} |\hat{N}(\gamma)|^2\, d\gamma$

$\Delta_\mu(h) = E[(\tilde{Y}_0 - \tilde{Y}_h)^2] = 2 \displaystyle\int_{\mathbb{R}} \left(\exp-\tfrac{1}{2}|y| - \exp-\tfrac{1}{2}|y-h|\right) dN*\check{N}(y)$ est différence de fonctions convexes. Y a donc une variation quadratique sur $[0,t]$, égale à c^2t, où : $c^2 = \Delta'_\mu(0+) = N*\check{N}(\{0\}) = \displaystyle\sum_{x\geq 0} N[x]^2 = \sum_{t\in]0,1]} t\nu[t]^2$.

4) Propriété de semimartingale.

Proposition 15 ([Kn]) :

Soit $\kappa \in \mathcal{M}$ *et pour* $t > 0$, $K_t = \displaystyle\int_0^t \kappa\left(\frac{t}{s}\right) dX_s$; K *est une* $\mathfrak{X}$*-semimartingale si et seulement si* :

$$\kappa(x) = c + \int_1^x q(y)\, \frac{1}{y}\, dy \text{ pour } \lambda \text{ presque tout } x > 1, \text{ où } \int_0^1 q^2\left(\frac{1}{\Delta}\right) d\Delta < \infty .$$

K *est alors continue ; sa partie martingale est* c X ($[K,K]_t = c^2t$, $[K,X] = ct$) *sa partie à variation finie est* $\displaystyle\int_0^{\cdot} \frac{1}{u}\left(\int_0^u q\left(\frac{u}{s}\right) dX_s\right) du$.

La proposition 15 est conséquence du résumé suivant des résultats de Stricker [S2] sur les semimartingales gaussiennes (voir aussi [JMo]) :

Lemme 16 : *On suppose donnés sur l'espace probabilisé* $(\Omega,\mathcal{A},\mathbb{P})$ *une filtration* $\mathcal{F} = (\mathcal{F}_t)_{0\leq t\leq 1}$ *[vérifiant les conditions habituelles] et un espace gaussien* $\mathcal{G}$.
Soit $(Z_t)_{0\leq t\leq 1}$ *un processus gaussien centré, tel que* :

- *pour tous* $0 \leq s \leq t \leq 1$, Z_t *est* $\mathcal{F}_t$*-mesurable et*
- $E[Z_t|\mathcal{F}_s]$ *appartient à* $\mathcal{G}$.

Z *est une* $\mathcal{F}$*-semimartingale si et seulement si elle est une* $\mathcal{F}$*-quasimartingale ; elle appartient alors à tous les espaces* $\mathcal{H}^p$ *et se décompose en* $Z = Z_0 + M + A$ *où* M *est une* $\mathcal{F}$*-martingale,* A *un processus* $\mathcal{F}$*-prévisible à variation intégrable vérifiant : pour tout* $t \geq 0$, A_t *et* M_t *sont dans* $\mathcal{G}$; A_t *est limite faible dans* L^2 *quand* h *tend vers* 0 *de* $\displaystyle\frac{1}{h}\int_0^t E[Z_{s+h} - Z_s|\mathcal{F}_s]\, ds$ ($Z_u = 0$ *si* $u \geq 1$; *la limite est forte si* A *est continu*).

Démonstration de la proposition 15 :

Si K est une $\mathfrak{X}$-semimartingale, $\tilde{K}_\tau$ est une $\tilde{\mathfrak{X}}$-semimartingale sur tout intervalle $[a,b] \subseteq \mathbb{R}$; on a : $\tilde{K}_\tau = \displaystyle\int_{-\infty}^{\tau} \eta_\kappa(\tau-u)\, d\beta_u$ et pour $\sigma < \tau$:

$$\mathbb{E}[\tilde{K}_\tau - \tilde{K}_\sigma | \tilde{\mathcal{X}}_\sigma] = \int_{-\infty}^{\sigma} (\eta_\kappa(\tau-u) - \eta_\kappa(\sigma-u))\, d\beta_u \;;$$

$$\mathbb{E}[|\mathbb{E}[\tilde{K}_\tau - \tilde{K}_\sigma | \tilde{\mathcal{X}}_\sigma]|] = \vartheta \left(\int_{-\infty}^{\sigma} (\eta_\kappa(\tau-u) - \eta_\kappa(\sigma-u))^2\, du\right)^{1/2}$$

$$= \vartheta \left(\int_{0}^{\infty} (\eta_\kappa(\tau-\sigma+u) - \eta_\kappa(u))^2\, du\right)^{1/2} \quad \text{où } \vartheta \equiv \mathbb{E}[|X_1|] \;;$$

la propriété de quasimartingale de $\tilde{K}$ équivaut donc à :

$$\int_0^\infty (\eta_\kappa(h+u) - \eta_\kappa(u))^2\, du = O(h^2).$$

Suivant Hardy et Littlewood ([HL] théorème 24), introduisons, pour u, $h > 0$,

$$D_h(u) \equiv \frac{1}{h}(\eta_\kappa(h+u) - \eta_\kappa(u)) \;;$$

$\mathcal{D} = \{D_h |\; h > 0\}$ est borné dans $L^2(\mathbb{R}_+,\lambda)$; il existe donc une suite $(h_n)_n$ dans $\mathbb{R}_+^*$ et $\gamma \in L^2(\mathbb{R}_+,\lambda)$ avec : $h_n \longrightarrow 0_+$ et D_{h_n} converge faiblement vers γ ;

comme pour λ-presque tout x, $\frac{1}{h}\int_x^{x+h} \eta_\kappa(u)\, du = \eta_\kappa(x)$, on a pour $0 < x < y$:

$$\int_x^y \gamma(t)\, dt = \lim_n \int_x^y D_{h_n}(t)\, dt = \lim_n \left(\frac{1}{h_n}\int_y^{y+h_n} \eta_\kappa(u)\, du - \frac{1}{h_n}\int_x^{x+h_n} \eta_\kappa(u)\, du\right)$$

$$= \eta_\kappa(y) - \eta_\kappa(x) \text{ pour } \lambda\otimes\lambda \text{ presque tous } (x,y) \text{ de } \mathbb{R}_+^2 \;;$$

soit $c \equiv \operatorname{esslim}_{x\to 0_+} \eta_\kappa(x)$, $q \in \mathcal{M}$ tel que $\frac{1}{2}\eta_\kappa + \gamma = \eta_q$ et $\delta(x) = c + \int_1^x q(y)\frac{1}{y}\, dy$

on a : $\int_1^\infty \delta^2(x)\, x^{-2}\, dx < \infty$ et $\eta_\delta(x) = e^{-x/2}\left(c + \int_1^{e^x} q(y)\, \frac{1}{y}\, dy\right)$;

$d\eta_\delta(x) = -\frac{1}{2}\eta_\delta(x)\, dx + e^{-x/2}\, q(e^x)\, dx = \gamma(x)\, dx$, i.e. $\eta_\delta = \eta_\kappa$ λ-p.s. .

On a alors : $\mathbb{E}\left[\int_a^b d\sigma \left|\int_{-\infty}^{\sigma} \gamma(\sigma-u)\, d\tilde{X}_u\right|\right] = \vartheta\,(b-a)\left(\int_0^\infty \gamma^2(u)\, du\right)^{1/2} < \infty$

et : $\mathbb{E}\left[\left|\frac{1}{h}\int_a^b d\sigma\, \mathbb{E}[\tilde{K}_{\sigma+h} - \tilde{K}_\sigma | \tilde{\mathcal{X}}_\sigma] - \int_a^b d\sigma \int_{-\infty}^{\sigma} \gamma(\sigma-u)\, d\beta_u\right|\right]^2$

$$= \mathbb{E}\left[\left|\int_a^b d\sigma \int_{-\infty}^{\sigma} \left(\frac{1}{h}\int_{\sigma-u}^{\sigma-u+h} \gamma(z)\, dz - \gamma(\sigma-u)\right) d\beta_u\right|\right]^2$$

$$\le \vartheta^2\,(b-a)^2 \int_0^\infty \left(\frac{1}{h}\int_v^{v+h} \gamma(z)\, dz - \gamma(v)\right)^2 dv \xrightarrow[h\to 0]{} 0.$$

$\left(\int_a^b d\sigma \int_{-\infty}^{\sigma} \gamma(\sigma-u)\, d\beta_u\right)_{b\ge a}$ est donc la partie à variation finie de la $(\tilde{\mathcal{X}}_b)_{b\ge a}$-quasimartingale $(\tilde{K}_b - \tilde{K}_a)_{b\ge a}$. On a immédiatement la décomposition canonique de la $\mathcal{X}$-semimartingale K □

Avec les notations du lemme 2, la proposition 15 a pour conséquence :

<u>*Corollaire 17*</u> : *Soit* $\kappa \in \mathcal{M}$ *et pour* $t > 0$, $K_t \equiv \int_0^t \kappa\left(\frac{t}{s}\right) dX_s$.

1) K *est une semimartingale si et seulement si :*

$$\kappa_e(x) = c + \int_1^x q(y)\,\frac{1}{y}\,dy \text{ pour } \lambda \text{ presque tout } x > 1, \text{ où } q \in \mathcal{M}$$

$$\left(\text{on a donc pour } z \in \mathbb{C}_+,\ \hat{\eta}_{\kappa_e}(z) = \frac{c + \hat{\eta}_q(z)}{\frac{1}{2} - iz}\right);$$

sa décomposition canonique est $c\,Y^{(\kappa)} + \int_0^{\cdot} \frac{1}{u}\left(\int_0^u q\left(\frac{u}{s}\right) dY_s^{(\kappa)}\right) du$ *où* $Y^{(\kappa)}$ *est le mouvement brownien* $Y_t^{(\kappa)} = \int_0^t \rho_\kappa\left(\frac{t}{s}\right) dX_s$.

2) La loi de K *est équivalente à celle de* X *si et seulement si* $\kappa \in \mathcal{M}_b$.

__*Démonstration*__ :

1) découle de la proposition 15 appliquée dans la filtration $\mathcal{Y}^{(\kappa)}$, qui coïncide (lemme 2) avec la filtration $\mathcal{K}$.

2) Si la loi de K est équivalente à celle de X, K est une semi-martingale ; ainsi $K_t = c\,Y_t^{(\kappa)} + \int_0^t \frac{1}{u}\left(\int_0^u q\left(\frac{u}{s}\right) dY_s^{(\kappa)}\right) du$;

puisque $[K,K]_t = c^2 t$, il faut $c^2 = 1$; le théorème de Girsanov impose alors : $\int_0^t \frac{1}{u}\left(\int_0^u q\left(\frac{u}{s}\right) dY_s^{(\kappa)}\right)^2 du < \infty$, ce qui nécessite :

$$\infty > E\left[\int_0^t \frac{1}{u}\left(\int_0^u q\left(\frac{u}{s}\right) dY_s^{(\kappa)}\right)^2 du\right] = \int_0^t \frac{1}{u}\,du \int_0^\infty q^2\left(\frac{1}{s}\right) ds \text{ et } q \equiv 0. \quad \square$$

__*Remarques 18*__ : Pour que $K = \int_0^{\cdot} \kappa\left(\frac{\cdot}{s}\right) dX_s$ soit une $\mathcal{X}$-semimartingale, il faut que K soit une $\mathcal{K}$-semimartingale (d'où une condition sur κ_e) et que Y soit une $\mathcal{X}$-semimartingale (d'où une condition sur ρ_κ) ; la première condition est :

$$\kappa_e(x) = c + \int_1^x q(y)\,\frac{1}{y}\,dy \text{ pour } \lambda_1 \text{ presque tout } x > 1 \ \left(\int_0^1 q^2\left(\frac{1}{\delta}\right) d\delta < \infty\right)$$

$$K_t = cY_t^{(\kappa)} + \int_0^t \left(\frac{1}{u}\int_0^u q\left(\frac{u}{s}\right) dY_s^{(\kappa)}\right) du$$

$$\hat{\eta}_{\kappa_e}(z) = \frac{c + \hat{\eta}_q(z)}{\frac{1}{2} - iz} = (c + \hat{\eta}_g(z))\,\hat{\eta}_1(z) \text{ et } (c + \hat{\eta}_g)\,\hat{\eta}_1 \text{ est extérieure ;}$$

la deuxième condition est :

$$\rho_\kappa(x) = 1 + \int_1^x \ell(y)\,\frac{1}{y}\,dy \text{ pour } \lambda_1 \text{ presque tout } x > 1 \ \left(\int_0^1 \ell^2\left(\frac{1}{\delta}\right) d\delta < \infty\right)$$

et $1 + \hat{\eta}_\ell$ intérieure ; $Y_t^{(\kappa)} = X_t + \int_0^t \left(\frac{1}{u}\int_0^u \ell\left(\frac{u}{s}\right) dX_s\right) du$.

- $\hat{\eta}_\ell = 1 - G_\kappa$ appartient à $\mathbb{H}_+^2$; on a vu à la remarque 5-3) que :

$$G_\kappa(z) = \left(\prod_{n\in D} \frac{a_n - z}{\bar{a}_n - z}\right) \exp -i\left(\frac{\ell}{z} + \int_{]0,\infty[} \frac{2z}{z^2 - \gamma^2}\, dF(\gamma)\right) = B_0(z)\; S(z)$$

où $\{a_n \mid n \in D\} \subseteq \mathbb{C}_+$, stable par $y \longrightarrow -\bar{y}$ et $\sum_{n\in D} \mathcal{I}m(a_n) < \infty$,

F mesure positive bornée singulière.

En outre, $\hat{\eta}_\kappa = (c + \hat{\eta}_g)\; \eta_1\; (1 + \hat{\eta}_\ell)$ d'où l'on tire

$$\kappa(x) = c + \int_1^x h(y)\, \frac{1}{y}\, dy \text{ pour } \lambda_1 \text{ presque tout } x > 1 \quad \left(\int_0^1 h^2\left(\frac{1}{s}\right) ds < \infty\right)$$

ou $\eta_h = c\eta_\ell + \eta_g + \eta_\ell * \eta_g$ soit : $h(t) = c\, \ell(t) + g(t) + \int_1^t \ell(s)\, g\left(\frac{t}{s}\right) s^{-1}\, ds.$

D'après le lemme 4-ii), on a aussi :

$$X_t = \left(1 + \int_1^\infty g(v)\, v^{-2}\, dv\right) Y_t^{(\kappa)} + \int_t^\infty \left(\int_{u/t}^\infty g(v)\, v^{-2}\, dv\right) dY_u^{(\kappa)}$$

$$= Y_t^{(\kappa)} + \int_1^\infty Y_{tv}^{(\kappa)}\, g(v)\, v^{-2}\, dv.$$

Suite de l'exemple 14-ii)

1) Si ν est diffuse, Y $\left(= \int X_{y.}\, d\nu(y)\right)$ a une variation quadratique nulle ;
Y n'est une semi-martingale que si elle est à variation finie (ou intégrable).
Une condition équivalente est : $\lim_{h\to 0} \tilde{\Delta}(h)$ existe, ou $\int |\hat{N}(\gamma)|^2\, d\gamma < \infty$
ou, ν est absolument continue, de densité φ et $\int_0^1 y\, \varphi^2(y)\, dy < \infty.$

2) Particularisons en prenant $\nu = \lambda\, \delta_1 + \mu\, \delta_{1/a}$ $(a > 1,\ \lambda\mu \neq 0)$; on étudie donc $Y_t = \lambda X_t + \mu X_{t/a}$; on va voir que ce n'est jamais une semi-martingale.

Soit $\alpha > 0$ et $z_0 = u_0 + iv_0 \in \mathbb{C}$ tels que : $a = e^\alpha$, $\frac{\lambda}{\mu} = \exp -\alpha(\frac{1}{2} - iz_0)$:

$\left|\frac{\lambda}{\mu}\right| = \exp -\alpha(\frac{1}{2} + v_0)$, $v_0 = -\frac{1}{2} - \frac{1}{\alpha} \operatorname{Log}\left|\frac{\lambda}{\mu}\right|$,

$\alpha u_0 = 0$ ou π selon que $\lambda\mu > 0$ ou $\lambda\mu < 0)$

$$\eta_\kappa(x) = (\lambda + \mu\, 1_{\{x \geq \alpha\}})\, e^{-x/2},\quad \hat{\eta}_\kappa(z) = -2i\mu \exp -\frac{\alpha}{2}(1 + iz_0 + iz)\, \frac{\sin\alpha(z - z_0)}{\frac{1}{2} - iz}\ ;$$

Premier cas : $v_0 < 0$, i.e. $\sqrt{a}\left|\frac{\lambda}{\mu}\right| > 1$;

$\hat{\eta}_\kappa$ *est une fonction extérieure,* $\mathcal{Y} = \mathcal{X}$ *et* Y *n'est pas une semi-martingale.*

Deuxième cas : $v_0 > 0$, i.e. $\sqrt{a}\left|\frac{\lambda}{\mu}\right| < 1$;

$$\left|\frac{\sin\alpha(z - z_0)}{\sin\alpha(z - \bar{z}_0)}\right| = \frac{\operatorname{ch}2\alpha(v - v_0) + \cos 2\alpha(u - u_0)}{\operatorname{ch}2\alpha(v + v_0) + \cos 2\alpha(u - u_0)} = \frac{\operatorname{ch}2\alpha(v - v_0) + \cos 2\alpha u}{\operatorname{ch}2\alpha(v + v_0) + \cos 2\alpha u}$$

est majoré par 1 sur $\mathbb{C}_+$ et vaut 1 à la frontière ;

la partie intérieure de $\hat{\eta}_\kappa$ est donc $\dfrac{\sin\alpha(z-z_0)}{\sin\alpha(z-\bar{z}_0)}$

et sa partie extérieure est : $\quad - 2i\mu \exp-\frac{\alpha}{2}v_0 \exp-\frac{\alpha}{2}(1+i\bar{z}_0+iz)\dfrac{\sin\alpha(z-\bar{z}_0)}{\frac{1}{2}-iz}$;

$\kappa_e = \exp-\frac{\alpha}{2}v_0\ \mu\left(\frac{\tilde{\lambda}}{\tilde{\mu}} + 1_{[a,\infty[}\right)$ où $\frac{\tilde{\lambda}}{\tilde{\mu}} = \exp-\alpha(\frac{1}{2} - i\bar{z}_0) = \frac{\mu}{\lambda}$,

soit $\kappa_e = \mathrm{sgn}(\lambda\mu)\sqrt{a}\ (\mu + \lambda\ 1_{[a,\infty[})$ $\quad Y_t = \mathrm{sgn}(\lambda\mu)\sqrt{a}\ (\mu Y_t^{(\kappa)} + \lambda Y_{t/a}^{(\kappa)})$;

on est ramené au premier cas et Y n'est pas une semi-martingale.

De plus, $\hat{\eta}_{\rho_\kappa} = \dfrac{\sin\alpha(z-z_0)}{\sin\alpha(z-\bar{z}_0)}\dfrac{1}{\frac{1}{2}-iz}$

$$\eta_{\rho_\kappa}(x) = \exp-(x/2)\left[\exp-2\alpha v_0 - 2\mathrm{sh}2\alpha v_0 \sum_{k>0} \exp2k\alpha(\tfrac{1}{2}-v_0)\ 1_{\{x\geq 2k\alpha\}}\right]$$

$$\rho_\kappa(t) = \exp-2\alpha v_0 - 2\mathrm{sh}2\alpha v_0 \sum_{k>0} \exp2k\alpha(\tfrac{1}{2}-v_0)\ 1_{\{t\geq a^{2k}\}}$$

$$= a\left(\frac{\lambda}{\mu}\right)^2 - \left(\frac{1}{a}\left(\frac{\mu}{\lambda}\right)^2 - a\left(\frac{\lambda}{\mu}\right)^2\right)\sum_{k>0}\left(a\frac{2\lambda}{\mu}\right)^{2k} 1_{\{t\geq a^{2k}\}}$$

$$Y_t^{(\kappa)} = a\left(\frac{\lambda}{\mu}\right)^2 X_t + \left(a\left(\frac{\lambda}{\mu}\right)^2 - \frac{1}{a}\left(\frac{\mu}{\lambda}\right)^2\right)\sum_{k>0}\left(a\frac{2\lambda}{\mu}\right)^{2k} X_{ta^{-2k}}$$

$Y^{(\kappa)}$ n'est pas une $\mathcal{X}$-semimartingale, ce que l'on constate sur ρ_κ ou sur $\hat{\eta}_{\rho_\kappa}$: $\dfrac{\sin\alpha(z-z_0)}{\sin\alpha(z-\bar{z}_0)}$ est un produit de Blaschke admettant pour zéros $z_0 \pm n\frac{\pi}{\lambda}$).

Troisième cas : $v_0 = 0$, i.e. $\sqrt{a}\left|\frac{\lambda}{\mu}\right| = 1$;

$\hat{\eta}_\kappa(z) = \mu\mathrm{sgn}(\lambda\mu)\dfrac{1}{\frac{1}{2}-iz}\left(1 + \mathrm{sgn}(\lambda\mu)\exp\alpha iz\right)$ *est extérieure* ; $\mathcal{Y} = \mathcal{X}$ et $\mathcal{Y}$ *n'est pas une semimartingale.*

Les considérations précédentes vont nous permettre de caractériser les processus gaussiens stationnaires qui sont aussi des semi-martingales. La fin de l'article est consacrée à la démonstration du résultat suivant :

Proposition 19 :

Soit $\tilde{W}$ un processus gaussien stationnaire, de mesure spectrale $\mu = \mu_s + f.\lambda$ où μ_s est singulière et $f = \frac{d\mu}{d\lambda}$ est la densité de la partie absolument continue de μ par rapport à la mesure de Lebesgue λ (f est paire) ;

$\tilde{W}$ est une semi-martingale (dans sa filtration propre) si et seulement si :

1) $\int \gamma^2\, d\mu(\gamma) < \infty$ (et $\tilde{W}$ est continu, à variation finie)

ou

2) $\int \gamma^2\, d\mu_s(\gamma) < \infty$, $\int \gamma^2 f(\gamma)\, d\gamma = \infty$, $\int_{\mathbb{R}} \frac{1}{1+\gamma^2} \mathrm{Log}f(\gamma)\, d\gamma > -\infty$ et

• *il existe* c > 0 *avec* : $c^2 = \lim_{T\to\infty} \frac{1}{T}\int_0^T \gamma^2 f(\gamma)\,d\gamma$

• $\int (c^2 - 2c\gamma\sqrt{f(\gamma)}\cos\varphi(\gamma) + \gamma^2 f(\gamma))\,d\gamma < \infty$, *où* φ *est la conjuguée de* $\mathrm{Log} f$

i.e. avec $z = x + iy$, $\varphi(x) = \lim_{y\to 0_+} \mathcal{R}e\left(-\frac{z}{\pi}\int_{\mathbb{R}_+} \frac{1}{\gamma^2 - z^2}\,\mathrm{Log} f(\gamma)\,d\gamma\right)$.

Commençons par quelques rappels sur les filtrations des processus gaussiens stationnaires ; ce sont des conséquences immédiates de l'*alternative de Szegö* (voir par exemple [DMK] chapitre 4, ou [Ka]) (les notations sont celles de la proposition 18) :

1) si $\int_{\mathbb{R}} \frac{1}{1+\gamma^2}\,\mathrm{Log} f(\gamma)\,d\gamma = -\infty$, $\bigcap_{\tau\in\mathbb{R}} \mathcal{W}_\tau = \mathcal{W}_\infty$.

2) si $\int_{\mathbb{R}} \frac{1}{1+\gamma^2}\,\mathrm{Log} f(\gamma)\,d\gamma > -\infty$, on peut écrire $\tilde{W} = \tilde{U} + \tilde{V}$ où :

• $\tilde{U}$ et $\tilde{V}$ sont gaussiens stationnaires *indépendants*, de mesures spectrales respectives μ_s et $f.\lambda$;

• $\bigcap_{\tau\in\mathbb{R}} \mathcal{W}_\tau = \mathcal{U}_\infty$;

• de plus $f = |\hat{\eta}_{K_e}|^2$ où $\hat{\eta}_{K_e}$ est la fonction *extérieure* de H^2 définie par :

$$\hat{\eta}_{K_e}(z) = \exp\left(\frac{1}{2\pi i}\int_{\mathbb{R}} \frac{1+\gamma z}{\gamma - z}\,\mathrm{Log} f(\gamma)\,\frac{d\gamma}{1+\gamma^2}\right) = \exp\left(-i\frac{z}{\pi}\int_{\mathbb{R}_+} \frac{1}{\gamma^2 - z^2}\,\mathrm{Log} f(\gamma)\,d\gamma\right);$$

η_{K_e} appartient à $L^2(\mathbb{R},\lambda)$ et est nulle sur $]-\infty,0[$ et $\tilde{V}_\cdot = \int_{-\infty}^{\cdot} \eta_{K_e}(\cdot - \sigma)\,d\beta_\sigma$ où β est un mouvement brownien (indexé par $\mathbb{R}$) avec $\mathcal{V}_\tau = \sigma(\beta_x - \beta_y\ ;\ y \le x \le \tau)$

Rappelons aussi que le processus gaussien stationnaire $\tilde{W}$, de mesure spectrale μ a des trajectoires à variation finie si et seulement si μ a un moment d'ordre 2, auquel cas pour $\sigma \le \tau$, $\tilde{W}_\tau - \tilde{W}_\sigma = \int_\sigma^\tau \tilde{w}_x\,dx$, où $\tilde{w}$ est un processus [mesurable] gaussien stationnaire de mesure spectrale ν où $\frac{d\nu}{d\mu}(x) = x^2$.

Supposons maintenant que $\tilde{W}$ soit une semi-martingale, ou ce qui revient au même - voir lemme 16 - une quasi-martingale ; ainsi :

$\forall\ -\infty < a < b < \infty$, $\exists\ K(a,b) \in \mathbb{R}$, $\forall\ n \in \mathbb{N}$, $\forall\ a = \tau_0 \le \tau_1 \le \ldots \le \tau_n \le \tau_{n+1} = b$,

$$\sum_{j=0}^n E\left[\left|E[\tilde{W}_{\tau_{j+1}} | \mathcal{W}_{\tau_j}] - \tilde{W}_{\tau_j}\right|\right] \le K(a,b).$$

Si $\int_{\mathbb{R}} \frac{1}{1+\gamma^2}\,\mathrm{Log} f(\gamma)\,d\gamma = -\infty$, $\tilde{W}$ est nécessairement à variation finie (puisque $\bigcap_{\tau\in\mathbb{R}} \mathcal{W}_\tau = \mathcal{W}_\infty$) et on vient de rappeler que cela signifie : $\int \gamma^2\,d\mu(\gamma) < \infty$.

Si $\int_{\mathbb{R}} \frac{1}{1+\gamma^2} \operatorname{Log} f(\gamma)\, d\gamma > -\infty$, pour $\sigma \leq \tau$,

$$\mathbb{E}[|\tilde{U}_\tau - \tilde{U}_\sigma|] = \mathbb{E}[|\mathbb{E}[\tilde{W}_\tau - \tilde{W}_\sigma | \tilde{\mathcal{U}}_\infty]|] = \mathbb{E}\left[\left|\mathbb{E}[\mathbb{E}[\tilde{W}_\tau | \mathcal{W}_\sigma] - \tilde{W}_\sigma \middle| \tilde{\mathcal{U}}_\infty]\right|\right]$$
$$\leq \mathbb{E}[|\mathbb{E}[\tilde{W}_\tau | \mathcal{W}_\sigma] - \tilde{W}_\sigma|] \;;$$

comme $\mathbb{E}[|\tilde{U}_\tau - \tilde{U}_\sigma|] = \left(\frac{2}{\pi}\int_{\mathbb{R}} (1 - \cos(\tau-\sigma)\gamma)\, d\mu_s(\gamma)\right)^{1/2}$, on obtient avec $a < b$,

$0 < 2h < b - a$, $n = \left[\frac{b-a}{h}\right]$ $(n \geq \frac{b-a}{2h} > 1)$ et $\sigma_j = \inf(a + jh, n)$ $(0 \leq j \leq n)$

$$n\left(\frac{2}{\pi}\int_{\mathbb{R}} (1 - \cos h\gamma)\, d\mu_s(\gamma)\right)^{1/2} \leq \sum_{j=0}^{n} \mathbb{E}\left[\left|\mathbb{E}[\tilde{W}_{\sigma_{j+1}} | \mathcal{W}_{\sigma_j}] - \tilde{W}_{\sigma_j}\right|\right] \leq K(a,b).$$

On en déduit que $h \longrightarrow h^{-2}\, \Delta_{\mu_s}(h)$ est bornée au voisinage de 0 et (lemme de Fatou) que μ_s a un moment d'ordre 2. $\tilde{U}$ est donc gaussien stationnaire, absolument continu ; pour $\sigma \leq \tau$, $\tilde{U}_\tau - \tilde{U}_\sigma = \int_\sigma^\tau \tilde{u}_x\, dx$, où $\tilde{u}$ est un processus [mesurable] gaussien stationnaire de mesure spectrale ν où $\frac{d\nu}{d\mu_s}(x) = x^2$.

La moyenne mobile $\tilde{V}$ est donc une $\mathcal{W}$-quasimartingale ou, ce qui revient au même car $\tilde{U}$ et $\tilde{V}$ sont indépendants, une $\tilde{\mathcal{V}}$-quasimartingale. D'après le corollaire 17, $(\frac{1}{2} + i z)\, \hat{\eta}_{K_e}(z) = c + \hat{\eta}_q(z)$ et

$$c = \lim_{\mathcal{I}m z \to \infty} (\tfrac{1}{2} + iz)\, \hat{\eta}_{K_e}(z) = \lim_{y \to \infty} \exp\left(\frac{1}{\pi}\int_{\mathbb{R}_+} \frac{y}{\gamma^2 + y^2} \operatorname{Log}\{(\tfrac{1}{4} + \gamma^2) f(\gamma)\}\, d\gamma\right)$$

On a aussi $c - iz\, \hat{\eta}_{K_e}(z) = \frac{1}{2}\hat{\eta}_{K_e}(z) + \hat{\eta}_q(z) \in H^2_+$, ce qui se traduit puisque :

$$\hat{\eta}_{K_e}(t) = \sqrt{f(t)}\, e^{i\varphi(t)}$$

par la finitude de $\int (c^2 - 2c\gamma\sqrt{f(\gamma)}\cos\varphi(\gamma) + \gamma^2 f(\gamma))\, d\gamma$.

Remarques 20 :

Soit $\tilde{W}$ un processus gaussien stationnaire, de mesure spectrale $\mu = f.\lambda$ absolument continue. Des conditions nécessaires pour que $\tilde{W}$ soit une semi-martingale sont :

1) $(1+\gamma^2)\, f(\gamma) \leq A + q(\gamma)$ *où* $A \in \mathbb{R}_+^*$, $\int |q(\gamma)|\, d\gamma < \infty$.

2) $\lim_{T\to\infty} \frac{1}{T}\int_0^T \gamma^2 f(\gamma)\, d\gamma$ *existe.*

(Notons que *1)* et *2)* suffisent pour que $\tilde{W}$ ait une variation quadratique)

En outre si $\Delta_\mu(x) = \frac{1}{\pi}\int (1 - \cos\gamma x) \left|\frac{c + \hat{\eta}_q(\gamma)}{\frac{1}{2} + i\gamma}\right|^2 d\gamma$, on a aussi,

$$\Delta_\mu(x) = \int (\exp -\tfrac{1}{2}|y| - \exp -\tfrac{1}{2}|x - y|)\, d(\theta * \check{\theta})(y),$$

où ϑ est la mesure [de Radon, portée par $\mathbb{R}_+$] $c\delta_0 + \eta_q.\lambda_1$;

$\lim_{x\to\infty} \Delta_\mu(x) = \mu[\mathbb{R}] = \Delta_\mu(\infty)$ et $\Phi_\mu(x) = \Delta_\mu(\infty) - \Delta_\mu(x)$ est une fonction positive, différence de deux fonctions convexes, telle que la mesure associée à Φ_μ'' soit $\frac{1}{4}\Phi_\mu.\lambda_1 + \vartheta * \check{\vartheta}$.

Une autre écriture est : $\Delta_\mu(x) = \mathbb{E}\left[\iint L_T^{x+u-v}\, d\vartheta(u)\, d\vartheta(v)\right]$,

où $(L_t^x)_{x\in\mathbb{R},t\geq 0}$ est la famille des temps locaux du mouvement brownien X et

T est une variable exponentielle indépendante de paramètre $\frac{1}{8}$.

Bibliographie :

[B] BEURLING A.: On two problems concerning linear transformations in Hilbert space, Acta Math. 81, 239-255, 1949.

[CJ] CHALEYAT-MAUREL M., JEULIN T. : Grossissement gaussien de la filtration brownienne. L.N.Math. 1118, 59-109, Springer,1985.

[DMK] DYM H., McKEAN H.P. : Gaussian processes, function theory and the inverse spectral problem. Academic Press, 1976.

[E] EMERY M. : Covariance des semimartingales gaussiennes. C.R.A.S. Paris, t.295, Série I, 703-705, 1982.

[F1] FERNIQUE X : Des résultats nouveaux sur les processus gaussiens. C.R.A.S. Paris, t.278, Série A, 363-365, 1974.

[F2] FERNIQUE X : Régularité des fonctions aléatoires gaussiennes stationnaires. Probab.Th.Rel.Fields 88, 521-536, 1991.

[HL] HARDY G.H. , LITTLEWOOD J.E. : Some properties of fractional integrals,I. Math.Zeitschrift 27, 565-606, 1928.

[JMa] JAIN N.C., MARCUS M.B. : Sufficient conditions for the continuity of stationary gaussian processes and applications to random series of functions. Ann.Inst.Fourier 24, 117-141, 1974.

[JMo] JAIN N.C., MONRAD D. : Gaussian quasimartingales. Z.f.W. 59, 139-159, 1982.

[JY] JEULIN T., YOR M. : Filtration des ponts browniens et équations différentielles stochastiques linéaires. Séminaire de Probabilités XXIV, L.N.in Maths 1427, Springer, 1990.

[Ka] KARHUNEN K. : Über die Struktur stationärer zufälliger Funktionen. Arkiv för Mat. 1, 141-160, 1950.

[Kn] KNIGHT F.B. : Foundations of the prediction process. Oxford Studies in Probability 1, Clarendon Press, Oxford 1992.

[M] MARCUS M.B. : Continuity of Gaussian processes and random Fourier series. Annals of Probability 1, 968-981, 1973.

[PW] PALEY R., WIENER N. : Fourier transforms in the complex domain. American Mathematical Society, Colloquium Publications, Vol.19, 1934

[R] RUDIN W. : Real and complex analysis. Mc Graw Hill, 1970.

[Sc] SCHREIBER M. : Fermeture en probabilité de certains sous-espaces d'un espace L^2. Application aux chaos de Wiener. Z.f.W. 14, 36-48, 1969.

[So] SONG S. : Quelques conditions suffisantes pour qu'une semimartingale soit une quasimartingale. Stochastics 16, 97-109, 1986.

[S1] STRICKER C. : Une caractérisation des quasimartingales. Séminaire de Probabilités IX, L.N.Math. 465,420-424, Springer, 1975.

[S2] STRICKER C. : Semimartingales gaussiennes. Application au problème de l'innovation. Z.f.W. 64, 303-312, 1983.

[W] WIENER N. : The Fourier integral & certain of its applications. Cambridge University Press, 1933.

On the maximum of a diffusion process in a drifted Brownian environment

KIYOSHI KAWAZU AND HIROSHI TANAKA

1. Introduction

In this paper we investigate asymptotic behavior of the tail of the distribution of the maximum of a diffusion process in a drifted Brownian environment. This problem is a diffusion analogue of the Afanas'ev problem([1]). Our result is naturally compatible with that of Afanas'ev[1].

Let $\{W(x), x \in \mathbf{R}, P\}$ be a Brownian environment, namely, let $\{W(t), t \geq 0, P\}$ and $\{W(-t), t \geq 0, P\}$ be independent Brownian motions in one-dimension with $W(0) = 0$. We consider a diffusion process $X(t, W)$ defined formally by

$$X(t, W) = \text{Brownian motion} - \frac{1}{2}\int_0^t \{W'(X(s, W)) + c\}ds,$$

where c is a positive constant. The precise meaning of $X(t, W)$ is simply a diffusion process with generator

$$\frac{1}{2}e^{W(x)+cx}\frac{d}{dx}(e^{-W(x)-cx}\frac{d}{dx}),$$

starting at 0. Such a diffusion process can be constructed from a Brownian motion through changes of scale and time. For a fixed environment $W = (W(x), x \in \mathbf{R})$ we denote by P_W the probability law of the process $\{X(t, W)\}$ and put

$$\mathcal{P} = \int P(dW)P_W.$$

Thus $\mathcal{P}$ is the full law of $\{X(t, \cdot)\}$. We often write $X(t) = X(t, \cdot)$. Since $c > 0$, $\max_{t\geq 0} X(t)$ is finite ($\mathcal{P}$-a.s.). The problem is the following : How fast does $\mathcal{P}\{\max_{t\geq 0} X(t) > x\}$ decay as $x \to \infty$? Since

$$\mathcal{P}\{\max_{t\geq 0} X(t) > x\} = E\{A(A+B)^{-1}\}, \tag{1.1}$$

where

$$A = \int_{-\infty}^{0} e^{W(t)+ct}\,dt, \quad B = \int_{0}^{x} e^{W(t)+ct}\,dt, \tag{1.2}$$

the problem is nothing but to find the asymptotics of $E\{A(A+B)^{-1}\}$ as $x \to \infty$. The result varies according as $c > 1$, $c = 1$, $0 < c < 1$, as will be stated in the following theorem.

THEOREM. (i) *If* $c > 1$, *then*

$$\mathcal{P}\{\max_{t\geq 0} X(t) > x\} \sim \frac{2c-2}{2c-1}\exp\{-(c-\frac{1}{2})x\}, \quad x \to \infty.$$

(ii) If $c = 1$, *then*

$$\mathcal{P}\{\max_{t\geq 0} X(t) > x\} \sim (2/\pi)^{1/2} x^{-1/2}\exp\{-x/2\}, \quad x \to \infty.$$

(iii) If $0 < c < 1$, *then*

$$\mathcal{P}\{\max_{t\geq 0} X(t) > x\} \sim const.x^{-3/2}\exp\{-c^2 x/2\}, \quad x \to \infty,$$

where

$$const. = 2^{5/2-2c}\Gamma(2c)^{-1}\int_0^\infty\int_0^\infty\int_0^\infty\int_0^\infty z(a+z)^{-1}a^{2c-1}e^{-a/2}y^{2c}e^{-\lambda z}u\sinh u\,da\,dy\,dz\,du,$$

$\lambda = (1+y^2)/2 + y\cosh u$.

2. Proof of the theorem

Since A and B are independent, the right hand side of (1.1) equals $E\{Af(A)\}$ where $f(a) = E\{(a+B)^{-1}\}, a \geq 0$. Fixing $x > 0$, we consider the time reversal $\widehat{W}(t) = W(x-t) - W(x), 0 \leq t \leq x$. Since $\{\widehat{W}(t), 0 \leq t \leq x\}$ is also a Brownian motion, we have

$$\begin{aligned} f(a) &= E\{(a+\int_0^x \exp\{\widehat{W}(t)+ct\}\,dt)^{-1}\} \\ &= E\{(a+e^{-W(x)}\int_0^x \exp\{W(x-t)+ct\}\,dt)^{-1}\} \\ &= E\{(ae^{W(x)-cx}+\int_0^x e^{W(t)-ct}\,dt)^{-1}e^{W(x)-cx}\} \\ &= e^{(1/2-c)x}E\{(ae^{W(x)-cx}+\int_0^x e^{W(t)-ct}\,dt)^{-1}e^{W(x)-x/2}\} \\ &= e^{(1/2-c)x}E\{(ae^{W(x)-(c-1)x}+\int_0^x e^{W(t)-(c-1)t}\,dt)^{-1}\} \\ &= e^{(1/2-c)x}E\{(a+\int_0^x e^{W(t)+(c-1)t}\,dt)^{-1}e^{W(x)+(c-1)x}\}. \end{aligned} \tag{2.1}$$

In deriving the fifth equality in the above we used the formula of Cameron-Martin-Maruyama-Girsanov; the last equality was derived by using $\widehat{W}(t)$ as in the case of the first equality. From the fifth equality of (2.1) we obtain the following lemma.

LEMMA 1. *For any $c > 0$ and $x > 0$*

$$\mathcal{P}\{\max_{t\geq 0} X(t) > x\} = e^{(1/2-c)x} E\{A(Ae^{W(x)-(c-1)x} + \int_0^x e^{W(t)-(c-1)t} dt)^{-1}\}, \tag{2.2}$$

where A is given by (1.2).

The following lemma due to Yor will also be used.

LEMMA 2(Yor[2]). *For any $\nu > 0$ we have*

$$\int_0^\infty \exp(W(t) - \frac{\nu t}{2}) dt \stackrel{d}{=} 2/Z_\nu , \tag{2.3}$$

where $\stackrel{d}{=}$ means equality in distribution and Z_ν is a gamma variable of index ν , that is,

$$P\{Z_\nu \in dt\} = \Gamma(\nu)^{-1} t^{\nu-1} e^{-t} dt \qquad (t > 0) .$$

2.1. Proof of (i)

When $c > 1$, Lemma 1 implies

$$\lim_{x\to\infty} e^{-(1/2-c)x} \mathcal{P}\{\max_{t\geq 0} X(t) > x\} = E\{A(\int_0^\infty e^{W(t)-(c-1)t} dt)^{-1}\} .$$

It is easy to see that the above expectation is finite. To obtain its exact value we use Lemma 2. We thus obtain (i).

2.2. Proof of (ii)

For $x > 0$ we put

$$\varphi(x) = E\{\log \int_0^x e^{W(t)} dt\}, \quad \psi(x) = \frac{d}{dx}\varphi(x) .$$

Then it is easy to see that

$$\psi(x) = E\{(\int_0^x e^{W(t)} dt)^{-1} e^{W(x)}\} = E\{(\int_0^x e^{W(t)} dt)^{-1}\} ;$$

in fact, the second equality is a consequence of the last equality of (2.1) with $a = 0$ and $c = 1$. Thus $\psi(x)$ is monotone decreasing in x .

LEMMA 3. *When $c = 1$, we have*

$$E\{A(\int_0^x e^{W(t)+t} dt)^{-1}\} \sim \sqrt{2/\pi}\, x^{-1/2} e^{-x/2} \quad as \quad x \to \infty . \tag{2.4}$$

Proof. Since $E\{A\} = 2$ in case $c = 1$, the left hand side of (2.4) equals $2E\{(\int_0^x e^{W(t)+t} dt)^{-1}\}$ which also equals $2e^{-x/2} E\{(\int_0^x e^{W(t)} dt)^{-1} e^{W(x)}\}$ by virtue of (2.1) with $a = 0$ and $c = 1$. Thus we have

$$E\{A(\int_0^x e^{W(t)+t} dt)^{-1}\} = 2e^{-x/2}\psi(x) . \tag{2.5}$$

On the other hand, using the scaling property $\{W(t)\} \stackrel{d}{=} \{\sqrt{x}\, W(t/x)\}$ we have

$$\varphi(x) = E\{\log \int_0^1 e^{\sqrt{x} W(t)}\, dt\} + \log x\,,$$

and hence

$$\begin{aligned}\lim_{x\to\infty} x^{-1/2}\varphi(x) &= \lim_{x\to\infty} E\{\frac{1}{\sqrt{x}}\log \int_0^1 e^{\sqrt{x} W(t)}\, dt\} \\ &= E\{\max_{0\le t\le 1} W(t)\} = \sqrt{2/\pi}\,,\end{aligned}$$

which combined with the monotonicity of $\psi(x) = \varphi'(x)$ implies

$$\psi(x) \sim (2\pi x)^{-1/2} \quad \text{as } x \to \infty\,. \tag{2.6}$$

This together with (2.5) proves the lemma.

LEMMA 4. *For $x > 0$ we have*

$$E\{(\int_0^x e^{W(t)}\, dt)^{-2} e^{W(x)}\} \le \psi(x/2)^2\,. \tag{2.7}$$

Proof. The left hand side of (2.7) is dominated by

$$\begin{aligned}&E\{(\int_0^{x/2} e^{W(t)}\, dt)^{-1}(\int_{x/2}^{x} e^{W(t)}\, dt)^{-1} e^{W(x)}\} \\ =\ &E\{(\int_0^{x/2} e^{W(t)}\, dt)^{-1}(\int_{x/2}^{x} e^{W(t)-W(x/2)}\, dt)^{-1} e^{W(x)-W(x/2)}\} \\ =\ &E\{(\int_0^{x/2} e^{W(t)}\, dt)^{-1}\} E\{(\int_0^{x/2} e^{W(t)}\, dt)^{-1} e^{W(x/2)}\} \\ =\ &\psi(x/2)^2\,;\end{aligned}$$

in deriving the second equality in the above we used the fact that $\{W(t+\frac{x}{2}))-W(\frac{x}{2}), t \ge 0\}$ is a Brownian motion independent of $\{W(t), 0 \le t \le x/2\}$.

The proof of (ii) is now given as follows. By (1.1) we have

$$\begin{aligned}0 &\le E\{A(\int_0^x e^{W(t)+t}\, dt)^{-1}\} - \mathcal{P}\{\max_{t\ge 0} X(t) > x\} \\ &= E\{AB^{-1} - A(A+B)^{-1}\} \\ &\le E\{2^{-1}A^{3/2}B^{-3/2}\} = 2^{-1}E\{A^{3/2}\}E\{B^{-3/2}\}.\end{aligned} \tag{2.8}$$

We prove

$$E\{A^{3/2}\} < \infty, \tag{2.9}$$

$$E\{B^{-3/2}\} < \text{const.}\, x^{-3/4} e^{-x/2}\,. \tag{2.10}$$

(2.9) follows immediately from Lemma 2 ; a direct proof can also be given as follows. Using Hölder's inequality we have

$$\begin{aligned} E\{A^{3/2}\} &= E\{(\int_0^\infty e^{W(t)-4t/5}e^{-t/5}\,dt)^{3/2}\} \\ &\le (5/3)^{1/2}E\{\int_0^\infty \exp\{\tfrac{3}{2}(W(t)-\tfrac{4t}{5})\}dt\} = (5/3)^{1/2}\cdot(40/3). \end{aligned}$$

(2.10) can be proved by making use of the CMMG formula, the Schwarz inequality, Lemma 4 and then (2.6) ; in fact, putting $B_0 = \int_0^x e^{W(t)}dt$ we have

$$\begin{aligned} E\{B^{-3/2}\} &= E\{B_0^{-3/2}e^{W(x)-x/2}\} \\ &\le e^{-x/2}E\{B_0^{-1}e^{W(x)}\}^{1/2}E\{B_0^{-2}e^{W(x)}\}^{1/2} \\ &\le e^{-x/2}\psi(x)^{1/2}\psi(x/2) \\ &\le \text{const.}\, e^{-x/2}x^{-1/4}\cdot x^{-1/2}. \end{aligned}$$

The assertion (ii) of our theorem follows from Lemma 3, (2.8), (2.9) and (2.10).

2.3. Proof of (iii)

The proof of (iii) relies essentially on the following Yor's formula.

Yor's formula([3: the formula(6.e)]). *For any bounded Borel functions f and g we have*

$$\begin{aligned} &E\{f(\int_0^t e^{2W(s)}\,ds)g(e^{W(t)})\} \\ &= c_t\int_0^\infty dy\int_0^\infty dz\, g(y)f(1/z)\exp\{-z(1+y^2)/2\}\psi_{yz}(t), \end{aligned}$$

where

$$\begin{aligned} c_t &= (2\pi^2 t)^{-1/2}\exp\{\pi^2/2t\}, \\ \psi_r(t) &= \int_0^\infty \exp\{-u^2/2t\}e^{-r(\cosh u)}(\sinh u)\sin(\pi u/t)\,du. \end{aligned}$$

To proceed to the proof of (iii) we put

$$f(a,z) = a(a+4z)^{-1},\quad g(y) = y^{2c},$$

$$B^{(\nu)}(t) = \int_0^t e^{2(W(s)+\nu s)}\,ds.$$

Using first the CMMG formula and then Yor's formula we have

$$\begin{aligned} &E\{a(a+\int_0^x e^{W(t)+ct}\,dt)^{-1}\} = E\{a(a+4B^{(2c)}(x/4))^{-1}\} \\ &= E\{a(a+4B^{(0)}(x/4))^{-1}\exp(2cW(x/4)-\tfrac{c^2x}{2})\} \\ &= \exp(-c^2x/2)E\{f(a,B^{(0)}(x/4))g(e^{W(x/4)})\} \\ &= \exp(-c^2x/2)c_{x/4}\int_0^\infty dy\int_0^\infty dz\, g(y)f(a,1/z)\exp\{-z(1+y^2)/2\}\psi_{yz}(x/4). \end{aligned}$$

Since Lemma 2 implies

$$P\{A \in da\} = 2^{2c}\Gamma(2c)^{-1}a^{-2c-1}e^{-2/a}da \quad (a > 0),$$

we have

$$\begin{aligned} &\mathcal{P}\{\max_{t\geq 0} X(t) > x\} \\ (2.11) \qquad &= 2^{2c+1/2}\Gamma(2c)^{-1}\pi^{-1}\exp(2\pi^2/x)x^{-1/2}\exp(-c^2x/2) \\ &\times \int_0^\infty dy \int_0^\infty dz \int_0^\infty du\, y^{2c}h(z)e^{-\lambda z}\exp(-2u^2/x)(\sinh u)\sin(4\pi u/x), \end{aligned}$$

where

$$\begin{aligned} h(z) &= \int_0^\infty az(az+4)^{-1}a^{-2c-1}e^{-2/a}\,da, \\ \lambda &= (1+y^2)/2 + y\cosh u. \end{aligned}$$

LEMMA 5. *Let $0 < c < 1$ and put*

$$F(y,z,u) = y^{2c}h(z)e^{-\lambda z}u\sinh u.$$

Then we have

$$M = \int_0^\infty \int_0^\infty \int_0^\infty F(y,z,u)\,dy\,dz\,du < \infty,$$

Proof. By a change of variable $\cosh u = v$, we have

$$M = \int_0^\infty dy \int_0^\infty dz \int_1^\infty dv\, y^{2c}h(z)e^{-\lambda z}\log(v + \sqrt{v^2-1}),$$

where $\lambda = (1+y^2)/2 + yv$. Since

$$h(z) = 2^{-2c-1}z\int_0^\infty u^{2c-1}e^{-u}(u + \frac{z}{2})^{-1}du,$$

it is easy to see that

$$(2.12) \qquad h(z) \longrightarrow 2^{-2c}\Gamma(2c) \qquad \text{as } z \to \infty \quad ,$$

$$(2.13) \qquad h(z) \sim_{\text{as } z\downarrow 0} \begin{cases} 2^{-2c-1}\Gamma(2c-1)z & \text{if } c > 1/2, \\ 2^{-2}z\log 1/z & \text{if } c = 1/2, \\ 2^{-4c}\int_0^\infty a^{2c-1}(a+1)^{-1}da\cdot z^{2c} & \text{if } 0 < c < 1/2. \end{cases}$$

Therefore for any $\varepsilon > 0$ and $\alpha > 0$ we have

$$\begin{aligned} M_1 &= \int_0^\infty dy \int_1^\infty dz \int_1^\infty dv\, y^{2c}h(z)e^{-\lambda z}\log(v+\sqrt{v^2-1}) \\ &\leq \text{const.} \int_0^\infty \int_1^\infty y^{2c}v^{\varepsilon}\lambda^{-1}e^{-\lambda}\,dydv \\ &\leq \text{const.} \int_0^\infty \int_1^\infty y^{2c}v^{\varepsilon}\lambda^{-\alpha}\,dydv \\ &\leq \text{const.} \int_0^\infty \int_0^\infty y^{2c-\varepsilon-1}(1+y^2)^{-\alpha+1+\varepsilon}z^{\varepsilon}(1+z)^{-\alpha}\,dy\,dz \end{aligned}$$

(by putting $v = (2y)^{-1}(1+y^2)z$ with y fixed),

which is finite if $\varepsilon > 0$ is sufficiently small and $\alpha > 0$ sufficiently large. Note that const. in the above may vary from place to place and depend on ε and α . Next we prove that

$$(2.14) \qquad M_2 = \int_0^\infty dy \int_0^1 dz \int_1^\infty dv\, y^{2c} h(z) e^{-\lambda z} \log(v + \sqrt{v^2 - 1}) < \infty \ .$$

Assume $1/2 < c < 1$. Then by (2.13)

$$\begin{aligned} M_2 &\le \text{const.} \int_0^\infty dy \int_0^1 dz \int_1^\infty dv\, y^{2c} z e^{-\lambda z} v^\varepsilon \\ &\le \text{const.} \int_0^\infty \int_1^\infty \lambda^{-2} y^{2c} v^\varepsilon \, dy\, dv \qquad (\text{ we used } \int_0^1 z e^{-\lambda z} dz \le \lambda^{-2} \ ) \\ &\le \text{const.} \int_0^\infty \int_0^\infty y^{2c-1-\varepsilon}(1+y^2)^{-1+\varepsilon} z^\varepsilon (1+z)^{-2}\, dy\, dz \end{aligned}$$

(by putting $v = (2y)^{-1}(1+y^2)z$ with y fixed)

which is finite for sufficiently small $\varepsilon > 0$ by virtue of $1/2 < c < 1$. When $c = 1/2$, (2.13) implies

$$M_2 \le \text{const.} \int_0^\infty dy \int_0^1 dz \int_1^\infty dv\, y z^{1-\varepsilon} e^{-\lambda z} v^\varepsilon$$

for $0 < \varepsilon < 1$. Since $\int_0^1 z^{1-\varepsilon} e^{-\lambda z}\, dz \le \text{const.}\lambda^{-2+\varepsilon}$, we have

$$\begin{aligned} M_2 &\le \text{const.} \int_0^\infty \int_1^\infty \lambda^{-2+\varepsilon} y v^\varepsilon \, dy\, dv \\ &\le \text{const.} \int_0^\infty \int_0^\infty y^{-\varepsilon}(1+y^2)^{-1+2\varepsilon} z^\varepsilon (1+z)^{-2+\varepsilon}\, dy\, dz < \infty \end{aligned}$$

provided that $\varepsilon > 0$ is small enough. Finally assume $0 < c < 1/2$. Then by (2.13)

$$\begin{aligned} M_2 &\le \text{const.} \int_0^\infty dy \int_0^1 dz \int_1^\infty dv\, y^{2c} z^{2c} e^{-\lambda z} v^\varepsilon \\ &\le \text{const.} \int_0^\infty \int_1^\infty \lambda^{-1-2c} y^{2c} v^\varepsilon \, dy\, dv \\ &\le \text{const.} \int_0^\infty \int_0^\infty y^{2c-\varepsilon-1}(1+y^2)^{-2c+\varepsilon} z^\varepsilon (1+z)^{-1-2c}\, dy\, dz < \infty \end{aligned}$$

provided that $\varepsilon > 0$ is small enough. Thus (2.14) is proved.

We can now complete the proof of (iii) as follows. From (2.11) we have

$$(2.15) \qquad \mathcal{P}\{\max_{t \ge 0} X(t) > x\} = 2^{2c+5/2}\Gamma(2c)^{-1} \exp(2\pi^2/x) x^{-3/2} \exp(-c^2 x/2) M(x) ,$$

where

$$M(x) = \int_0^\infty \int_0^\infty \int_0^\infty F(y,z,u) \sin(4\pi u/x)/(4\pi u/x) \exp(-2u^2/x)\, dy\, dz\, du \, .$$

By Lemma 5 we have $\lim_{x\to\infty} M(x) = M$ which equals

$$2^{-4c}\int_0^\infty\int_0^\infty\int_0^\infty\int_0^\infty z(a+z)^{-1}a^{2c-1}e^{-a/2}y^{2c}e^{-\lambda z}u\sinh u\,da\,dy\,dz\,du\,.$$

Thus the assertion (iii) follows from (2.15).

Acknowledgment. We wish to thank Prof. S.Kotani and Prof. M.Yor for giving us valuable information ; Prof. M.Yor kindly sent us preprints including [2] and [3], without which the result (iii) would not have been obtained.

References

[1] V.I.Afanas'ev, On a maximum of a transient random walk in random environment, Theor.Probab.Appl.35(1990), 205 - 215.

[2] M.Yor, Sur certaines fonctionelles exponentielles du mouvement brownien réel, J.Appl.Probab.29(1992) , 202 - 208.

[3] M.Yor, On some exponential functionals of Brownian motion, to appear in Adv.Appl. Probab. (September 1992).

Kiyoshi Kawazu
Department of Mathematics
Faculty of Education
Yamaguchi University
Yosida, Yamaguchi 753
Japan

Hiroshi Tanaka
Department of Mathematics
Faculty of Science and Technology
Keio University
Hiyoshi, Yokohama 223
Japan

Hypercontractivité pour les fermions, d'après Carlen–Lieb

par Yaozhong HU[1]

0. Introduction. Nous présentons la démonstration de la conjecture de Gross sur l'hypercontractivité fermionique, donnée récemment par E. Carlen et E. Lieb. Nous commençons par expliquer les notations et poser le problème.

Algèbre de Clifford. Nous considérons l'espace de Hilbert complexe $\mathcal{H} = L^2(\Omega)$, où $(\Omega, \mathcal{F}, I\!P)$ est l'espace de Bernoulli à ν points. Cet espace admet une base orthonormale x_A indexée par les parties A de $\{1, \cdots, \nu\}$, où $x_\emptyset = 1$ (aussi appelé le vecteur vide et noté $\mathbf{1}$), où x_i est la i-ième v.a. de Bernoulli, et x_A est le produit des v.a. x_i pour $i \in A$. L'intégrale d'une v.a. $X = \sum_A c_A x_A$ est $I\!E(X) = c_\emptyset$. On a une involution naturelle sur $\mathcal{H}$ pour laquelle les x_A sont des éléments réels. La multiplication ordinaire de deux v.a. correspond à la table

$$x_A x_B = x_{A \Delta B} \ .$$

On peut munir $\mathcal{H}$ d'une autre multiplication associative, *le produit de Clifford*, pour laquelle

$$x_A x_B = (-1)^{n(A,B)} x_{A \Delta B} \ ,$$

$n(A, B)$ étant le nombre d'inversions lorsqu'on écrit à la suite les parties A puis B. Cette multiplication possède la propriété

$$x_i x_j + x_j x_i = 2\delta_{ij} \ ,$$

et plus généralement, si f et g sont deux éléments du premier chaos

$$fg + gf = 2(f, g)\,\mathbf{1} \ ,$$

où (f, g) est le produit scalaire (bilinéaire) usuel.

On note Δ_ν ou simplement Δ l'espace $\mathcal{H}$ muni de cette multiplication (c'est l'algèbre de Clifford standard de dimension 2^ν), et on considère Δ comme une sous-*-algèbre de $\mathcal{L}(\mathcal{H})$ en identifiant un élément de Δ à l'opérateur de multiplication à gauche correspondant. Comme $X\mathbf{1} = X$ on a une représentation fidèle de l'algèbre. On voit en particulier que Δ admet une norme de C^*-algèbre. Sur Δ l'involution naturelle de $\mathcal{L}(\mathcal{H})$ se lit $x_A^* = (-1)^{n(A,A)} x_A$. Puisque $\mathcal{H}$ est un espace de dimension finie, on peut considérer les éléments de Δ comme des matrices.

Considérons ensuite l'intégrale. La matrice de l'opérateur de multiplication à gauche par x_B est facile à calculer, et en particulier sa diagonale est $< x_A, x_B x_A >= 0$ quand

[1] Mathematics Department, University of Oslo, POB 1053, Blindern, N-0316 Oslo, et Institute of Mathematical Sciences, Academia Sinica, Wuhan 430071, Hubei, R.P. de Chine.

$B \neq \emptyset$ et $= 1$ quand $B = \emptyset$, c'est à dire $\mathrm{Tr}(x_B) = 2^\nu \mathbb{E}(x_B)$. Par linéarité cela s'étend à tous les éléments de Δ. En particulier on a toujours

$$\mathbb{E}(XY) = \mathbb{E}(YX)\,.$$

Enfin, si $X = \sum_A c_A x_A$, on a

$$X^*X = \sum_{A,B} \bar{c}_A c_B (-1)^{n(A,B)} x_{A\Delta B}\;,$$

et donc $\mathbb{E}(X^*X) = \sum_A |c_A|^2$. Plus généralement on a $\langle Y, X \rangle = \mathbb{E}(Y^*X)$. On voit que l'espérance définit un état fidèle, et que l'espace $L^2(\Delta)$ (voir ci-dessous) est isomorphe à $\mathcal{H}$.

Le problème. Nous pouvons définir la norme L^p sur l'algèbre Δ par la formule

$$\|X\|_p = \mathbb{E}(\,|X|^p\,)^{1/p} \qquad \text{en posant } |X| = (X^*X)^{1/2}\,.$$

Il n'est pas évident que cela soit une norme! consulter Dixmier [3], Segal [12], Yeadon [14]. A la limite $p = \infty$ c'est la norme usuelle d'opérateurs, et on a comme dans le cas commutatif l'inégalité de Hölder, et le dual de L^p est exactement L^q (q sera l'exposant conjugué de p). On a toujours $\|AB\|_p \le \|A\|_p \|B\|_\infty$. On définit, pour $\alpha > 0$, la deuxième quantification de l'opérateur αI par la formule

$$\Gamma(\alpha)\, x_A = \alpha^{|A|} x_A \quad ,$$

où $|A|$ est le nombre d'éléments de A, et on se propose de montrer le:

Théorème principal. *Pour* $1 < p < p'$ *et* $\alpha^2 \le (p-1)/(p'-1)$ *on a*

(1) $$\|\Gamma(\alpha) X\|_{p'} \le \|X\|_p\,.$$

Ce résultat vient d'être démontré par Carlen et Lieb [2]. Il figurait comme conjecture dans un article de Gross [5] où est établi un résultat plus faible: le théorème est vrai quand $\alpha^2 \le ((p-1)/(p'-1))^{\log 3}$. Pour cela, Gross avait besoin d'un résultat plus ancien [4], où ce théorème est établi pour $p = 2$ et $p' = 4$. Wilde [13] a prouvé un résultat plus faible que la conjecture pour $\alpha^2 \le ((p-1)/(p'-1))^{\log 2(1+\sqrt{5})}$ Lindsay [7] a prouvé la conjecture de Gross pour les cas $p = 2$, $p' = 2^m$, et Lindsay–Meyer [8] pour les cas $p = 2$, $p' = 2m$. Nous allons présenter ici le travail de Carlen et Lieb en rassemblant tous les éléments nécessaires pour la démonstration, et en simplifiant certains lemmes.

Je suis reconnaissant à P.A. Meyer qui a soigneusement relu cette note et m'a signalé quelques erreurs dans la première rédaction. Je remercie également E. Carlen pour des discussions qui m'ont aidé à comprendre l'article.

Principe de la démonstration. Il faut savoir que Gross a donné une équivalence entre l'inégalité d'hypercontractivité (1) pour X autoadjoint et *l'inégalité de Sobolev logarithmique*

(2) $$\mathbb{E}(X^p \log|X|) - \|X\|_p^p \log\|X\|_p \le \frac{p/2}{p-1} < X, N X^{p-1} >$$

et $-N$ est le générateur du *semi-groupe d'Ornstein–Uhlenbeck*, $P_t = e^{-tN} = \Gamma(e^{-t})$. Alors on a les étapes suivantes :

— On se ramène d'abord à vérifier (1) pour un opérateur X positif.

— On démontre la conjecture de Gross pour $1 < p \leq 2$, $p' = 2$ par récurrence sur la dimension ν.

— Par dérivation on montre une inégalité de Sobolev logarithmique, qui n'est pas tout à fait celle qu'il faut.

— On transforme cette inégalité pour obtenir (2).

1. Réduction au cas $X \geq 0$.

1) Nous avons besoin d'une formule pour $\Gamma(\alpha)$. Soit $y_1, \ldots, y_\nu$ un second système de variables de Bernoulli anticommutatives telles que

$$x_i y_j + y_j x_i = 0\,.$$

On note par $\mathcal{Z}$ l'algèbre engendrée par $x_1, \ldots, x_\nu, y_1, \ldots, y_\nu$. Remarquons que les vecteurs $x'_i = \alpha x_i + \sqrt{1-\alpha^2}\, y_i$ sont libres et satisfont à la même relation d'anticommutation que les x_i. Il existe donc un isomorphisme d'algèbre R_α de Δ dans $\mathcal{Z}$ tel que $R_\alpha(x_i) = x'_i$, et on a pour $X \in \Delta$

$$\| R_\alpha(X) \|_{p'} = \| X \|_{p'}\,, \tag{3}$$

$$R_\alpha(|X|) = | R_\alpha(X) |\,. \tag{4}$$

Enfin pour $X \in \Delta$ (X est un polynôme en les x_i) on a la formule, analogue à la formule de Mehler,

$$\Gamma(\alpha)X = \mathbb{E}_\Delta R_\alpha(X)\,,$$

où $\mathbb{E}_\Delta$ est l'espérance conditionnelle sur $\mathcal{Z}$ par rapport à la sous-algèbre Δ,

$$\mathbb{E}_\Delta(x_A y_B) = x_A \quad \text{si} \quad B = \emptyset, \quad = 0 \quad \text{sinon}\,.$$

Lemme 1. *Pour $Z \in \mathcal{Z}$, $1 \leq p \leq \infty$, on a*

$$\|\mathbb{E}_\Delta Z\|_p \leq \|\mathbb{E}_\Delta(|Z|)\|_p^{1/2} \|\mathbb{E}_\Delta(|Z^*|)\|_p^{1/2}\,.$$

Démonstration. La décomposition polaire de Z (considéré comme une matrice) permet d'écrire $Z = U|Z|$, $|Z| = U^*Z$ pour un certain opérateur U de norme ≤ 1 (une isométrie partielle). On a $U^*U|Z| = U^*Z = |Z|$, donc $|Z|U^*U|Z| = |Z|^2$, et l'opérateur positif $U|Z|U^*$ a pour carré $U|Z|^2U^* = ZZ^*$. Autrement dit

$$U\,|Z|\,U^* = |Z^*|\,.$$

Il en résulte que $Z, Z^*, |Z|, |Z^*|$ ont même norme dans tous les L^p.

D'autre part, comme le dual de $L^p(\Delta)$ est $L^q(\Delta)$ il existe $X \in \Delta$ tel que $\| X \|_q = 1$ et que

$$\|\mathbb{E}_\Delta(Z)\|_p = \mathbb{E}[\, X \mathbb{E}_\Delta Z\,] = \mathbb{E}(XZ)\,.$$

A nouveau on écrit $X = V|X|$ pour une isométrie partielle $V \in \Delta$. Alors on a en utilisant le fait que $\mathbb{E}$ est une trace

$$\|\mathbb{E}_\Delta(Z)\|_p = \mathbb{E}(XZ) = \mathbb{E}(XU|Z|) = \mathbb{E}(V|X|^{1/2}|X|^{1/2}U|Z|^{1/2}|Z|^{1/2})$$
$$= \mathbb{E}(|X|^{1/2}U|Z|^{1/2}|Z|^{1/2}V|X|^{1/2})\ ;$$

on majore cela en appliquant l'inégalité de Schwarz $|\mathbb{E}(AB)| \le \mathbb{E}(A^*A)^{1/2}\mathbb{E}(B^*B)^{1/2}$ (et $\mathbb{E}(A^*A) = \mathbb{E}(AA^*)$) avec $A = |X|^{1/2}U|Z|^{1/2}$, $B = |Z|^{1/2}V|X|^{1/2}$:

$$\le (\mathbb{E}(|X|^{1/2}U||Z||U^*|X|^{1/2}))^{1/2}(\mathbb{E}(|X|^{1/2}V^*|Z|V|X|^{1/2}))^{1/2}$$
$$= (\mathbb{E}(|X|(U|Z|U^*))^{1/2}(\mathbb{E}((V|X|V^*)|Z|)^{1/2}$$
$$= (\mathbb{E}(|X|\,\mathbb{E}_\Delta(U|Z|U^*))^{1/2}(\mathbb{E}(V|X|V^*\,\mathbb{E}_\Delta(|Z|))^{1/2}\ ;$$

on applique l'inégalité de Hölder, et le fait que $\|V|X|V^*\|_q \le \||X|\|_q \le 1$

$$\le \|\mathbb{E}_\Delta(U|Z|U^*)\|_p^{1/2}\|\mathbb{E}_\Delta(|Z|)\|_p^{1/2} = \|\mathbb{E}_\Delta(|Z^*|)\|_p^{1/2}\|\mathbb{E}_\Delta(|Z|)\|_p^{1/2}$$

d'après la relation $U|Z|U^* = |Z^*|$. Cela démontre le lemme.

2) Nous utilisons le lemme 1 pour montrer que, si l'inégalité (1) est vraie pour $|X|$, elle l'est aussi pour X. On a en effet

$$\|\Gamma(\alpha)X\|_{p'} = \|\mathbb{E}_\Delta R_\alpha(X)\|_{p'}$$
$$\le \|\mathbb{E}_\Delta|R_\alpha(X)|\|_{p'}^{1/2}\|\mathbb{E}_\Delta(|R_\alpha(X)^*|)\|_{p'}^{1/2}$$
$$= \|\mathbb{E}_\Delta R_\alpha(|X|)\|_{p'}^{1/2}\|\mathbb{E}_\Delta R_\alpha(|X^*|)\|_{p'}^{1/2} \qquad (cf.\ (4))$$
$$= \|\Gamma(\alpha)|X|\|_{p'}^{1/2}\|\Gamma(\alpha)|X^*|\|_{p'}^{1/2} \le \||X|\|_p^{1/2}\||X^*|\|_p^{1/2} = \|X\|_p\ .$$

2. Démonstration d'hypercontractivité pour $1 < p \le 2$, $p' = 2$. Nous avons le droit maintenant de supposer $X \ge 0$. Nous allons raisonner par récurrence sur ν — en admettant le cas $\nu = 1$ qui est commutatif, classique, mais non trivial. Nous utiliserons en outre l'inégalité suivante :

Lemme 2. (Ball-Carlen-Lieb). *Si A, B sont des matrices (m,m), on a pour $1 \le p \le 2$*

$$\left(\frac{\mathrm{Tr}(|A+B|^p) + \mathrm{Tr}(|A-B|^p)}{2}\right)^{p/2} \ge (\mathrm{Tr}(|A|^p))^{2/p} + (p-1)(\mathrm{Tr}(|B|^p))^{2/p}\ . \tag{5}$$

En fait nous n'utiliserons ce lemme que dans le cas où $A \pm B \ge 0$, et nous donnerons plus loin (lemme 2) la démonstration assez simple dans ce cas particulier.

Pour alléger les notations nous écrivons $x_\nu = x$. L'opérateur X s'écrit $U + xV$, où U et V sont dans l'algèbre $\Delta_{\nu-1}$ engendrée par $x_1, \ldots, x_{\nu-1}$. On a $\Gamma(\alpha)X = \Gamma(\alpha)U + \alpha x\Gamma(\alpha)V$, deux termes orthogonaux, donc en utilisant l'hypothèse de récurrence

$$\begin{aligned}\|\Gamma(\alpha)X\|_2^2 &= \|\Gamma(\alpha)U + \alpha x\Gamma(\alpha)V\|_2^2 = \|\Gamma(\alpha)U\|_2^2 + |\alpha|^2\|\Gamma(\alpha)V\|_2^2 \\ &\le \|U\|_p^2 + \alpha^2\|V\|_p^2 \le \|U\|_p^2 + (p-1)\|V\|_p^2\ .\end{aligned} \tag{6}$$

Pour estimer $\|X\|_p$ nous introduisons $C = x_1 \ldots x_{\nu-1}$; on a $C^*C = CC^* = 1$, donc $\|C\|_p = 1$. On note $x' = xC$, $W = C^*V$, qui appartient à $\Delta_{\nu-1}$. Alors C anticommute et x' commute avec tout x_i pour $1 \le i \le \nu - 1$. Donc l'algèbre engendrée par x' et $\Delta_{\nu-1}$

est isomorphe à un produit tensoriel et x' se comporte comme une variable de Bernoulli ordinaire, c'est à dire que l'on a pour $X = U + x'W$

$$\|X\|_p^p = \frac{1}{2}\left(\mathbb{E}(|U+W|)^p + \mathbb{E}(|U-W|)^p\right).$$

Comme $X = U + x'W \geq 0$ on peut écrire $U + x'W = (R + x'S)(R^* + x'S^*)$, et on en déduit que $U \pm W = (R \pm S)(R^* \pm S^*) \geq 0$. Par (5) on a

$$\|X\|_p^2 \geq \|U\|_p^2 + (p-1)\,\|W\|_p^2 = \|U\|_p^2 + (p-1)\,\|W\|_p^2\,. \tag{7}$$

Comme $\| W \|_p = \| V_p \|$ la récurrence découle alors des inégalités (6) et (7).

3. Une inégalité de Sobolev logarithmique. Sur l'algèbre commutative engendrée par un seul opérateur autoadjoint, les normes L^r se comportent comme les normes L^r usuelles associées à une mesure. On démontre alors sans peine l'inégalité suivante, où X est autoadjoint

$$\frac{d}{dp}\|X\|_p = (1/p)\,\|X\|_p^{1-p}\left(\mathbb{E}(|X|^p \log|X|) - \|X\|_p^p \log\|X\|_p\right). \tag{8}$$

Le résultat d'hypercontractivité établi à l'étape précédente entre les exposants $p < 2$ et 2 donne en passant à l'adjoint un résultat d'hypercontractivité entre les exposants 2 et $q > 2$, soit

$$\|\Gamma(e^{-t})X\|_2^2 \leq \|X\|_{1+e^{-2t}}^2\,.$$

Puisque les deux côtés sont égaux quand $t = 0$, on a

$$\frac{d}{dt}\|\Gamma(e^{-t})X\|_2^2\,\Big|_{t=0} \leq \frac{d}{dt}\|X\|_{1+e^{-2t}}^2\,\Big|_{t=0}\,.$$

Mais on a

$$\begin{aligned}\frac{d}{dt}\|\Gamma(e^{-t})X\|_2^2\,\Big|_{t=0} &= \frac{d}{dt} < \Gamma(e^{-t})X\,,\,\Gamma(e^{-t})X >\Big|_{t=0}\\ &= < X\,,\frac{d}{dt}\Gamma(e^{-2t})X >\Big|_{t=0}\\ &= -2 < X\,,\mathrm{N}X >\,.\end{aligned}$$

On peut calculer $\frac{d}{dt}\|X\|_{1+e^{-2t}}^2\,|_{t=0}$ par (8), et on obtient

$$\mathbb{E}(\,|X|^2 \log|X|^2\,) - \|X\|_2^2 \log\|X\|_2^2 \leq 2 < X, \mathrm{N}X > \tag{9}$$

Puisque $X \geq 0$, nous pouvons remplacer X par $X^{p/2}$ dans (9), et obtenir

$$\mathbb{E}(X^p \log X) - \|X\|_p^p \log\|X\|_p \leq (2/p) < X^{p/2}\,, \mathrm{N}X^{p/2} > \tag{10}$$

qui était le but de cette étape.

4. Amélioration de l'inégalité. On veut déduire de (10) la vraie inégalité de Sobolev logarithmique (2), c'est à dire

$$\mathbb{E}(X^p \log X) - \|X\|_p^p \log\|X\|_p \leq \frac{p/2}{p-1} < X, \mathrm{N}(X^{p-1}) > \,.$$

Il suffit évidemment pour cela de montrer que

$$< X^{p/2}, \mathrm{N}(X^{p/2}) > \leq \frac{(p/2)^2}{p-1} < X, \mathrm{N}(X^{p-1}) > .$$

Nous introduisons l'opérateur $\mathrm{N}_i = a_i^* a_i$ où a_i est l'opérateur d'annihilation correspondant à x_i. Pour calculer $\mathrm{N}_i X$ on écrit $X = U + x_i V$ où U, V ne contiennent pas x_i, et alors $\mathrm{N}_i X = x_i V$. Comme on a $\mathrm{N} = \sum_i \mathrm{N}_i$, il suffit de montrer:

Lemme 3. (Gross [5]). *Soient $X \geq 0$ et $1 < p < \infty$. Alors*

$$< X^{p/2}, \mathrm{N}_i(X^{p/2}) > \leq \frac{(p/2)^2}{p-1} < X, \mathrm{N}_i(X^{p-1}) > .$$

Cela sera fait plus loin.

5. Passage à l'hypercontractivité. Pour la commodité du lecteur, rappelons la démonstration classique de Gross. On veut montrer que $h(t) = \| \Gamma(e^{-t}) X \|_{q(t)}$ est une fonction décroissante en t, où $q(t) = 1 + e^{2t}(p-1)$. Pour cela on montre $\frac{d}{dt} h(t) \leq 0$. Posons $Y(t) = \Gamma(e^{-t}) X$ — pour simplifier les notations on ignore la dépendance en t des fonctions q et Y. Par (8) et un calcul de dérivation d'une fonction composée, on a

$$\frac{d}{dt} h(t) = \|Y\|_q^{1-q} \left[(\dot{q}/q) \{ \mathbb{E}(Y^q \log Y) - \|Y\|_q^q \log \|Y\|_q \} - < Y, \mathrm{N}Y^{q-1} > \right] .$$

On a d'autre part $q/\dot{q} \geq \dfrac{p/2}{p-1}$, et nous verrons plus bas que $< Y, \mathrm{N}Y^{q-1} >$ est positif (cf. (14), (15)). Donc la dérivée est négative, et la démonstration est terminée.

6. Démonstration du Lemme 2. Nous allons recopier la démonstration simplifiée donnée par Carlen et Lieb, pour le cas $A \pm B \geq 0$. Cette hypothèse entraîne $A + rB \geq 0$ pour $-1 \leq r \leq 1$, et nous allons montrer que dans le même intervalle

$$\left(\frac{\mathrm{Tr}\,(A+rB)^p + \mathrm{Tr}\,(A-rB)^p}{2} \right)^{2/p} \geq (\mathrm{Tr}\,(A^p))^{2/p}) + r^2(p-1)(\mathrm{Tr}\,(|B|^p))^{2/p} .$$

Soient Z et W les matrices $(2m, 2m)$

$$Z = \begin{pmatrix} A & 0 \\ 0 & A \end{pmatrix} \quad , \quad W = \begin{pmatrix} B & 0 \\ 0 & -B \end{pmatrix} .$$

Alors l'inégalité à démontrer peut s'écrire

$$(\mathrm{Tr}(Z + rW)^p)^{2/p} \geq (\mathrm{Tr}\,(Z^p))^{2/p} + r^2(p-1)(\,\mathrm{Tr}\,(|W|^p))^{2/p} .$$

Les deux membres sont égaux pour $r = 0$, ainsi que leurs dérivées premières (voir (12) plus bas). Il suffit donc de démontrer une inégalité sur les dérivées secondes. La dérivée seconde du côté droit est $2(p-1)(\mathrm{Tr}\,|W|^p)^{2/p}$. Du côté gauche, notons $\mathrm{Tr}(Z + rW)^p$ par $\psi(r)$; comme ψ est positive on a

$$\frac{d^2}{dr^2} (\psi(r))^{2/p} \geq \frac{2}{p} \psi(r)^{(2-p)/p} \psi''(r) .$$

Il nous suffit de montrer que dans l'intervalle ouvert $]-1,1[$

$$\psi(r)^{(2-p)/p}\,\psi''(r) \geq p(p-1)(\mathrm{Tr}|W|^p)^{2/p}\,.$$

Nous mettons cela sous la forme suivante: Posons $X = Z + rW \geq 0$ et $Y = W$, deux opérateurs autoadjoints; nous supposerons d'abord $X > \varepsilon > 0$ et $(X+sY)^p$ est bien défini pour s petit. On pose donc $\psi(s) = \mathrm{Tr}(X+sY)^p$ et on va montrer:

$$\psi(r)^{(2-p)/p}\,\psi''(r)\,\Big|_{r=0} \geq p(p-1)(\mathrm{Tr}|Y|^p)^{2/p}\,. \tag{11}$$

Le cas où $X \geq 0$ s'obtient par passage à la limite. Nous commençons par évaluer $\psi(0)$, en utilisant la remarque suivante: sur l'ensemble des opérateurs A autoadjoints, considérons une fonction réelle $h(A)$ qui est *convexe*, c'est à dire $h((A+B)/2) \leq (h(A)+h(B))/2$, et unitairement invariante, c'est à dire $h(U^*AU) = h(A)$ pour U unitaire; alors pour n'importe quelle base orthonormale (e_i) on a $h(A) \geq h(A_d)$, l'opérateur dont la matrice est diagonale dans la base avec les mêmes éléments diagonaux que A. En effet, soit U_1 la réflexion unitaire qui change e_1 en $-e_1$ en conservant les autres e_i, et soient $A_1 = U_1^*AU_1$, $B_1 = (A+A_1)/2$; on a $(h(A)+h(A_1))/2 = h(A)$, donc $h(A) \geq h(B_1)$; or B_1 s'obtient en remplaçant par 0 tous les éléments non diagonaux de la première ligne et de la première colonne. On obtient le résultat en faisant de même successivement pour les autres vecteurs de base. En particulier, pour $h(A) = \mathrm{Tr}(|A|^p)$ on obtient que pour X autoadjoint positif on a dans toute base orthonormale

$$\psi(0) = \mathrm{Tr}(X^p) \geq \textstyle\sum_i x_{ii}^p\,.$$

Pour minorer de même $\psi''(0)$, le raisonnement est plus délicat, et utilise le fait que $1 < p \leq 2$. On rappelle d'abord que pour tout opérateur borné A et toute fonction $F(z)$ holomorphe au voisinage du spectre de A, on a pour tout opérateur A' suffisamment proche de A

$$F(A') = \frac{1}{2i\pi}\int_C \frac{F(z)\,dz}{z-A'}\,,$$

où la courbe C entoure le spectre de A. On en déduit pour $A' = A_s = A + sY$, en prenant la dérivée $D = \frac{d}{ds}|_{s=0}$

$$DF(A_s) = \frac{1}{2i\pi}\int_C \frac{1}{z-A}\,Y\,\frac{1}{z-A}\,F(z)\,dz\,\cdot$$

En utilisant la propriété centrale de la trace, on a donc

$$D\mathrm{Tr}(F(A_s)) = \mathrm{Tr}\left(\left(\frac{1}{2i\pi}\int_C \frac{F(z)\,dz}{(z-A)^2}\right)Y\right) = \mathrm{Tr}(DF(A_s)Y)\,.$$

Nous appliquons cela avec $F(z) = z^p$, holomorphe au voisinage du spectre de $A = X + rY > 0$

$$\frac{d}{dr}\mathrm{Tr}((X+rY)^p) = p\,\mathrm{Tr}((X+rY)^{p-1}Y)\,. \tag{12}$$

Ensuite, nous utilisons la représentation intégrale, valable pour $1 < p < 2$ et pour $a > 0$ (pour l'établir, poser $t = au$)

$$a^{p-1} = c_p \int_0^\infty t^{p-1}\left(\frac{1}{t} - \frac{1}{t+a}\right) dt$$

et qui s'étend aux opérateurs $A > 0$ par calcul spectral. Lorsque $A = A_r = X + rY$ on en déduit la formule

$$\frac{d}{dr}(A_r)^{p-1} = c_p \int_0^\infty t^{p-1} \frac{1}{t+A_r} Y \frac{1}{t+A_r}\, dt$$

et à nouveau en utilisant la propriété centrale de la trace

$$\psi''(0) = pc_p \int_0^\infty t^{p-1}\mathrm{Tr}\left(\frac{1}{t+X} Y \frac{1}{t+X} Y\right) dt\,.$$

Nous laissons maintenant Y fixe, et désignons par $h(X)$ le second membre. Montrons que $h(X)$ est une fonction convexe en calculant la dérivée seconde $\frac{d^2}{dr^2} h(X + rK)|_{r=0}$ pour $X > 0$ et K autoadjoint. D'abord, posons $G_r = (t + X + rK)^{-1}$, $G = G_0$; nous avons $G'_r = -G_r H G_r$, donc la dérivée première de $\mathrm{Tr}(G_r Y G_r Y)$ est

$$-\mathrm{Tr}(G_r K G_r Y G_r Y + G_r Y G_r K G_r Y)$$

et la dérivée seconde en 0 est

$$\begin{aligned} &2\mathrm{Tr}(GKGKGYGY + GKGYGKGY + GYGKGKGY) \\ &= \mathrm{Tr}(2GKGYGY(GK) + GKGYGKGY + GYGKGY(GK) + 2GYGKGKGY) \end{aligned}$$

où les deux parenthèses ont été déplacées à droite d'après la propriété centrale de la trace. Posant $B = KGY$, l'expression s'écrit

$$\begin{aligned} &\mathrm{Tr}(2GBGB^* + GBGB + GB^*GB^* + 2GB^*GB) = \\ &\qquad \mathrm{Tr}(GBGB^* + G(B + B^*)G(B + B^*) + GB^*GB)\,. \end{aligned}$$

Le premier terme peut s'écrire $\mathrm{Tr}((\sqrt{G}B\sqrt{G})(\sqrt{G}B^*\sqrt{G}))$, il est donc positif; le troisième de même. Enfin, le terme central s'écrit

$$\mathrm{Tr}((\sqrt{G}(B + B^*)\sqrt{G})(\sqrt{G}(B + B^*)\sqrt{G}))$$

qui est aussi la trace d'un opérateur positif, et la convexité est établie.

La fonction $h(X)$ n'est pas unitairement invariante, mais elle satisfait à $h(X) = h(U^*XU)$ pour les unitaires *qui commutent avec* Y. Plaçons nous dans une base (e_i) où Y est diagonale, et remarquons que les réflexions de la démonstration précédente sont aussi diagonales, donc commutent avec Y. Le raisonnement montre alors que l'on minore $\psi''(0)$ en remplaçant X par la matrice diagonale (x_{ii}). Mais pour cette matrice on a $\mathrm{Tr}(X + rY)^p = \sum_i (x_{ii} + ry_{ii})^p$ avec $\psi''(0) = p(p-1)\sum_i x_{ii}^{p-2} y_{ii}^2$. Il reste donc seulement à prouver (voir (11)) que

$$\left(\sum\nolimits_i x_{ii}^p\right)^{(2-p)/p} \left(\sum\nolimits_i x_{ii}^{p-2} y_{ii}^2\right) \geq \left(\sum\nolimits_i |y_{ii}|^p\right)^{2/p}\,.$$

Cela se déduit de l'inégalité de Hölder appliquée aux exposants conjugués $2/p$ et $2/(2-p)$ et aux suites $a_i = y_{ii}/x_{ii}^{p(2-p)/2}$, $b_i = x_{ii}^{p(2-p)/2}$.

Démonstration du Lemme 3. Nous suivons l'idée de Gross [5], mais nous pouvons simplifier la démonstration en remplaçant des arguments combinatoires par des raisonnements analytiques.

Rappelons qu'étant donnés $X \geq 0$ et $p \in]1, \infty[$, on veut démontrer

$$< X^{p/2}, \mathrm{N}_i(X^{p/2}) > \leq \frac{(p/2)^2}{p-1} < X, \mathrm{N}_i(X^{p-1}) > .$$

Comme au n° 2, nous supposons que $i = \nu$, simplifions x_i en x et posons $X = U + xV$ avec $U, V \in \Delta_{\nu-1}$. Alors $\mathrm{N}_\nu X = xV$. Comme l'opérateur de nombre total N n'apparaît plus, nous simplifions aussi N_ν en N. Enfin, puisque $X \geq 0$, par continuité, on peut supposer que $X \geq \varepsilon$ pour un $\varepsilon > 0$.

Soit W la réflexion unitaire définie par $Wx_A = -x_A$ si $\nu \in A$ et $= x_A$ si $\nu \notin A$. On a $W^*(U + xV)W = U - xV$, donc $U - xV \geq \varepsilon > 0$; on en déduit que U, xV sont autoadjoints et $U > 0$. On pose pour $s \in [-1, 1]$ $X(s) = U + sxV \geq \varepsilon$. Ensuite $x^2 = 1$ et $x x_A = -x_A x$ pour $|A|$ impair et $x x_A = x_A x$ pour $|A|$ pair. On en déduit que pour k entier $X(s)^k = P(s) + xQ(s)$, où $P(s)$ (resp. $Q(s)$) est une fonction paire (resp. impaire) de s à valeurs dans $\Delta_{\nu-1}$. Cela s'étend à toute fonction analytique h à valeurs dans $\Delta_{\nu-1}$, et on a

$$Nh(X) = xQ(1) = \tfrac{1}{2}(\, h(X(1)) - h(X(-1))\,) .$$

Donc

$$N(X^{p/2}) = \tfrac{1}{2}\left(X(1)^{p/2} - X(-1)^{p/2}\right) = \tfrac{1}{2}\int_{-1}^{1} \frac{d}{ds} X(s)^{p/2}\, ds .$$

D'autre part, pour $Y = A + xB$ avec $A, B \in \Delta_{\nu-1}$ on a $< Y, NY > = < xB, xB > = \| NY \|_2^2$, donc

$$< X^{p/2}, N(X^{p/2}) > = \|NX^{p/2}\|_2^2 = \tfrac{1}{4} \| \int_{-1}^{1} \frac{d}{ds} X(s)^{p/2} ds \|^2$$
$$\leq \tfrac{1}{4}\left(\int_{-1}^{1} \| \frac{d}{ds} X(s)^{p/2} \| \, ds\right)^2 \leq \tfrac{1}{2}\int_{-1}^{1} \| \frac{d}{ds} X(s)^{p/2} \|^2\, ds .$$

D'autre part

$$< X, N(X^{p-1}) > = \tfrac{1}{2}\int_{-1}^{1} < NX, \frac{d}{ds} X(s)^{p-1} > ds$$
$$= \tfrac{1}{2}\int_{-1}^{1} < \frac{d}{ds} X(s), \frac{d}{ds} X(s)^{p-1} > ds .$$

Donc le problème se ramène à démontrer que

$$\| \frac{d}{ds} X(s)^{p/2} \|^2 \leq \frac{(p/2)^2}{p-1} < \frac{d}{ds} X(s), \frac{d}{ds} X(s)^{p-1} > . \tag{13}$$

Ceci n'a plus rien à voir avec les fermions : on va prendre $X(s) = U + sW$, où U et W sont des matrices avec $U \pm W \geq \varepsilon$, et le produit scalaire est $< X, Y >= \mathrm{Tr}(X^*Y)$. En remplaçant U par $U + sW$, il nous suffit de considérer la dérivée en $s = 0$, sous l'hypothèse $U > 0$, W autoadjointe arbitraire.

Puisque $X(s) > 0$ pour s petit, on peut écrire $X(s)$ sous la forme $e^{Y(s)}$, où $Y(s) = \log X(s)$ est une série en s à coefficients matriciels. D'autre part nous n'avons besoin que des dérivées premières en $s = 0$. Par conséquent, il suffit de prendre les deux premiers termes de la série, et nous pouvons à nouveau remplacer $Y(s)$ par $U + sV$ avec $U > 0$, V autoadjointe. Pour une telle fonction $X(s) = e^{U+sV}$ nous avons d'après une formule classique (voir le Séminaire XXIV, p. 454)

$$\frac{d}{ds}X(s)\,|_{s=0} = \int_0^1 e^{(1-t)U}\,V\,e^{tU}dt$$

$$\frac{d}{ds}X(s)^{p/2}\,|_{s=0} = \frac{p}{2}\int_0^1 e^{(1-t)\frac{p}{2}U}V e^{t\frac{p}{2}U}dt$$

$$\frac{d}{ds}X(s)^{p-1}\,|_{s=0} = (p-1)\int_0^1 e^{(1-t)(p-1)U}\,V\,e^{t(p-1)U}dt$$

Nous pouvons alors calculer les deux côtés de (13). Le côté gauche vaut

$$\mathrm{Tr}\int_0^1\int_0^1 e^{rpU/2}Ve^{(1-r)pU/2}e^{(1-s)pU/2}Ve^{spU/2}drds$$

et en posant $r + s = 2x$, $r - s = 2y$ nous sommes ramenés à l'expression

$$(14)\quad 2\Big(\int_0^{1/2} h(x)\,2x\,dx + \int_{1/2}^1 h(x)\,2(1-x)\,dx\Big) \quad \text{avec } h(x) = \mathrm{Tr}(e^{xpU}Ve^{(1-x)pU}V)\,.$$

En utilisant la propriété centrale de la trace, il est facile de voir que $h(x)$ est positive. De la même façon, le côté droit vaut

$$\mathrm{Tr}\int_0^1\int_0^1 e^{rU/2}Ve^{(1-r)U/2}e^{(1-s)(p-1)U/2}Ve^{s(p-1)U/2}drds\,,$$

et se calcule en posant $r + s(p-1) = px$, $r - s(p-1) = py$; si l'on a $p \geq 2$ l'intégrale s'écrit

$$(15)\quad \frac{p^2}{2(p-1)}\Big(\int_0^{1/p} h(x)\,2x\,dx + \int_{1/p}^{1-1/p} h(x)\,(2/p)\,dx + \int_{1-1/p}^1 h(x)\,2(1-x)\,dx\Big)\,.$$

Pour $p < 2$ on a $1 - 1/p < 1/p$ et les rôles de ces deux quantités sont échangés (y compris dans l'intégrale du milieu) ; dans les deux cas, l'intégrale (15) est positive, ce qui établit un résultat utilisé plus haut.

Maintenant, on peut comparer les fonctions qui multiplient $h(x)$ dans les deux intégrales (14) et (15), sur chacun des trois intervalles d'intégration, et la seconde est partout plus grande que la première. Le coefficient en tête de (15) est $pq/2$ dont le minimum est 2, le coefficient en tête de (14). Les majorations sont vraiment élémentaires, et nous ne donnons pas le détail.

Références

[1] P.J. Bushell et G.B. Trustrum. Trace inequalities for positive definite power products, *Linear Alg. Appl.* **132**, 1990, 173–178.

[2] E.A. Carlen et E.H. Lieb. Optimal hypercontractivity for Fermi fields and related non-commutative integration inequalities, Preprint, 1992.

[3] J. Dixmier. Formes linéaires sur un anneau d'opérateurs, *Bull. Soc. Math. France,* **81**, 1953, 222–245.

[4] L. Gross. Existence and uniqueness of physical ground states, *J. Funct. Anal.* **10**, 1972, 52–109.

[5] L. Gross. Hypercontractivity and logarithmic Sobolev inequalities for the Clifford-Dirichlet form, *Duke Math. J.*, **42**, 1975, 383–396.

[6] Y.Z. Hu. Calculs formels sur les E.D.S. de Stratonovitch, *Sém. Prob. XXIV,* LNM **1426**, Springer, 1990, 453–460.

[7] E.H. Lieb et W. Thirring. Inequalities for the moments of the eigenvalues of the Schrödinger Hamiltonian and their relation to Sobolev inequalities, *Studies Math. Phys. in Honor of V. Bargmann,* Princeton, N. J., 1976, 269–303.

[8] M. Lindsay. Gaussian hypercontractivity revisited, *J. Funct. Anal.*, **92**, 1990, 313–324.

[9] M. Lindsay et P.A. Meyer. Fermion hypercontractivity, *Quantum Probability VII*, World Scientific 1992, à paraître.

[10] P.A. Meyer. Eléments de probabilités quantiques, exposés I-V, *Sém. Prob. XX,* Springer LNM **1204**, 1986, 186–312.

[11] P.A. Meyer. *Quantum Probability for Probabilists,* Lecture Notes in Math. 1538, 1993.

[12] I.E. Segal. A noncommutative extension of abstract integration, *Ann. of M.* 57 (1953), 401–457.

[13] I. Wilde. Hypercontractivity for fermions, *J. Math. Phys.* 14 (1973), 791–792.

[14] F.J. Yeadon. Noncommutative L^p-spaces, *Proc. Cambridge Philos. Soc.* 77 (1975), 91–102.

REPRÉSENTATION DE MARTINGALES D'OPÉRATEURS

d'après Parthasarathy–Sinha, par P.A. Meyer

Dans les "Eléments de Probabilités Quantiques", parus dans des volumes successifs de ce Séminaire, les théorèmes de représentation des martingales d'opérateurs — dont le principal est celui de Parthasarathy et Sinha [4] — ne sont décrits qu'en passant, sous la forme des remarques [3] du *Séminaire XX*. S. Attal ayant fait usage de leurs résultats dans [1] sous une forme raffinée, cela nous a donné une occasion de relire ces travaux, et je vais en exposer ici une version un peu modernisée et simplifiée, avec une remarque peut être nouvelle.

1. Notations. Nous travaillons pour simplifier sur l'espace de Fock simple Φ, c'est à dire l'espace L^2 du mouvement brownien X_t issu de 0 — mais l'interprétation probabiliste fournit seulement un langage, et les propriétés spécifiques du mouvement brownien ne seront jamais utilisées. On rappelle que l'espérance conditionnelle $M_t = \mathbb{E}_t(M)$ d'un opérateur borné M est un opérateur borné défini de la manière suivante

$$M_t(f_t \cdot g_{[t}) = (E_t M f_t) \cdot g_{[t} \tag{1.1}$$

si f_t est une v.a. $\mathcal{F}_t$-mesurable, tandis que $g_{[t}$ est mesurable par rapport à la tribu engendrée par les accroissements du brownien après t ; E_t est la projection sur $\Phi_t = L^2(\mathcal{F}_t)$ (l'espérance conditionnelle ordinaire $\mathbb{E}[\,\cdot\,|\mathcal{F}_t]$). On montre sans peine que M_t se prolonge en un opérateur borné de nòrme $\leq \| M \|$. La définition des espérances conditionnelles permet de définir les martingales d'opérateurs bornés, et le problème est de savoir si une telle martingale est représentable comme une intégrale stochastique

$$M_t = cI + \int_0^t (\, H_s^+ \, da_s^+ + H_s^\circ \, da_s^\circ + H_s^- \, da_s^- \,) \, . \tag{1.2}$$

De manière précise, on demande que les trois processus (H_s^ε) soient adaptés, mesurables (pour la topologie forte des opérateurs) et formés d'opérateurs bornés, et que les fonctions $\| H_s^\varepsilon \|^2$ $(\varepsilon = -, \circ, +)$ soient localement intégrables. Rappelons tout de suite que la réponse est négative en général, comme le montre un contre-exemple de J.L. Journé (*Sém. Prob. XX*, p. 313). Le but de l'article de P–S est de donner des conditions (nécessaires et suffisantes) pour l'existence d'une telle représentation. Nous supposerons pour simplifier que $M_0 = 0$, et oublierons la constante c de (1.2).

Première remarque : supposons que (M_t) soit représentable avec des opérateurs H^ε bornés, et soit (f_t) une martingale ordinaire de carré intégrable, admettant une représentation prévisible

$$f_t = c + \int_0^t \dot{f}_s \, dX_s \quad ; \tag{1.3}$$

alors nous avons

$$(1.4)\qquad M_t f_t = \int_0^t M_s \dot{f}_s dX_s + \int_0^t H_s^+ f_s dX_s + H_s^{\circ} \dot{f}_s dX_s + H_s^- \dot{f}_s ds \ .$$

Lorsque f_t est une martingale exponentielle $\mathcal{E}_t(u)$, on a $\dot{f}_t = u(t) f_t$ et ceci équivaut à la définition de l'intégrale stochastique donnée par Hudson–Parthasarathy. L'extension à toutes les martingales de carré intégrable, suggérée dans Meyer [3], a été traitée rigoureusement par Attal; nous renverrons pour cela à l'exposé [2] dans ce volume.

2. Martingales régulières. Le fait que le processus (M_t) soit une martingale s'énonce ainsi : pour tout r, toute v.a. $f \in \Phi_r$, le processus $M_t f$ est une martingale ordinaire sur $[r, \infty[$. Celle-ci admet une représentation en intégrale stochastique, pour $t \in [r, \infty[$

$$(2.1)\qquad (M_t - M_r) f = \int_r^t h_u \, dX_u \ ,$$

et un coup d'œil à (1.4) avec $f_s = \mathbb{E}[f \,|\, \mathcal{F}_s]$ montre, comme $\dot{f}_t = 0$ pour $t > r$, que h_u s'identifie à $H_u^+ f$ pour $u > r$. On a donc pour $r < s < t$

$$\mathbb{E}[(M_t f - M_s f)^2] = \int_s^t \| H_u f \|^2 du \leq \| f \|^2 \int_s^t \| H_u \|^2 du \ .$$

D'où une première propriété imposée aux *martingales régulières* d'opérateurs

$$(2.2)\qquad \mathbb{E}[(M_t f - M_s f)^2] \leq \| f \|^2 (m(t) - m(s)) \ .$$

pour $r < s < t$, $f \in \Phi_r$, $m(t)$ étant une certaine fonction croissante et nulle en 0, absolument continue.

La remarque suivante jouera son rôle à la fin de l'exposé : supposons que l'on ait une relation (2.2) avec une fonction croissante m, non nécessairement absolument continue. La représentation prévisible (2.1) nous indique a priori que la fonction croissante $\mu(t) = \mathbb{E}[(M_t f - M_r f)^2]$ sur $[r, \infty]$ est absolument continue, et la relation $\mu(t) - \mu(s) \leq \| f \|^2 (m(t) - m(s))$ et la décomposition de Lebesgue entraînent la même relation relativement à la partie absolument continue de m. La continuité absolue n'est donc pas une restriction.

La régularité va nous permettre ci–dessous de construire le processus H_t^+ ; Parthasarathy et Sinha procèdent pour H_t^- par passage à l'adjoint. On est donc amené à inclure dans la définition des"martingales régulières" l'hypothèse analogue à (2.2)

$$(2.3)\qquad \mathbb{E}[(M_t^* f - M_s^* f)^2] \leq \| f \|^2 (m(t) - m(s)) \ .$$

Cela peut sembler artificiel ici, car on a sur (1.4) une définition directe du processus $H_t^- \dot{f}_t$ comme dérive (densité du processus à variation finie) de la semimartingale $M_t f_t$: on est donc tenté de remplacer (2.3) par une hypothèse disant que $M_t f_t$ est une semimartingale, admettant un partie à variation finie absolument continue, etc. Il vaut peut être la peine de prendre un instant pour remarquer que cela *équivaut* à (2.3).

La définition de $H_t^{-*} g_s$ par passage à l'adjoint est

$$(M_t^* - M_s^*)\, g_s = \int_s^t H_u^{-*} g_s \, dX_u \, .$$

Donc si l'on fait le produit scalaire avec $f_t = \int_0^t \dot{f}_u \, dX_u$,

$$< f_t, (M_t^* - M_s^*)\, g_s > = \int_s^t < \dot{f}_u, H_u^{-*} g_s > du \, ,$$

ce qui nous donne en passant à l'adjoint, et en notant que comme (f_t) est une martingale, on a $< f_t, M_s^* g_s > = < f_s, M_s^* g_s >$

$$< M_t f_t - M_s f_s, g_s > = \int_s^t < H_u^- \dot{f}_u, g_s > du \, ,$$

et cela signifie bien que la dérive de $M_t f_t$ est $H_t^- \dot{f}_t$.

Si l'on traduit la condition (2.3), soit

$$\| (M_t^* - M_s^*)\, g_s \|^2 \leq \| g_s \|^2 (m(t) - m(s)) \, ,$$

en faisant le produit scalaire avec $f_t \in \Phi_t$, et que l'on fait passer l'opérateur du côté gauche du produit scalaire, on obtient

$$\| \mathbb{E}\, [\, M_t f_t - M_s f_s \,|\, \mathcal{F}_s \,] \, \|^2 \leq \| f_t \|^2 (m(t) - m(s)) \, .$$

Si l'on remplace f_t par $f_t - f_s$, le côté gauche ne change pas, et au second membre f_t devient $f_t - f_s$, soit

$$\| \mathbb{E}\, [\, M_t f_t - M_s f_s \,|\, \mathcal{F}_s \,] \, \|^2 \leq \| f_t - f_s \|^2 (m(t) - m(s)) \, . \tag{2.4}$$

La variation stochastique en norme L^2 (plus grande que la variation en norme L^1 que l'on utilise en général)

$$\sum_i \| \mathbb{E}\, [\, M_{t_{i+1}} f_{t_{i+1}} - M_{t_i} f_{t_i} \,|\, \mathcal{F}_{t_i} \,] \, \|_2$$

se majore donc par

$$\sum_i (m(t_{i+1}) - m(t_i))^{1/2} \mathbb{E}\, [\, (f_{t_{i+1}} - f_{t_i})^2 \,]^{1/2} \, .$$

Appliquant l'inégalité de Schwarz, on voit que la variation stochastique hilbertienne est bornée sur $[\, s, t \,]$ par

$$\| f_t - f_s \| \, (m(t) - m(s))^{1/2} \, .$$

On a ici un bel exemple des quasi–martingales hilbertiennes, étudiées par Enchev (voir le *Sém. Prob. XXII*, p. 86–88).

Les deux hypothèses que nous avons faites, (2.2) et (2.3) ou (2.4), ont été introduites pour permettre le calcul des processus $H^{\pm}$. Le trait le plus remarquable du théorème de P–S est *l'absence de toute autre condition relative à l'opérateur de nombre.*

3. Extraction de H^+. Nous rappelons d'abord le théorème de relèvement sous la forme due à Mokobodzki (*Sém. Prob. IX*, p. 437) : il existe un relèvement linéaire ρ de $L^\infty(\mathbb{R}_+)$ dans $\mathcal{L}^\infty(\mathbb{R}_+)$ (des classes de fonctions dans les fonctions boréliennes), positif, isométrique, tel que $\rho(1) = 1$, *préservant les opérations* $\vee, \wedge$ *et donc aussi les indicatrices d'ensembles et la multiplication, et égal à l'application identique sur l'espace des fonctions continues sur* $[0, \infty]$.

Conséquence : si $f = g$ p.p. sur $]a, b[$ et $\varphi \in \mathcal{C}$ a son support dans $]a, b[$ on a $\varphi.f = \varphi.g$ p.p. donc $\rho(\varphi.f) = \rho(\varphi.g)$ partout, et finalement $\rho(f) = \rho(g)$ dans $]a, b[$: le relèvement est *local*.

Nous aurons besoin de la petite extension consistant à remplacer $L^\infty(\mathbb{R}_+, \mathbb{R})$ par $L^\infty(\mathbb{R}_+, \mathcal{H})$ où $\mathcal{H}$ est un Hilbert (réel) séparable : si $h(t)$ est une classe à valeurs dans $\mathcal{H}$, de norme essentielle $\leq m$, $< h(t), z >$ est une classe réelle bornée par $m \| z \|$, et son relèvement définit pour tout point t une forme linéaire en z de norme $\leq m$. La mesurabilité scalaire entraînant la mesurabilité puisque l'espace est séparable, on a réalisé un relèvement vectoriel ρ qui lui aussi est local : les égalités p.p. sur $]a, b[$ sont transformées en égalités sur le même intervalle. Noter aussi que si h est une fonction vectorielle, φ une fonction scalaire continue sur $\overline{\mathbb{R}}$, on a $\rho(\varphi h) = \varphi \rho(h)$.

Nous désignerons par m' la dérivée de m là où celle-ci existe, et 0 là où elle n'existe pas.

Nous nous plaçons sous l'hypothèse (2.2). Etant donnée $f \in \Phi_r$, nous définissons un processus adapté $h_u(f)$ sur $]r, \infty[$ tel que pour $r < s < t$

$$M_t f - M_s f = \int_s^t h_u(f) \, dX_u \, .$$

L'hypothèse de régularité nous dit que la fonction $h_.(f)/m'$ (définie presque partout) appartient à $L^\infty(]r, \infty[, \Phi)$, avec une norme $\leq \| f \|$. Nous la prolongeons par 0 sur $]0, r[$ et appliquons ρ. La valeur sur $]t, \infty[$ du relèvement ne dépend que de la restriction de $h_u(f)$ à $]t, \infty[$, donc si par hasard f se trouve appartenir à un $\Phi_{r'}$ avec $r' < r$, cela ne change pas la valeur du relèvement. En multipliant par m', nous obtenons un opérateur linéaire borné H_{rt} de Φ_r dans Φ_t, nul si $m'(t)$ n'existe pas, dépendant de t de façon borélienne (scalairement), et tel que

$$\text{pour tout } r < t, \ f \in \Phi_r, \ H_{rt} f = h_t(f) \text{ p.s.} \quad .$$

De plus, $H_{rt} f$ ne dépend pas de r pour $f \in \cup_{r<t} \Phi_r$, donc on a un prolongement par continuité à $\Phi_{t-} = \Phi_t$, en un opérateur H_t. Pour $f \subset \Phi_r$ $H_t f$ est fortement borélienne, et quitte à le remplacer par $E_t H_t f$ on obtient les mêmes propriétés plus l'adaptation.

Pour l'extraction de H^-, on procède, soit par passage à l'adjoint, soit directement de manière analogue à ce qu'on vient de faire, à partir de la définition de H^- comme dérive.

4. L'opérateur de nombre. Ayant fait ces deux constructions, nous conservons la notation

$$f_t = c + \int_0^t \dot{f}_s \, dX_s \tag{4.1}$$

qui définit à chaque instant t une isométrie entre l'espace de Hilbert Φ_t et l'espace de Hilbert $\mathbb{C} \oplus L^2_a([0,t] \times \Omega)$ (L^2_a indique que nous nous restreignons aux processus adaptés), et nous définissons pour tout t un opérateur N_t sur Φ_t

$$(4.2) \qquad N_t f_t = M_t f_t - \int_0^t M_u \dot{f}_u \, dX_u - \int_0^t H_u^+ f_u \, dX_u - \int_0^t H_u^- \dot{f}_u \, du \, .$$

Les conditions obtenues au paragraphe précédent ont trois conséquences :

1) Pour tout t, N_t est un opérateur borné sur Φ_t ;

2) pour $s < t$ on a $(N_t - N_s) f_s = 0$

3) $N_\bullet$ transforme les martingales en martingales, ou encore $E_s N_t f_t = N_s f_s = N_t f_s$, ou enfin $E_s N_t = N_t E_s$ pour $s \le t$.

Ecrivons alors, avec une autre notation

$$N_t(c + \int_0^t \dot{f}_s dX_s) = c' + \int_0^t \dot{f}'_s dX_s$$

Appliquant E_0 nous voyons que $c' = cN1$, $N1$ étant une constante. Ensuite, nous considérons l'application entre processus $\dot{f} \longmapsto \dot{f}'$; pour tout T c'est une application bornée de $L^2_a([0,T], \Phi_T)$ dans lui même — l'espace des processus adaptés de carré intégrable sur $[0,T]$ — qui possède la propriété de commuter avec la multiplication par $I_{[0,s]}$, $(s < T)$. Il en résulte sans peine qu'elle commute avec la multiplication par une fonction borélienne bornée arbitraire sur $[0,T]$. Par composition avec la projection prévisible, elle peut être prolongée en une application de $L^2([0,T], \Phi)$ dans lui même, commutant avec la multiplication par les fonctions déterministes bornées.

Maintenant, on rappelle le résultat suivant : tout opérateur sur $L^2([0,T])$, de norme k, qui commute avec la multiplication par les fonctions bornées $a(t)$, est lui-même un opérateur de multiplication par un élément de $L^\infty([0,T])$ de norme k. En combinant ce résultat avec le théorème de relèvement des paragraphes précédents, on l'étend de la manière suivante : tout opérateur sur $L^2([0,T], \Phi_T)$ qui commute avec la multiplication, de norme k, est de la forme $(h_t) \longmapsto (K_t h_t)$, où (K_t) est une famille fortement mesurable d'opérateurs sur Φ_T de norme $\le k$. Dans le cas présent, on peut remplacer K_t par $\mathbb{E}_t(K_t)$ sans rien changer, et donc supposer la famille adaptée. De plus, K_t ne dépend pas du choix de l'intervalle $[0,T]$ contenant t sur lequel on travaille (c'est le caractère local du relèvement). On a alors la formule, en reprenant les notations du début

$$(4.3) \qquad M_t f_t = \int_0^t (M_s + K_s) \dot{f}_s \, dX_s + \int_0^t H_s^+ f_s \, dX_s + \int_0^t H_s^- \dot{f}_s \, ds \, .$$

Mais alors on prend K_t comme coefficient de l'opérateur de nombre, et en se restreignant aux vecteurs exponentiels on a établi le théorème de Parthasarathy–Sinha.

Il faut en noter une conséquence, qui semble avoir échappé à P–S : *si une martingale d'opérateurs bornés est représentable, le coefficient de l'opérateur de nombre est une famille d'opérateurs bornés dont la norme est, non seulement localement dans L^2, mais localement dans L^∞*. Cela est important pour les applications que donne Attal (la formule d'Ito pour semimartingales bornées représentables).

REMARQUE. Que donne le théorème de P–S lorsqu'on l'applique à une martingale bornée réelle (M_t) ordinaire, considérée comme martingale d'opérateurs de multiplication sur l'espace de Wiener ou de Poisson ? Une telle martingale admet une représentation

$$M_t = c + \int_0^t \mu_s \, dX_s \ ,$$

et la condition de régularité est que $\mathbb{E}\,[(M_t - M_s)^2 f_s^2] \leq \| f_s \|^2 (m(t) - m(s))$, ou encore

$$\text{(4.4)} \qquad \mathbb{E}\,[(M_t - M_s)^2 \,|\, \mathcal{F}_s] = \mathbb{E}\,[\int_s^t \mu_r^2 \, dr \,|\, \mathcal{F}_s] \leq m(t) - m(s) \quad p.s.$$

La relation $\mathbb{E}\,[\,(M_t f_t - M_s f_s) \,|\, \mathcal{F}_s] = \mathbb{E}\,[\int_0^t H_u^- \dot{f}_u \, du \,|\, \mathcal{F}_s]$ montre que $H_u^- \dot{f}_u = \mu_u \dot{f}_u$, et le fait que cet opérateur soit borné avec une norme L^2 localement intégrable signifie que μ_u appartient à L^∞ avec une norme localement intégrable, condition qui inversement entraîne (4.4). Elle n'a aucune raison d'être satisfaite pour toutes les martingales bornées, mais il n'est pas évident de trouver un contre–exemple : Yor m'a indiqué celui de la martingale continue

$$M_t = L_t X_t = \int_0^t L_s \, dX_s \ ,$$

où X est le mouvement brownien et L son temps local en 0 ; si on rend cette martingale bornée en l'arrêtant au premier instant T où $|M_t|$ dépasse C, les v.a. L_t ne sont pas bornées sur $\{t \leq T\}$. En effet, une telle propriété signifierait qu'il existe un t et deux constantes M, c telles que

$$(\,|L_s X_s| \leq M \text{ pour } s \leq t) \Longrightarrow (L_t \leq c) \quad .$$

Choisissant $a > c$ et b assez petit pour que $ab < M$, on aurait

$$(L_t \leq a \text{ et } X_t^* \leq b) \Longrightarrow (L_t \leq c) \quad ,$$

de sorte que la loi du couple (L_t, X_t^*) ne chargerait pas $]\,c, a\,] \times [\,0, b\,]$, ce qui est faux. Cet exemple de martingale d'opérateurs bornés non représentable est plus probabiliste que celui de Journé !

L'opérateur H_u^- est l'opérateur de multiplication par μ_u, l'opérateur H_u^+ est le même par passage à l'adjoint. Quant à l'opérateur H_u°, il permet de donner la représentation prévisible de la martingale

$$M_t f_t - M_0 f_0 - \int_0^t \mu_u \dot{f}_u \, du - \int_0^t (M_u \dot{f}_u + \mu_u f_u) \, dX_u$$

et le terme du milieu est le crochet oblique $< M, f >_t$, tandis que le terme de droite s'écrit $\int_0^t (M_u \, df_u + f_u \, dM_u)$. La formule d'Ito commutative donne alors

$$\text{(4.5)} \qquad \int_0^t H_u^\circ \dot{f}_u \, dX_u = [M, f]_t - < M, f >_t \ ,$$

dans toute interprétation probabiliste de l'espace de Fock. En particulier, dans une interprétation de Poisson pour laquelle l'opérateur de multiplication par X_t s'écrit $a_t^+ + a_t^- + ca_t^\circ$, l'opérateur de multiplication par $M_t = \int_0^t \mu_s dX_s$ s'écrit

$$M_t = \int_0^t (\mu_s da_s^+ + \mu_s da_s^- + c\mu_s da_s^\circ)$$

les μ_s étant des opérateurs de multiplication. C'est agréable! On peut noter aussi que la formule (4.5) suggère de définir le crochet oblique d'une martingale représentable d'opérateurs (M_t) et d'une martingale de vecteurs f_t par la formule

$$< M, f >_t = \int_0^t H_u^- \dot{f}_u \, du$$

(processus à variation finie hilbertien), et le crochet droit $[M, f]$ par la formule

$$[M, f]_t = < M, f >_t + \int_0^t H_u^\circ \dot{f}_u dX_u ,$$

processus hilbertien dont j'ignore s'il est à variation finie.

5. Martingales de Hilbert–Schmidt. Parthasarathy et Sinha étudient divers cas particuliers de leur théorème de représentation, en montrant par exemple que les martingales d'opérateurs unitaires, ou les martingales de Hilbert–Schmidt sont toujours régulières, et admettent une représentation de type spécial. Voir aussi l'article antérieur de Hudson–Lindsay–Parthasarathy [5]. Nous allons détailler le cas des martingales de Hilbert–Schmidt, essentiel pour l'article [1].

Nous désignerons par $[\![\cdot]\!]$ la norme de Hilbert–Schmidt des opérateurs sur Φ. Nous noterons $[\![\cdot]\!]_t$, et nous appellerons la *norme de H–S à l'instant t* (par abus de langage : ce n'est pas une vraie norme séparée!), la semi-norme définie pour tout opérateur borné B comme

$$[\![B]\!]_t^2 = \sum_n \| Be_n \|^2 \quad \text{où } (e_n) \text{ est une base orthonormale de } \Phi_t .$$

Un opérateur borné B adapté à l'instant t est de la forme $A \otimes I_{[t}$, où A est un opérateur sur Φ_t ; B ne peut donc jamais être de Hilbert–Schmidt sur Φ, mais on a $[\![B]\!]_t = [\![A]\!]$, et si cette norme est finie nous dirons que B est *de Hilbert–Schmidt à l'instant t*. On dira qu'une martingale (M_t) est de Hilbert–Schmidt si M_t est de H–S à l'instant t pour tout t.

Il est clair que si M est un opérateur de H–S, son espérance conditionnelle $M_t = \mathbb{E}_t(M)$ est de H–S à l'instant t, avec $[\![M_t]\!]_t \le [\![M]\!]$.

Soit $m(t) = [\![M_t]\!]^2$. Nous avons pour $e_s^n \in \Phi_s$ formant une base orthonormale, et $s < t$

$$\sum_n \int_s^t \| H_u^+ e_s^n \|^2 du = \sum_n \| (M_t - M_s) e_s^n \|^2 \le m(t) - m(s) .$$

Pour établir cela, nous utilisons une base de Φ_t formée des e_s^n et de vecteurs e_n' orthogonaux à Φ_s. Alors on a

$$m(t) = \sum_n (\| M_s e_n \|^2 + \| (M_t - M_s) e_n \|^2 + \| M_t e_n' \|^2)$$

et $m(s)$ correspond au premier terme seul. Fixant a et prenant $a < s < t$, nous avons presque partout $\| H_u^+ \|_a^2 \leq m'(u)$, et ensuite en faisant croître a vers u on obtient qu'en fait $\| H_u^+ \|_u^2 \leq m'(u)$ p.p.. Donc les coefficients de création (et d'annihilation par passage à l'adjoint) dans la représentation intégrale sont eux mêmes de Hilbert-Schmidt.

Il reste à établir le même résultat pour le coefficient de l'opérateur de nombre. Pour cela, P-S ont une très jolie astuce. Introduisons la martingale d'opérateurs de multiplication de Wiener $U_t = e^{iX_t+t/2}$, qui est solution de l'équation $dU = i(da^+ + da^-)\,U$; $U_t e^{-t/2}$ est unitaire. Puis développons par la formule d'Ito le processus des opérateurs $M_t U_t$, qui sont des opérateurs de Hilbert-Schmidt à l'instant t. Le coefficient de dt est formé d'opérateurs de H-S provenant de H^-, et en le retirant on obtient une martingale de H-S (Y_t). Le coefficient de da_t^+ est donc formé d'opérateurs de H-S d'après ce qui précède. Or ce coefficient vaut $U_t H_t^+ + iX_t U_t + iH_t^\circ U_t$, ce dernier facteur provenant du crochet $da_t^\circ da_t^+$. On sait que les deux premiers termes sont de Hilbert-Schmidt, donc le troisième l'est, et comme U_t est inversible il en est de même de H_t°.

Maintenant, il reste le résultat le plus remarquable : dans la représentation d'une martingale de Hilbert-Schmidt

$$dM_t = H_t^+ da_t^+ + H_t^\circ da_t^\circ + H_t^- da_t^-$$

le terme H° est égal à $-M$. Pour cela, nous récrivons H° sous la forme $K - M$, après quoi nous pouvons écrire

$$M_t F_t = \int_0^t H_t^+ F_t\, dX_t + \int_0^t H_t^- \dot{F}_t\, dt + \int_0^t K_t \dot{F}_t\, dX_t \tag{5.1}$$

et nous devons montrer que le processus K — formé, nous venons de le voir, d'opérateurs H-S — est en fait nul.

Voici une démonstration assez différente de celle de P-S. Nous nous plaçons sur l'intervalle $[0,1]$ pour fixer les idées, et nous utilisons des subdivisions dyadiques à $N = 2^p$ points intermédiaires t_i. Soit A une partie $\{i_1, \ldots i_k\}$ de l'ensemble $\{0, N\}$, et soit e_A le vecteur

$$N^{k/2}(X_{t_{i_1+1}} - X_{t_{i_1}}) \ldots (X_{t_{i_k+1}} - X_{t_{i_k}}) \tag{5.2}$$

Ce sont (à la normalisation près) les intégrales stochastiques multiples d'ordre k, relatives à un rectangle dont les côtés appartiennent à la subdivision; on sait donc qu'elles vont remplir Φ_1 lorsque les subdivisions deviendront de plus en plus fines. Alors les divers vecteurs $F_1^A = e_A$ sont orthonormés, et possèdent la propriété que les vecteurs $F_s^A = \mathbb{E}[e_A \,|\, \mathcal{F}_s]$ sont nuls si $t_{i_k} \geq s$, égaux à F_1^A et donc orthonormés si $t_{i_{k+1}} \leq s$, et si $t_{i_k} < s < t_{i_{k+1}}$ on a

$$F_s^A = \sqrt{N}\, e_{A-}(X_s - X_{t_{i_k}}) \tag{5.3}$$

où $A-$ désigne la partie A privée de son dernier élément. Les F_s^A de ce dernier type sont orthogonaux à ceux du type précédent, sont orthogonaux entre eux, et leur carré scalaire vaut $N(s - t_{i_k})$, qui reste borné par 1. Il nous reste enfin à regarder $\dot{F}_s^A$: il n'est différent de 0 que sur le dernier intervalle $t_{i_k} < s < t_{i_{k+1}}$, où il vaut $\sqrt{N} e_{A-}$.

Nous regardons alors les quatre termes de (5.1). Nous avons d'abord

$$\sum_A \| M_1 F_1^A \|^2 \leq [\![M_1]\!]_1$$

Ensuite, nous avons

$$\sum_A \| \int_0^1 H_s^+ F_s^A \, dX_s \|^2 = \sum_A \int_0^1 \| H_s^+ F_s^A \|^2 \, ds \leq \int_0^1 [\![H_s^+]\!]^2 \, ds$$

Le troisième terme est

$$\sum_A \| \int_0^1 H_s^- \dot{F}_s^A \, ds \|^2 = \sum_A N \| \int_{t_{i_k}}^{t_{i_{k+1}}} H_s^- e_{A-} \, ds \|^2 .$$

Pour chaque intervalle (t_j, t_{j+1}) de la subdivision dyadique, cela se récrit comme une somme sur les $B = A_-$ antérieurs à cet intervalle. Lorsqu'on applique l'inégalité de Schwarz sur l'intervalle, le coefficient N en tête disparaît, et il reste un majorant

$$\sum_j \sum_B \int_{t_j}^{t_{j+1}} \| H_s^- e_B \|^2 \, ds \leq \int_0^1 [\![H_s^-]\!]_s^2 \, ds .$$

La somme relative au dernier terme reste donc bornée aussi. Or elle vaut

$$\sum_A \| \int_0^1 K_s \dot{F}_s^A \, dX_s \|^2 = \sum_A \int_0^1 \| K_s \dot{F}_s^A \|^2 \, ds = \sum_A N \int_{t_{i_k}}^{t_{i_{k+1}}} \| K_s e_{A-} \|^2 \, ds$$

A nouveau nous regroupons cela suivant l'intervalle (t_j, t_{j+1}) de la subdivision dyadique, comme le produit par N de la somme

$$\sum_j \int_{t_j}^{t_{j+1}} \sum_B \| K_s e_B \|^2 \, ds$$

Pour s fixe, les vecteurs orthonormés e_B avec B antérieur à s vont peu à peu remplir Φ_r pour tout $r < s$, et la somme va rester majorée par $[\![K_s]\!]_s^2$. Par convergence dominée, la somme va tendre vers $\int_0^1 [\![K_s]\!]_s^2 ds$, et en raison du facteur N, elle ne peut rester bornée que si cette intégrale est nulle, c'est à dire, si $K = 0$.

Références.

[1] Attal (S.). Représentation des opérateurs de Hilbert–Schmidt par un noyau de Maassen. A paraître

[2] Attal (S.) et Meyer (P.A.). Interprétation probabiliste et extension des intégrales stochastiques non commutatives. Ce volume.

[3] Meyer (P.A.). Quelques remarques au sujet du calcul stochastique sur l'espace de Fock. *Sém. Prob. XX*, p. 321–330.

[4] Parthasarathy (K.R.) et Sinha (K.B.). Stochastic integral representation of bounded quantum martingales in Fock space, *J. Funct. Anal.*, 67, 1986, p. 126–151.

[5] Hudson (R.L.), Lindsay (J.M.) et Parthasarathy (K.R.). Stochastic integral representation of some quantum martingales in Fock space, *From local times to global geometry, control and physics*, edited by K.D. Elworthy, Pitman research notes, 1986.

LES SYSTÈMES–PRODUITS ET L'ESPACE DE FOCK

exposé de P.A. Meyer, d'après W. Arveson

Cet exposé présente un extrait du grand travail d'Arveson [1]. Il fait suite à une introduction à cet article par Patrick Ion en Juin 1992, qui nous a tous persuadés de son intérêt. L'exposé essaye d'expliquer par quel chemin, en partant d'un objet de nature très générale (un semi–groupe d'endomorphismes de $\mathcal{L}(\mathcal{H})$), on aboutit naturellement à un espace de Fock du type utilisé en calcul stochastique non commutatif. Nous donnons les grandes lignes des démonstrations, en renvoyant à l'original pour certains détails.

1. Endomorphismes de $\mathcal{L}(\mathcal{H})$. Soit $\mathcal{H}$ un espace de Hilbert séparable. Par endomorphisme de $\mathcal{L}(\mathcal{H})$ nous entendons toujours un *–endomorphisme *normal,* c'est à dire continu pour la topologie faible de dualité avec les opérateurs à trace. Nous supposerons aussi qu'un tel endomorphisme préserve l'identité.

La structure des endomorphismes de $\mathcal{L}(\mathcal{H})$ est donnée par l'énoncé suivant. Voir Parthasarathy [2], Prop. 29.5 p. 253, qui utilise de manière étonnante le théorème de Stone-von Neumann.

THÉORÈME. *Soit Θ un endomorphisme non nul de $\mathcal{L}(\mathcal{H})$. Il existe une famille (finie ou) dénombrable d'isométries orthogonales V_n (i.e. $V_m^* V_n = \delta_{mn}$) telle que*

$$(1.1) \qquad \Theta(A) = \sum\nolimits_n V_n A V_n^* \quad \text{pour tout } A \in \mathcal{L}(\mathcal{H}) \quad .$$

Trois remarques : 1) $\Theta(I) = I \Longrightarrow \sum_n V_n V_n^* = I$. 2) Θ est toujours injectif. 3) Θ est surjectif si et seulement si $\Theta(A) = UAU^*$ avec U unitaire.

La remarque 1) est évidente. La remarque 2) vient du fait que $A = V_1^* \Theta(A) V_1$. Quant à 3), si V_1 est dans l'image de Θ, soit $V_1 = \sum_n V_n A V_n^*$, on a $I = V_1^* V_1 = A V_1^*$, donc V_1^* est injectif; comme son noyau est l'orthogonal de l'image (fermée) de V_1, V_1 est unitaire et il n'y a plus de place pour les autres.

Désormais, nous excluons le cas où Θ est surjectif.

2. Espace hilbertien d'opérateurs associé à un endomorphisme. Soit Θ un endomorphisme. On lui associe un espace d'opérateurs

$$(2.1) \qquad \Phi(\Theta) = \{T : \forall A \;\; \Theta(A)T = TA\} \; .$$

Noter que les éléments de Φ^* sont caractérisés par la propriété $T\Theta(A) = AT$. Alors

THÉORÈME. *1) Si S, T appartiennent à $\Phi(\Theta)$, S^*T est un multiple de l'identité, que nous noterons $< S, T > I$.*

2) L'application bilinéaire ainsi définie est un produit scalaire hilbertien sur $\Phi(\Theta)$.

3) Les isométries V_n de (1.1) constituent une base orthonormale de $\Phi(\Theta)$.

DÉMONSTRATION. 1) Soit A arbitraire. Alors $(S^*T)A = S^*(TA) = S^*(\Theta(A)T) = (S^*\Theta(A))T = (AS^*)T = A(S^*T)$, donc S^*T commute à tout opérateur, c'est un multiple de l'identité.

2) Il est clair que $< S, T >$ est une forme hermitienne, et comme T^*T est positif, nul si et seulement si $T=0$, il est clair que $\Phi(\Theta)$ est préhilbertien séparé. Noter que tout élément de Φ de norme 1 est une isométrie. Ensuite, soit (X_n) une suite de Cauchy ; les normes convergent, donc restent bornées, et il existe une suite extraite qui converge vers un opérateur X pour la topologie faible des opérateurs ; on vérifie immédiatement que $X \in \Phi$. D'autre part, pour $S, T \in \Phi$ et $x, y \in \mathcal{H}$ on a $< Sx, Ty > = < S, T >< x, y >$, donc supposant $< x, y > \neq 0$ on voit que $< S, X_n > \to < S, X >$ pour tout $S \in \Phi$, et enfin la limite des X_n dans le complété de Φ ne peut être que $X \in \Phi$. Par conséquent, Φ est complet.

3) Que les V_n appartiennent à $\Phi(\Theta)$ est évident, et ils y sont orthogonaux. Si $W \in \Phi$ est orthogonal à tous les V_n, soit $V_n^*W = 0$ pour tout n, on a aussi $V_nV_n^*W = 0$, et $W = 0$ en sommant sur n. Inversement, on peut montrer que toute base orthonormale de Φ donne lieu à une représentation (1.1).

Si l'on remplace $\Theta(A)$ par $U\Theta(A)U^*$, Φ est remplacé par $U\Phi$.

THÉORÈME. *Soient Θ et Ξ deux endomorphismes. Alors L'application $(S,T) \to ST$ envoie $\Phi(\Theta) \times \Phi(\Xi)$ dans $\Phi(\Theta\Xi)$. Comme elle est bilinéaire, elle définit une application linéaire de $\Phi(\Theta) \otimes \Phi(\Xi)$ dans $\Phi(\Theta\Xi)$, qui est un isomorphisme.*

DÉMONSTRATION. Si $\Theta(A)S = SA$ et $\Xi(B)T = TB$ quels que soient A, B, il est immédiat de vérifier que $\Theta(\Xi(A))ST = STA$ pour tout A. Si $S_1^*S_2 = aI$ et $T_1^*T_2 = bI$ on a $(S_1T_1)^*(S_2T_2) = (ab)I$, donc la composition définit une isométrie de $\Phi(\Theta) \otimes \Phi(\Xi)$ dans $\Phi(\Theta\Xi)$. Il reste à démontrer que le produit tensoriel de deux bases orthonormales des deux espaces est une base orthonormale du dernier. Or si l'on a $\Theta(A) = \sum_n V_nAV_n^*$ et $\Xi(A) = \sum_i W_iAW_i^*$ on a $\Theta(\Xi(A)) = \sum_{in}(V_nW_i)A(V_nW_i)^*$.

REMARQUE. Il est peut être intéressant de noter que l'application $(S, x) \longmapsto Sx$ de $\Phi(\Theta) \times \mathcal{H}$ dans $\mathcal{H}$ donne aussi lieu à un isomorphisme entre $\Phi \otimes \mathcal{H}$ et $\mathcal{H}$.

3. Systèmes–produits. Nous considérons maintenant un *semi-groupe* Θ_t d'endomorphismes de $\mathcal{L}(\mathcal{H})$, que nous supposerons continu au sens suivant : pour A fixe, $\Theta_t(A)$ est continu en t pour la topologie faible des opérateurs. Nous poserons $\Phi(\Theta_t) = \Phi_t$, et nous allons dégager quelques propriétés de ces sous-espaces de $\mathcal{L}(\mathcal{H})$ — qui deviendront les axiomes des systèmes–produits abstraits. Le but d'Arveson (qui ne nous concerne pas directement ici) est d'utiliser les systèmes–produits ainsi associés aux semi-groupes d'endomorphismes pour classifier ceux-ci.

Voici le premier groupe de propriétés définissant les systèmes–produits :

1) *Pour chaque $t > 0$, nous avons un espace de Hilbert Φ_t, et une "multiplication"(notée sans signe) de $\Phi_s \times \Phi_t$ dans Φ_{s+t}, qui est associative. L'application linéaire de $\Phi_s \otimes \Phi_t$ dans Φ_{s+t} qui lui correspond est un isomorphisme d'espaces de Hilbert.*

On peut noter que la dimension de Φ_t est une fonction multiplicative, et ne peut donc prendre que les valeurs 1 et ∞ — mais par ailleurs le premier cas est exclu puisque les Θ_t ne sont pas surjectifs.

Le second groupe de propriétés est plus difficile à énoncer et à établir. Nous allons d'abord l'énoncer, puis expliquer la phrase, et l'établir pour le système associé à un semi-groupe.

2) *La famille* Φ_t *est une famille mesurable d'espaces de Hilbert, et la multiplication est mesurable.*

Cela signifie plusieurs choses : que l'ensemble somme des Φ_t, c'est à dire la réunion des $\{t\} \times \Phi_t$ est munie d'une bonne structure mesurable, pour laquelle la projection $(t,T) \longmapsto T$ est mesurable, et (en un certain sens) le produit scalaire. Et d'autre part, qu'il existe des bases orthonormales de Φ_t dépendant mesurablement de t. Détaillons ces points.

Tout d'abord, la boule unité de $\mathcal{L}(\mathcal{H})$ est compacte métrisable pour la topologie de dualité avec les opérateurs à trace — et pour la topologie faible des opérateurs, qui y induit la même topologie. Donc $\mathcal{L}(\mathcal{H})$ est un $\mathcal{K}_\sigma$ pour chacune de ces topologies, et admet une bonne structure borélienne (d'espace de Lusin), et il en est de même du produit $L =]\,0,\infty\,[\times \mathcal{L}(\mathcal{H})$.

Dans cet espace, l'ensemble somme des Φ_t peut s'écrire comme

$$E = \{(t,T) : \forall A \;\; \Theta_t(A)T = TA\} .$$

Il est borélien, car il suffit de vérifier cette commutation sur les opérateurs de la forme $|x><y|$, x,y parcourant un ensemble dénombrable dense dans $\mathcal{H}$. On munira donc E de la structure mesurable induite.

Choisissons un couple de vecteurs (x,y) tel que $<x,y>=1$. La fonction sur $L\times L$

$$((s,S);(t,T)) \longmapsto <Sx,Ty>$$

est borélienne. Sa restriction à $E \times E$ induit sur $\Phi_t \times \Phi_t$ le produit scalaire $<S,T>$, qui est donc borélien. De même, la fonction sur $L \times L$

$$((s,S);(t,T)) \longmapsto ST$$

est borélienne, d'après la relation $<x,STy>=<S^*x,Ty>$ et le caractère borélien de l'opération *, et sa restriction à chaque Φ_t est la multiplication.

Cependant, il reste une condition délicate à vérifier dans la définition des familles mesurables d'espaces de Hilbert : l'existence de bases orthonormales de Φ_t dépendant mesurablement de t. Pour cela, Arveson démontre un lemme (non trivial) que nous admettrons ici :

LEMME. *Il existe une famille fortement continue d'unitaires* U_t *telle que* $\Theta_t(A) = U_t\Theta_1(A)U_t^*$.

Alors Φ_t est l'ensemble des opérateurs U_tS avec $S \in \Phi_1$, et cela préserve le produit scalaire. Par conséquent, on construit alors une famille mesurable de bases orthonormales des Φ_t en promenant une base orthonormale de Φ_1.

4. Un exemple : l'espace de Fock. Nous allons maintenant étudier un exemple fondamental de système–produit.

Soit $\mathcal{K}$ un espace de Hilbert, et soit $\mathcal{H} = L^2(\mathbb{R}_+,\mathcal{K})$. Soit Φ l'espace de Fock symétrique sur $\mathcal{H}$. Soient $\mathbf{1}$ le vecteur vide, et pour $s<t$ Φ_t^s l'espace de Fock

sur $L^2(]s,t],\mathcal{K})$; en particulier $\Phi_t = \Phi_t^0$, $\Phi^t = \Phi_\infty^t$. Il est bien connu que Φ est isomorphe à $\Phi_s \otimes \Phi^s$, ou plus généralement à $\Phi_s \otimes \Phi_t^s \otimes \Phi^t$. On identifie généralement les Φ_t^s (et en particulier Φ_t, Φ^t) à des sous–espaces de Φ, au moyen des applications $x \in \Phi_t^s \longmapsto \mathbf{1}_s \otimes x \otimes \mathbf{1}^t \in \Phi$.

La translation est un isomorphisme de $[0,\infty[$ sur $[t,\infty[$, qui induit une isométrie $\theta_t : \Phi \longmapsto \Phi^t$; nous définissons alors un semi-groupe Θ_t d'endomorphismes de $\mathcal{L}(\Phi)$ par

$$(4.1) \qquad \Theta_t(A)(f_t \otimes \theta_t g) = f_t \otimes \theta_t(Ag) .$$

Nous nous proposons de montrer que l'espace hilbertien d'opérateurs $\Phi(\Theta_t)$ s'identifie à Φ_t : précisément, tout opérateur $T \in \Phi(\Theta_t)$ est de la forme

$$(4.2) \qquad Tg = \tau \otimes \theta_t g \quad \text{où } \tau \text{ est un élément fixe de } \Phi_t .$$

Nous remarquons d'abord qu'un opérateur de ce type appartient bien à $\Phi(\Theta_t)$, que l'adjoint d'un opérateur de ce type est de la forme

$$S^*(f_s \otimes \theta_t g) = <\sigma, f_s> g$$

et que $S^*Tg = <\sigma,\tau> g$ comme il convient. La réciproque est un peu moins évidente.

Considérons un vecteur normalisé g, et soit (e_n) une base orthonormale de Φ telle que $e_1 = g$. Soit (e'_m) une base orthonormale de Φ_t, et développons

$$Tg = \sum_{mn} \lambda_{mn}\, e'_m \otimes \theta_t e_n .$$

Nous avons alors, si A est un opérateur tel que $Ag = g$, $\Theta_t(A)Tg = TAg = Tg$, or

$$\Theta_t(A)Tg = \sum_{mn} \lambda_{mn}\, e'_m \otimes \theta_t A e_n .$$

Par conséquent, en prenant pour A un opérateur de rang fini laissant fixe e_1, on voit que tous les λ_{mn} avec $n \neq 1$ sont nuls. Autrement dit, Tg est de la forme $u \otimes \theta_t g$ avec $u \in \Phi_t$ — et cela, quel que soit le vecteur g. Or on a le petit résultat suivant d'algèbre linéaire : si E, F sont des espaces vectoriels, si tous les éléments d'un sous-espace $H \subset E \otimes F$ sont de la forme $f = a \otimes b$, alors ou bien a est fixe, ou bien b est fixe. Donc ici on a un opérateur de la forme $Tg = \tau \otimes \theta_t g$ avec un vecteur fixe $\tau \in \Phi_t$.

La multiplication d'Arveson, qui applique $\Phi_s \times \Phi_t$ dans Φ_{s+t}, est alors l'application $(f_s, g_t) \longmapsto f_s \otimes \theta_s g_t$.

Le problème résolu par Arveson est de caractériser les systèmes–produits isomorphes au modèle de Fock.

Il faut souligner les propriétés spéciales du Fock rencontrées ci–dessus : en général, il n'y a aucune relation entre les Φ_t. Ici, en utilisant les vecteurs vide $\mathbf{1}_t$ des Φ_t, nous avons pu introduire une structure plus riche, comportant une relation d'inclusion entre les Φ_t.

5. Unités. Etant donné un système–produit abstrait (Φ_t), Arveson appelle *unité* toute famille mesurable d'éléments $u_t \in \Phi_t$, non identiquement nulle et telle que $u_s u_t = u_{s+t}$. La fonction $t \longmapsto \|u_t\|$ est une solution mesurable de l'équation exponentielle, et donc de la forme $e^{t\lambda}$; remplaçant u_t par $e^{-t\lambda}u_t$, on pourrait se borner à considérer des unités de norme 1. Dans la situation des systèmes–produits associés aux semi-groupes Θ_t d'endomorphismes de $\mathcal{L}(\mathcal{H})$, une unité de norme 1 correspond à un semi-groupe d'isométries (U_t) tel que $\Theta_t(A)U_t = U_t A$ pour tout t et tout A.

Le nom d'unité peut sembler bizarre : on aimerait appeler "exponentielles" ces familles de vecteurs. En fait, cela créerait beaucoup de confusion avec les vecteurs exponentiels usuels du Fock, et Arveson a été très sage de créer un nouveau nom.

Le théorème principal d'Arveson dit qu'un système–produit est du type Fock si, et seulement s'il admet "suffisamment" d'unités. Arveson mentionne l'existence (établie par Powers), d'un système–produit associé à un semi–groupe d'endomorphismes et n'admettant *aucune* unité.

Le lemme suivant est très important.

LEMME 1. *Soient* (u_t) *et* (v_t) *deux unités. Alors le produit scalaire* $<u_t, v_t>$ *est une exponentielle* $e^{t\gamma}$.

DÉMONSTRATION. Appelons $f(t)$ ce produit scalaire. Il est immédiat que f est mesurable et que $f(s+t) = f(s)f(t)$. Il suffit donc de démontrer que $f(0+) \neq 0$. On se ramène au cas où u, v sont des unités de norme hilbertienne égale à 1. Considérons l'espace de Hilbert $\mathcal{G}$ des "processus mesurables adaptés" $\varphi_t \in \Phi_t$ tels que $\int_0^\infty \|\varphi_t\|^2 dt < \infty$. On peut montrer que $\mathcal{G}$ est *séparable*. Nous faisons opérer $x \subset \Phi_r$ sur le "processus" $\varphi = (\varphi_t)$ en posant

$$(T(x)\varphi)_t = 0 \quad \text{si } t \leq r, \quad x \cdot \varphi_{t-r} \text{ si } t > r.$$

On définit ainsi une *représentation* du système–produit, *i.e.* $T(x)T(y) = T(x \cdot y)$. De plus, si x est de norme 1 $T(x)$ est isométrique. En particulier posons $U_t = T(u_t)$; nous définissons ainsi un semi–groupe d'isométries de $\mathcal{G}$, qui est *mesurable* et donc *fortement continu.* Soit de même $V_t = T(v_t)$. Alors si φ est de norme 1, on vérifie que

$$<U_t\varphi, V_t\varphi> = <u_t, v_t>$$

tend lorsque $t \to 0$ vers $<\varphi, \varphi> = 1$.

6. Unités du Fock. Rappelons la notation $\mathcal{E}(h)$ pour désigner le vecteur exponentiel du Fock associé à $h \in \mathcal{H} = L^2(\mathbb{R}_+, \mathcal{K})$. En particulier, pour $\xi \in \mathcal{K}$ le vecteur $\xi I_{[0,t[}$ (on a omis le signe $\otimes$) appartient à $\mathcal{H}$, et nous poserons

$$e_t(\xi) = \mathcal{E}(\xi I_{[0,t[}) \,. \tag{6.1}$$

Cette famille est une unité du Fock, et pour $\xi = 0$ on trouve le vide, ou plutôt la famille $\mathbf{1} = \mathbf{1}_t$, qui a aussi une norme hilbertienne égale à 1. Pour alléger le langage, nous dirons que les unités du type (6.1) sont les ***unités spéciales*** du Fock. Ces unités sont ***normalisées***, non pas au sens de la norme hilbertienne, mais au sens du produit scalaire $<\mathbf{1}_t, e_t(\xi)>$ qui a la valeur 1 — cette notion est propre au Fock, puisqu'elle fait intervenir le vide.

Dans le cas de deux unités du Fock de la forme $u_t = e^{t\lambda}e_t(\xi)$, $v_t = e^{t\mu}e_t(\eta)$, on a

$$<v_t, u_t> = e^{t(\overline{\mu}+\lambda+<\eta,\xi>)} \,. \tag{6.2}$$

Arveson a démontré le théorème suivant, qui devrait être classique en théorie de l'espace de Fock (on devrait plus généralement savoir caractériser tous les "vecteurs multiplicatifs", homogènes ou non), mais qui ne l'est pas :

THÉORÈME. *Toute unité du Fock est de la forme*

$$u_t = e^{ct}\, e_t(\xi)\ , \quad (c \in \mathbb{C},\ \xi \in \mathcal{K})\ . \tag{6.3}$$

Nous allons établir ce résultat par une démonstration probabiliste, différente de celle d'Arveson.

Nous nous plaçons dans l'interprétation brownienne de l'espace de Fock — autrement dit, $\Phi = L^2(\Omega, \mathcal{F}, \mathbb{P})$, l'espace probabilisé engendré par une famille dénombrable de mouvements browniens indépendants (X_t^α), en bijection avec une base orthonormale e^α de $\mathcal{K}$. L'espace Φ_t devient $L^2(\mathcal{F}_t)$, Le vecteur vide devient la fonction 1, et la fonctionnelle $< 1, \cdot >$ l'espérance $\mathbb{E}[\,\cdot\,]$. Dans ces conditions, soit (u_t) une unité normalisée. Chaque u_t se lit comme une v.a. de carré intégrable, $\mathcal{F}_t$-mesurable, et le processus (u_t) est un ***processus à accroissements multiplicatifs indépendants et homogènes*** par rapport à la filtration $(\mathcal{F}_t)$. La normalisation $\mathbb{E}[u_t] = 1$ entraîne que ce processus est une ***martingale***. On peut donc en choisir une modification à trajectoires càdlàg.. D'après le théorème de convergence des martingales, elle admet une limite p.s. en $t = 0$ qui (la tribu $\mathcal{F}_{0+}$ étant dégénérée) ne peut être que 1. Un processus à accroissements multiplicatifs indépendants et homogènes est un processus de Markov dans la filtration $(\mathcal{F}_t)$, admettant 0 comme état absorbant : l'homogénéité multiplicative entraîne que la probabilité de transition $P_t(x, \{0\})$ ne dépend pas de x pour $x \neq 0$. Ensuite, la propriété de Markov entraîne que $\pi(s) = P_s(x, \{0\})$ satisfait à

$$\pi(s+t) = \pi(s) + (1 - \pi(s))\pi(t) \quad \text{d'où} \quad \pi(s) = 1 - e^{-\lambda s}\ .$$

Ensuite, si S est le temps de première rencontre de 0, on a

$$\mathbb{P}\{S \le t \,|\, \mathcal{F}_s\} = I_{\{S \le s\}} + I_{\{S > s\}} e^{-\lambda(t-s)}$$

donc S est un temps exponentiel dans la filtration brownienne, et ***il n'existe pas de tel temps d'arrêt.*** Donc le processus ne rencontre jamais 0. C'est donc un p.a.i. sur le groupe multiplicatif $\mathbb{C} \setminus \{0\}$, dans la filtration $(\mathcal{F}_t)$. Or les sauts d'un p.a.i. sont totalement inaccessibles, et il n'y a pas de temps d'arrêt totalement inaccessibles dans la filtration $(\mathcal{F}_t)$ — donc ce p.a.i. est continu, on peut prendre son logarithme, qui est un p.a.i. additif continu à valeurs dans $\mathbb{C}$, issu de 0, donc un processus gaussien, etc. Pour finir c'est un processus de la forme

$$ct + \sum\nolimits_\alpha c_\alpha X_t^\alpha \quad \text{où les } c_\alpha \text{ sont des constantes.}$$

Mais alors il est clair que (u_t) est une unité spéciale.

7. Caractérisation de l'espace de Fock. Considérons n unités $v^1, \ldots, v^n$, n indices $s_1, \ldots, s_n$ de somme t ; alors le produit $v_{s_1}^1 v_{s_2}^2 \ldots v_{s_n}^n$ est un élément de Φ_t. Nous noterons Φ_t° l'espace vectoriel engendré par les produits de ce type. Sur le Fock et lorsque les v^i sont des vecteurs exponentiels homogènes, cela correspond à la valeur en t du vecteur exponentiel associé à une fonction étagée. Par conséquent,

LEMME 2. *Dans le cas du Fock, Φ_t° est dense dans Φ_t.*

Le théorème principal d'Arveson est la réciproque de ce résultat. Avec les notations précédentes :

THÉORÈME. *Un système produit est isomorphe à l'espace de Fock si et seulement si Φ_t° est dense dans Φ_t (pour tout t).*

REMARQUE. Il me semble clair (mais je n'ai pas vérifié les détails) qu'en général les adhérences $\Phi_t^* = \overline{\Phi_t^\circ}$ constituent un système–produit, qui admet les mêmes unités que le précédent, et qui est le plus grand système–produit du type Fock contenu dans Φ_t.

La démonstration de ce théorème est très ingénieuse, et pas du tout facile. Nous allons en indiquer les grandes lignes, en commençant par quelques constructions préparatoires.

a) Une première étape consiste à se donner une unité de norme hilbertienne 1, qui va jouer le rôle du vecteur vide. Aussi la noterons nous $\mathbf{1}_t \in \Phi_t$. Pour $s < t$ nous identifions $x_s \in \Phi_s$ à $x_s \cdot \mathbf{1}_{t-s} \in \Phi_t$. Ces identifications sont compatibles : cela signifie que $x_s \mathbf{1}_{t-s} \mathbf{1}_{u-t} = x_s \mathbf{1}_{u-s}$, *i.e.* la multiplicativité de $\mathbf{1}$.

On a construit ainsi une famille croissante d'espaces de Hilbert Φ_t. On peut si on le désire les plonger dans un gros espace Φ qui est le complété de leur réunion. On peut aussi considérer leur intersection Φ_0, qui doit être triviale (mais cela ne semble pas évident).

L'introduction du vecteur vide permet de normaliser les unités.

b) On cherche à établir une correspondance biunivoque entre les unités (u_t) et les éléments (λ, ξ) de $\mathbb{C} \times \mathcal{K}$ (où $\mathcal{K}$ est un certain espace de Hilbert) dans laquelle $u_t = e^{\lambda t}\mathcal{E}(\xi I_{[0,t[})$. L'idée naturelle de départ consiste à prendre pour $\mathcal{K}$ l'ensemble $\mathcal{U}$ des unités normalisées lui même (le coefficient λ se lit sur la normalisation), le "produit scalaire" de deux unités normalisées (noté $\gamma(v, u)$ pour éviter des confusions) étant défini par

$$< v_t, u_t > = e^{t\gamma(v,u)} . \tag{7.1}$$

Il est facile de voir que cette fonction est ***conditionnellement de type positif*** sur $\mathcal{U}$, et il est alors tout à fait classique qu'il existe une application canonique σ de $\mathcal{U}$ dans un espace de Hilbert $\mathcal{K}$, tel que pour $u, v \in \mathcal{U}$ on ait $\gamma(v, u) = < \sigma(v), \sigma(u) >_{\mathcal{K}}$. La normalisation fait que $\gamma(\mathbf{1}, u) = 0$ pour tout u, donc $\sigma(\mathbf{1}) = 0$. D'autre part, il résulte aisément de l'hypothèse de densité de Φ_t° dans Φ_t qu'une unité u est uniquement déterminée par la fonction $\gamma(\cdot, u)$; donc l'application σ est injective.

c) Le principal problème est maintenant de montrer qu'en fait σ est une bijection de $\mathcal{U}$ sur $\mathcal{K}$. Pour cela, on voudrait savoir lire sur $\mathcal{U}$ les opérations de $\mathcal{K}$, l'addition et la multiplication par un scalaire. Mais on ne sait pas "multiplier" les unités ! Arveson est parvenu à donner aux unités au moins une structure ***convexe***.

L'idée qui intervient est la suivante : considérons deux fonctions a, b de $L^2([0,1])$ (par exemple). Considérons la n-ième partition dyadique de $[0,1]$, et la fonction c_n égale à a sur les intervalles impairs, à b sur les intervalles pairs. Alors lorsque $n \to \infty$, c_n ***converge faiblement vers*** $(a+b)/2$. Plus généralement, si on partage chaque intervalle en deux dans le rapport $(p, 1-p)$ au lieu de $(1/2, 1/2)$, c_n converge faiblement vers $pa + (1-p)b$.

On prend alors deux unités u, v (non nécessairement normalisées), et on pose

(7.2) $$w_n(t) = (u_{t/2^{n+1}} v_{t/2^{n+1}})^{2^n} \in \Phi_t \,.$$

On montre que $w_n(t)$ converge faiblement en vérifiant 1) qu'il reste borné en norme (ce qui est facile) 2) que le produit scalaire de $w_n(t)$ avec n'importe quel produit

(7.3) $$\pi_t = u^1_{r_1 t} u^2_{r_2 t} \ldots u^k_{r_k t}$$

admet une limite, où les u^i sont des unités arbitraires, et les s_i sont des éléments dyadiques de $[0,1]$ de somme égale à 1 — en effet, le sous-espace fermé de Φ_t engendré par les produits (7.3) contient $w_n(t)$ pour tout t : il n'est pas nécessaire d'utiliser l'hypothèse de densité pour cela. Alors en utilisant la remarque ci dessus, on trouve que $< \pi_t, w_n(t) >$ tend vers $\prod_i e^{s_i(\gamma(u^i,v)+\gamma(u^i,u))/2}$.

On montre alors sans problème que les limites w_t des $w_n(t)$ constituent une unité. Arveson note $[uv]$ l'unité w. Dans le cas du Fock, v et u étant de la forme $e^{\mu t}\mathcal{E}(\eta I_{[0,t[})$ et $e^{\lambda t}\mathcal{E}(\xi I_{[0,t[})$, les paramètres de w seraient $(\lambda+\mu)/2$, $(u+v)/2$.

d) On peut maintenant achever la démonstration : On construit l'espace de Fock sur $\mathcal{K}$, que nous notons Ψ, et le système produit correspondant. On a un homomorphisme injectif de Φ_t dans Ψ_t, et il s'agit de savoir si c'est un isomorphisme. On est donc ramené au problème suivant sur l'espace de Fock. On part d'un ensemble $\mathcal{U} \subset \mathcal{K}$ qui contient 0, qui est convexe et engendre $\mathcal{K}$ au sens hilbertien. Soit Σ_t l'espace hilbertien engendré par l'ensemble des vecteurs exponentiels de Ψ_t de la forme $\mathcal{E}(h)$, où h est sur $[0,t]$ une fonction étagée à valeurs dans $\mathcal{U}$. *A-t-on alors* $\Sigma_t = \Psi_t$ *?*

On fait la remarque suivante : les coefficients du développement en chaos de $\mathcal{E}(h)$ se calculent au moyen des dérivées successives de $\mathcal{E}(rh)$ pour $r=0$. Or la courbe $r \longmapsto \mathcal{E}(rh)$ est tracée dans Σ_t pour $r \in [0,1]$, et cela suffit pour calculer ces dérivées, qui appartiennent donc à Σ_t. Mais alors, en sommant la série exponentielle, on voit que $\mathcal{E}(rh)$ appartient à Σ_t pour tout $r \in \mathbb{C}$. Alors la convexité de $\mathcal{U}$ entraîne que Σ_t contient les vecteurs $\mathcal{E}(h)$, où h parcourt un *espace vectoriel dense dans* $\mathcal{K}$. L'application exponentielle étant continue, la démonstration est finie.

RÉFÉRENCES

[1] ARVESON (W.). *Continuous Analogues of Fock space, Memoirs A.M.S.* n° 409, vol. 80, 1989.
[2] PARTHASARATHY (K.R.). *An Introduction to Quantum Stochastic Calculus*, Birkhäuser 1992.

REPRÉSENTATION DES FONCTIONS CONDITIONNELLEMENT DE TYPE POSITIF

exposé de P.A. Meyer, d'après V.P. Belavkin

M. Schürmann a fait dans [4] une étude approfondie des processus à accroissements indépendants non commutatifs. Reprenant sa construction, Belavkin a montré que la structure des fonctions conditionnellement de type positif sur un semi-groupe est étroitement liée au calcul différentiel stochastique non commutatif. On se propose ici de présenter son article [1] dans un langage plus familier. Depuis lors, Belavkin a remarqué qu'il s'étend sous une forme très générale, celle des "algèbres d'Ito", que nous signalons au passage (j'ai appris cela par un exposé de Belavkin à Paris VI en Novembre 1992, dont les résultats sont partiellement présentés dans [2]). Il est très intéressant de voir apparaître *naturellement* ici les matrices $(3,3)$ et la forme hermitienne non positive, introduits par Belavkin dans des articles antérieurs.

1. L'algèbre de Belavkin. Nous allons d'abord rappeler l'origine de cette algèbre, qui vient du calcul stochastique quantique. Mais une fois données ces motivations, l'exposé n'exigera aucune connaissance de celui-ci.

Plaçons nous d'abord sur l'espace de Fock simple, construit sur l'espace de Hilbert $\mathcal{H} = L^2(\mathbb{R}_+)$, et considérons un élément différentiel

$$dX_t = \gamma\, da_t^+ + C\, da_t^\circ + \gamma'\, da_t^- + c\, dt\ .$$

Ces éléments différentiels se multiplient selon la table d'Ito, suivant laquelle les seuls produits non nuls sont

$$da_t^- da_t^\circ = da_t^- \quad , \quad da_t^- da_t^+ = dt \quad , \quad da_t^\circ da_t^\circ = da_t^\circ \quad , \quad da_t^\circ da_t^+ = da_t^+\ .$$

La remarque de départ de Belavkin est la suivante : si on associe à l'élément différentiel dX_t la matrice $(3,3)$

$$\begin{pmatrix} 0 & 0 & 0 \\ \gamma & C & 0 \\ c & \gamma' & 0 \end{pmatrix},$$

alors *la multiplication des éléments différentiels correspond à la multiplication ordinaire des matrices*. Cependant, le passage à l'adjoint sur l'élément différentiel ne correspond pas à l'adjoint ordinaire sur les matrices : il faut prendre les conjugués des éléments et faire une symétrie par rapport à la diagonale montante (voir (1.2)). Belavkin interprète cela comme le passage à l'adjoint pour un certain produit hermitien non positif sur $\mathbb{C}^3$, voir (1.3) ci-dessous.

Si l'on travaille sur l'espace de Fock de multiplicité $\mathcal{K}$, *i.e.* l'espace de Fock sur $\mathcal{H} = L^2(\mathbb{R}_+, \mathcal{K})$ où $\mathcal{K}$ est un certain espace de Hilbert, on a une situation analogue, mais où les "matrices (3,3)" représentent maintenant des opérateurs sur l'espace $\widehat{\mathcal{K}} = \mathbb{C} \oplus \mathcal{K} \oplus \mathbb{C}$ au lieu de $\mathbb{C}^3$

$$\text{(1.1)} \qquad \mathbf{C} = \begin{pmatrix} 0 & 0 & 0 \\ \gamma & C & 0 \\ c & \gamma' & 0 \end{pmatrix} \quad \text{ou} \quad \begin{pmatrix} 0 & 0 & 0 \\ |\gamma> & C & 0 \\ c & <\widetilde{\gamma}| & 0 \end{pmatrix}$$

où c est un scalaire, γ un élément de $\mathcal{K}$, C un élément de $\mathcal{L}(\mathcal{K})$, γ' un élément de $\mathcal{K}'$ (mais $\widetilde{\gamma}$ un élément de $\mathcal{K}$). Pour faire du vrai calcul stochastique quantique, il faudrait élargir tout cela en tensorisant avec l'espace de Fock jusqu'à l'instant t, mais cela ne nous concerne pas ici.

L'***algèbre de Belavkin*** est formée de ces matrices triangulaires inférieures, avec une règle de multiplication simple donnée plus bas en (1.5), et avec une involution $\mathbf{C} \longmapsto \mathbf{C}^\star$ qui n'est pas l'involution ordinaire, mais

$$\text{(1.2)} \qquad \mathbf{C}^\star = \begin{pmatrix} 0 & 0 & 0 \\ |\widetilde{\gamma}> & C^* & 0 \\ \overline{c} & <\gamma| & 0 \end{pmatrix}.$$

Cette involution peut être interprétée comme un passage à l'adjoint relativement à un produit hermitien non positif sur $\widehat{\mathcal{K}}$, que nous noterons

$$\text{(1.3)} \quad [u+V+w\,|\,u'+V'+w'] = \overline{u}w' + <V,V'> + \overline{w}u' \quad (u,w,u',w' \in \mathbb{C},\, V,V' \in \mathcal{K}).$$

En fait, on a besoin d'une situation plus générale que celle des opérateurs bornés : $\mathcal{K}$ sera un espace préhilbertien, et l'opérateur au centre de la matrice sera un opérateur de $\mathcal{K}$ dans $\mathcal{K}$ non nécessairement borné, mais admettant un adjoint du même type. Ces opérateurs forment encore une algèbre à involution.

L'algèbre de Belavkin est encore munie d'une forme linéaire naturelle, $\psi(\mathbf{C}) = c$, qui satisfait à $\psi(\mathbf{C}^\star\mathbf{C}) = <\gamma,\gamma> \geq 0$. Notons aussi que l'***algèbre à unité*** associée à l'algèbre des matrices (1.1) est formée des matrices du type

$$\text{(1.4)} \qquad U = \begin{pmatrix} u & 0 & 0 \\ |\gamma> & C & 0 \\ c & <\widetilde{\gamma}| & u \end{pmatrix}$$

pour lesquelles le produit est

$$\begin{pmatrix} u & 0 & 0 \\ |\beta> & B & 0 \\ b & <\widetilde{\beta}| & u \end{pmatrix} \begin{pmatrix} v & 0 & 0 \\ |\gamma> & C & 0 \\ c & <\widetilde{\gamma}| & v \end{pmatrix} = \begin{pmatrix} uv & 0 & 0 \\ |\beta>v + B|\gamma> & BC & 0 \\ bv + <\widetilde{\beta}|\gamma> + uc & <\widetilde{\beta}|C + u<\widetilde{\gamma}| & uv \end{pmatrix}$$

Cette algèbre à unité porte une forme linéaire multiplicative, $\delta(U) = u$.

2. Fonctions conditionnellement de type positif. Nous désignons par $\mathcal{G}$ un semigroupe admettant un élément unité e, une multiplication associative (notée sans signe de produit) et une involution *. Nous désignons par $\mathcal{M}$ l'algèbre de convolution des mesures à support fini sur $\mathcal{G}$ (aussi notée sans signe de produit). Les éléments de $\mathcal{G}$ seront notés $x, y \ldots$ et ceux de $\mathcal{M}$ $\lambda = \sum_i l_i \varepsilon_{x_i}$, $\mu = \sum_i m_i \varepsilon_{y_i}$, etc. L'involution sur

$\mathcal{M}$ est définie par $\lambda^*\{x\} = \overline{\lambda\{x^*\}}$. La mesure ε_e, élément unité pour la convolution, est notée $\mathbf{1}$. La masse totale de la mesure λ est notée $\delta(\lambda)$ et c'est une forme linéaire multiplicative : $\delta(\mu\lambda) = \delta(\mu)\,\delta(\lambda)$ et $\delta(\lambda^*) = \overline{\delta(\lambda)}$. Pour le lecteur de Schürmann, rappelons que $\mathcal{M}$ est une bigèbre, le coproduit étant donné par $\Delta(\varepsilon_x) = \varepsilon_x \otimes \varepsilon_x$; la notation δ est un souvenir de la co-unité.

On ne va pas étudier des semi-groupes de convolution de mesures positives (*i.e.* des processus à accroissements indépendants à valeurs dans $\mathcal{G}$), mais des semi-groupes multiplicatifs de fonctions de type positif sur $\mathcal{G}$.

Nous considérons une fonction *conditionnellement de type positif* (c.t.p.) $\psi(x)$ sur $\mathcal{G}$, telle que $\psi(e) = 0$ mais non identiquement nulle. Rappelons que cela signifie que $e^{t\psi}$ est de type positif pour tout $t > 0$, et que cette propriété admet (classiquement) deux autres formes équivalentes

$$\text{(2.1)} \qquad \begin{aligned} &\sum\nolimits_{ij} \bar{c}_i c_j (\psi(x_i^* x_j) - \psi(x_i^*) - \psi(x_j)) \geq 0 \, , \\ &\sum\nolimits_{ij} \bar{c}_i c_j \psi(x_i^* x_j) \geq 0 \quad \text{si} \quad \sum\nolimits_i c_i = 0 \, . \end{aligned}$$

Nous prolongeons ψ en une forme linéaire $\mu \longmapsto \mu(\psi)$ sur l'algèbre $\mathcal{M}$. Les propriétés précédentes se lisent alors ainsi : pour tout couple de mesures λ, μ (décomposées en mesures ponctuelles avec la notation expliquée plus haut) posons

$$\text{(2.2)} \qquad \begin{aligned} [\mu\,|\,\lambda] &= \sum\nolimits_{ij} \overline{m}_i l_j \psi(y_i^* x_j) = \psi(\mu^*\lambda) \, , \\ < \mu\,|\,\lambda > &= \sum\nolimits_{ij} \overline{m}_i l_j (\psi(y_i^* x_j) - \psi(y_i^*) - \psi(x_j)) \, . \end{aligned}$$

Alors,

1) $[\mu\,|\,\lambda]$ et $< \mu\,|\,\lambda >$ sont des formes hermitiennes, la seconde est positive, et elles sont égales sur le sous espace $\mathcal{M}_0$ des mesures de masse nulle (le noyau de δ).

2) On a $[\mu\,|\,\lambda] = < \mu\,|\,\lambda > + \delta(\mu^*)\,\psi(\lambda) + \psi(\mu^*)\,\delta(\lambda)$.

Noter que $< \mu\,|\,\mathbf{1} > = 0$, $[\mu\,|\,\mathbf{1}] = \psi(\mu^*)$. Posons $\eta(\lambda) = \lambda_0 = \lambda - \delta(\lambda)\,\mathbf{1}$, mesure de masse nulle; alors on a $< \mu\,|\,\lambda > = [\mu_0\,|\,\lambda_0]$ et donc

$$\text{(2.3)} \qquad [\mu\,|\,\lambda] = < \mu_0\,|\,\lambda_0 > + \delta(\mu^*)\,\psi(\lambda) + \psi(\mu^*)\,\delta(\lambda) \, .$$

REMARQUE. La fonction $[\mu\,|\,\lambda]$ est elle conditionnellement de type positif sur $\mathcal{M}$? autrement dit, si $\sum_i c_i = 0$ a-t-on

$$\sum\nolimits_{ij} \bar{c}_i c_j \, [\mu_i\,|\,\mu_j] \geq 0 \; ?$$

La réponse est non : si l'on écrit $\mu_i = \sum_\alpha p_{i\alpha} \varepsilon_{x_\alpha}$, cela devient $\sum_{\alpha\beta} \bar{q}_\alpha q_\beta \psi(x_\alpha^* x_\beta)$ avec $q_\alpha = \sum_i c_i p_{i\alpha}$, et la somme des q_α n'est nulle que si les mesures μ_i ont *la même masse*, pas forcément 0. Nous allons plus loin construire les représentations GNS des fonctions de type positif correspondantes.

Désignons par $\mathcal{N}$ le noyau de la forme hermitienne $[\cdot\,|\,\cdot]$, par $\mathcal{K}$ l'espace préhilbertien séparé associé à $\mathcal{M}_0$. Nous allons montrer que *le quotient $\mathcal{M}/\mathcal{N}$ est isomorphe, par* *l'application* $\lambda \longmapsto (\delta(\lambda), \lambda_0, \psi(\lambda))$, *à un sous-espace de* $\widehat{\mathcal{K}} = \mathbb{C} \oplus \mathcal{K} \oplus \mathbb{C}$ *muni du produit scalaire tordu (1.3).*

Notons d'abord que $[\mu^* \mid \lambda^*] = \overline{[\mu \mid \lambda]}$, de sorte que $\mathcal{N}$ est stable par l'involution. Si μ appartient à $\mathcal{N}$ on a $[\mu \mid 1] = \psi(\mu^*) = 0$, et donc aussi $\psi(\mu) = 0$. Par conséquent,

$$\forall \lambda \quad 0 = [\mu \mid \lambda] = <\mu_0, \lambda_0> + \delta(\mu^*)\psi(\lambda) .$$

Prenant $\lambda = \mu$ nous trouvons que $<\mu_0 \mid \mu_0> = 0$; ce produit scalaire étant positif, l'inégalité de Schwarz entraîne $<\mu_0 \mid \lambda_0> = 0$ pour toute mesure λ, et la relation devient $\delta(\mu^*)\psi(\lambda) = 0$, soit $\delta(\mu^*) = 0$ puisque ψ est non triviale. Inversement, si μ possède les trois propriétés $\delta(\mu) = 0$, $<\mu_0, \mu_0> = 0$, $\psi(\mu) = 0$ on vérifie que μ appartient à $\mathcal{N}$. Le produit scalaire se calcule alors aisément.

3. Construction d'un "quadruplet de Schürmann". Dans son exposé des résultats de Schürmann sur les bigèbres, Parthasarathy a donné le nom de ***triplet de Schürmann*** à un triplet (ψ, η, ρ) d'applications linéaires définies sur une *-bigèbre $\mathcal{M}$, et à valeurs respectivement dans $\mathbb{C}$, dans un espace préhilbertien séparé $\mathcal{K}$, et dans l'algèbre des opérateurs de $\mathcal{K}$ dans $\mathcal{K}$ admettant un adjoint, possédant les propriétés suivantes :

1) ρ est une *-représentation de $\mathcal{M}$.

2) η est un cocycle : on a

$$\eta(\nu\mu) = \rho(\nu)\,\eta(\mu) + \eta(\nu)\,\delta(\mu) . \tag{3.1}$$

La co-unité δ intervient dans cette définition, en tant que forme linéaire multiplicative sur $\mathcal{M}$, mais le coproduit de la structure de bigèbre n'est pas utilisé.

3) La forme linéaire ψ satisfait à

$$\psi(\mu\lambda) - \psi(\mu) - \psi(\lambda) = <\eta(\mu^*), \eta(\lambda)> . \tag{3.2}$$

Nous oublierons alors le coproduit, et nous appellerons ***quadruplet de Schürmann*** un ensemble d'applications $(\psi, \eta, \rho, \delta)$ possédant les propriétés ci-dessus.

Nous nous trouvons ici devant une telle situation : $\mathcal{K}$ sera l'espace préhilbertien séparé défini plus haut, quotient de $\mathcal{M}_0$ par le noyau de $<,>$; ρ sera déduit de l'opération de $\mathcal{M}$ sur $\mathcal{M}_0$ par convolution à gauche; $\eta(\mu)$ sera (la classe de) la mesure $\mu - \delta(\mu)\varepsilon_e$, précédemment notée μ_0 ; la vérification des propriétés précédentes est immédiate.

Introduisons alors la matrice $(3,3)$, définissant un opérateur sur $\widehat{\mathcal{K}}$

$$\mathbf{R}(\nu) = \begin{pmatrix} \delta(\nu) & 0 & 0 \\ |\eta(\nu)> & \rho(\nu) & 0 \\ \psi(\nu) & <\eta(\nu^*)| & \delta(\nu) \end{pmatrix} . \tag{3.3}$$

Il résulte aussitôt des propriétés du quadruplet de Schürmann que $\mathbf{R}(\mu)\,\mathbf{R}(\lambda) = \mathbf{R}(\mu\lambda)$, et aussi $\mathbf{R}(\mu^*) = (\mathbf{R}(\mu))^*$, l'adjoint tordu. D'autre part, on a la relation

$$\begin{pmatrix} \delta(\nu\mu) \\ \eta(\nu\mu) \\ \psi(\nu\mu) \end{pmatrix} = \mathbf{R}(\nu) \begin{pmatrix} \delta(\mu) \\ \eta(\mu) \\ \psi(\mu) \end{pmatrix} , \tag{3.4}$$

de sorte que, si l'on identifie une mesure $\mu \in \mathcal{M}$ à la colonne (!) $(\delta(\mu), \eta(\mu), \psi(\mu))$, l'opération de $\mathbf{R}(\nu)$ s'identifie à l'action de $\mathcal{M}$ sur lui même par convolution à gauche, à la manière de la représentation GNS.

EXTENSION. Au lieu de travailler sur l'algèbre de convolution concrète $\mathcal{M}$, tout ce que nous avons dit s'applique si l'on part d'une $*$-algèbre abstraite $\mathcal{M}$ à unité e, munie d'une forme linéaire δ multiplicative telle que $\delta(e) = 1$, et d'une forme linéaire ψ conditionnellement de type positif[1], telle que $\psi(e) = 0$. Le raisonnement précédent montre que le modèle *universel* de cette structure est fourni par l'algèbre des matrices U du type (1.4) avec $\delta(U) = u$, $\psi(U) = c$. Ce que nous disons sur la représentation des semi-groupes s'applique aussi à la représentation de ces algèbres — le noyau du produit scalaire tordu (qui est un idéal de l'algèbre) est perdu dans cette opération.

Le cas particulier le plus intéressant est celui d'une fonction ψ *de type positif* sur une $*$-algèbre $\mathcal{A}$ (en général sans unité) : on construit alors l'algèbre $\mathcal{M}$ par adjonction d'une unité e, et on applique ce qui précède avec $\delta(te + x) = t$, $\psi(te + x) = \psi(x)$.

QUELQUES EXEMPLES. Arrêtons ici la discussion pour donner quelques exemples de ces algèbres de différentielles, et de leurs représentations comme algèbres de matrices, d'après un exposé oral de Belavkin.

1) *Algèbre du calcul différentiel d'Ito.* Les éléments sont de la forme $dX_t = adt + bdw_t$ avec $dw_t^2 = dt$ comme seul produit non nul. La forme linéaire d'espérance est $\mathbb{E}[dX_t] = adt$. Voici une représentation matricielle de cette algèbre

$$X = \begin{pmatrix} 0 & 0 & 0 \\ b & 0 & 0 \\ a & b & 0 \end{pmatrix}, \quad \psi(X) = a .$$

2) *Inclusion du processus de Poisson.* Les éléments sont de la forme $adt + bdw_t + cdn_t$ avec le nouveau produit non nul $dn_t^2 = dn_t$, et l'espérance $\mathbb{E}[dX_t] = (a+c)\,dt$. En voici une représentation matricielle — en dimension 4, parce que l'espace $\mathcal{K}$ est de dimension 2

$$X = \begin{pmatrix} 0 & 0 & 0 & 0 \\ b & 0 & 0 & 0 \\ 0 & 0 & c & 0 \\ a & b & 0 & 0 \end{pmatrix}, \quad \psi(X) = a + c .$$

3) *Algèbre du calcul stochastique quantique.* Eléments différentiels de la forme $dX_t = adt + bda_t^+ + b'da_t^- + cda_t^0$, espérance $\mathbb{E}[dX_t] = adt$, représentation matricielle

$$X = \begin{pmatrix} 0 & 0 & 0 \\ b & c & 0 \\ a & b' & 0 \end{pmatrix}, \quad \psi(X) = a .$$

Le théorème de Belavkin dit que toutes ces algèbres de différentielles (modulo un certain idéal associé à la forme linéaire "espérance") sont représentables au moyen des différentielles du calcul stochastique quantique.

---

[1] *i.e.* de type positif sur le noyau de δ ; on perd l'interprétation des fonctions c.t.p. comme fonctions dont l'exponentielle est de type positif.

4. Passage à une représentation sur le Fock. Le résultat présenté dans cette section est le suivant : ayant construit plus haut une sorte de représentation infinitésimale de $\mathcal{M}$ dans $\mathcal{K}$, on peut construire simultanément toutes les représentations GNS associées aux fonctions de type positif $e^{i\psi}$, au moyen de l'espace de Fock au dessus de $\mathcal{K}$.

Nous allons en fait utiliser deux espaces de Fock : $\Gamma(\mathcal{K})$ au dessus de $\mathcal{K}$, et $\Gamma'(\widehat{\mathcal{K}})$ au dessus de $\widehat{\mathcal{K}}$, le $'$ indiquant que l'on conserve l'espace vectoriel sous-jacent, mais que l'on tord le produit scalaire à la façon de (1.3). Nous allons décrire cela plus en détail.

Commençons par l'espace de Fock tordu sur $\mathbb{C} \oplus \mathbb{C}$: nous considérons l'espace des suites $(c) = c_{kn}$ de nombres complexes telles que $\sum_{kn} |c_{kn}|^2 < \infty$, et nous posons (noter le c'_{nk} au lieu de c'_{kn})

$$[(c)\,|\,(c')] = \sum\nolimits_{kn} \frac{\overline{c}_{kn} c'_{nk}}{k!n!}\,;$$

alors si l'on prend $c_{kn} = u^k w^n$, $c'_{km} = u'^k w'^n$ on a $[c\,|\,c'] = e^{\overline{u}w' + \overline{w}u'}$, qui est bien le produit scalaire tordu désiré pour les vecteurs exponentiels. On voit alors comment introduire l'espace $\mathcal{K}$: le Fock $\Gamma'(\widehat{\mathcal{K}})$ est l'espace des suites doubles $(f) = f_{km}$, où les coefficients appartiennent au Fock ordinaire sur $\mathcal{K}$ et $\sum_{km} \| f_{km} \|^2 / k!m! < \infty$, avec le produit scalaire tordu

$$[(f)\,|\,(g)] = \sum\nolimits_{kn} \frac{< f_{kn}\,|\,g_{nk} >}{k!n!}.$$

Le vecteur exponentiel tordu $\mathcal{E}(u + V + w)$ apparaît alors comme la suite $u^k w^m \mathcal{E}(V)$, c'est à dire le vecteur exponentiel $\mathcal{E}(u + V + w)$ de l'espace de Fock *ordinaire* $\Gamma(\widehat{\mathcal{K}})$, seul le produit scalaire étant changé.

Les opérateurs $\mathbf{R}(\mu)$ sur $\widehat{\mathcal{K}}$ sont étendus par seconde quantification au Fock $\Gamma(\widehat{\mathcal{K}})$ (non complété), avec la même notation. On a alors une *–représentation, pour le produit scalaire tordu. Le problème consiste alors à redescendre en une vraie *–représentation sur $\Gamma(\mathcal{K})$.

Pour accomplir cela, Belavkin définit pour tout p réel une isométrie de $\Gamma(\mathcal{K})$ dans $\Gamma'(\widehat{\mathcal{K}})$, de la manière suivante : pour $f \in \Gamma(\mathcal{K})$, on pose

$$(Jf)_{kn} = 0 \quad \text{si } n \neq 0 \qquad , \quad (Jf)_{k0} = p^k f\,.$$

Ainsi, $J\mathcal{E}(\lambda_0) = \mathcal{E}(p + \lambda_0 + 0)$. L'adjoint tordu $J^\star$ transforme la suite $(g) = g_{kn}$ en

$$J^\star(g) = \sum\nolimits_n \frac{p^n g_{0n}}{n!}\,.$$

En effet, on a

$$[Jf\,|\,(g)] = \sum\nolimits_n p^k < f, g_{0k} > /k! = < f\,|\,J^\star(g) > \,.$$

Ainsi $J^\star$ transforme $\mathcal{E}(a + \lambda_0 + b)$ en $e^{pb}\mathcal{E}(\lambda_0)$. On constate bien que $J^\star J = I$, J étant une isométrie, tandis que $JJ^\star \mathcal{E}(a + \lambda_0 + b) = e^{pb}\mathcal{E}(p + \lambda_0 + 0)$. En particulier, $JJ^\star = I$ sur les vecteurs de la forme $\mathcal{E}(p + \lambda_0 + 0)$.

Nous faisons alors opérer $\mathcal{M}$ sur $\mathcal{K}$ par

$$\mathbf{S}(\mu)f = J^{\star}\mathbf{R}(\mu)\,Jf\,. \tag{4.1}$$

Il est clair que $\mathbf{S}(\mu^*) = \mathbf{S}(\mu)^*$ (adjoint ordinaire), et nous avons, après un petit calcul utilisant (3.3), pour λ de masse nulle et μ arbitraire

$$\mathbf{S}(\mu)\,\mathcal{E}(\lambda) = e^{p^2\psi(\mu)+p<\eta(\mu^*)\,|\,\lambda>}\mathcal{E}(p\eta(\mu) + \rho(\mu)\,\lambda)\,. \tag{4.2}$$

Si μ est de masse 1, on vérifie alors que $\mathbf{S}(\nu)\,\mathbf{S}(\mu) = \mathbf{S}(\nu\mu)$, et on a construit une $*$-représentation du semi-groupe de convolution des mesures de masse 1 (à support fini) sur l'espace de Fock associé à l'espace préhilbertien des mesures de masse nulle (à support fini), qui est une représentation de Weyl généralisée

On a en particulier, pour $\lambda = 0$ (cas du vecteur vide)

$$\begin{aligned}< \mathbf{S}(\nu)\,\mathbf{1}, \mathbf{S}(\mu)\,\mathbf{1} > &= < e^{p^2\psi(\nu)}\mathcal{E}(p\eta(\nu)), e^{p^2\psi(\mu)}\mathcal{E}(p\eta(\mu)) > \\ &= e^{p^2(\psi(\nu^*)+\psi(\mu)+<\eta(\nu)\,|\eta(\mu)>} = e^{p^2\,[\nu\,|\,\mu]}\,.\end{aligned}$$

On a donc construit les représentations GNS associées aux fonctions de type positif $e^{\psi(\nu^*\mu)}$, pour μ, ν de masse p.

EXEMPLE. Considérons un espace préhilbertien $\mathcal{G}$ et posons $x^* = -x$, $x^*y = y - x$, et considérons la fonction de type négatif $\psi(x) = -\|\,x\,\|^2/2$. Alors l'espace $\mathcal{M}_0$ des mesures de masse nulle contient les mesures $\varepsilon_x - \varepsilon_0$ pour lesquelles le produit scalaire associé à ψ plus haut est exactement le produit scalaire hilbertien $< x, y >$. Le semi-groupe des mesures de masse 1 pour la convolution contient les mesures ε_x, qui opèrent par translation sur $\mathcal{G}$. La représentation que nous avons construite est alors la représentation de Weyl.

REMARQUE. Belavkin donne un calcul explicite de l'opérateur $\mathbf{S}(\mu)$ sous la forme

$$e^{p^2\psi(\mu)}\,e^{pa^+(\eta(\mu))}\,\Gamma(\rho(\mu))\,e^{pa^-(\eta(\mu^*)}$$

Cela vient de ce que l'on a construit en fait une représentation du semi-groupe des matrices (du type (1.4) avec $u = 1$)

$$\mathbf{C} = \begin{pmatrix} 1 & 0 & 0 \\ \eta & \rho & 0 \\ \psi & \eta' & 1 \end{pmatrix}$$

et qu'une telle matrice est décomposable en un produit de matrices plus élémentaires

$$\begin{pmatrix} 1 & 0 & 0 \\ 0 & I & 0 \\ \psi & 0 & 1 \end{pmatrix} \begin{pmatrix} 1 & 0 & 0 \\ \eta & I & 0 \\ 0 & 0 & 1 \end{pmatrix} \begin{pmatrix} 1 & 0 & 0 \\ 0 & \rho & 0 \\ 0 & 0 & 1 \end{pmatrix} \begin{pmatrix} 1 & 0 & 0 \\ 0 & I & 0 \\ 0 & \eta' & 1 \end{pmatrix}$$

pour chacune desquelles on peut faire un calcul simple.

5. Lien avec le calcul stochastique. Le travail de Belavkin ne comporte pas de calcul stochastique. Nous allons donc comparer la construction précédente avec les résultats généraux de Schürmann. Celui-ci considère une *-bigèbre $\mathcal{A}$, sur laquelle a été défini un triplet de Schürmann (ρ, η, ψ) à valeurs dans un espace préhilbertien $\mathcal{K}$. Il construit une famille adaptée de *-homomorphismes X_t de l'algèbre $\mathcal{A}$ dans l'algèbre des opérateurs sur l'espace de Fock $\Gamma(\mathcal{K})$, solution de l'équation différentielle stochastique suivante. Si $\lambda \in \mathcal{A}$ est tel que $\Delta(\lambda) = \sum_i \mu_i \otimes \nu_i$,

$$X_t(\lambda) = \delta(\lambda)\, I + \sum_i \int_0^t X_s(\mu_i) \Big(da_s^+(|\eta(\nu_i)>) + \\ + da_s^\circ(\rho(\nu_i) - \delta(\nu_i) I) + da_s^-(<\eta(\nu_i^*)|)) + \psi(\nu_i)\, ds \Big) .$$

Dans la situation qui nous occupe, on a $\Delta \varepsilon_x = \varepsilon_x \otimes \varepsilon_x$ et l'équation relative aux différents points est découplée, et prend la forme

$$X_t(x) = I + \int_0^t X_s(x) \left(da_s^+(x-e) + da_s^\circ(\rho(x) - I) + da_s^-(x^* - e) + \psi(x)\, ds \right)$$

qui est une équation à coefficients constants. Nous remarquons que l'élément différentiel à l'instant t commute avec le passé, de sorte qu'il n'y a pas lieu de distinguer l'équation droite de l'équation gauche. On peut résoudre cette équation par une formule explicite, où 1_t désigne l'indicatrice de $[0, t[$

$$X_t(x) = e^{t\psi(x)} \exp(a^+((x-e) \otimes 1_t))\, \Gamma(\rho(x) 1_t + I(1 - 1_t))\, \exp(a^-((x^* - e) \otimes 1_t)) .$$

En effet, comme ce produit est normalement ordonné, la formule d'Ito ne comporte aucune correction de "crochet droit". D'autre part, on sait d'après Hudson–Parthasarathy que pour tout opérateur U le processus $Y_t = \Gamma(U 1_t + I(1 - 1_t))$ est solution de l'é.d.s. $Y_t = I + \int_0^t Y_s(U - I)\, dN_s$. On constate alors que l'opérateur X_t sur l'espace de Fock jusqu'à l'instant t réalise la représentation construite plus haut, pour $p = \sqrt{t}$.

RÉFÉRENCES

[1] BELAVKIN (V.P.). Kernel representations of *-semigroups associated with infinitely divisible states, prépublication de Heidelberg 1990. Paru dans *Quantum Probability VII*, World Scientific 1992, p. 31–50.

[2] BELAVKIN (V.P.). The unified Ito formula has the Pseudo-Poisson structure, prépublication du Centro Vito Volterra, Rome 1992.

[3] BELAVKIN (V.P.). Chaotic states and stochastic integration in quantum systems, *Uspekhi Mat. Nauk*, 47, 1992 et *Russian Math. Surveys*, 47, 1992, p. 53–116.

[4] SCHÜRMANN (M). *White Noise on Bialgebras,* Lecture Notes in Mathematics n° 1544, Springer 1993.

ON THE LÉVY TRANSFORMATION
OF BROWNIAN MOTIONS AND CONTINUOUS MARTINGALES

L. E. Dubins[1], M. Émery[2], M. Yor[3]

> [...] je vous confie aujourd'hui mes espérances, qui ne reposent encore que sur des calculs de probabilité.
>
> *É. Zola*

Introduction

If $(B_t)_{t\geqslant 0}$ is a Brownian motion started at 0 and $(L_t)_{t\geqslant 0}$ its local time at 0, Lévy's characterization (see for instance [6] p. 141) implies that

$$\widehat{B} = |B| - L = \int \operatorname{sgn}(B)\, dB$$

is also a Brownian motion. In other words, the *Lévy transformation* $T : B \longrightarrow \widehat{B}$, defined almost everywhere on the Wiener space $W = \mathcal{C}(\mathbb{R}_+, \mathbb{R})$, preserves the Wiener measure μ.

Dubins & Smorodinsky [3] have established that an analogue of T for coin-tossing is ergodic. This increases the plausibility of the following conjecture:

$(\mathcal{L})$ *The Lévy transformation is ergodic,*

that is, the σ-field $\mathcal{J}$ on W of all events a.s. invariant by T is trivial.

Known since the late 70's, the problem of the ergodicity of T is mentioned as an open question in Revuz & Yor [6], page 257.

We shall see that $(\mathcal{L})$ is closely related to the question of knowing which continuous martingales $M = (M_t)_{t\geqslant 0}$ with $M_0 = 0$ have the same law as their Lévy transform $\widehat{M} = \int \operatorname{sgn}(M)\, dM$. (A discussion of this subject is begun in Exercise (2.32) page 231 of Revuz & Yor [6].) Recall that to each continuous martingale M is associated its quadratic variation $\langle M\rangle$; $\langle M\rangle$ is the continuous, non-decreasing, adapted process such that $\langle M\rangle_t = \lim_{n\to\infty} \sum_{k=1}^{2^n} \left(M_{k2^{-n}t} - M_{(k-1)2^{-n}t}\right)^2$. For simplicity, we shall deal only with continuous martingales verifying $M_0 = 0$ and $\langle M\rangle_\infty = \infty$; such processes will be called *divergent martingales*. As is well known

[1] Department of Mathematics, University of California at Berkeley, BERKELEY CA 94720
[2] Université de Strasbourg et C.N.R.S., 7 rue René Descartes, 67084 STRASBOURG Cedex
[3] Laboratoire de Probabilités, Université de Paris VI, 4 place Jussieu, 75252 PARIS Cedex 05

(see [1] and [2]), each divergent martingale M is obtained by time-changing a Brownian motion, the time-change being given by $\langle M\rangle$. More precisely, to M is associated a (unique) Brownian motion β^M such that $M_t = (\beta^M)_{\langle M\rangle_t}$ for all t; this defines a map $\beta_M : \Omega \longrightarrow W$ transforming $\mathbb{P}$ into the Wiener measure μ. The law of M is characterized by the joint law of β^M and $\langle M\rangle$.

Changing time in the integral $\int \operatorname{sgn}(M)\,dM$ gives $\beta^{\widehat{M}} = \widehat{\beta^M}$; as $\langle\widehat{M}\rangle = \langle M\rangle$, $\widehat{M}$ has the same law as M if and only if

$$(\beta^M)_{\langle M\rangle} \overset{(\text{law})}{=} T(\beta^M)_{\langle M\rangle}\,.$$

A sufficient condition is the independence of β^M and $\langle M\rangle$. We conjecture that this sufficient condition is also necessary.

Let us give a name to this conjecture:

$(\mathcal{M})$ *A divergent martingale M has the same law as its Lévy transform $\widehat{M}$ (if and) only if the processes β^M and $\langle M\rangle$ are independent.*

A reason to believe in this conjecture is Ocone's Theorem A of [5]: The independence of β^M and $\langle M\rangle$ is a necessary and sufficient condition for M to have the same law as all integrals $\int H\,dM$, where H ranges either over all deterministic processes of the form $H = \mathbb{1}_{[0,a]} - \mathbb{1}_{(a,\infty)}$, or over all $\{-1,1\}$-valued processes that are predictable for the natural filtration of M.

The next section gives some preliminary observations about $(\mathcal{L})$. Then comes our main result, the equivalence of $(\mathcal{L})$ and $(\mathcal{M})$, established, with some further precisions, in the third section. In the last section, we try to understand $(\mathcal{L})$ better, in particular by constructing examples of martingales which are not identical in law with their Lévy transform. The appendix borrows from [5] Ocone's theorem and its proof, with a few remarks.

Preliminary remarks

The following lemma from ergodic theory is well known.

LEMMA 1. — *Let $(W, \mathcal{G}, \mu)$ be a probability space and T a measurable transformation of W which preserves μ. A random variable $Z \in L^2(W,\mu)$ is a. s. invariant by T if and only if*

$$\langle Y\circ T, Z\rangle_{L^2} = \langle Y, Z\rangle_{L^2}$$

for all $Y \in L^2(W,\mu)$.

PROOF. — If Z is invariant, $Z = Z\circ T$ a. s. and $\langle Y\circ T, Z\rangle = \langle Y\circ T, Z\circ T\rangle = \langle Y, Z\rangle$ by the invariance of μ.

Conversely, if $\langle Y\circ T, Z\rangle = \langle Y, Z\rangle$ for every Y, $\langle Y\circ T, Z\rangle = \langle Y\circ T, Z\circ T\rangle$ and $Z\circ T$ is the conditional expectation of Z given $T^{-1}\mathcal{G}$; as Z and its projection $Z\circ T$ on $L^2(T^{-1}\mathcal{G})$ have the same L^2-norm (invariance of μ), they must be equal. ∎

Lemma 2. — *With the notations of the introduction, let $S : W \longrightarrow [0,\infty]$ be a stopping time for B. The stopped processes B^S and $\widehat{B}^S$ have the same law if and only if S is a. s. invariant.*

Proof. — If S is invariant, $\widehat{B}^S = (B\circ T)^{S\circ T} = (B^S)\circ T$ has the same law as B^S.

Conversely, if B^S and $\widehat{B}^S$ have the same law, the pairs (B^S, S) and $(\widehat{B}^S, S)$ also have the same law, because S is a function of the path of B^S (for instance $S = \sup\{t \in \mathbb{Q} : B^S_t \neq B^S_\infty\}$). Now the Markov property at time S makes it possible to deduce the law of (B, S) from that of (B^S, S) and similarly for $\widehat{B}$; hence (B, S) and $(\widehat{B}, S)$ have the same law. This gives $\langle Y, e^{-S}\rangle = \langle Y\circ T, e^{-S}\rangle$ for every $Y \in L^2(W)$ and S is invariant by Lemma 1. ∎

Remark. — The Markov property in the above proof cannot be dispensed of: if the random variable S is not a stopping time, it may happen that B^S and $\widehat{B}^S$ have the same law but S is not invariant. Take for instance any $[0,1]$-valued random variable S independent of $\mathcal{F}_1$; B^S and $\widehat{B}^S$ have the same law, namely that of a Brownian motion stopped at some independent time distributed as S.

Equivalence of $(\mathcal{L})$ and $(\mathcal{M})$

Theorem 1. — *Let M be a divergent martingale. The following three properties are equivalent:*

(i) *M and $\widehat{M}$ have the same law;*

(ii) *$(\beta^M, \langle M\rangle)$ and $(T(\beta^M), \langle M\rangle)$ have the same law;*

(iii) *β^M and $\langle M\rangle$ are conditionally independent given the σ-field $\beta_M^{-1}(\mathcal{J})$.*

Examples of this situation are obtained by taking $\langle M\rangle$ independent of β^M; if $(\mathcal{L})$ is true, $\beta_M^{-1}(\mathcal{J})$ is trivial and there are no other examples.

Proof. — Since $\langle M\rangle = \langle \widehat{M}\rangle$ and the law of $(\beta^M, \langle M\rangle)$ depends only on that of M, (i) implies (ii). Conversely, (ii) $\Rightarrow$ (i) follows from $M = (\beta^M)_{\langle M\rangle}$ and $\widehat{M} = T(\beta^M)_{\langle M\rangle}$.

(ii) $\Rightarrow$ (iii). Let F be a bounded random variable measurable with respect to $\sigma\{\langle M\rangle_t\,,\, t \geqslant 0\}$; there exists a bounded measurable function f on W such that $\mathbb{E}[F|\beta^M] = f(\beta^M)$. For every $g \in L^2(W)$, using the definition of f, hypothesis (ii) and again the definition of f, one can write

$$\mathbb{E}[f(\beta^M)g(\beta^M)] = \mathbb{E}[F\, g(\beta^M)] = \mathbb{E}[F\, g\circ T(\beta^M)] = \mathbb{E}[f(\beta^M)\, g\circ T(\beta^M)]$$

and Lemma 1 gives $f(\beta^M) = f\circ T(\beta^M)$ a.s. So f is $\mathcal{J}$-measurable and coming back to the definition of f one gets $\mathbb{E}[F|\beta^M] = \mathbb{E}[F|\beta_M^{-1}(\mathcal{J})]$, the desired result.

(iii) $\Rightarrow$ (ii). Keep the same notations and call $\mathcal{J}'$ the σ-field $\beta_M^{-1}(\mathcal{J})$. Hypothesis (iii) gives on the one hand

$$\mathbb{E}[F\,g(\beta^M)] = \mathbb{E}\big[\mathbb{E}[F|\mathcal{J}']\;\mathbb{E}[g(\beta^M)|\mathcal{J}']\big]$$

and on the other hand

$$\mathbb{E}[F\,g\circ T(\beta^M)] = \mathbb{E}\big[\mathbb{E}[F|\mathcal{J}']\;\mathbb{E}[g\circ T(\beta^M)|\mathcal{J}']\big]\,.$$

Since every $\mathcal{J}'$-measurable random variable has the form $h(\beta^M)$ where h is $\mathcal{J}$-measurable, $\mathbb{E}[g(\beta^M)|\mathcal{J}'] = \mathbb{E}[g\circ T(\beta^M)|\mathcal{J}']$ and we obtain

$$\mathbb{E}[F\,g(\beta^M)] = \mathbb{E}[F\,g\circ T(\beta^M)]\,,$$

which means precisely that (ii) holds. ∎

Recall that a martingale M is called *pure* if it is divergent and if for each $t \geqslant 0$ its quadratic variation $\langle M\rangle_t$ is measurable for the σ-field $\sigma\{\beta_s^M\,,\ s \geqslant 0\}$.

A weaker form of Conjecture $(\mathcal{M})$ is obtained by restricting to pure martingales the demand that $M \overset{\text{(law)}}{=} \widehat{M}$ if and only if β^M and $\langle M\rangle$ are independent; since $\langle M\rangle$ is measurable with respect to β^M, we get the statement:

$(\mathcal{M}')$ *A pure martingale M has the same law as its Lévy transform $\widehat{M}$ (if and) only if $\langle M\rangle$ is deterministic.*

As will be shown below, $(\mathcal{M}')$ is in fact not weaker than but equivalent to $(\mathcal{M})$.

Similarly, a weaker form of $(\mathcal{L})$ is obtained by restricting to stopping times the statement that all random variables on W invariant by T are constant:

$(\mathcal{L}')$ *On the canonical space W, every stopping time invariant by T is constant.*

THEOREM 2. — *The four conjectures $(\mathcal{L})$, $(\mathcal{L}')$, $(\mathcal{M})$ and $(\mathcal{M}')$ are equivalent.*
PROOF. — If $(\mathcal{L})$ is true, $\mathcal{J}$ is trivial and (i) $\Rightarrow$ (iii) in Theorem 1 gives $(\mathcal{M})$. In turn, $(\mathcal{M})$ trivially implies $(\mathcal{M}')$. The theorem will be proved by showing that

$$(\mathcal{L}) \text{ is false} \Longrightarrow (\mathcal{L}') \text{ is false} \Longrightarrow (\mathcal{M}') \text{ is false.}$$

Assume $(\mathcal{L})$ is false. On W endowed with Wiener measure, there exists a non-trivial invariant bounded random variable F. Call B the canonical Brownian motion on W, $\widehat{B}$ its Lévy transform, $(\mathcal{F}_t)_{t\geqslant 0}$ and $(\widehat{\mathcal{F}}_t)_{t\geqslant 0}$ their natural filtrations. Since F is a functional of $\widehat{B}$, the $(\widehat{\mathcal{F}}_t)$-martingale $M_t = \mathbb{E}[F|\widehat{\mathcal{F}}_t]$ has the form $\mathbb{E}[F] + \int_0^t \widehat{H}_s\,d\widehat{B}_s$ with $\widehat{H}$ predictable in the filtration $(\widehat{\mathcal{F}}_t)_{t\geqslant 0}$; so M is also a martingale for $(\mathcal{F}_t)_{t\geqslant 0}$ and

$$\mathbb{E}[F|\mathcal{F}_t] = \mathbb{E}[F|\widehat{\mathcal{F}}_t] = \mathbb{E}[F\circ T|\widehat{\mathcal{F}}_t] = \mathbb{E}[F|\mathcal{F}_t]\circ T\,:$$

the process M is invariant by T.

Using M, it is easy to construct a finite, non-constant stopping time S invariant by T, for instance $S = t + \mathbb{1}_\Gamma(M_t)$ where t is large enough for M_t to be non-constant and Γ is a suitable Borel set. So $(\mathcal{L}')$ is false too.

If ($\mathcal{L}'$) is false, let S be a finite, non-constant, invariant stopping time on Wiener space. For $\alpha > 0$, the increasing process

$$A_t = \int_0^t \left[\mathbb{1}_{[\![0,S]\!]}(s) + \alpha \mathbb{1}_{]\!]S,\infty[\![}(s)\right] ds$$

is not deterministic if $\alpha \neq 1$; it is also invariant, and $(B,A) \overset{\text{(law)}}{=} (\widehat{B},A)$; the inverse of A, obtained by replacing α with α^{-1}, is adapted and each A_t is a stopping time. Consequently, $M_t = B_{A_t}$ is a martingale (for the filtration $\mathcal{G}_t = \mathcal{F}_{A_t}$), satisfying condition (ii) of theorem 1, hence $M \overset{\text{(law)}}{=} \widehat{M}$. As $\langle M \rangle = A$ is measurable with respect to $\beta^M = B$ but not deterministic, M is a counterexample to ($\mathcal{M}'$) and ($\mathcal{M}'$) does not hold. ∎

Some Remarks

a) It can be observed that the stopping time S constructed in the first part of the proof takes only two values. This leads to another variant of ($\mathcal{L}$), namely, there are no invariant stopping times taking exactly two values. Of course, this just means that each invariant event belonging to some $\mathcal{F}_t$ is trivial.

b) ($\mathcal{L}'$) amounts to stating that every non constant Brownian stopping time S is not invariant. According to Lemma 2, this means that the stopped processes B^S and $\widehat{B}^S = |B^S| - L^S$ do not have the same law. A sufficient condition is that the random variables B_S and $\widehat{B}_S = |B_S| - L_S$ have different laws. Many stopping times have this property, for instance the first hitting time of a given level by B, or by $|B|$ or by L...

However, there also exist many stopping times (for the filtration of B) such that B_S and $\widehat{B}_S$ are not only identical in law, but a.s. equal; for instance $\inf\{t \geqslant 1 : B_t = \widehat{B}_t\}$. This stopping time is a.s. finite since the martingale $B - \widehat{B}$ is divergent (for its bracket is $4\int \mathbb{1}_{\{B_t \leqslant 0\}}\, dt$).

But a finite stopping time S such that $B_S = \widehat{B}_S$ cannot be invariant unless it vanishes identically. For in that case $B_S = \widehat{B}_S = \widehat{B}_{S \circ T} = B_S \circ T$ is a function of $\widehat{B}$ only; and, since B and $-B$ have the same conditional law given $\widehat{B}$, B_S must be its own opposite and $B_S = 0$, giving $L_S = |B_S| - \widehat{B}_S = 0$ and $S = 0$. (The same argument shows more generally that a finite, non-negative random variable S measurable for $\widehat{B}$ and verifying $B_S = \phi(\widehat{B}_S)$ must vanish if ϕ is a function such that $\phi(x) \neq 0$ for every $x < 0$.)

More precisely, it can be proved that *if S is an invariant, finite, positive stopping time,* $\mathbb{P}[B_S = \widehat{B}_S] \leqslant 1/2$. Let indeed A denote the event $\{B_S = \widehat{B}_S\}$ and suppose $\mathbb{P}[A] > 1/2$. Since $\widehat{B}_S = |B_S| - L_S$ and $L_S > 0$, on A one has $\widehat{B}_S = -B_S - L_S$ and $2B_S = -L_S$; this can be rewritten $2\widehat{B}_S = \inf_{t \leqslant S} \widehat{B}_t$. But $\mathbb{P}[T^{-1}A]$ is also larger than one half, so the event $A \cap T^{-1}A$ is not negligible. On this event, one has on the one hand $2\widehat{B}_S = \widehat{I}_S$ and on the other hand $2\widehat{B}_S = -\widehat{L}_S$

(where $\widehat{I}_t = \inf_{s\leqslant t}\widehat{B}_s$ and $\widehat{L}$ is the local time at zero of $\widehat{B}$). To establish the claim, we shall prove that, if $\widehat{B}$ is a Brownian motion started at 0, the event $\{\exists t>0 : 2\widehat{B}_t = \widehat{I}_t = -\widehat{L}_t\}$ is negligible; replacing $\widehat{B}$ with $-\widehat{B}$, dropping the hats for typographical simplicity and letting $S_t = \sup_{s\leqslant t} B_s$, this amounts to showing that

$$\mathbb{P}[\exists t>0 : 2B_t = S_t = L_t] = 0 .$$

Since both processes S and L are locally constant in the random open set $\{t : B_t \neq S_t \text{ and } B_t \neq 0\}$, if equality $S = L$ holds at some time $t > 0$ such that $B_t = \frac{1}{2}S_t$, it also holds identically in some neighborhood of t and hence at some rational t; so we just have to show that $\mathbb{P}[S_t = L_t] = 0$ for each $t > 0$.

From the scaling property of Brownian motion, this probability does not depend on t; hence it is also equal to $\mathbb{P}[S_T = L_T]$ where T is an exponential random variable independent of B. Now, the joint law of (S_T, L_T) is easily computed from excursion theory arguments; in particular it is absolutely continuous with respect to Lebesgue measure on $\mathbb{R}_+^2$, with identical exponential marginals. This proves the claim.

c) Still working in the σ-field generated by B, notice that $(\mathcal{L})$ is true if and only if, for H ranging over a total subset of L^2, $\mathbb{E}[H|\mathcal{J}] = \mathbb{E}[H]$, or equivalently by the ergodic theorem

$$\lim_{n\to\infty} \frac{1}{n} \sum_{k=1}^{n} H \circ T^k = \mathbb{E}[H] .$$

We shall use the subset consisting of the constant 1 (for which the above equality is trivial) and of all multiple Wiener integrals

$$H = \int_0^\infty dB_{u_1} \int_0^{u_1} dB_{u_2} \dots \int_0^{u_{p-1}} dB_{u_p}\, f(u_1, \dots, u_p)$$

where $p \geqslant 1$ and f satisfies

$$\int_0^\infty du_1 \int_0^{u_1} du_2 \dots \int_0^{u_{p-1}} du_p\, f^2(u_1, \dots, u_p) < \infty .$$

This programme can be carried out successfully in the case $p = 1$. Indeed, writing $B^{(k)} = T^k(B)$ and $\varepsilon_t^{(k)} = \operatorname{sgn} B_t^{(k)}$, Tanaka's formula gives

$$B_t^{(k)} = \int_0^t dB_s^{(k-1)}\, \varepsilon_s^{(k-1)} = \int_0^t dB_s^{(k-2)}\, \varepsilon_s^{(k-2)} \varepsilon_s^{(k-1)} = \int_0^t dB_s\, \varepsilon_s \varepsilon_s^{(1)} \dots \varepsilon_s^{(k-1)} .$$

Now, if $H = \int_0^\infty dB_u\, f(u)$, where $f \in L^2$, we have

$$\frac{1}{n} \sum_{k=1}^{n} H \circ T^k = \int_0^\infty dB_u\, f(u) \Big(\frac{1}{n} \sum_{k=1}^{n} \varepsilon_u \varepsilon_u^{(1)} \dots \varepsilon_u^{(k-1)} \Big)$$

so that

$$\mathbb{E}\Big[\Big(\frac{1}{n} \sum_{k=1}^{n} H \circ T^k\Big)^2\Big] = \int_0^\infty du\, f^2(u)\, \mathbb{E}\Big[\Big(\frac{1}{n} \sum_{k=1}^{n} \varepsilon_u \varepsilon_u^{(1)} \dots \varepsilon_u^{(k-1)}\Big)^2\Big] .$$

For fixed u, $\varepsilon_u^{(\ell)}$ is independent of $B^{(\ell+1)}$ and hence also of all the $\varepsilon_u^{(m)}$ for $m > \ell$; so the sequence $\varepsilon_u, \varepsilon_u^{(1)}, \varepsilon_u^{(2)}, \ldots$ of Bernoulli variables is independent, whence

$$\mathbb{E}\Big[\Big(\frac{1}{n}\sum_{k=1}^{n} \varepsilon_u \varepsilon_u^{(1)} \ldots \varepsilon_u^{(k-1)}\Big)^2\Big] = \frac{1}{n},$$

and $\displaystyle\frac{1}{n}\sum_{k=1}^{n} H \circ T^k$ does tend to zero.

For random variables H belonging to chaoses of higher order, the same method, and the well-known isometry between the pth chaos and the space of square-integrable symmetric functions of p variables, reduce $(\mathcal{L})$ to an equivalent property.

PROPOSITION. — *$(\mathcal{L})$ is true if and only if for each $p > 1$*

$$\lim_{n\to\infty} \int_0^1 du_1 \int_0^{u_1} du_2 \ldots \int_0^{u_{p-1}} du_p \, \mathbb{E}\Big[\Big(\frac{1}{n}\sum_{k=1}^{n} \prod_{\substack{0\leqslant \ell<k \\ 1\leqslant m\leqslant p}} \varepsilon_{u_m}^{(\ell)}\Big)^2\Big] = 0 .$$

Hence, the first step in that direction would be to take $p = 2$ and to get a good estimate of

$$\mathbb{E}\Big[\Big(\frac{1}{n}\sum_{k=1}^{n} \varepsilon_u \varepsilon_v \varepsilon_u^{(1)} \varepsilon_v^{(1)} \ldots \varepsilon_u^{(k-1)} \varepsilon_v^{(k-1)}\Big)^2\Big] .$$

APPENDIX: Ocone's Theorem

Ocone's Theorem A of [5] consists of the equivalence between (ii), (iii) and (iv) below. His setting is more general than the following rephrasing: he deals with local martingales (and further extends his results to the càdlàg case).

THEOREM. — *Let M be a continuous, divergent martingale with natural filtration $\mathcal{F} = (\mathcal{F}_t)_{t\geqslant 0}$. The following five statements are equivalent:*

(i) *the processes β^M and $\langle M \rangle$ are independent;*

(ii) *for every $\mathcal{F}$-predictable process H taking values in $\{-1, 1\}$, the pairs of processes $(\int H\,dM, \langle M\rangle)$ and $(M, \langle M\rangle)$ have the same law (in particular the martingales $\int H\,dM$ and M have the same law);*

(iii) *for every deterministic function h of the form $\mathbb{1}_{[0,a]} - \mathbb{1}_{(a,\infty)}$, the martingale $\int h\,dM$ has the same law as M;*

(iv) *for every $\mathcal{F}$-predictable process H measurable for the product σ-field $\mathcal{B}(\mathbb{R}_+) \otimes \sigma(\langle M\rangle)$ and such that $\int_0^\infty H_s^2\, d\langle M\rangle_s < \infty$ a. s.,*

$$\mathbb{E}\Big[\exp\Big(i\int_0^\infty H_s\,dM_s\Big) \,\Big|\, \langle M\rangle\Big] = \exp\Big(-\tfrac{1}{2}\int_0^\infty H_s^2\, d\langle M\rangle_s\Big) ;$$

(v) *for every deterministic function h of the form $\sum_{j=1}^n \lambda_j \mathbb{1}_{[0,a_j]}$,*

$$\mathbb{E}\Big[\exp\Big(i\int_0^\infty h(s)\,dM_s\Big)\Big] = \mathbb{E}\Big[\exp\Big(-\tfrac{1}{2}\int_0^\infty h^2(s)\,d\langle M\rangle_s\Big)\Big] .$$

Notice that (iii) is a symmetry assumption: given the past of M, the conditional law of the future increments is symmetric; (iv) says that, conditionally given $\langle M\rangle$, M is a Gaussian martingale with variance $\langle M\rangle$.

LEMMA 1. — *If a right-continuous process X is a martingale for some (non necessarily right-continuous) filtration $(\mathcal{G}_t)_{t\geqslant 0}$, it is also a martingale for its right-continuous enlargment $(\mathcal{G}_{t+})_{t\geqslant 0}$.*

PROOF. — When $\varepsilon > 0$ tends to 0, $X_{s+\varepsilon}$ tends to X_s in L^1 by uniform integrability; so, for $s < t$, $\mathbb{E}[X_t - X_s|\mathcal{G}_{s+}] = \lim_{\substack{\varepsilon\to 0\\ \varepsilon>0}} \mathbb{E}[X_t - X_{s+\varepsilon}|\mathcal{G}_{s+}] = 0$. ∎

LEMMA 2. — *Let β be a Brownian motion with natural filtration $\mathcal{B}$ and $\mathcal{G}$ a σ-field independent of β. If a process H taking values in $\{-1,1\}$ is predictable for the filtration $\mathcal{E}$ defined by $\mathcal{E}_t = \bigcap_{\varepsilon>0}(\mathcal{B}_{t+\varepsilon}\vee\mathcal{G})$, the process $\int H\,d\beta$ is a Brownian motion independent of $\mathcal{G}$.*

PROOF. — Lemma 1 and the independence of β and $\mathcal{G}$ imply that β is a $\mathcal{E}$-Brownian motion. By Lévy's characterization, $\int H\,d\beta$ is also a $\mathcal{E}$-Brownian motion; so it is independent of $\mathcal{E}_0$, hence of $\mathcal{G}$. ∎

PROOF OF OCONE'S THEOREM. — We shall show that (i) ⇒ (ii) ⇒ (iii) ⇒ (i) and (i) ⇒ (iv) ⇒ (v) ⇒ (i). Implications (ii) ⇒ (iii) and (iv) ⇒ (v) are trivial.

(i) ⇒ (ii) and (iv). We suppose that $\beta = \beta^M$ and $\langle M\rangle$ are independent. Let $A_t = \inf\{s : \langle M\rangle_s > t\}$, so that, with the convention $A_{0-} = 0$, its left-limit is $A_{t-} = \inf\{s : \langle M\rangle_s \geqslant t\}$; denote by $\mathcal{B}$ the natural filtration of β and by $\mathcal{E}$ the right-continuous enlargement of the filtration $\mathcal{B}_t\vee\sigma(\langle M\rangle)$. If T is a $\mathcal{F}$-stopping time, $\langle M\rangle_T$ is a $\mathcal{E}$-stopping time since

$$\{\langle M\rangle_T \leqslant t\} = \{T\leqslant A_t\} \in \mathcal{F}_{A_t} \subset \bigcap_{\varepsilon>0}\sigma(M^{A_{t+\varepsilon}}) \subset \bigcap_{\varepsilon>0}[\mathcal{B}_{t+\varepsilon}\vee\sigma(\langle M\rangle)] = \mathcal{E}_t\,.$$

If H is a bounded, $\mathcal{F}$-predictable process, $K_t = H_{A_{t-}}$ is bounded and $\mathcal{E}$-predictable and $\int_0^t H_s\,dM_s = \int_0^{\langle M\rangle_t} K_u\,d\beta_u$ (when $H = \mathbb{1}_{[\![0,T]\!]}$ with T a $\mathcal{F}$-stopping time, $K = \mathbb{1}_{[\![0,\langle M\rangle_T]\!]}$ and both integrals agree since $M_{T\wedge t} = \beta_{\langle M\rangle_{T\wedge t}}$; the general case follows by a monotone class argument).

If furthermore H takes values in $\{-1,1\}$, Lemma 2 with $\mathcal{G} = \sigma(\langle M\rangle)$ says that $\gamma = \int K\,d\beta$ is a Brownian motion independent of $\langle M\rangle$ (as is β). Consequently, both processes $M = \beta_{\langle M\rangle}$ and $\int H\,dM = \gamma_{\langle M\rangle}$ have the same conditional law given $\langle M\rangle$; this proves (ii).

Taking now H bounded, $\mathcal{F}$-predictable, $[\mathcal{B}(\mathbb{R}_+)\otimes\sigma(\langle M\rangle)]$-measurable and such that $\int_0^\infty H_s^2\,d\langle M\rangle_s < \infty$, K is also $[\mathcal{B}(\mathbb{R}_+)\otimes\sigma(\langle M\rangle)]$-measurable,

$\int_0^\infty K_s^2\, ds < \infty$ and

$$\begin{aligned}\mathbb{E}\Big[\exp\Big(i\int_0^\infty H_s\, dM_s\Big)\,\Big|\,\langle M\rangle\Big] &= \mathbb{E}\Big[\exp\Big(i\int_0^\infty K_s\, d\beta_s\Big)\,\Big|\,\langle M\rangle\Big] \\ &= \exp\Big(-\tfrac{1}{2}\int_0^\infty K_s^2\, ds\Big) = \exp\Big(-\tfrac{1}{2}\int_0^\infty H_{A_s-}^2\, ds\Big) \\ &= \exp\Big(-\tfrac{1}{2}\int_0^\infty H_s^2\, d\langle M\rangle_s\Big)\,.\end{aligned}$$

This proves (iv) when H is bounded; the general case follows by taking limits.

(iii) $\Rightarrow$ (i). Let $s < t$. Since $M' = \int \big(\mathbb{1}_{[0,s]} - \mathbb{1}_{(s,\infty)}\big)\, dM$ has the same law as M, the triple $(M^s, \langle M\rangle, M_t - M_s)$ has the same law as $(M'^s, \langle M'\rangle, M'_t - M'_s)$. But the stopped processes M^s and M'^s are the same, the quadratic variations $\langle M\rangle$ and $\langle M'\rangle$ are equal and $M'_t - M'_s = -(M_t - M_s)$, yielding

$$(M^s, \langle M\rangle, M_t - M_s) \overset{\text{(law)}}{=} (M^s, \langle M\rangle, -(M_t - M_s))\,.$$

Denoting by $\mathcal{G}_s$ the σ-field generated by the processes M^s and $\langle M\rangle$ and the null events, this implies that M is a martingale for the filtration $\mathcal{G}$, whence also for its right-continuous enlargement $\mathcal{H}$ (Lemma 1).

The random variables $A_t = \inf\{s : \langle M\rangle_s > t\}$ are stopping times for the filtration $\mathcal{H}$ (they are $\mathcal{H}_0$-measurable!); the stopped martingales M^{A_t} are square-integrable and one has $\langle M\rangle_{A_t} = t$. Introducing the filtration $\mathcal{K}_t = \mathcal{H}_{A_t}$ and the Brownian motion $\beta = \beta^M$, one can write

$$\mathbb{E}[\beta_t - \beta_s | \mathcal{K}_s] = \mathbb{E}[\beta_{\langle M\rangle_{A_t}} - \beta_{\langle M\rangle_{A_s}} | \mathcal{H}_{A_s}] = \mathbb{E}[M_{A_t} - M_{A_s} | \mathcal{H}_{A_s}] = 0\,.$$

Consequently β is a $\mathcal{K}$-martingale, hence (Lévy's characterization) a $\mathcal{K}$-Brownian motion; so it is independent of $\mathcal{K}_0$, and a fortiori of $\mathcal{G}_0 = \sigma(\langle M\rangle)$.

(v) $\Rightarrow$ (i). Let B be a Brownian motion independent of $\langle M\rangle$. Applying (i) $\Rightarrow$ (v) to the martingale $N = B_{\langle M\rangle}$ and remarking that, since $\langle M\rangle = \langle N\rangle$, the right-hand side of (v) is the same for M and N, we see that M and N have the same law. Consequently $(\beta^M, \langle M\rangle)$ and $(\beta^N, \langle N\rangle) = (B, \langle M\rangle)$ also have the same law and β^M is independent of $\langle M\rangle$. ∎

REMARKS. — a) The hypotheses that $\mathcal{B}$ is the natural filtration of β in Lemma 2 and $\mathcal{F}$ that of M in (ii) cannot be dropped.

If one supposes only that $\mathcal{B}$ is a filtration such that β is a $\mathcal{B}$-Brownian motion, Lemma 2 becomes false: Take a Brownian motion B with natural filtration $\mathcal{B}$, call $\beta = \int \operatorname{sgn}(B)\, dB$ the Lévy transform of B and $\mathcal{G}$ the σ-field generated by $\operatorname{sgn}(B_1)$. Now $H = \operatorname{sgn}(B)$ is $\mathcal{B}$-predictable and a fortiori $\mathcal{E}$-predictable, where $\mathcal{E}_t = \bigcap_{\varepsilon>0}(\mathcal{B}_{t+\varepsilon} \vee \mathcal{G})$. But $\int H\, d\beta = B$ is certainly not independent of $\operatorname{sgn}(B_1)$. (What makes this example work is that for $t < 1$ both random variables $\operatorname{sgn}(B_t)$ and $\operatorname{sgn}(B_1)$ are independent of β, but the pair $(\operatorname{sgn}(B_t), \operatorname{sgn}(B_1))$ is not.)

Similarly, the theorem becomes false if $\mathcal{F}$ is no longer the natural filtration of M, but only some filtration for which M is a martingale. In that case, (i), (iii), (iv) and (v) are still equivalent, but (ii) may become stronger, as shown by the following example. Take as above B with natural filtration $\mathcal{B}$ and Lévy transform β; define an increasing process A independent of β by $A_t = t$ for $t \leqslant 1$ and $A_t = 1 + [u\mathbb{1}_{\{B_1>0\}} + v\mathbb{1}_{\{B_1\leqslant 0\}}](t-1)$ for $t > 1$, where u and v are strictly positive real numbers. Our martingale verifying (i) will be the Lévy transform $M_t = \beta_{A_t}$ of B_{A_t}; as the latter is a martingale for the filtration $\mathcal{F}_t = \mathcal{B}_{A_t}$, so is also M. The process

$$H_t = \begin{cases} \operatorname{sgn}(B_t) & \text{if } t \leqslant 1 \\ \operatorname{sgn}(B_1)\operatorname{sgn}(B_{A_t}) & \text{if } t > 1 \end{cases}$$

is $\mathcal{F}$-predictable, but the random variables

$$M_2 = \begin{cases} \beta_{1+u} & \text{if } B_1 > 0 \\ \beta_{1+v} & \text{if } B_1 \leqslant 0 \end{cases} \quad \text{and} \quad \int_0^2 H_s\,dM_s = \begin{cases} B_{1+u} & \text{if } B_1 > 0 \\ 2B_1 - B_{1+v} & \text{if } B_1 \leqslant 0 \end{cases}$$

do not have the same law in general. Indeed, on the one hand the law of M_2 is symmetric (β is independent of $\operatorname{sgn}(B_1)$) and on the other hand, if u is chosen large and v small, $\mathbb{P}[B_{1+u} > 0 \text{ and } B_1 > 0]$ is close to $1/4$ and $\mathbb{P}[2B_1 - B_{1+v} > 0 \text{ and } B_1 \leqslant 0]$ to 0, yielding by addition

$$\mathbb{P}\big[\textstyle\int_0^2 H_s\,dM_s > 0\big] \approx \frac{1}{4} \neq \frac{1}{2} = \mathbb{P}[M_2 > 0]\,.$$

This shows that the filtration $\mathcal{F}$ is too large for (ii) to hold.

b) *If M is a martingale on a probability space $(\Omega, \mathcal{A}, \mathbb{P})$ for a filtration $\mathcal{F} = (\mathcal{F}_t)_{t\geqslant 0}$ and if $\mathcal{C}$ is a sub-σ-field of $\mathcal{A}$, then M is still a martingale for the enlarged filtration $(\mathcal{F}_t \vee \mathcal{C})$ if and only if $\mathbb{E}[\int_0^t H_s\,dM_s|\mathcal{C}] = 0$ for each t and each simple, $\mathcal{F}$-predictable process H verifying $|H| = 1$.* Indeed, if M is a martingale for $(\mathcal{F}_t \vee \mathcal{C})$, so is also $\int H\,dM$, yielding $\mathbb{E}[\int_0^t H_s\,dM_s|\mathcal{F}_0 \vee \mathcal{C}] = 0$. Conversely, if the condition holds, $\mathbb{E}[(M_t - M_s)U\mathbb{1}_C] = 0$ for each $C \in \mathcal{C}$ and each $\mathcal{F}_s$-measurable U with values in $\{-1, 1\}$; but for $A \in \mathcal{F}_s$, $2\mathbb{1}_A = (\mathbb{1}_A - \mathbb{1}_{A^c}) + 1$ is the sum of two such U's, whence $\mathbb{E}[(M_t - M_s)\mathbb{1}_A\mathbb{1}_C] = 0$, and M is a martingale for the large filtration.

c) *If $\mathcal{F} = (\mathcal{F}_t)_{t\geqslant 0}$ is the natural filtration of some Brownian motion B and if $\mathcal{C}$ is a non-trivial sub-σ-field of $\bigvee_t \mathcal{F}_t$, no $\mathcal{F}$-Brownian motion can be a martingale for $(\mathcal{F}_t \vee \mathcal{C})$.* For such a Brownian motion β would have the form $\int H\,dB$ for an $\mathcal{F}$-predictable H with $|H| = 1$; so $B = \int H\,d\beta$ would also be a $(\mathcal{F}_t \vee \mathcal{C})$-martingale, hence a $(\mathcal{F}_t \vee \mathcal{C})$-Brownian motion and would be independent of $\mathcal{F}_0 \vee \mathcal{C} = \mathcal{C}$.

d) Yet, keeping the notations of c), *there exist a non-trivial sub-σ-field $\mathcal{C}$ of $\bigvee_t \mathcal{F}_t$ and a process that is both a $(\mathcal{F}_t)$- and a $(\mathcal{F}_t \vee \mathcal{C})$-martingale*, for instance the σ-field $\mathcal{C} = \mathcal{F}_1$ and the process $\int h\,dB$, with $h = \mathbb{1}_{[1,\infty)}$. This example generalizes as follows: Let A be a $(\mathcal{F}_t)$-predictable set and assume, for simplicity, that (almost) all sections $A^c(\omega)$ of its complementary have infinite Lebesgue measure. Let $M = \int \mathbb{1}_A \, dB$, $N = \int \mathbb{1}_{A^c} \, dB$ and denote by $\mathcal{C}$ the σ-field generated by the Brownian motion β^N. Time-changing by $\langle N \rangle = \int \mathbb{1}_{A^c} \, dt$ the predictable representation property with respect to β^N shows that every square-integrable, $\mathcal{C}$-measurable random variable assumes the form

$$U = \mathbb{E}[U] + \int_0^\infty K_s \mathbb{1}_{A^c}(s) \, dB_s \,,$$

where K is predictable and such that $\mathbb{E}\left[\int_0^\infty K_s^2 \mathbb{1}_{A^c}(s) \, ds\right] < \infty$. This easily implies that $M = \int \mathbb{1}_A \, dB$ satisfies the condition in b) above, showing that M is a $(\mathcal{F}_t \vee \mathcal{C})$-martingale.

It seems worthwhile to present such examples here as they play an important rôle in some martingale proofs of the Ray-Knight theorems for Brownian local times (see, for instance, Exercises (2.8) and (2.9) pages 426–427 of Revuz & Yor [6] and Jeulin [4]).

REFERENCES

[1] K. E. Dambis. On the Decomposition of Continuous Martingales. *Theor. Prob. Appl. 10*, 1965.

[2] L. E. Dubins & G. Schwarz. On Continuous Martingales. *Proc. Nat. Acad. Sc. U.S.A. 53*, 1965.

[3] L. E. Dubins & M. Smorodinsky. The Modified, Discrete, Lévy-Transformation is Bernoulli. *Séminaire de Probabilités XXVI*, Lecture Notes in Mathematics 1526, Springer 1992.

[4] T Jeulin. Application de la théorie du grossissement à l'étude des temps locaux browniens. Grossissements de filtrations : exemples et applications, *Lecture Notes in Math. 1118*, 197–304, Springer 1985.

[5] D. L. Ocone. A symmetry characterization of Conditionally Independent Increment Martingales. *Proceedings of the San Felice Workshop on Stochastic Analysis*, D. Nualart and M. Sanz editors, Birkhäuser, to appear.

[6] D. Revuz & M. Yor. Continuous Martingales and Brownian Motion. *Grundlehren der mathematischen Wissenschaften*, Springer 1991.

Le théorème d'arrêt en une fin d'ensemble prévisible

J. Azéma[1], *T. Jeulin*[2], *F. Knight*[3], *M. Yor*[1]

(1) *Laboratoire de Probabilités - Université Paris VI - 4, place Jussieu - Tour 56 - 3ème Etage - Couloir 56-66 - 75272 PARIS CEDEX 05*

(2) *Université Paris VII, CNRS URA 1321 - 4, place Jussieu Tour 45 - 5ème Etage - Couloir 45-55 - 75251 PARIS CEDEX 05*

(3) *University of Illinois - Department of Mathematics - 273 Altgeld Hall - 1409 West Green Street - Urbana, IL 61801 - U.S.A.*

1. Présentation de l'étude ; motivations.

(1.1) Rappels des définitions de certaines tribus.

Soit $(\Omega,\mathcal{F},(\mathcal{F}_t),P)$ un espace de probabilité vérifiant les conditions habituelles. On définit $\mathcal{F}_{0-} = \mathcal{F}_0$. A toute variable aléatoire L positive, finie, on associe les trois tribus $\mathcal{F}_L^-$, $\mathcal{F}_L$ et $\mathcal{F}_L^+$, qui ont pour vocation respective de décrire mathématiquement le passé strict, le passé et le passé au sens large, relativement à la filtration $(\mathcal{F}_t)$, jusqu'à l'instant L ; de façon précise, on définit :

$$\mathcal{F}_L^- = \sigma\{z_L \ ; \ z \text{ processus } (\mathcal{F}_t) \text{ prévisible}\}$$

$$\mathcal{F}_L = \sigma\{z_L \ ; \ z \text{ processus } (\mathcal{F}_t) \text{ optionnel}\}$$

$$\mathcal{F}_L^+ = \sigma\{z_L \ ; \ z \text{ processus } (\mathcal{F}_t) \text{ progressivement mesurable}\}.$$

(voir, par exemple, [5], paragraphe 25, p. 141).

Dans le cas où toute $(\mathcal{F}_t)$ martingale est continue, les tribus prévisible et optionnelle sont égales, et on a donc : $\mathcal{F}_L^- = \mathcal{F}_L$; cette égalité entre tribus a également lieu lorsque L évite les $(\mathcal{F}_t)$ temps d'arrêt, c'est-à-dire :

pour tout T $(\mathcal{F}_t)$ temps d'arrêt, on a : $P(L = T) = 0$.

On note ces hypothèses respectivement (H_c) et (H_e) ; lorsque l'une d'elles est en vigueur, L est en fait une fin d'ensemble $(\mathcal{F}_t)$ prévisible.

Par contre, il se peut que, même lorsque ces hypothèses sont en vigueur, on ait néanmoins :

$$\mathcal{F}_L \subsetneq \mathcal{F}_L^+ \ ;$$

c'est le cas lorsque $(\mathcal{F}_t)$ est la filtration du mouvement brownien réel $(B_t)_{t\geq 0}$ et $L = g_T \equiv \sup\{u < T : B_u = 0\}$, où T est un temps d'arrêt régulier pour (B_t), c'est-à-dire que : $(B_{t\wedge T})_{t\geq 0}$ est uniformément intégrable. En effet, dans ce cas, la variable $1_{(B_T>0)}$ est $\mathcal{F}_L^+$ mesurable, mais n'est pas $\mathcal{F}_L$-mesurable, et on a :

$$\mathcal{F}_L^+ = \mathcal{F}_L \vee \sigma(B_T > 0).$$

(voir, par exemple, [2], paragraphe 3.8).

(1.2) Une équivalence remarquable.

L désigne dorénavant une fin d'ensemble $(\mathcal{F}_t)$ optionnel finie ; on supposera, ce qui est raisonnablement général, que L évite les temps d'arrêt, c'est-à-dire que l'hypothèse (H_e) est en vigueur. On se propose en particulier dans ce travail de caractériser les variables $X \in L^1(\mathcal{F}_\infty)$ telles que, si (X_t) désigne la $(\mathcal{F}_t)$ martingale admettant X pour variable terminale, on ait l'une des 3 propriétés suivantes :

(A) $X_L = E[X|\mathcal{F}_L]$; (A_+) $X_L = E[X|\mathcal{F}_L^+]$; (B) $E[X|\mathcal{F}_L^+] = E[X|\mathcal{F}_L]$.

Toutefois, c'est principalement le souci de comprendre profondément le contenu du Théorème 1 ci-dessous qui est à l'origine de ce travail.

Théorème 1 (cf. [2], Proposition 3.10.1 et également [3], Théorème 9.1, p.314)
Soit H *un fermé* $(\mathcal{F}_t)$ *optionnel, de fin* L *p.s. finie ; on suppose que* L *évite les* $(\mathcal{F}_t)$ *temps d'arrêt, i.e :* (H_e) *est vérifiée ;* $\tilde{H} = \{t : P(t \geq L|\mathcal{F}_t) = 0\}$ *est l'ombre optionnelle*[1] de L.
Soit (X_t) *une* $(\mathcal{F}_t)$ *martingale uniformément intégrable.*
Les assertions suivantes sont équivalentes :

1) $X_L = 0$ P-*p.s.* ; *2)* $E[X_\infty|\mathcal{F}_L] = 0$ *p.s.* ;

3) (X_t) *s'annule sur* H ; *4)* (X_t) *s'annule sur* $\tilde{H}$.

(1.3) Traduction du Théorème 1 en termes de grossissement.

Notons $(\hat{\mathcal{F}}_t)$ la plus petite filtration[2] qui contienne $(\mathcal{F}_t)$, et fasse de L un temps d'arrêt. Sous l'hypothèse (H_e), toujours supposée en vigueur, L est un $(\hat{\mathcal{F}}_t)$ temps d'arêt totalement inaccessible.
Pour traduire le Théorème 1 en termes de grossissement, nous avons besoin du

---

[1] Cette terminologie est empruntée à Dellacherie - Maisonneuve - Meyer ([5] paragraphe 15, p.135).

[2] De nombreuses filtrations apparaissent au cours de l'article. Pour faciliter la lecture, elles sont cataloguées dans l'appendice D.

Lemme : *A une variable* $Y \in L^1(\mathcal{F}_\infty)$, *on associe d'une part la* $(\mathcal{F}_t)$ *martingale* (Y_t), *et d'autre part la* $(\hat{\mathcal{F}}_t)$ *martingale* $(\hat{Y}_t)$, *qui ont toutes deux* Y *pour variable terminale. On a alors :*

a) pour tout $t \le \infty$, $\mathcal{F}^-_{t\wedge L} = \hat{\mathcal{F}}^-_{t\wedge L}$; *b)* $Y_{L}\ {\scriptstyle (i)}= Y_{L-}\ {\scriptstyle (ii)}= \hat{Y}_{L-}$ *p.s.* ;

Démonstration : a) D'après Jeulin ([6], Proposition 5.3, p.75), ou [5], (20.2) p.138), à tout processus $(\hat{\mathcal{F}}_t)$ prévisible $(\hat{z}_t)$, on peut associer deux processus $(\mathcal{F}_t)$ prévisibles $(z^{(-)}_t)$ et $(z^{(+)}_t)$ tels que :

$$\hat{z}_t = z^{(-)}_t 1_{(t\le L)} + z^{(+)}_t 1_{(L<t)}.$$

En particulier, on a : $\hat{z}_{t\wedge L} = z^{(-)}_{t\wedge L}$, ce qui prouve que : $\hat{\mathcal{F}}^-_{t\wedge L} \subseteq \mathcal{F}^-_{t\wedge L}$, l'inclusion inverse étant immédiate.

b) L'égalité p.s. de Y_L et Y_{L-} découle de l'hypothèse (H_e). En outre, les tribus $\hat{\mathcal{F}}_t$ et $\mathcal{F}_t$ ayant même trace sur (t< L), on peut écrire :

$$\hat{Y}_t 1_{(t<L)} = \frac{E[Y 1_{(t<L)} | \mathcal{F}_t]}{P(t<L | \mathcal{F}_t)} 1_{(t<L)}.$$

On prend des versions continues à droite (y_t) et (Z_t) du numérateur et du dénominateur figurant dans le membre de droite. On déduit de l'hypothèse (H_e) que $Z_{L-} = Z_L = 1$, P-p.s. D'autre part, on a :

$$y_t = Y_t - E[Y1_{(L\le t)} | \mathcal{F}_t] \equiv Y_t - y'_t ,$$

et, d'après le résultat précédent, on a : $y'_{L-} = 0$ lorsque Y est bornée, et, par convergence en probabilité (uniformément en t), pour toute variable Y de $L^1(\mathcal{F}_\infty)$. □

A la suite du Lemme, nous pouvons réécrire l'équivalence entre les assertions 1) et 2) du Théorème 1 de la façon suivante :

si $X \in L^1(\mathcal{F}_\infty)$, alors : *1')* $X_{L-} = 0$ est équivalent à : *2')* $E[X | \hat{\mathcal{F}}^-_L] = 0$.

Lorsque L est une fin d'ensemble $(\mathcal{F}_t)$ prévisible, nous pouvons nous débarrasser de l'hypothèse (H_e), et montrer néanmoins que l'équivalence de 1') et 2') ci- dessus est conservée pour l'essentiel. On a en effet le

Théorème 1' : *Soit* L *la fin d'un ensemble prévisible, et* $X_t = E[X_\infty | \mathcal{F}_t]$ *une martingale uniformément intégrable. Les assertions suivantes sont équivalentes :*

(i) $X_{L-} = 0$ *sur* (L > 0) ; *(ii)* $E[X_\infty | \mathcal{F}^-_L] = 0$ *sur* (L > 0) ;

(iii) le processus $(X_{t-}\ ;\ t \ge 0)$ *s'annule sur l'ombre prévisible de* L *i.e. sur* $\{t\ ;\ P(L \ge t | \mathcal{F}_{t-}) = 0\}$.

<u>Démonstration</u> : On recopie la démonstration du Théorème 9.1 de [3], p. 314, pour montrer que (ii) $\longrightarrow$ (i), puis que (ii) $\longrightarrow$ (iii) ; (iii) $\longrightarrow$ (i) est évident ; pour montrer que (i) $\longrightarrow$ (ii), on suit toujours [3] en appelant maintenant H le support gauche de la projection duale prévisible (A_t) de $1_{(0<L\le t)}$; $(X_{t-}, t \ge 0)$ est nul sur H, et le théorème de balayage que nous démontrons dans l'appendice B nous indique que, pour tout processus (z_t) prévisible borné,

$$(z_{g_t} X_t) \text{ est une martingale uniformément intégrable.}$$

On a donc : $E[z_L X_\infty] = E[z_0 X_0]$, ce qui s'écrit encore : $E[z_L X_\infty 1_{(L>0)}] = 0$, qui entraîne visiblement (ii). □

Si T est un temps d'arrêt fini, il peut être considéré comme la fin de l'ensemble prévisible $[0,T]$; on obtient ainsi le

Théorème 2 : *Considérons, dans une filtration* $(\mathcal{G}_t)$, *un* $(\mathcal{G}_t)$ *temps d'arrêt* T *et* (ξ_t) *une* $(\mathcal{G}_t)$ *martingale uniformément intégrable.*

Les propriétés suivantes sont équivalentes :

1) $\xi_{T-} = 0$ *sur* $(T > 0)$;

2) pour tout $t < T$, $\xi_t = 0$;

3) la martingale $(\xi_{t\wedge T}, t \ge 0)$ *est de la forme :* $v\, 1_{(T\le t)}$, *avec* $v \in L^1(\mathcal{G}_T)$;

4) $E[\xi_\infty | \mathcal{G}_T^-] = 0$, *sur* $(T > 0)$.

<u>Remarque 2.1</u> : L'implication : 3) $\longrightarrow$ 4) est bien connue ; elle sert en particulier de point de départ à Le Jan [8] pour la décomposition des martingales de carré intégrable en somme directe de martingales strictes, et martingales de sauts.

<u>Remarque 2.2</u> : Si L est la fin d'un ensemble prévisible, et si $\mathcal{F}_L = \mathcal{F}_L^-$, on peut rapprocher le Théorème 1' ci-dessus du Théorème 9 de [3], ce qui conduit à l'équivalence :

$$\{(X_L = 0) \text{ sur } (L > 0)\} \Longleftrightarrow \{(X_{L-} = 0) \text{ sur } (L > 0)\}$$

pour toute martingale uniformément intégrable.

On se trouve dans cette situation dans les deux cas suivants :

a) L est une variable honnête qui évite les temps d'arrêt ;

b) L est un temps d'arrêt T pour lequel : $\mathcal{F}_T = \mathcal{F}_T^-$, par exemple un temps de saut d'un processus de Poisson.

Remarquons enfin que, si l'on supprime l'hypothèse $\mathcal{F}_L = \mathcal{F}_L^-$, on a seulement l'implication : $\{X_L = 0 \text{ sur } (L > 0)\} \Longrightarrow \{X_{L-} = 0 \text{ sur } (L > 0)\}$

pour toute martingale uniformément intégrable, et toute fin de prévisible L.

2. Quelques résultats de représentation de martingales.

Nous allons, dans le paragraphe 3, résoudre les équations (A), (A_*) et (B), lorsque ($\mathcal{F}_t$) est la filtration du mouvement brownien réel ($B_t, t \geq 0$), et L une fin d'ensemble ($\mathcal{F}_t$) prévisible qui évite les temps d'arrêt. Nous nous plaçons dorénavant dans ce cadre. ($\hat{\mathcal{F}}_t$) désigne, comme en (1.3), la plus petite filtration qui contienne ($\mathcal{F}_t$), et qui fasse de L un temps d'arrêt. Nous exprimerons, faute de mieux, nos résultats en termes de certaines propriétés des ($\hat{\mathcal{F}}_t$) martingales. Les résultats du paragraphe 3 découleront très simplement du Théorème 3 ci-dessous, lequel donne une décomposition importante des ($\hat{\mathcal{F}}_t$) martingales de carré intégrable.

Nous rappelons tout d'abord quelques résultats essentiels de la théorie du grossissement :

toute ($\mathcal{F}_t$) martingale (X_t) est une ($\hat{\mathcal{F}}_t$) semimartingale dont la décomposition canonique peut s'écrire à l'aide de la ($\mathcal{F}_t$) surmartingale :

$$Z_t = P(L > t \mid \mathcal{F}_t) = M_t - A_t ,$$

où $(A_t)_{t\geq 0}$ désigne le processus croissant, continu, qui est la projection duale prévisible de $\{1_{(0<L\leq t)}\ ;\ t \geq 0\}$ dans la filtration ($\mathcal{F}_t$).

La décomposition canonique de (X_t), dans la filtration ($\hat{\mathcal{F}}_t$), est :

$$X_t = \tilde{X}_t + \int_0^{t\wedge L} \frac{d\langle X,M\rangle_s}{Z_s} - 1_{(L\leq t)} \int_L^t \frac{d\langle X,M\rangle_s}{1-Z_s} ,$$

où ($\tilde{X}_t\ ;\ t \geq 0$) est une ($\hat{\mathcal{F}}_t$) martingale locale.

En particulier, si X = B, ($\tilde{B}_t, t \geq 0$) est un ($\hat{\mathcal{F}}_t$) mouvement brownien.

Nous pouvons maintenant énoncer le :

Théorème 3 : *Toute* ($\hat{\mathcal{F}}_t$) *martingale de carré intégrable* $(\hat{X}_t)_{t\geq 0}$, *nulle en* 0, *peut se décomposer de manière unique en la somme de quatre martingales de carré intégrable, orthogonales dans la filtration* ($\hat{\mathcal{F}}_t$) :

$$\hat{X}_t = \hat{X}_t^{(1)} + \hat{X}_t^{(2)} + \hat{X}_t^{(3)} + \hat{X}_t^{(4)} \qquad (t \geq 0),$$

ces martingales s'écrivant sous les formes suivantes :

$$\hat{X}_t^{(1)} = \int_0^{t\wedge L} J_s^{(1)}\, d\tilde{B}_s \quad ; \quad \hat{X}_t^{(2)} = 1_{(L\leq t)} \int_L^t J_s^{(2)} d\tilde{B}_s \quad ;$$

(2.a)

$$\hat{X}_t^{(3)} = J_L^{(3)} 1_{(L\leq t)} - \int_0^{t\wedge L} J_s^{(3)}\, dA_s \quad ; \quad \hat{X}_t^{(4)} = v\, 1_{(L\leq t)}$$

où $J^{(i)}$, $i = 1,2,3$, *sont trois processus* ($\mathcal{F}_t$) *prévisibles qui satisfont les conditions d'intégrabilité suivantes :*

$$E\left[\int_0^\infty (J_s^{(1)})^2 \, Z_s \, ds\right] < \infty \; ; \; E\left[\int_0^\infty (J_s^{(2)})^2 (1 - Z_s) \, ds\right] < \infty \; ; \; E\left[\int_0^\infty (J_s^{(3)})^2 \, dA_s\right] < \infty$$

et $v \in L^2(\mathcal{F}_L^+)$ *satisfait :* $E[v|\mathcal{F}_L] = 0.$

Démonstration : a) Rappelons d'abord le résultat général suivant de Barlow ([4] ; (a) et (b)) repris par Jeulin ([6], Théorème (5,12), p. 82) : l'espace des martingales de carré intégrable dans $(\hat{\mathcal{F}}_t)$ est engendré, au sens des espaces stables de Kunita-Watanabe par les 4 familles (orthogonales entre elles puisque L évite les $(\mathcal{F}_t)$ temps d'arrêt) suivantes :

(2.b)
$$X_{t\wedge L} - \int_0^{t\wedge L} \frac{d\langle X,M\rangle_s}{Z_s} \quad ; \quad 1_{(L\le t)} \left(X'_t - X'_L + \int_L^t \frac{d\langle X',M\rangle_s}{1 - Z_s}\right)$$
$$J_L^{(3)} 1_{(L\le t)} - \int_0^{t\wedge L} J_s^{(3)} \, dA_s \quad ; \quad v \, 1_{(L\le t)},$$

où, d'une part, X et X' varient parmi les $(\mathcal{F}_t)$ martingales de carré intégrable, et, d'autre part, $J^{(3)}$ est un processus $(\mathcal{F}_t)$ prévisible tel que : $E[(J_L^{(3)})^2] < \infty$; enfin, $v \in L^2(\mathcal{F}_L^+)$ et satisfait : $E[v|\mathcal{F}_L] = 0.$

b) En utilisant la représentation des $(\mathcal{F}_t)$ martingales X et X' comme intégrales stochastiques par rapport au mouvement brownien B, on voit que les martingales de la première et de la seconde famille figurant en *(2.b)* s'écrivent sous la forme :
$$\int_0^{t\wedge L} J_s \, d\tilde{B}_s \quad ; \quad 1_{(L\le t)} \int_L^t J'_s \, d\tilde{B}_s \quad .$$
où J et J' sont deux processus $(\mathcal{F}_t)$ prévisibles tels que :
$$E\left[\int_0^\infty J_s^2 \, ds\right] < \infty \quad \text{et} \quad E\left[\int_0^\infty (J'_s)^2 \, ds\right] < \infty .$$
(on pourra remarquer que ces conditions sont plus restrictives que celles, concernant $J^{(1)}$ et $J^{(2)}$, qui figurent dans l'énoncé du Théorème 3).

c) On déduit ensuite de la représentation des processus $(\hat{\mathcal{F}}_t)$ prévisibles, rappelée dans la démonstration du Lemme ci-dessus, que l'ensemble *(2.b)* des 4 familles de $(\hat{\mathcal{F}}_t)$ martingales est total dans l'ensemble des $(\hat{\mathcal{F}}_t)$ martingales de carré intégrable.

d) Pour obtenir finalement la représentation des $(\hat{\mathcal{F}}_t)$ martingales de carré intégrable énoncée dans le Théorème, il nous suffit maintenant de considérer l'espace de Hilbert des quadruplets $\vartheta = (J^{(1)},J^{(2)},J^{(3)},v)$ (avec les hypothèses de mesurabilité évidentes) pour le produit scalaire :

$$\langle\!\langle \vartheta,\tilde{\vartheta} \rangle\!\rangle = E\left[\int_0^\infty ds \; J_s^{(1)} \tilde{J}_s^{(1)} Z_s\right] + E\left[\int_0^\infty ds \; J_s^{(2)} \tilde{J}_s^{(2)} (1-Z_s)\right] + E\left[\int_0^\infty J_s^{(3)} \tilde{J}_s^{(3)} dA_s\right] + E[v\tilde{v}]$$

et de remarquer que l'application :

$$\vartheta \longrightarrow \hat{X}^{\vartheta} \equiv \hat{X}^{(1)} + \hat{X}^{(2)} + \hat{X}^{(3)} + \hat{X}^{(4)}$$

(avec les notations de l'énoncé du Théorème) respecte les structures d'espaces de Hilbert, entre d'une part les processus ϑ, et d'autre part, les $(\mathcal{F}_t)$ martingales de carré intégrable. □

En conservant les notations en vigueur dans le Lemme ci-dessus, nous associons à une variable $X \in L^2(\mathcal{F}_\infty)$ d'une part la $(\mathcal{F}_t)$ martingale $(X_t)_{t\geq 0}$, et d'autre part la $(\hat{\mathcal{F}}_t)$ martingale $(\hat{X}_t)_{t\geq 0}$, qui ont pour variable terminale commune X.

Grâce au Théorème 3, on peut exprimer les variables :

$$E[X|\mathcal{F}_L^+] \quad , \quad E[X|\mathcal{F}_L] \quad , \quad \hat{X}_{L-} \quad \text{et} \quad X_L$$

à l'aide de la décomposition de $(\hat{X}_t, t \geq 0)$. On obtient ainsi le

Corollaire 3.1 : *Avec les notations et hypothèses du Théorème 3, on a :*

(2.c) $$E[X|\mathcal{F}_L^+] \underset{(i)}{\equiv} \hat{X}_L \underset{(ii)}{=} \hat{X}_\infty^{(1)} + \hat{X}_\infty^{(3)} + \hat{X}_\infty^{(4)}$$

(2.d) $$E[X|\mathcal{F}_L] \underset{(i)}{\equiv} E[\hat{X}_L|\mathcal{F}_L] \underset{(ii)}{=} \hat{X}_\infty^{(1)} + \hat{X}_\infty^{(3)}$$

(2.e) $$X_L \underset{(i)}{\equiv} \hat{X}_{L-} \underset{(ii)}{=} \hat{X}_\infty^{(1)} + \hat{X}_{L-}^{(3)} .$$

Démonstration : a) L'égalité *(2.c.i)* découle de ce que : $\mathcal{F}_L^+ = \hat{\mathcal{F}}_L$; en conséquence, $\hat{X}_L = E[X|\hat{\mathcal{F}}_L]$ est donnée par la formule *(2.c.ii)*, car les variables : $\hat{X}_\infty^{(i)}$ $(i = 1,3,4)$ sont $\hat{\mathcal{F}}_L$ mesurables, et $E[\hat{X}_\infty^{(2)}|\hat{\mathcal{F}}_L] = \hat{X}_L^{(2)} = 0$.

b) L'égalité *(2.d.i)* découle de *(2.c.i)*, et l'égalité *(2.d.ii)* de *(2.c.ii)* et de la propriété : $\hat{X}_\infty^{(4)} = v$ est orthogonale à $L^2(\mathcal{F}_L)$.

c) L'égalité *(2.e.i)* a été montrée dans le Lemme, et *(2.e.ii)* découle de *(2.d.ii)*. □

3. Résolution des équations (A), (A_+) et (B).

Grâce au Corollaire du Théorème 3, ces problèmes sont maintenant aisément résolus, au moins de manière théorique.

Théorème 4 : *Soit* $X \in L^2(\mathcal{F}_\infty)$. *Alors :*

1) X est solution de (A) si et seulement si :

$$X = \hat{X}_\infty^{(1)} + \hat{X}_\infty^{(2)} + \hat{X}_\infty^{(4)} , \textit{ c'est-à-dire : } \hat{X}_\infty^{(3)} = 0.$$

2) X est solution de (A_+) *si, et seulement si :*

$$X = \hat{X}_\infty^{(1)} + \hat{X}_\infty^{(2)} , \textit{ c'est-à-dire : } \hat{X}_\infty^{(3)} = \hat{X}_\infty^{(4)} = 0.$$

3) X est solution de (B) *si, et seulement si :*

$$X = \hat{X}^{(1)}_{\infty} + \hat{X}^{(2)}_{\infty} + \hat{X}^{(3)}_{\infty} \text{, c'est-à-dire : } \hat{X}^{(4)}_{\infty} = 0.$$

Commentaires : On a, de manière générale, avec les notations du Théorème 3 :

$$\hat{X}_L - \hat{X}_{L-} = J^{(3)}_L + v.$$

Ceci permet de présenter les assertions du Théorème 4 de la façon équivalente suivante :

1) X satisfait (A) ssi : $J^{(3)}_L = 0$, ou encore

ssi : le saut de $\hat{X}$ (en L) est orthogonal à $L^2(\mathcal{F}_L)$,

ou encore, ssi : $$E[X|\mathcal{F}_L] = \int_0^L J^{(1)}_s \, d\tilde{B}_s \; ;$$

2) X satisfait (A_+) ssi : $J^{(3)}_L = v = 0$, ou encore,

ssi : $(\hat{X}_t)$ est continue, ou encore, ssi : $E[X|\mathcal{F}^+_L] = \int_0^L J^{(1)}_s \, d\tilde{B}_s$.

3) X satisfait (B) ssi le saut de $\hat{X}$ (en L) est $\mathcal{F}_L$-mesurable.

Bien que satisfaisantes d'un point de vue théorique, ces différentes caractérisations des solutions de (A), (A_+) ou (B) peuvent être difficiles à utiliser "en pratique", comme nous le verrons dans les deux paragraphes suivants.

4. Etude de certaines composantes de la filtration $(\hat{\mathcal{F}}_t)$.

(4.1) A la suite du paragraphe 3, il semble naturel de chercher à caractériser, de façon aussi simple que possible, les variables X de $L^2(\mathcal{F}_\infty)$ qui peuvent s'écrire sous la forme :

(4.a) $$c + \int_0^L J^{(1)}_s \, d\tilde{B}_s \, .$$

Il est alors tentant de penser que toute variable mesurable par rapport à $\sigma\{B_{s\wedge L} \; ; \; s \geq 0\}$ puisse se représenter sous la forme *(4.a)*. Toutefois, un instant de réflexion montre que L est un temps d'arrêt totalement inaccessible de la filtration naturelle du processus $(B_{s\wedge L} \, , \; s \geq 0)$; il existe donc, dans cette filtration, des martingales purement discontinues. L'objet de ce paragraphe est d'étudier précisément cette filtration.

Théorème 5 : *1) Pour tout* t > 0, *on a :*

(4.b) $$\mathcal{F}^-_{(t\wedge L)} = \hat{\mathcal{F}}^-_{(t\wedge L)} = \sigma\{B_{s\wedge L} \; ; \; s \leq t\}$$

(toutes les tribus sont $(\mathcal{F}_\infty, P)$ *complétées).*

2) En conséquence, la filtration naturelle de $\{B_{t\wedge L} \; ; \; t \geq 0\}$ *est*

$$\{\mathcal{H}_t \overset{\text{déf}}{=} \bigcap_{a>0} \mathcal{F}^-_{((t+a)\wedge L)} \; ; \; t \geq 0\}.$$

Cette filtration $(\mathcal{H}_t, t \geq 0)$ *est, en général, strictement contenue dans* $\{\mathcal{K}_t \overset{\text{déf}}{=} \hat{\mathcal{F}}_{(t\wedge L)},\ t \geq 0\}$ *, car :*

(4.c) $\mathcal{H}_\infty = \hat{\mathcal{F}}_L^- = \mathcal{F}_L$ *, et* *(4.d)* $\mathcal{K}_\infty = \hat{\mathcal{F}}_L = \mathcal{F}_L^+$.

<u>Démonstration</u> : a) L'égalité : $\mathcal{F}_{t\wedge L}^- = \hat{\mathcal{F}}_{t\wedge L}^-$ figurant en *(4.b)* n'est autre que le point a) du Lemme ci-dessus.

b) Il est évident que la tribu $\sigma\{B_{s\wedge L}\ ;\ s \leq t\}$ est contenue dans $\mathcal{F}_{t\wedge L}^-$. Inversement, pour montrer que $\mathcal{F}_{t\wedge L}^- = \sigma\{B_{s\wedge L}\ ;\ s \leq t\}$, il suffit de prouver que si $\Phi_t \equiv f(B_{t_1}, B_{t_2}, \ldots, B_{t_k})\, 1_{(t_k < t)}$, où $t_1 < t_2 < \ldots < t_k$, et f : $\mathbb{R}^k \longrightarrow \mathbb{R}$ est une fonction borélienne, alors $\Phi_{t\wedge L}$ est mesurable par rapport à $\sigma\{B_{s\wedge L}\ ;\ s \leq t\}$. Or, on a : $\Phi_{t\wedge L} \equiv f(B_{t_1\wedge L}, \ldots, B_{t_k\wedge L})\, 1_{(t_k < t\wedge L)}$

et il reste donc à montrer que $(t\wedge L)$ est mesurable par rapport à la tribu $\sigma(B_{s\wedge L}\ ;\ s \leq t)$. Ceci découle de ce que $(t\wedge L)_{t\geq 0}$ est la variation quadratique de la $(\hat{\mathcal{F}}_t)$ semimartingale $(B_{t\wedge L})_{t\geq 0}$. □

<u>Corollaire 5.1</u> : *La décomposition canonique de* $(B_{t\wedge L}\ ;\ t \geq 0)$ *dans la filtration* $(\hat{\mathcal{F}}_t)$*, soit :*

$$B_{t\wedge L} = \tilde{B}_{t\wedge L} + \int_0^{t\wedge L} \frac{d\langle B, M\rangle_s}{Z_s}$$

est également la décomposition canonique de $(B_{t\wedge L}\ ;\ t \geq 0)$ *dans sa filtration naturelle* $(\mathcal{H}_t\ ;\ t \geq 0)$.

<u>Démonstration</u> : Il découle de *(4.b)* que, pour t fixé, la variable :

$\int_0^{t\wedge L} \frac{1}{Z_s}\, d\langle B,M\rangle_s$ est $\sigma(B_{s\wedge L}\ ;\ s \leq t)$ mesurable, et est donc $\mathcal{H}_t$-mesurable.

Ainsi, $(\tilde{B}_{t\wedge L}\ ;\ t \geq 0)$ est une $(\hat{\mathcal{F}}_t)$ martingale, qui est $(\mathcal{H}_t)$ adaptée ; c'est donc une $(\mathcal{H}_t)$ martingale. □

Nous déduisons maintenant du Théorème 5 la structure des $(\mathcal{H}_t)$ martingales, resp : des $(\mathcal{K}_t)$-martingales, de carré intégrable.

<u>Corollaire 5.2</u> : *1) Un processus* $(Y_t, t \geq 0)$ *est une* $(\mathcal{K}_t)$ *martingale de carré intégrable, resp : une* $(\mathcal{H}_t)$ *martingale de carré intégrable, nulle en 0, ssi c'est une* $(\hat{\mathcal{F}}_t)$ *martingale de carré intégrable, nulle en 0, qui se représente (avec les notations du Théorème 3) sous la forme :*

(4.d) $$Y_t = \hat{X}_t^{(1)} + \hat{X}_t^{(3)} + \hat{X}_t^{(4)} \qquad (t \geq 0)$$

resp : sous la forme :

(4.e) $$Y_t = \hat{X}_t^{(1)} + \hat{X}_t^{(3)} \qquad (t \geq 0).$$

2) En conséquence, les deux filtrations $(\mathcal{H}_t)$ et $(\mathcal{K}_t)$ sont identiques ssi : $\mathcal{F}_L^+ = \mathcal{F}_L$.

<u>Démonstration</u> : a) On obtient la $(\mathcal{K}_t)$ martingale, resp : $(\mathcal{H}_t)$ martingale, de carré intégrable, nulle en 0, la plus générale, en projetant sur la filtration $(\mathcal{K}_t)$, resp : sur la filtration $(\mathcal{H}_t)$, la $(\hat{\mathcal{F}}_t)$ martingale générique, de carré intégrable, nulle en 0. Si $(\hat{X}_t)$ est une telle martingale, qui peut être représentée, d'après le Théorème 3, comme :

$$\hat{X}_t = \sum_{i=1}^{4} \hat{X}_t^{(i)},$$

on a :

(4.f) $$E[\hat{X}_t|\mathcal{K}_t] = \hat{X}_t^{(1)} + \hat{X}_t^{(3)} + \hat{X}_t^{(4)} \quad \text{et :} \quad E[\hat{X}_t|\mathcal{H}_t] = \hat{X}_t^{(1)} + \hat{X}_t^{(3)}.$$

En effet, on a, d'une part : $\mathcal{K}_t \subseteq \mathcal{K}_\infty = \mathcal{F}_L^+$, et $E[\hat{X}_t^{(2)}|\mathcal{F}_L^+] = 0$, et, d'autre part, pour terminer la démonstration de *(4.f)*, il nous suffit de démontrer que, pour t fixé :

(4.g.i) *les variables $\hat{X}_t^{(1)}$ et $\hat{X}_t^{(3)}$ sont $\mathcal{H}_t$ mesurables,*
et
(4.g.ii) *la variable $\hat{X}_t^{(4)}$ est $\mathcal{K}_t$ mesurable, et* $E[\hat{X}_t^{(4)}|\mathcal{H}_t] = 0$.

Pour démontrer *(4.g.i)*, nous utiliserons plusieurs fois la remarque suivante, qui découle immédiatement de la définition de la filtration $(\mathcal{H}_t)$:
si (U_t) est un processus $(\mathcal{F}_t)$ prévisible, $(U_{t\wedge L})_{t\geq 0}$ est $(\mathcal{H}_t)$ prévisible.

En utilisant la représentation des variables $\hat{X}_t^{(1)}$ et $\hat{X}_t^{(3)}$ donnée dans le Théorème 3, il nous reste, pour démontrer *(4.g.i)* à prouver que la variable $J_L^{(3)}$ $1_{(L\leq t)}$ est $\mathcal{H}_t$ mesurable. Or, on a :

$$J_L^{(3)} 1_{(L\leq t)} = J_{t\wedge L}^{(3)} 1_{(L\leq t)}, \text{ et } t \longrightarrow t\wedge L \text{ est } (\mathcal{H}_t) \text{ prévisible,}$$

ce qui signifie que L est un $(\mathcal{H}_t)$ temps d'arrêt.

Nous prouvons maintenant *(4.g.ii)* en remarquant, d'une part, que :

$\hat{\mathcal{F}}_L = \mathcal{F}_L^+$, $\hat{\mathcal{F}}_{t\wedge L} = \hat{\mathcal{F}}_L \cap \hat{\mathcal{F}}_t$ si bien que $\hat{X}_t^{(4)} = v\, 1_{(L\leq t)}$ est $\mathcal{K}_t$ mesurable ;

d'autre part, comme $\mathcal{H}_t \subseteq \mathcal{F}_L^-$, on a, pour toute variable H_t bornée et $\mathcal{H}_t$ mesurable : $E[H_t\, v\, 1_{(L\leq t)}] = 0$, car : $E[v|\mathcal{F}_L^-] = 0$;

nous avons ainsi montré complètement *(4.g.ii)*.

(4.2) Dans l'esprit du paragraphe (4.1), il est également naturel d'étudier la richesse de la tribu engendrée par $(\tilde{B}_s)_{s\geq 0}$. Cette tribu n'est pas égale (même après adjonction d'ensembles négligeables) à $\mathcal{F}_\infty \equiv \sigma\{B_s, s \geq 0\}$. De façon générale, nous chercherons à décrire précisément la filtration naturelle

$(\mathcal{F}_t)$ de $(\tilde{B}_t)$, et surtout ce qu'il faut lui ajouter pour retrouver $(\hat{\mathcal{F}}_t)$; pour l'instant, nous montrons le

Théorème 6 : *1) La variable* A_∞ *est une variable exponentielle de paramètre* 1.

2) La tribu $\mathcal{F}_\infty$ *est indépendante de la variable* A_∞.

3) L *n'est pas mesurable par rapport à* $\mathcal{F}_\infty$.

Démonstration : 1) La première assertion est dûe à Azéma [1] ; voir également ([5], paragraphe 89, p. 197) et ([6], Proposition (3,28), p. 58 et 59).

2) Pour être complets, nous donnons maintenant une démonstration simultanée des assertions 1) et 2).

Remarquons que, si $f : \mathbb{R}_+ \longrightarrow \mathbb{R}_+$ est une fonction borélienne bornée, et si l'on pose : $F(x) = \int_0^x dy\, f(y)$, alors, la variable :

$$(4.h) \qquad f(A_\infty) - F(A_\infty) = \int_0^\infty f(A_s)\, d\mu_s \qquad \text{(on a posé : } \mu_t \overset{\text{déf}}{=} 1_{(L\le t)} - A_t)$$

est la variable terminale d'une $(\hat{\mathcal{F}}_t)$ martingale de la troisième famille qui figure en *(2.a)* ; en conséquence, cette variable est orthogonale à n'importe quelle variable terminale d'une martingale de la première famille, ou de la seconde famille, figurant en *(2.a)*.

Or, toute $(\mathcal{F}_t)$ martingale est une $(\hat{\mathcal{F}}_t)$ martingale, et se décompose en la somme d'une martingale de la première famille et d'une martingale de la seconde famille. On a donc, finalement :

$$E[f(A_\infty) - F(A_\infty) | \mathcal{F}_\infty] = 0,$$

d'où l'on déduit que, conditionnellement à $\mathcal{F}_\infty$, la variable A_∞ suit la loi exponentielle de paramètre 1 ; en conséquence, elle est indépendante de $\mathcal{F}_\infty$.

3) Du fait que toute $(\mathcal{F}_t)$ martingale est une $(\hat{\mathcal{F}}_t)$ martingale, on déduit en particulier que : $\mathcal{F}_t = \mathcal{F}_\infty \cap \hat{\mathcal{F}}_t$.

En conséquence, si L était une variable $\mathcal{F}_\infty$ mesurable, on aurait pour tout t : $(L \le t) \in \mathcal{F}_t$; ainsi L serait un temps d'arrêt (et donc un temps d'arrêt prévisible) de $(\mathcal{F}_t)$, et donc de $(\hat{\mathcal{F}}_t)$; or, L est totalement inaccessible dans $(\hat{\mathcal{F}}_t)$. L n'est donc pas $\mathcal{F}_\infty$-mesurable. □

Les assertions du Théorème 6 suggèrent plusieurs questions, parmi lesquelles :

a) Posons : $\mathcal{F}_t^{(A_\infty)} \overset{\text{déf}}{=} \mathcal{F}_t \vee \sigma(A_\infty)$ $\qquad (t \le \infty)$. A-t-on : $\mathcal{F}_\infty^{(A_\infty)} = \mathcal{F}_\infty$?

b) Quelle est la loi de L conditionnellement à $\mathcal{F}_\infty$?

c) Désignons par $(\mathcal{F}_t^*)_{t\ge0}$ la plus petite filtration qui contienne $(\mathcal{F}_t)$, et qui fasse de L un temps d'arrêt. Cette filtration $(\mathcal{F}^*_t)$ est-elle égale à $(\hat{\mathcal{F}}_t)$?

Nous ne savons pas répondre à ces questions dans le cas général, mais nous y répondrons complètement dans les études d'exemples qui constituent la suite de notre article. Notons toutefois les résultats partiels suivants :

Proposition 1 : *Soit* L *une fin de prévisible évitant les temps d'arrêt.*

Soit f *borélienne bornée ; on pose :* $\bar{f}(x) = e^x \int_x^\infty f(t)\, e^{-t}\, dt$.

Pour tous $t \geq 0$ *et* $\alpha \geq 0$:

$$E(f(A_\infty)|\hat{\mathcal{F}}_t) = f(A_t)\, 1_{(L\leq t)} + 1_{(t<L)}\, \bar{f}(A_t) = \bar{f}(0) + \int_0^t (f - \bar{f})(A_s)\, d\mu_s \;;$$

$$P(A_\infty > \alpha|\mathcal{F}_t) = 1_{(A_t>\alpha)} + 1_{(A_t\leq\alpha)} Z_t \exp-(\alpha - A_t) = e^{-\alpha} + \int_0^t 1_{(A_s\leq\alpha)} \exp-(\alpha-A_s)\, dM_s$$

$$P(A_\infty > \alpha|\hat{\mathcal{F}}_t) = 1_{(A_\infty>\alpha)}\, 1_{(L\leq t)} + 1_{(t<L)} \exp-(\alpha - A_t)^+ .$$

Démonstration : Pour $x \geq 0$, $\int_0^x (f - \bar{f})(y)\, dy = \bar{f}(0) - \bar{f}(x)$ et

$$\int_0^t (f - \bar{f})(A_s)\, d\mu_s = (f - \bar{f})(A_\infty)\, 1_{(L\leq t)} - (\bar{f}(0) - \bar{f}(A_t))$$

$$= f(A_\infty)\, 1_{(L\leq t)} + 1_{(t<L)}\, \bar{f}(A_t) - \bar{f}(0) \;;$$

ainsi, $f(A_t)\, 1_{(L\leq t)} + 1_{(t<L)}\, \bar{f}(A_t)$ est la $(\hat{\mathcal{F}}_t)$ martingale $E(f(A_\infty)|\hat{\mathcal{F}}_t)$;

par projection sur $(\mathcal{F}_t)$, on obtient :

$$E(f(A_\infty)|\mathcal{F}_t) = (1 - Z_t)\, f(A_t) + Z_t\, \bar{f}(A_t) = \bar{f}(0) - \int_0^t (f - \bar{f})(A_s)\, dM_s .$$

Pour $f = 1_{]\alpha,\infty[}$, $\bar{f}(x) = \exp-(\alpha - x)^+$ et $(f - \bar{f})(x) = 1_{(x\leq\alpha)} \exp-(\alpha - x)$ □

Proposition 2 : *Toute v.a.* $\Phi \in L^2(\hat{\mathcal{F}}^{(A_\infty)}_\infty)$ *peut se représenter de manière unique sous la forme :*

$$\Phi = E(\Phi) + \int_0^\infty \varphi_s\, d\tilde{B}_s + \int_0^\infty \psi_s\, d\mu_s ,$$

avec (φ_s) *et* (ψ_s) *deux processus* $(\hat{\mathcal{F}}_s)$ *prévisibles tels que :*

$$E\left[\int_0^\infty \varphi_s^2\, ds\right] + E\left[\int_0^\infty \psi_s^2\, dA_s\right] < \infty.$$

En conséquence, si $\mathcal{F}^+_L \supsetneq \mathcal{F}_L$, *alors* $\hat{\mathcal{F}}^{(A_\infty)}_\infty$ *est strictement contenue dans* $\mathcal{F}_\infty$.

Démonstration : i) Pour prouver le résultat de représentation annoncé, il nous suffit de considérer Φ de la forme : $\Phi = \left(\int_0^\infty \tilde{\varphi}_s\, d\tilde{B}_s\right) f(A_\infty)$,

où $(\tilde{\varphi}_t)$ est un processus $(\hat{\mathcal{F}}_t)$ prévisible tel que : $E\left[\int_0^\infty \tilde{\varphi}_s^2\, ds\right] < \infty$, et

$f : \mathbb{R}_+ \longrightarrow \mathbb{R}_+$ est une fonction de classe C^∞, bornée, telle que : $\bar{f}(0) = 0$.

D'après la proposition 1, on a : $f(A_\infty) = \int_0^\infty (f - \bar{f})(A_s)\, d\mu_s$;
le résultat de représentation annoncé découle alors de la formule d'Itô.

ii) D'après le Théorème 3, si $v \in L^2(\mathcal{F}_L^+)$ est orthogonale à $L^2(\mathcal{F}_L)$, elle est orthogonale à toute variable Φ considérée ci-dessus, et donc à $L^2(\mathcal{F}_\infty^{(A_\infty)})$, ce qui prouve la fin de la Proposition 2. □

5. Etude de quelques exemples.

Dans ce paragraphe, nous étudions la filtration $(\hat{\mathcal{F}}_t)$ avec encore plus de précision, dans le cadre de la filtration brownienne, pour certaines fins L d'ensembles prévisibles qui apparaissent naturellement dans l'étude du mouvement brownien, et pour lesquels la théorie du grossissement semble particulièrement bien adaptée (cf. Jeulin [6]).

<u>Exemple 1</u> : $L = g \equiv \sup\{t < 1 : B_t = 0\}$. On a alors (cf, Jeulin [6], p. 124) :

$$Z_t = \Phi\left(\frac{|B_t|}{\sqrt{1-t}}\right) \quad \text{où} \quad \Phi(x) = \sqrt{\frac{2}{\pi}} \int_x^\infty dy \exp(-\frac{y^2}{2})$$

$$= 1 - \sqrt{\frac{2}{\pi}} \int_0^t dB_s \operatorname{sgn}(B_s) \frac{1}{\sqrt{1-s}} \exp\left(-\frac{B_s^2}{2(1-s)}\right) - \sqrt{\frac{2}{\pi}} \int_0^t \frac{1}{\sqrt{1-s}} dL_s$$

où $(L_t, t \geq 0)$ désigne le temps local en 0 de B .
On en déduit :

$$\frac{dM_s}{Z_s} = (dB_s)\left(\frac{\Phi'}{\Phi}\right)\left(\frac{|B_s|}{\sqrt{1-s}}\right)\frac{\operatorname{sgn}(B_s)}{\sqrt{1-s}} \quad \text{et} \quad \frac{-dM_s}{(1-Z_s)} = (dB_s)\left(\frac{\tilde{\Phi}'}{\tilde{\Phi}}\right)\left(\frac{|B_s|}{\sqrt{1-s}}\right)\frac{\operatorname{sgn}(B_s)}{\sqrt{1-s}}$$

où l'on a posé : $\tilde{\Phi}(x) = 1 - \Phi(x) = \sqrt{\frac{2}{\pi}} \int_0^x dy \exp(-\frac{y^2}{2})$.

La décomposition canonique de $(B_t, t \geq 0)$ dans la filtration $(\hat{\mathcal{F}}_t)$ est donc :

$$(5.a) \quad B_t = \tilde{B}_t + \int_0^{t\wedge g} \frac{ds}{\sqrt{1-s}} \operatorname{sgn}(B_s)\left(\frac{\Phi'}{\Phi}\right)\left(\frac{|B_s|}{\sqrt{1-s}}\right) + 1_{(g<t)}\operatorname{sgn}(B_1) \int_g^t \frac{ds}{\sqrt{1-s}} \left(\frac{\tilde{\Phi}'}{\tilde{\Phi}}\right)\left(\frac{|B_s|}{\sqrt{1-s}}\right)$$

Dans le but de compléter le Théorème 5, nous introduisons le processus $(X_t)_{t<1}$ défini comme l'unique solution de l'équation :

$$(5.b) \quad X_t = \tilde{B}_t + \int_0^t \frac{ds}{\sqrt{1-s}}\, u\left(\frac{X_s}{\sqrt{1-s}}\right)$$

où l'on a posé : $u(x) = \operatorname{sgn}(x)(\frac{\Phi'}{\Phi})(|x|) = -\operatorname{sgn}(x) \exp(-\frac{x^2}{2}) \left(\int_{|x|}^\infty dy\, e^{-y^2/2}\right)^{-1}$

Définissons également $(L_t^X, t < 1)$ le temps local de X en 0, et le processus :

$$\alpha_t = \sqrt{\frac{2}{\pi}} \int_0^t \frac{1}{\sqrt{1-u}}\, dL_u^X \quad , \; t < 1.$$

On note, d'autre part, $A_t = \sqrt{\frac{2}{\pi}} \int_0^t \frac{1}{\sqrt{1-s}}\, dL_s$ le processus croissant associé à la surmartingale $(Z_t)_{t\geq 0}$ (voir la forme explicite de la décomposition canonique de (Z_t) au début de ce paragraphe).

Nous pouvons maintenant répondre complètement, pour cet exemple, aux questions a), b), c) posées à la suite de la démonstration du Théorème 6.

Théorème 7 : *1) La filtration naturelle de* $(\tilde{B}_t)$, *soit* $(\tilde{\mathcal{F}}_t)$, *est également la filtration naturelle du processus* (X_t).

2) $(\mathcal{F}_t^*)$, *la plus petite filtration qui contienne* $(\tilde{\mathcal{F}}_t)$, *et qui fasse de g un temps d'arrêt, est également la plus petite filtration qui contienne* $(\tilde{\mathcal{F}}_t)$, *et qui rende le processus* (A_t) *adapté.*

3) La variable $\mathrm{sgn}(B_1)$ *est indépendante de* $\tilde{\mathcal{F}}_\infty^{(A_\infty)} \equiv \mathcal{F}_\infty^*$, *et on a :* $\mathcal{F}_\infty^* \vee \sigma(\mathrm{sgn}(B_1)) = \mathcal{F}_\infty$.

4) La loi conditionnelle de g, sachant $\tilde{\mathcal{F}}_\infty$, *est donnée par :*

$$(5.c) \qquad P(g \leq t \,|\, \tilde{\mathcal{F}}_\infty) = P(A_1 \leq \alpha_t \,|\, \tilde{\mathcal{F}}_\infty) = 1 - \exp(-\alpha_t)$$
$$(= P(g \leq t \,|\, \tilde{\mathcal{F}}_t) = P(A_1 \leq \alpha_t \,|\, \tilde{\mathcal{F}}_t))$$

Démonstration : 1) Il n'est pas difficile de démontrer la première assertion en considérant l'équation stochastique *(5.b)* satisfaite par X ; la solution unique de cette équation est obtenue par la méthode des approximations successives.

2) Les processus (X_t) et (B_t) coïncident sur l'intervalle $[0,g]$; ainsi, $A_t \equiv \alpha_{t\wedge g}$ $(t \geq 0)$ est adapté pour la filtration $(\mathcal{F}_t^*)$. En conséquence, $(\mathcal{F}'_t)$, la plus petite filtration qui contienne $(\tilde{\mathcal{F}}_t)$ et qui rende (A_t) adapté est une sous-filtration de $(\mathcal{F}_t^*)$.

Inversement, nous verrons plus loin que g est un point de croissance à droite de $(\alpha_t, t \geq 0)$, et on a donc : $g = \inf\{t : \alpha_t \neq A_t\}$, ce qui prouve que $(\mathcal{F}_t^*)$ est une sous-filtration de $(\mathcal{F}'_t)$; finalement, on a : $\mathcal{F}_t^* = \mathcal{F}'_t$, pour tout t.

3) D'après Proposition 2-ii), la variable $\mathrm{sgn}(B_1)$ est orthogonale à $L^2(\mathcal{F}_\infty^*)$, et donc indépendante de $\mathcal{F}_\infty^*$.

Soit w la fonction (de classe C^∞) définie sur $\mathbb{R}$ par :

$$w(x) = \frac{\exp(-\frac{x}{2})}{\int_0^1 \exp(-\frac{x}{2}y^2)\, dy} \qquad \left(= \sqrt{|x|}\, \frac{\tilde{\Phi}'}{\tilde{\Phi}}(\sqrt{|x|}) \text{ si } x \neq 0\right)$$

Soient V^+ et V^- les uniques solutions des équations différentielles stochastiques :

$$V^+ \geq 0, \quad V_t^+ = 1_{(g \leq t)}\left(+2 \int_g^t \sqrt{V_s^+}\, d\tilde{B}_s + \int_g^t w\left(\frac{V_s}{1-s}\right) ds\right) \quad (0 \leq t < 1)$$

$$V^- \geq 0, \quad V_t^- = 1_{(g \leq t)}\left(-2 \int_g^t \sqrt{V_s^-}\, d\tilde{B}_s + \int_g^t w\left(\frac{V_s^-}{1-s}\right) ds\right) \quad (0 \leq t < 1) ;$$

X, V^+, V^- sont adaptés à la filtration $(\mathcal{F}_t^*)$; la décomposition *(5.a)* donne :

$B_t = X_{t\wedge g} + 1_{(B_1>0)} \sqrt{V_t^+} + 1_{(B_1<0)} \sqrt{V_t^-}$, ce qui établit : $\mathcal{F}_\infty^* \vee \sigma(\mathrm{sgn}(B_1)) = \mathcal{F}_\infty$.

4) On a : $(g \leq t) = (A_1 \leq \alpha_t)$; la deuxième égalité qui figure en *(5.c)* découle de l'indépendance de A_1 et $\mathcal{F}_\infty$, et de ce que A_1 est une variable de loi exponentielle de paramètre 1 ; les autres égalités sont immédiates □

Une variante de cet exemple a été étudiée comme illustration du processus de prédiction par F. Knight [7].

Le théorème suivant donne une première description intéressante de la loi du processus $(X_t)_{t<1}$. Pour énoncer ce théorème, nous noterons $(y_t)_{t<1}$ le processus des coordonnées sur l'espace canonique $C([0,1[; \mathbb{R})$ et $\mathcal{C}_t = \sigma\{y_s ; s \leq t\}$ $(t < 1)$.

Théorème 8 : *Notons P^X la loi du processus $(X_t)_{t<1}$ défini au moyen de l'équation différentielle stochastique (5.b), et W la mesure de Wiener considérée sur l'espace canonique $C([0,1[; \mathbb{R})$. On a alors :*

$$P^X_{|\mathcal{C}_t} = (Z_t \exp(A_t))\cdot W_{|\mathcal{C}_t} \qquad (t < 1),$$

où l'on a noté ici : $$Z_t = \Phi\left(\frac{|y_t|}{\sqrt{1-t}}\right), \quad \text{et} \quad A_t = \sqrt{\frac{2}{\pi}} \int_0^t \frac{1}{\sqrt{1-s}}\, d\ell_s,$$

$(\ell_t)_{t\leq 1}$ désignant le temps local en 0 de y.

Démonstration : D'après le théorème de Girsanov , à condition de prouver que le processus $(D_t^u)_{t<1}$ ci-dessous est une martingale (et pas seulement une martingale locale), on a, pour $t < 1$:

$$P^X_{|\mathcal{C}_t} = D_t^u \cdot W_{|\mathcal{C}_t},$$

où : $$D_t^u = \exp\left(\int_0^t u\left(\frac{y_s}{\sqrt{1-s}}\right) \frac{dy_s}{\sqrt{1-s}} - \frac{1}{2}\int_0^t u^2\left(\frac{y_s}{\sqrt{1-s}}\right) \frac{1}{1-s}\, ds\right).$$

Posons : $U(x) = \int_0^x dy\, u(y)$. u étant dérivable sur $\mathbb{R}^*$, et admettant des limites à droite et à gauche en 0, on a, d'après la formule d'Itô :

$$U\left(\frac{y_t}{\sqrt{1-t}}\right) = \int_0^t u\left(\frac{y_s}{\sqrt{1-s}}\right)\left(\frac{dy_s}{\sqrt{1-s}}\right) + \frac{1}{2}\int_0^t \frac{1}{1-s}\left\{u'\left(\frac{y_s}{\sqrt{1-s}}\right) + \left(\frac{y_s}{\sqrt{1-s}}\right)u\left(\frac{y_s}{\sqrt{1-s}}\right)\right\}ds$$
$$+ \frac{1}{2}(u(0+) - u(0-))\ell'_t ,$$

où l'on a noté $(\ell'_t, t < 1)$ le temps local en 0 de $\left(\frac{y_t}{\sqrt{1-t}}, t < 1\right)$.

Il est aisé de montrer que l'on a : $\ell'_t = \int_0^t \frac{1}{\sqrt{1-s}} d\ell_s$. On a donc obtenu :

$$D^u_t = \exp\left\{U\left(\frac{y_t}{\sqrt{1-t}}\right) - \frac{1}{2}(u(0+) - u(0-))\ell'_t - \frac{1}{2}\int_0^t \frac{1}{1-s} V\left(\frac{y_s}{\sqrt{1-s}}\right) ds\right\},$$

où : $\qquad V(x) = u'(x) + x\, u(x) + u^2(x).$

Or, dans le cas particulier qui nous intéresse, il est facile de voir que l'on a : $\quad V(x) = 0 \; ; \quad -\frac{1}{2}(u(0+) - u(0-)) = \sqrt{\frac{2}{\pi}} \quad ; \quad U(x) = \log \Phi(|x|),$

de sorte que, finalement, on a bien : $\qquad D^u_t = Z_t \exp(A_t).$

De plus, le processus $(D^u_t)_{t<1}$ est bien une martingale, car on a :

$$\sup_{s\le t} D^u_s \le \exp(A_t) \le \exp\left(\sqrt{\frac{2}{\pi(1-t)}}\, \ell_t\right),$$

et la variable qui figure dans le membre de droite possède des moments de tous ordres (rappelons que, pour t fixé, on a : $\ell_t \overset{(\mathrm{loi})}{=} |B_t|$). □

En plus de la propriété d'absolue continuité présentée dans le Théorème 8, le processus $(X_t)_{t<1}$ possède une "propriété de régénération" tout à fait remarquable ; de façon précise, on a le

__**Théorème 9**__ : *On considère maintenant* $(X_t)_{t<1}$ *comme étant défini (trajectoriellement) à partir de l'équation (5.b), le mouvement brownien* $(\tilde{B}_t)_{t<1}$ *désignant la partie martingale de* $(B_t)_{t<1}$ *dans la filtration* $(\hat{\mathcal{F}}_t)$.

On a alors : *(i)* $\quad X_u = B_u \; , \; u \le g \; ;$

(ii) le processus $\left(Y_u \equiv \frac{1}{\sqrt{1-g}} X_{g+u(1-g)} \; ; \; u < 1\right)$

est indépendant de $\mathcal{F}^+_g$ $(= \hat{\mathcal{F}}_g)$ *et a même loi que* $(X_u)_{u<1}$.

__Démonstration__ : La propriété (i) a été le point de départ de l'introduction et de l'étude de $(X_t)_{t<1}$. Pour démontrer (ii), rappelons tout d'abord que $(\tilde{B}_u)_{u<1}$ est un $(\hat{\mathcal{F}}_u)$ mouvement brownien ; en conséquence, $\left(\frac{1}{\sqrt{1-g}}(\tilde{B}_{g+u(1-g)} - \tilde{B}_g)\right)_{u\le 1}$ est encore un mouvement brownien (dans la filtration $(\hat{\mathcal{F}}_{g+u(1-g)})_{u\le 1}$) ;
il reste maintenant à faire, dans l'équation *(5.b)*, le changement de variables $t = g+u(1-g)$, et à utiliser la propriété d'unicité trajectorielle de l'équation *(5.b)*. □

Les propriétés (i) et (ii) présentées dans le Théorème 9 permettent de construire un processus $(X^*_v)_{v<1}$ qui a même loi que $(X_v)_{v<1}$, à l'aide de la "juxtaposition" d'une suite de mouvements browniens indépendants $(B^{(n)}_u, u \le \gamma^{(n)})$ où $\gamma^{(n)} = \sup\{u < 1 : B^{(n)}_u = 0\}$.

En effet, on définit : $X^*_u = B^{(0)}_u$, $u \le \gamma^{(0)} \equiv g$, puis :

$$X^*_{g+u(1-g)} = \sqrt{1-g}\, B^{(1)}_u \ , \ u \le \gamma^{(1)} \ , \text{ puis : } g^{(1)} = g + \gamma^{(1)}(1-g).$$

En continuant de cette façon, on définit X^* sur l'intervalle $(g^{(n-1)}, g^{(n)})$, par :

$$X^*_{g^{(n-1)}+u(1-g^{(n-1)})} = \sqrt{1 - g^{(n-1)}}\, B^{(n)}_u \ , \ u \le \gamma^{(n)},$$

et : $$g^{(n)} = g^{(n-1)} + \gamma^{(n)}(1 - g^{(n-1)}).$$

On déduit de cette dernière égalité que la suite $(g^{(n)}, n \in \mathbb{N})$ croit P-p.s. vers 1 ; le processus $(X^*_u)_{u<1}$ est donc bien défini et a même loi que X.

<u>**Exemple 2**</u> **:** $L = \sigma \equiv \sup\{t < T_1 : B_t = 0\}$, avec $T_1 = \inf\{t : B_t = 1\}$.

Cet exemple, qui joue un rôle fondamental dans les décompositions trajectorielles du mouvement brownien, dûes à D. Williams, est étudié de façon approfondie par Jeulin ([6], p.97-110) (voir également [5], p.193-196).

D'autre part, des considérations tout à fait semblables à celles développées dans l'Exemple 1 ci-dessus, en particulier l'étude d'une équation stochastique "déduite" de la décomposition canonique de B avant L, dans la filtration $(\mathcal{F}_t)$ (i.e. le passage de *(5.a)* à *(5.b)*) viennent d'être faites très récemment par Mortimer - Williams ([9] ; voir en particulier la section "Clarification", p.916-917). L'article [9], consacré à la combinaison des formules de décomposition de Girsanov d'une part, et, d'autre part, de celles de la théorie du grossissement progressif, est également à rapprocher des paragraphes 81 à 87, p.191 à 196, de [5].

Entrons maintenant précisément dans la discussion de cet Exemple 2.

On a : $Z_t = 1 - B^+_{t\wedge T_1} = 1 - \int_0^{t\wedge T_1} 1_{(B_s>0)}\, dB_s - \frac{1}{2} L_{t\wedge T_1}$ de sorte que l'équation analogue à *(5.b)* est, pour cet Exemple 2 :

$$(5.d) \qquad X_t = \tilde{B}_t - \int_0^t ds\, 1_{(X_s>0)} \frac{1}{1 - X_s}.$$

Le théorème analogue au Théorème 9 et à ses conséquences est maintenant le

<u>**Théorème 10**</u> **:** *Soit* $(B_t)_{t\ge0}$ *mouvement brownien réel issu de 0, et*

$$\sigma \equiv \sup\{t < T_1 : B_t = 0\}.$$

Soit $(Y_t)_{t\ge0}$ *une copie du processus* X *indépendante de* B *; le processus :*

$$X^*_v = \begin{cases} B_v , & v \le \sigma \\ Y_{v-\sigma}, & \sigma \le v \end{cases} \quad \textit{a même loi que } (X_v)_{v\ge 0}.$$

Ce théorème permet de construire X à partir d'une suite $(B^{(j)})_{j\ge 1}$ de mouvements browniens indépendants, encore plus facilement que dans l'Exemple 1.

On note : $\sigma^{(n)} = \sup\{t \le T_1^{(n)} : B_t^{(n)} = 0\}$, et $\Sigma^{(n)} = \sigma^{(1)} + \dots + \sigma^{(n)}$.

Alors, le processus $(X^*_t, t \ge 0)$ défini par :

(5.e) $$X^*_t = B^{(n+1)}_{t-\Sigma^{(n)}}, \quad \Sigma^{(n)} \le t \le \Sigma^{(n+1)}, \quad n \in \mathbb{N},$$

a pour loi celle de $(X_t, t \ge 0)$, solution de *(5.d)*. La représentation *(5.e)* du processus $(X_t, t \ge 0)$ est très suggestive : ce processus essaie d'atteindre le niveau 1 en suivant la trajectoire $(B_u^{(1)}, u < T_1^{(1)})$ mais, immédiatement après la dernière fois où $(B_u^{(1)})$ retombe en 0 avant d'atteindre 1, X recommence son essai en suivant un nouveau mouvement brownien indépendant $B^{(2)}$, et ainsi de suite, indéfiniment.

Le Théorème 8, qui exprime une relation d'absolue continuité entre la loi du processus X de l'Exemple 1, et celle du mouvement brownien, admet la version suivante dans le cadre de l'Exemple 2.

Théorème 11 : *Notons* P^X *la loi du processus* $(X_t)_{t\ge 0}$ *défini par l'équation stochastique (5.d) et* W *la mesure de Wiener considérée sur l'espace canonique* $C(\mathbb{R}_+, \mathbb{R})$ *; on a alors, pour tout* $t \ge 0$:

(5.f) $$P^X_{|\mathcal{G}_t} = Z_t \exp(A_t) \cdot W_{|\mathcal{G}_t},$$

où l'on a noté ici : $T_1 = \inf\{t ; y_t = 1\}$, $Z_t = 1 - y^+_{t\wedge T_1}$, *et* $A_t = \frac{1}{2} \ell_{t\wedge T_1}$.

Remarques : a) Que $(Z_t \exp(A_t))_{t\ge 0}$ soit une martingale découle de ce que, pour tout $t \ge 0$, $E[\exp(A_t)] \le E[\exp(\frac{1}{2}\ell_t)] < \infty$.

b) Il découle également de *(5.f)* que l'on a : $P^X(T_1 = \infty) = 1$, ce qui, bien sûr, est en accord avec la description *(5.e)* du processus X. □

Appendice A : Généralisation des Exemples aux processus de Bessel de dimension n < 2.

Exemple 1' : On se propose maintenant d'étendre les résultats précédents aux processus de Bessel de dimension d, avec d < 2.

On munit l'espace canonique $C([0,1[, \mathbb{R}^n)$ $(n \in \mathbb{N}^*)$ de la mesure de Wiener ; le processus des coordonnées est $(y_t)_{t\in[0,1[}$; soit $U : \mathbb{R}^n \to \mathbb{R}$ de classe C^2, $u = \nabla U$; on peut écrire :

$$D_t^u \overset{\text{déf}}{=} \exp\left\{\int_0^t \frac{1}{\sqrt{1-s}}\, \nabla U\left(\frac{y_s}{\sqrt{1-s}}\right)\cdot dy_s - \frac{1}{2}\int_0^t |\nabla U|^2 \left(\frac{y_s}{\sqrt{1-s}}\right) \frac{1}{1-s}\, ds\right\}$$

$$= \exp\left\{U\left(\frac{y_t}{\sqrt{1-t}}\right) - \frac{1}{2}\int_0^t ds\, \frac{1}{1-s}\, V\left(\frac{y_s}{\sqrt{1-s}}\right)\right\},$$

où :
$$V(x) = \Delta U(x) + x\cdot\nabla U(x) + |\nabla U|^2(x)$$

$$= \frac{1}{H(x)}\,(\Delta H(x) + x\cdot\nabla H(x)) \qquad \text{si } H(x) = e^{U(x)}.$$

Il est intéressant de trouver les solutions U (ou H) de l'équation : $V = 0$, pour lesquelles $\left(H\left(\frac{y_t}{\sqrt{1-t}}\right)\right)_{t\in[0,1[}$ est une martingale (locale)[3] ;

Si l'on suppose de plus que H est une fonction radiale, i.e. : $H(x) = h(|x|)$, on a à résoudre l'équation :

$$h''(r) + h'(r)\left(\frac{n-1}{r} + r\right) = 0,$$

qui a pour solutions :

$$h(r) = a + c\int_r^\infty d\rho\, \rho^{1-n} \exp\left(-\frac{\rho^2}{2}\right).$$

(Remarquons que, pour tout $n \geq 2$, l'intégrale ci-dessus diverge au voisinage de 0, et il faudrait donc, en toute rigueur, reprendre la discussion au début de ce paragraphe en supposant, par exemple, que le mouvement brownien n'est pas issu de 0).

Nous arrêtons ici notre digression relative à $\mathbb{R}^n$, $n \geq 2$, pour remarquer que, dans le cas $n = 1$, la fonction h ci-dessus, avec $a = 0$, et $c = \sqrt{\frac{2}{\pi}}$ n'est autre que la fonction Φ qui a joué un rôle essentiel dans l'étude de l'Exemple 1. Cette remarque suggère maintenant l'énoncé suivant.

Théorème 12 : *Soit* n *nombre réel satisfaisant :* $0 < n < 2$.
On note $(R_t, t \geq 0)$ *le processus de Bessel de dimension* n, *issu de* 0, *et* $g^{(n)} = \sup\{t < 1 : R_t = 0\}$. *Posons :* $Z_t^{(n)} = P(g^{(n)} > t \mid \mathcal{F}_t)$ $\qquad (t < 1)$.
On a alors :

(1) $$Z_t^{(n)} = h_n\left(\frac{R_t}{\sqrt{1-t}}\right),$$

où : $h_n(r) = c_n \int_r^\infty d\rho\, \rho^{1-n} \exp\left(-\frac{\rho^2}{2}\right)$, *avec* $c_n = \frac{2^{n/2}}{\Gamma(1-\frac{n}{2})}$.

---

[3] On notera que $\left(e^{s/2}\, y_{1-\exp(-s)}\right)_{s\geq 0}$ est un processus d'Ornstein-Uhlenbeck, de générateur $\frac{1}{2}(\Delta\ell + x\cdot\nabla\ell)$.

Remarque : Il est intéressant, pour la suite, de noter que :

$$h_n(r) = P\left(H_{(\nu)} \geq \frac{r^2}{2}\right),$$

où $H_{(\nu)}$ désigne ici une variable gamma de paramètre ν, i.e :

$$P(H_{(\nu)} \in dh) = \frac{h^{\nu-1} e^{-h}}{\Gamma(\nu)} dh \ (h > 0), \qquad \text{où } n = 2(-\nu+1).$$

Démonstration : On a, à l'évidence : $P(g^{(n)} > t \,|\, \mathcal{F}_t) = P^{(-\nu)}_{R_t}(T_0 < 1-t)$,

où $P^{(-\nu)}_r$ désigne la loi du processus de Bessel $(R_t)_{t\geq 0}$, issu de r, de dimension $n = 2(-\nu+1)$, et $T_0 \equiv T_0(R) = \inf\{t \,;\, R_t = 0\}$.

Or, on sait, à l'aide de résultats classiques de retournement, que :

$$T_0(R) \overset{(\text{loi})}{=} L_r(\hat{R}),$$

où $(\hat{R}_u)_{u\geq 0}$ est un processus de Bessel de dimension $n' = 2(\nu+1)$, issu de 0.

De plus, d'après Getoor [G] (voir également Pitman-Yor [PY], ou Yor [Y]), on a

$$L_r(\hat{R}) \overset{(\text{loi})}{=} \frac{r^2}{2H_{(\nu)}} .$$

En conséquence, on a :

$$Z^{(n)}_t \overset{\text{déf}}{=} P(g^{(n)} > t \,|\, \mathcal{F}_t) = P\left(\frac{r^2}{2H_{(\nu)}} \leq 1-t\right)\Bigg|_{r=R_t} = h_n\left(\frac{r^2}{2(1-t)}\right)\Bigg|_{r=R_t},$$

c'est-à-dire la formule *(1)*. □

Corollaire 12.1 (Dynkin [D]) : *Si l'on désigne par* $H_{(a,b)}$ *une variable de loi beta de paramètres* (a,b), *i.e.* :

$$P(H_{(a,b)} \in dt) = \frac{t^{a-1}(1-t)^{b-1}}{B(a,b)} dt , \qquad 0 < t < 1.$$

on a alors, avec les assertions précédentes :

$$(2) \qquad g^{(n)} \overset{(\text{loi})}{=} H_{(\nu,1-\nu)} .$$

Démonstration : D'après la formule *(1)*, et la remarque ci-dessus, on a :

$$\gamma_n(t) \overset{\text{déf}}{=} P(g^{(n)} \geq t) = P\left(H_{(\nu)} \geq \frac{R_t^2}{2(1-t)}\right),$$

où $(R_t)_{t\geq 0}$ est un processus de Bessel, issu de 0, de dimension n, indépendant de $H_{(\nu)}$. Par scaling, on a : $R_t^2 \overset{(\text{loi})}{=} t\, R_1^2$, pour t fixé, et, d'autre part :

$$R_1^2 \overset{(\text{loi})}{=} 2H_{n/2}$$

On a donc :

$$\gamma_n(t) = P\left(\frac{H_{(\nu)}}{H_{(1-\nu)}} \geq \frac{t}{1-t}\right) = P\left(\frac{H_{(\nu)}}{H_{(\nu)} + H_{(1-\nu)}} \geq t\right),$$

où $H_{(\nu)}$ et $H_{(1-\nu)}$ sont deux variables de lois gamma indépendantes, de paramètres respectifs ν et $(1-\nu)$.

Il résulte des propriétés de l'algèbre des variables beta-gamma que l'on a :

$$\frac{H_{(\nu)}}{H_{(\nu)}+H_{(1-\nu)}} \overset{(\mathrm{loi})}{=} H_{(\nu,1-\nu)}\ ,\ \text{ce qui entraîne } (2).\qquad \square$$

Références pour l'Appendice A :

[D] E.B. Dynkin : Some limit theorems for sums of independent random variables with infinite mathematical expectations. *I.M.S.-A.M.S Selected Trans. in Math. Stat. and Prob.* 1, p. 171-189 (1961).

[G] R.K. Getoor : The Brownian escape process. *Ann. Prob.* 7 , 864-867 (1979).

[PY] J.W. Pitman, M. Yor : Bessel processes and infinitely divisible laws. *In : Stochastic Integrals, ed. D. Williams, Lect. Notes in Maths. 851, Springer (1981).*

[Y] M. Yor : Sur certaines fonctionnelles exponentielles du mouvement brownien réel. *J. App. Prob.* 29, p. 202-208 (1992).

Appendice B : Une formule de balayage "gauche".

$(\Omega,\mathcal{F},(\mathcal{F}_t),P)$ est un espace de probabilité filtré satisfaisant aux conditions habituelles, H un ensemble aléatoire prévisible fermé à gauche, contenant [0]. On posera :

$$g_t = \sup\{s \le t,\ s \in H\} \qquad \text{et} \qquad d_t = \inf\{s > t\ ,\ s \in H\}.$$

$(d_t)_{t\ge0}$ est un processus continu à droite, mais $(g_t)_{t\ge0}$ n'est continu ni à droite ni à gauche ; on notera que

$$g_0 = 0\ ,\ \{t\ ;\ g_t = t\} = H \quad ,\ \{t\ ;\ d_t = t\} = H \setminus G$$

quand G désigne l'ensemble des extrémités gauches des intervalles contigus à $\overline{H}$

Soit (z_t) un processus prévisible borné ; montrons rapidement que (z_{g_t}) est prévisible ; il suffit de considérer le cas où (z_t) est l'indicateur d'un intervalle stochastique [0,S] ; on vérifie aisément que :

$$\{(t,\omega)\ ;\ 0 \le g_t(\omega) \le S(\omega)\} = [0,d_S] - H^S$$

quand H^S désigne l'ensemble prévisible $]S,\infty[\ \cap H$.

Il nous sera utile de décrire cet ensemble de façon plus explicite

$$\{t\ ;\ g_t \le S\} = \begin{cases} [0,d_S[& \text{si } S < d_S \text{ et } d_S \in H \qquad (1) \\ [0,d_S] & \text{si } S < d_S \text{ et } d_S \notin H \qquad (2) \\ [0,d_S] & \text{si } S = d_S \qquad (3) \end{cases}$$

Proposition 3 : *Soit* $(X_t)_{t\geq 0}$ *une semimartingale continue à droite telle que* $(X_{t-})_{t\geq 0}$ *soit nul sur* H ; *si* z *est un processus prévisible borné,* $(z_{g_t} X_t)_{t\geq 0}$ *est une semimartingale continue à droite et*

$$z_{g_t} X_t = z_0 X_0 + \int_0^t z_{g_s} dX_s \qquad (4)$$

(On conviendra comme d'habitude que $X_{0-} = 0$; l'hypothèse faite est donc équivalente à : $(X_{t-})_{t\geq 0}$ s'annule sur $H \cap]0,\infty[$).

Démonstration : Il suffit de vérifier la formule *(4)* quand $z = 1_{[0,S]}$, ce qui se fait aisément quand on a remarqué que $X_{d_{S^-}} = 0$ dans le cas *(1)*, tandis que $X_{d_S} = 0$ dans les cas *(2)* et *(3)*. □

Appendice C : Quelques propriétés du processus X de l'Exemple 1.

En complément aux Théorèmes 8 et 9 qui présentent certaines propriétés du processus X, solution de :

$$(5.b) \qquad X_t = B_t + \int_0^t \frac{ds}{\sqrt{1-s}}\, u\left(\frac{X_s}{\sqrt{1-s}}\right), \qquad t < 1,$$

avec $u(x) = \operatorname{sgn}(x)\,(\frac{\Phi'}{\Phi})(|x|)$, et $\Phi(r) = \sqrt{\frac{2}{\pi}} \int_r^\infty dy\, e^{-y^2/2}$, il nous semble intéressant d'ajouter le théorème suivant, qui nous permettra en outre de comparer $(X_t)_{t<1}$ au pont brownien standard.

Théorème 13 : *1) Il existe un processus* $(Y_\ell, \ell \geq 0)$ *solution de :*

$$(1) \qquad Y_\ell = \hat{B}_\ell + \int_0^\ell ds\, \tilde{u}(Y_s)$$

où $(\hat{B}_\ell, \ell \geq 0)$ *est un mouvement brownien issu de* 0, *et*

$$(2) \qquad \tilde{u}(y) = u(y) + \frac{y}{2}$$

tels que X *et* Y *soient liés par la formule :*

$$(3) \qquad \frac{X_t}{\sqrt{1-t}} = Y_{\log(\frac{1}{1-t})}, \quad t < 1.$$

2) La diffusion $(Y_\ell\ ;\ \ell \geq 0)$, *dont le générateur infinitésimal* $\mathcal{L}$ *satisfait*

$$\mathcal{L}\varphi(y) = \frac{1}{2}\varphi''(y) + \tilde{u}(y)\,\varphi'(y) \qquad (\varphi \in C_b^2(\mathbb{R}))$$

admet une mesure invariante μ, *unique à un facteur multiplicatif près, donnée par la formule :*

$$\mu(dy) = C\, e^{y^2/2} \left(\int_{|y|}^{\infty} dz\, e^{-z^2/2}\right)^2 dy\,. \tag{4}$$

Remarquons maintenant que le pont brownien standard $(X_t^o)_{t\le 1}$ satisfait l'équation *(5.b)*$_o$, obtenue en remplaçant dans l'équation *(5.b)* la fonction u par $u_o(y) \equiv -y$. De plus, l'énoncé du Théorème 13 et sa démonstration s'appliquent à X^o, à condition de remplacer $\tilde{u}$ par $\tilde{u}_o(y) = -\frac{y}{2}$ et μ par $\mu_o(dy) = C\, e^{-y^2/2}dy$.

Ainsi,
$$\frac{X_t^o}{\sqrt{1-t}} = Y^o_{\log(\frac{1}{1-t})},$$

avec $(Y_\ell^o)_{\ell\ge 0}$ processus d'Ornstein-Uhlenbeck de paramètre $(-\frac{1}{2})$.

Le théorème ergodique s'applique au processus $(Y_\ell)_{\ell\ge 0}$, resp. : $(Y_\ell^o)_{\ell\ge 0}$, sous la forme suivante :

$$\frac{1}{\ell}\int_0^\ell ds\, f(Y_s) \xrightarrow[\ell\to\infty]{p.s.} \int \mu(dy)\, f(y) \qquad (f \in L^1(\mu)) \tag{5}$$

$$\frac{1}{\ell}\int_0^\ell ds\, f(Y_s^o) \xrightarrow[\ell\to\infty]{p.s.} \int \mu_o(dy)\, f(y) \qquad (f \in L^1(\mu_o)) \tag{6}$$

Ceci nous permet enfin de compléter la description de la loi de $(X_t)_{t<1}$ de la façon suivante :

Corollaire 13.1 : *1) On a* $\dfrac{X_t}{\sqrt{1-t}\ \log(\frac{1}{1-t})} \xrightarrow[t\uparrow 1]{p.s.} 0$. *En particulier,* $X_t \xrightarrow[t\uparrow 1]{p.s.} 0$.

2) Néanmoins, les lois des processus $(X_t)_{t<1}$ *et* $(X_t^o)_{t<1}$ *sont étrangères.*

Démonstration : a) La première assertion découle des relations *(1)* et *(3)*, et de : $\frac{1}{\ell} Y_\ell \xrightarrow[\ell\to\infty]{p.s.} 0$. Ceci résulte, d'une part, de : $\frac{1}{\ell}\hat{B}_\ell \xrightarrow[\ell\to\infty]{p.s.} 0$, et d'autre part, du théorème ergodique *(5)* appliqué à la fonction impaire μ-intégrable $f = \tilde{u}$, qui est d'intégrale nulle par rapport à la probabilité symétrique μ.

b) La seconde assertion découle immédiatement des propriétés ergodiques *(5)* et *(6)*. □

Pour terminer, nous allons étudier les processus solutions des équations *(5.b)* et *(5.d)* ; revenons à la situation générale : L est une fin d'ensemble prévisible, évitant les temps d'arrêt [prévisibles]. D'après le théorème 6, A, la projection duale $(\mathcal{F}_t)$ prévisible de $1_{(0 < L \le t)}$ $(t \ge 0)$ vérifie : A_∞ suit une loi exponentielle de paramètre 1 ; reprenons les notations de la proposition 1 que nous allons maintenant appliquer :

soit $a \geq 0$ et $V^{(a)}$ la $(\mathcal{F}_t)$ martingale

$$V_t^{(a)} = e^a P(A_\infty > a | \mathcal{F}_t) = 1 + \int_0^t 1_{(A_s \leq a)} \exp(A_s)\, dM_s \ ;$$

Soit T un $(\mathcal{F}_t)$ temps d'arrêt tel que :

$$E\left[A_T \exp(A_T)\right] < \infty \ ; \tag{7}$$

comme pour tous α, z, $\eta \geq 0$, $z\, e^\alpha \leq \frac{e}{\eta}(\alpha e^\alpha + e^{z\eta})$, on a :

$$E\left[\left(\int_{[0,T]} \exp(2A_s)\, |d\langle M,M\rangle_s|\right)^{1/2}\right]$$

$$\leq E\left[\exp(A_T) \langle W,W\rangle_T^{1/2}\right] \leq \frac{e}{\eta}\left(E\left[A_T \exp(A_T)\right] + E\left[\exp(\eta \langle W,W\rangle_T^{1/2})\right]\right)$$

et l'inégalité de John-Nirenberg, donne :

$$E\left[\left(\int_{[0,T]} \exp(2A_s)\, |d\langle M,M\rangle_s|\right)^{1/2}\right] < \infty \ ; \tag{8}$$

de : $Z_t \exp(A_t) = 1 + \int_0^t \exp(A_s)\, dM_s$, on déduit que $\left(Z_{t\wedge T} \exp(A_{t\wedge T})\right)_{t\geq 0}$ est une martingale et que : $\lim_{a\to\infty} E\left[\sup_{t\leq T}\left|V_t^{(a)} - Z_t \exp(A_t)\right|\right] = 0.$

Finalement, pour K_T variable aléatoire $\mathcal{F}_T$ mesurable, bornée[4]

$$\lim_{a\to\infty} E[K_T | A_\infty > a] = \lim_{a\to\infty} E[K_T V_\infty^{(a)}] = E\left[K_T Z_T \exp(A_T)\right]$$

Il suffit d'appliquer les Théorèmes 8 et 11 pour obtenir :

Proposition 4 : *Soit* $r \in [0,\infty]$, $(y_t)_{t<r}$ *le processus des coordonnées sur l'espace* $C([0,r[;\, \mathbb{R})$ *(muni de la topologie de la convergence uniforme sur les intervalles compacts de* $[0,r[)$, $\mathcal{C}_r = \sigma\{y_s \ ;\ s < r\}$ *et* $\mathbb{W}_r$ *la mesure de Wiener sur* $\mathcal{C}_r$; $(\ell_t)_{t<r}$ *désigne le temps local en 0 de y.*

i) Soit $r = 1$ *et* $A_1 = \sqrt{\frac{2}{\pi}} \int_0^1 \frac{1}{\sqrt{1-s}}\, d\ell_s$. *Lorsque* $a \longrightarrow \infty$, *la famille de probabilités* $\mathbb{W}_1[\,.\ |\ A_1 > a]$ *converge étroitement vers* P^X, *la loi de la solution de l'équation différentielle stochastique (5.b) que l'on peut donc légitimement appeler : mouvement brownien conditionné par* $\int_0^1 \frac{1}{\sqrt{1-s}}\, d\ell_s = \infty$.

ii) Soit $r = \infty$, $T_1 = \inf\{t|\ y_t = 1\}$. *Lorsque* $a \longrightarrow \infty$ *la famille de probabilités*

---

[4] La mesure de Föllmer associée à la surmartingale positive $(Z_t \exp(A_t))$ (lorsqu'elle existe ...) apparait (en un sens à préciser ...) comme la probabilité P conditionnée par $\{A_\infty = \infty\}$.

$W_\infty[\cdot \mid \ell_{T_1} > a]$ *converge étroitement vers la loi de la solution de l'équation différentielle stochastique (5.d).*

Remarque : La solution de l'équation différentielle stochastique *(5.d)* est une diffusion sur $]-\infty,1[$ dont le générateur $\mathcal{G}$ restreint à $C^2(]-\infty,1[)$ est :

$$(\mathcal{G}f)(x) = \frac{1}{2} f''(x) - 1_{(0<x<1)} \frac{1}{1-x} f'(x) \ ;$$

la formule d'Ito montre que sa loi Q est celle de $\left(\frac{B_{\eta(t)}}{1 + B^+_{\eta(t)}}\right)_{t\geq 0}$

où : $$\eta(t) = \inf\{s \mid \int_0^s (1 + B_r^+)^{-2} dr > t\}.$$

Q n'est pas la loi Q' du mouvement brownien conditionné à ne pas atteindre 1, cette dernière étant celle d'une diffusion sur $]-\infty,1[$ dont le générateur $\mathcal{G}_1$ restreint à $C^2(]-\infty,1[)$ est : $(\mathcal{G}_1 f)(x) = \frac{1}{2} f''(x) - \frac{1}{1-x} f'(x)$.

Néanmoins, sous Q', $(1 - y_t)_{t\geq 0}$ est un processus de Bessel de dimension 3, $\beta_t = y_t + \int_0^t \frac{1}{1-y_s} ds$ est un $(\mathcal{E}_t)$ mouvement brownien et si $\theta = \sup\{t \mid y_t = 0\}$,

$$Q'[\theta > t \mid \mathcal{E}_t] = \inf\{1, \frac{1}{1-y_t}\} = 1 + \int_0^t 1_{(y_s<0)} \frac{1}{(1-y_s)^2} d\beta_s + \frac{1}{2} \ell_t \ ;$$

$(\hat{\mathcal{E}}_t)_{t\geq 0}$ étant la filtration engendrée par le processus $(y_t, \theta\wedge t)_{t\geq 0}$,

$$\hat{\beta}_t \equiv y_t + \int_0^{t\wedge\theta} 1_{(0<y_s<1)} \frac{1}{1-y_s} ds - 1_{(\theta\leq t)} \int_0^t \frac{1}{y_s} ds$$

définit un $(\hat{\mathcal{E}}_t)$ mouvement brownien ;

les considérations ayant amené à la proposition 4 montrent que $Q'[\cdot \mid \ell_\infty > a]$ converge vers Q quand $a \to \infty$.

Appendice D : Notations

A partir du paragraphe 2,

$(\mathcal{F}_t)$ est la filtration naturelle d'un mouvement brownien réel $(B_t)_{t\geq 0}$;

L est une fin d'ensemble $(\mathcal{F}_t)$ prévisible évitant les $(\mathcal{F}_t)$ temps d'arrêt ;

$Z_t = P(L > t \mid \mathcal{F}_t) = M_t - A_t$ (M $(\mathcal{F}_t)$ martingale, A $(\mathcal{F}_t)$ prévisible croissant) ;

$(\hat{\mathcal{F}}_t)$ est la plus petite filtration contenant $(\mathcal{F}_t)$ et faisant de L un temps d'arrêt : pour tout t, $\hat{\mathcal{F}}_t \equiv \bigcap_{a>0} \sigma\{\mathcal{F}_{t+a}, (L<t+a)\}$; ainsi,

$(\hat{\mathcal{F}}_t)$ est la filtration naturelle de $(B_t, t\wedge L)_{t\geq 0}$;

$(\tilde{B}_t)_{t\geq 0}$ est le $(\hat{\mathcal{F}}_t)$ mouvement brownien :

$$\tilde{B}_t = B_t - \int_0^{t\wedge L} \frac{d\langle B,M\rangle_s}{Z_s} + 1_{(L\leq t)} \int_L^t \frac{d\langle B,M\rangle_s}{1-Z_s} ;$$

$(\tilde{\mathcal{F}}_t)$ est la filtration naturelle de $(\tilde{B}_t)_{t\geq 0}$;

$(\mathcal{F}^*_t)$ est la filtration naturelle de $(\tilde{B}_t, t\wedge L)$, i.e. la plus petite filtration contenant $(\mathcal{F}_t)$ et faisant de L un temps d'arrêt

$(\mathcal{F}'_t)$ est la filtration naturelle de $(\tilde{B}_t, A_t)$;

$(\tilde{\mathcal{F}}_t^{(A_\infty)})$ est filtration naturelle de $(\tilde{B}_t, A_\infty)$;

$\mathcal{H}_t = \bigcap_{a>0} \mathcal{F}^-_{((t+a)\wedge L)}$ $\qquad \mathcal{K}_t = \hat{\mathcal{F}}_{t\wedge L}$.

Références

[1] J. Azéma : Quelques applications de la théorie générale des processus. *Invent. Math.* 18 , *1972, p. 293-336.*

[2] J. Azéma, M. Yor : Sur les zéros des martingales continues. *Sém. Probas. XXVI, Lect. Notes in Maths. 1526, Springer (1992), 248-306.*

[3] J. Azéma, P.A. Meyer, M. Yor : Martingales relatives. *Sém. Probas. XXVI, Lect. Notes in Maths. 1526, Springer (1992), 307-321.*

[4] M.T. Barlow : (a) Study of a filtration expanded to include an honest time. *Zeit. für Wahr.*, 44, *p. 307-323 (1978).*
(b) Decomposition of a Markov process at an honest time. *Manuscrit non publié.*

[5] C. Dellacherie, B. Maisonneuve, P.A. Meyer : Probabilités et Potentiel. Chapitres XVII à XXIV. Processus de Markov (fin). Complément de Calcul stochastique. *Hermann (1992).*

[6] T. Jeulin : Semi-martingales et grossissement d'une filtration. *Lect. Notes in Maths. 833. Springer (1980).*

[7] F.B. Knight : Calculating the compensator : method and example. *Seminar on Stoch. Processes. Birkhaüser (1990), p.241-252.*

[8] Y. Le Jan : Temps d'arrêt stricts et martingales de sauts. *Zeitschrift für Wahr, 44, p. 213-225 (1978).*

[9] T.M. Mortimer, D. Williams : Change of measure up to a random time : theory. *J. App. Prob.* 28 , *p.* 914-918 (1991).

CONDITIONAL EXPECTATIONS FOR DERIVATIVES OF CERTAIN STOCHASTIC FLOWS

K.D. Elworthy[1] *and M. Yor*[2]

(1) *Mathematics Institute - University of Warwick - Coventry CV4 7 AL UK*

(2) *Laboratoire de Probabilités - Université Paris VI - 4, place Jussieu - Tour 56 - 3ème Etage - 75252 PARIS CEDEX 05*

I. Introduction.

Consider a stochastic differential equation

$$dx_t = X(x_t) \circ dB_t + A(x_t)dt \tag{1}$$

on an n-dimensional C^∞ manifold M. Here $\{B_t : t \geq 0\}$ is a Brownian motion on some Euclidean space $\mathbb{R}^m$ and for each x in M, $X(x) : \mathbb{R}^m \longrightarrow T_xM$ is a linear map into the tangent space at x to M. Both X and the vector field A are assumed C^∞.

Given a solution $\{x_t : t \geq 0\}$ to (1), assumed to exist for all time, and $v_o \in T_{x_o}M$, there is a derivative process $\{v_t : t \geq 0\}$ with $v_t \in T_{x_t}M$. This can be obtained by differentiating the solutions of (1), with respect to their initial point, in the direction v_o. It can be given as the solution of a certain S.D.E. on the tangent bundle TM ([E1] or [E3]) or more concisely by the covariant equation

$$Dv_t = \nabla X(v_t) \circ dB_t + \nabla A(v_t)dt \tag{2}$$

using an affine connection on M, where

$$\nabla A \in L(TM ; TM) \quad \text{and} \quad \nabla X \in \mathbb{L}(TM ; \mathbb{L}(\underline{\mathbb{R}}^m ; TM))$$

are the covariant derivatives, with $\underline{\mathbb{R}}^m$ the trivial bundle $M \times \mathbb{R}^m$ over M. Recall that (2) is to be interpreted as the corresponding Stratonovich equation for $T_{x_o}M$-valued processes obtained by parallel translation back along

$\{x_t, t \geq 0\}$; compare *(3)* below.

This derivative process $\{v_t, t \geq 0\}$ plays a fundamental role in the ergodic theory of solution flows of stochastic differential equations, in particular in the definition of Lyapunov exponents and so in related questions of stability e.g. see [E3]. It also contains geometrical and topological information : see [K] and [E2]. Here we consider the conditional expectation

$$\mathbb{E}\{v_t | \mathcal{F}_t^{x^-}\}$$

of v_t with respect to the σ-algebra $\mathcal{F}_t^{x^-} := \sigma\{x_s : 0 \leq s \leq t\}$.

By definition, this will be another process over $\{x_t : t \geq 0\}$ i.e.

$$\mathbb{E}\{v_t | \mathcal{F}_t^{x^-}\} \in T_{x_t}M$$

given by

$$\mathbb{E}\{v_t | \mathcal{F}_t^{x^-}\} = /\!/_t \, \mathbb{E}\{/\!/_t^{-1} v_t | \mathcal{F}_t^{x^-}\} \tag{3}$$

where $/\!/_t : T_{x_0}M \longrightarrow T_{x_t}M$ denotes parallel translation along $\{x_t : t \geq 0\}$.

<u>Note</u> : As Michel Emery pointed out, the definition (3) does not depend on the choice of the connection. Indeed, the "difference" $/\!/_t \backslash\!\backslash_t^{-1}$ between two parallel transports is a linear operation from $T_{x_t}M$ into itself, which is measurable with respect to $\mathcal{F}_t^{x^-}$; hence, it commutes with conditional expectations. □

We will also consider analogously defined conditional expectations for certain processes of vectors. Our main result is that for gradient Brownian systems with drift, this conditional expectation gives the Hessian flow, see [E2], or the Weitzenböck flow for q-vectors. In a corollary, the results in [E2] on topological obstructions to moment stability for gradient systems are considerably strengthened. We identify the conditional distribution for 1-dimensional Brownian flows. We also give more limited results for more general Brownian systems on Ricci flat, constant curvature, and other Riemannian manifolds.

2. Preliminaries.

A - Suppose M is Riemannian and compact for simplicity. We will use its Levi-Civita connection. Suppose that the differential generator for (1) is $\frac{1}{2}\Delta + A^X$ where the vector field A^X will be given by

$$A^X(x) = \frac{1}{2}\,\mathrm{trace}\ \nabla X(X(x)(-))(-) + A(x) \qquad (x \in M) \tag{4}$$

This holds if and only if

$$X(x)\,X(x)^* v = v \qquad v \in T_xM \tag{5}$$

from which follows

$$\nabla X(w)\,X(x)^*(v) + X(x)\,\nabla X(w)^* v = 0 \tag{6}$$

for all v, w in T_xM.

Let $\pi : OM \longrightarrow M$ be the orthonormal frame bundle of M, so if $u \in OM$ with $\pi(u) = x$, then $u : \mathbb{R}^n \longrightarrow T_xM$ is an isometry. Given $u_o \in \pi^{-1}(x_o)$, a solution $\{x_t : t \geq 0\}$ to (1) has a horizontal lift $\{u_t : t \geq 0\}$ starting at u_o. Then, $\pi(u_t) = x_t$ and $u_t \in \mathcal{F}_t^{x}$ so that, for $t \geq 0$,

$$\mathcal{F}_t^{u} = \mathcal{F}_t^{x}. \tag{7}$$

Define a Brownian motion on $\mathbb{R}^n$ by $\tilde{B}_t = \int_0^t u_s^{-1} X(x_s) dB_s$ (8)

The following is fairly well known

Lemma : For $t \geq 0$, $\qquad \mathcal{F}_t^{x} = \mathcal{F}_t^{\tilde{B}} = \mathcal{F}_t^{u}$

Proof : Clearly $\mathcal{F}_t^{\tilde{B}} \subset \mathcal{F}_t^{u}$. On the other hand, let

$$H_u : T_xM \longrightarrow T_uOM \qquad u \in \pi^{-1}(x)$$

be the horizontal lift map for the Levi-Civita connection. Then

$$du_t = H_{u_t}(X(x_t)\circ dB_t + A^X(x_t)dt)$$

and so

$$du_t = H_{u_t}(u_t \circ d\tilde{B}_t) + \tilde{A}^X(u_t)dt \tag{9}$$

(the canonical equation on OM) with $\tilde{A}^X$ the horizontal lift of A^X.

Thus $\mathcal{F}_t^{u} \subset \mathcal{F}_t^{\tilde{B}}$. □

B - For an orthonormal base $e_1,\dots,e_m$ of $\mathbb{R}^m$, let X^i be the vector field $X(\cdot)e_i$ and let $S_r^i : M \longrightarrow M$, $r \in \mathbb{R}$ be its solution flow. This has derivative flow $TS_r^i : TM \longrightarrow TM$ which induces $\Lambda^q TS_r^i : \Lambda^q TM \longrightarrow \Lambda^q TM$, linear on fibres and determined by

$$\Lambda^q TS_r^1(v^1 \wedge \dots \wedge v^q) = TS_r^1(v^1) \wedge \dots \wedge TS_r^1(v^q)$$

for a q-vector $v^1 \wedge \dots v^q$ in $\Lambda^q T_x M$.

Define $$Q_x^q : \Lambda^q T_x M \longrightarrow \Lambda^q T_x M \qquad (x \in M,\ q = 0 \text{ to } n)$$

by $$Q_x^q(V) = \sum_{i=1}^m \frac{D^2}{\partial r^2} \Lambda^q TS_r^i(V)\Big|_{r=0} \tag{10}$$

When (1) is a gradient Brownian system with drift, Q^q depends only on the curvature of M. Such systems are defined by an isometric immersion

$$f : M \longrightarrow \mathbb{R}^m$$

(for example, the standard inclusion of the sphere S^n into $\mathbb{R}^{n+1}$). The diffusion coefficient $X(x)$ is defined to be the orthogonal projection of $\mathbb{R}^m$ onto the tangent space at x to M (considered as a subset of $\mathbb{R}^m$ by using $T_x f$ as an identification). Thus if $f^i(x) = \langle f(x), e_i\rangle_{\mathbb{R}^m}$, then

$$X^i = \nabla f^i .$$

In this case, (1) has generator $\frac{1}{2}\Delta + A$.

As an example, for the standard inclusion of S^1 in $\mathbb{R}^2$, the corresponding equation (1) can be written

$$dx_t = (\sin x_t)dB_t^1 + (\cos x_t)dB_t^2$$

for $B_t = (B_t^1, B_t^2)$ Brownian motion on $\mathbb{R}^2$, parametrizing S^1 by angle as usual. Then (2) is

$$dv_t = (\cos x_t)v_t\, dB_t^1 - (\sin x_t)v_t\, dB_t^2 .$$

It makes no difference whether these are considered as Itô or Stratonovich equations.

__Proposition__ [E2] : __Let__ $\mathcal{R}^q_x : \Lambda^q T^*_x M \longrightarrow \Lambda^q T^*_x M$, $x \in M$ __be the Weitzenböck curvature tensor for__ $q = 0,\dots,n$. __Then for a gradient Brownian system with drift__

$$Q^q_x = -(\mathcal{R}^q_x)^*.$$

__In particular__ $\langle Q^1_x(u), v\rangle_x = -\mathrm{Ric}(u,v) \qquad u,v \in T_x M$

__for__ $\mathrm{Ric}(-,-)$ __the Ricci tensor__. __For general Brownian systems,__

$$\langle Q^1_x(u),v\rangle_x = -\mathrm{Ric}(u,v) + \langle \sum_i \nabla(\nabla X^i(X^i))(u),v\rangle_x .$$

The Weitzenböck curvature arises in the Weitzenböck formula :

$$\Delta^q\varphi = \mathrm{trace}\, \nabla^2\varphi - \mathcal{R}^q(\varphi) \tag{11}$$

where $\Delta^q = -(dd^* + d^*d)$ is the Hodge Laplacian (with probabilist's sign convention) and $\mathcal{R}^q$ is the zero order operator on q-forms :

$$(\mathcal{R}^q(\varphi))_x = \mathcal{R}^q_x(\varphi_x), \qquad \text{see [E3], [G].}$$

C - Let $\{F_t : t \geq 0\}$ be a solution flow for (1). It can be chosen to consist of C^∞ diffeomorphisms of M and, in particular, has derivative flow $TF_t : TM \longrightarrow TM$ with $v_t = TF_t(v_o)$ satisfying (2) for $v_o \in T_{x_o}M$. As for the deterministic flows S^l_t, there are induced processes $\Lambda^q(TF_t)(V_o) \in \Lambda^q T_{x_t}M$ for $V_o \in \Lambda^q T_{x_o} M$.

Set $V_t = \Lambda^q(TF_t)(V_o)$ and for $\Psi \in \Lambda^q\mathbb{R}^m$, set $\Psi_o = \Lambda^q(u_o)(\Psi)$ and $\Psi_t = \Lambda^q(u_t)(\Psi) \in \Lambda^q T_{x_t} M$, where $\{u_t : t \geq 0\}$ is as in § 2A. There are then the covariant equations along $\{x_t : t \geq 0\}$:

$$D\Psi_t = 0 \tag{12}$$

and

$$DV_t = (d\Lambda)^q(\nabla X(\cdot) \circ dB_t)V_t + (d\Lambda)^q(\nabla A^X(\cdot))V_t\, dt \tag{13}$$

where, for any linear $S : E \longrightarrow E$ of a vector space, $(d\Lambda)^q(S) : \Lambda^q E \longrightarrow \Lambda^q(E)$ is the linear map determined by

$$(d\Lambda)^q(S)\,(v^1\wedge\ldots\wedge v^q) = \sum_{j=1}^{q} v^1\wedge\ldots v^{j-1}\wedge Sv^j\wedge v^{j+1}\wedge\ldots\wedge v^q.$$

By Itô's formula, e.g. [E3], Prop. I.3A,

$$\langle\Psi_t,V_t\rangle_{x_t} = \langle\Psi_o,V_o\rangle_{x_o} + \int_0^t \langle\psi_s,(d\Lambda)^q(\nabla X(\cdot)dB_s)V_s\rangle_{x_s}$$

$$+\int_0^t \langle\Psi_s,\tfrac{1}{2}Q^q_{x_s}(V_s) + (d\Lambda)^q\,(\nabla A(\cdot))V_s\rangle_{x_s}\,ds \qquad (14)$$

by (10) and (13).

D - To calculate conditional expectations, take $\Phi\in L^2(\Omega,\mathcal{F}^{\tilde{B}}_t,\mathbb{P}\,;\,\mathbb{R})$, for $(\Omega,\mathcal{F},\mathbb{P})$ our underlying probability space. There is then an $\mathcal{F}^{\tilde{B}}_{\cdot}$-predictable

$$\varphi : [0,t]\times\Omega \longrightarrow \mathbb{R}^n$$

with $\varphi_s := \varphi(s,-)$ in L^2 for each s, and

$$\Phi = E(\Phi) + \int_0^t \langle\varphi_s,d\tilde{B}_s\rangle_{\mathbb{R}^n}. \qquad (15)$$

From (14),

$$E\left\{\Phi\langle V_t,\Psi_t\rangle_{x_t}\right\} = E\left\{\Phi\left(\langle V_o,\Psi_o\rangle_{x_o} + \int_0^t \langle\Psi_s,\tfrac{1}{2}Q^q_{x_s}(V_s) + (d\Lambda)^q(\nabla A(\cdot)V_s)\rangle ds\right)\right\}+\Lambda_t \quad (16)$$

where $\Lambda_t = E\left\{\Phi\int_0^t \langle\Psi_s,(d\Lambda)^q(\nabla X(\cdot)dB_s)V_s\rangle_{x_s}\right\}$

$$= E\left\{\int_0^t \langle\varphi_s,d\tilde{B}_s\rangle \int_0^t \langle\Psi_s,(d\Lambda)^q\,(\nabla X(\cdot)dB_s)V_s\rangle_{x_s}\right\}$$

$$= E\left\{\int_0^t \langle u_s\varphi_s,X(x_s)dB_s\rangle \int_0^t \langle\Psi_s,(d\Lambda)^q\,(\nabla X(\cdot)dB_s)V_s\rangle_{x_s}\right\}$$

$$= \sum_{i=1}^{m} E\left\{\int_0^t \langle u_s\varphi_s,X^i(x_s)\rangle\langle\Psi_s,(d\Lambda)^q(\nabla X^i(\cdot))V_s\rangle_{x_s}\,ds\right\} \qquad (17)$$

using (8).

§ 3. Main results :

A - Theorem A : *For a gradient Brownian system with drift A on a compact Riemannian manifold M if $V_o \in \Lambda^q T_{x_o} M$ with $q = 0,\ldots,n,$*

$$E\{\Lambda^q TF_t(V_o) | \mathcal{F}_t^{x-}\} = W_t^q(V_o)$$

where $\{W_t^q(V_o) : t \geq 0\}$ satisfies the equation along $\{x_t : t \geq 0\}$

$$\frac{D}{\partial t} W_t^q(V_o) = -\frac{1}{2} (\mathcal{R}^q_{x_t})^* W_t^q(V_o) + (d\Lambda^q)(\nabla A)(W_t^q(V_o)) \tag{18}$$

$$W_o^q(V_o) = 0$$

for $\mathcal{R}^q$ the Weitzenböck curvature.

Proof : For a gradient system at each point x of M, an orthonormal basis for $\mathbb{R}^m$ can be chosen so that either $X^i(x) = 0$ or $\nabla X^i(x) = 0$, see [E3]. From (17), this implies that $\Lambda_t = 0$ so that (16) together with the Proposition yields

$$E\left\{\Phi\langle V_t,\Psi_t\rangle_{x_t}\right\} = E\left\{\Phi\left(\langle V_o,\Psi_o\rangle_{x_o} + \int_0^t \langle\Psi_s,\frac{D}{\partial s} W_s^q(V_o)\rangle_{x_s} ds\right)\right\}$$

$$= E\left\{\Phi(\langle V_o,\Psi_o\rangle + \langle\Psi_t, W_t^q(V_o)\rangle_{x_t})\right\}.$$

The Theorem follows since $\{\Psi_t : t \geq 0\}$ was an arbitrary parallel field of q-vectors along $\{x_t : t \geq 0\}$. □

B - Theorem : *Suppose M is compact and (1) is a Brownian system with drift satisfying $\nabla A^X = 0$. Assume there is a constant σ with*

$$Ric(u,v) = \sigma\langle u,v\rangle_x \qquad u,v \in T_xM,\ x \in M$$

(i.e. *M is an Einstein manifold, and so has constant curvature if* $\dim M \leq 3$).

Then, for $V_o \in T_{x_o}M$ and $\Psi_t = u_t\Psi$ as above with $q = 1$

$$E\{\langle\Psi_t,V_t\rangle_{x_t} \mid \langle\Psi,\tilde{B}_s\rangle : 0 \leq s \leq t\} = e^{-1/2\,\sigma t}\langle\Psi_o,V_o\rangle_{x_o}.$$

Proof : Apply the same proof as for Theorem A but now with Φ of the special form

$$\Phi = E\,\Phi + \int_0^t \varphi_s^{\circ} \langle \Psi, d\tilde{B}_s \rangle$$

for some predictable $\varphi_s^{\circ} : [0,t] \times \Omega \longrightarrow \mathbb{R}$. Then, by (17)

$$\Lambda_t = E\left(\int_0^t \varphi_s^{\circ} \langle \Psi_s \,,\, \nabla X(V_s) X(x_s)^* \, \Psi_s \rangle ds\right) = 0$$

by the skew symmetry (6). By (16),

$$E(\Phi \langle V_t, \Psi_t \rangle_{x_t}) = E\left\{\Phi\left(\langle V_0, \Psi_0 \rangle_{x_0} - \int_0^t \frac{1}{2} \sigma \langle \Psi_s, V_s \rangle ds\right)\right\}$$

Corollary : *For* M *and* $\{V_t : t \geq 0\}$ *as above*

$$E\, //_t^{-1}\, V_t = e^{-1/2\,\sigma t}\, V_0$$

Remark : The Corollary can also be easily seen from the Itô form of (2) for an arbitrary Brownian motion system with drift :

$$Dv_t = \nabla X(v_t) dB_t + \nabla A^X(v_t) dt - \frac{1}{2} \operatorname{Ric}(v_t, -)^{\#} \qquad (19)$$

Here, $\operatorname{Ric}(v_t,-)^{\#} : T_{x_t}M \longrightarrow T_{x_t}M$ corresponds to the Ricci tensor and, as usual, the equation refers to the Itô equation obtained after parallel translation back to x_0. It comes from the Proposition in paragraph 2B.

C - For $M = \mathbb{R}$ or S^1, it is possible to identify the conditional distribution of v_t given $\{x_s : s \geq 0\}$ when $\{x_s : s \geq 0\}$ is a Brownian motion. In this case, for $M = \mathbb{R}$, equation (2) reduces to

$$dv_t = X'(x_t) dB_t$$

giving

$$v_t = \exp\left(\int_0^t X'(x_s) dB_s - \frac{1}{2}\int_0^t |X'(x_s)|^2 ds\right) v_0 .$$

Using (6), there is therefore a 1-dimensional Brownian motion $\{\xi_s : s \geq 0\}$ independent of $\{x_s : s \geq 0\}$ with

$$v_t = \exp\left(\int_0^t |X'(x_s)|d\xi_s - \frac{1}{2}\int_0^t |X'(x_s)|^2 ds\right)v_o$$

$$= \exp(\gamma_u - \frac{u}{2})v_o, \quad \text{at} \quad u = \int_0^t |X'(x_s)|^2 ds,$$

for a Brownian motion $\{\gamma_u : u \geq 0\}$ on $\mathbb{R}$ independent of $\{x_s : s \geq 0\}$. Thus, <u>conditionally on</u> $\{x_s : s \geq 0\}$, <u>the derivative</u> $F_t'(x_o)$ <u>has the distribution of</u> $\exp(\gamma_u - \frac{1}{2}u)v_o$ <u>with</u> $u = \int_0^t |X'(x_s)|^2 ds.$

4 - Topological and geometric obstructions to moment stability.

For M compact Riemannian, define the moment exponents $\mu_{x_o}(p)$, $x_o \in M$, $p \in \mathbb{R}$, by

$$\mu_{x_o}(p) = \overline{\lim_{t\to\infty}} \frac{1}{t} \log \mathbb{E}(\|T_{x_o}F_t\|^p)$$

and write

$$\mu^q_{x_o}(1) = \overline{\lim_{t\to\infty}} \frac{1}{t} \log \mathbb{E}(\|\Lambda^q T_{x_o}F_t\|) \qquad q = 1,\dots,m.$$

Then, from [A] or [E3], μ_{x_o} is convex and $p \longrightarrow \frac{1}{p}\mu_{x_o}(p)$ is increasing, with $\mu_{x_o}(0) = 0$. Clearly (with suitable choice of norms) :

$$\mu^q_{x_o}(1) \leq \mu_{x_o}(q) \qquad q = 1 \text{ to } m.$$

On the other hand, following [ERI] and [ERII], define $\mathcal{R}^q(x_o)'$ to be the lowest eigenvalue of the Weitzenböck tensor $\mathcal{R}^q$ at x_o. (Thus, $\mathcal{R}^1(x_o)'$ is a lower bound for the Ricci tensor at x_o). Set

$$\nu^q(x_o) = \overline{\lim_{t\to\infty}} \frac{1}{t} \log \mathbb{E}\left[\exp\left(-\int_0^t \mathcal{R}^q(x_s)'ds\right)\right]$$

for $\{x_s : 0 \leq s \leq t\}$ a Brownian motion on M starting from x_o.

In [ERI], [ERII], there were shown to be strong topological consequences of having $\nu^q < 0$.

In fact, these were consequences of $\mu^R_{x_o}(q) < 0$ for each x_o in M where

$$\mu^R_{x_o}(q) = \overline{\lim_{t\to\infty}} \frac{1}{t} \log \mathbb{E}\|W^q_t\|_{x_o}$$

for $\{W^q_t : t \geq 0\}$ given by (18) with $A = 0$. Using Theorem A, for a gradient Brownian system on compact M

$$\mu^R_{x_o}(q) \leq \overline{\lim_{t\to\infty}} \frac{1}{t} \log \mathbb{E}\{\mathbb{E}\{\|\Lambda^q T_{x_o} F_t\| \,|\, \mathcal{F}^x_t\}\} = \mu^q_{x_o}(1) \leq \mu_{x_o}(q). \qquad (20)$$

Thus, the results of [ERI], [ERII] are implied by stability conditions such as $\mu_{x_o}(q) < 0$ or $\mu^q_{x_o}(1) < 0$. For example :

<u>**Theorem**</u> : <u>For a gradient Brownian flow on a compact manifold</u> M

(i) <u>if</u> $\mu_{x_o}(1) < 0$ <u>for each</u> $x_o \in M$ ("<u>moment stability"), then</u> $H^1(M,Z) = 0$.

<u>If also</u> $\dim M = 3$, <u>then</u> $\pi_2 M = 0$.

(ii) <u>if</u> $\mu^2_{x_o}(1) < 0$, <u>for each</u> $x_o \in M$, <u>then</u> $\pi_2 M$ <u>is a torsion group and the orders of the elements of</u> $\pi_2 M$ <u>are bounded</u>. <u>If</u> $\dim M = 4$ <u>and</u> $\pi_1 M = 0$, <u>then</u> $\mu^2_{x_o}(1) < 0$ <u>implies that</u> M <u>is diffeomorphic to the sphere</u> S^4.

<u>Proof</u> : Part (i) comes from (20) and the proof of Corollary 5A of [ERI] and (ii) comes from (20), and the proof of Corollary 3.23 of [ERII]. □

The first part of (i) is proved in [E2] for more general systems. It should also be noted that the main results of [ERII] are concerned with the universal cover of M when $\pi_1 M$ is infinite. However, as pointed out in [E4], if

$$\overline{\lim_{t\to\infty}} \frac{1}{t} \sup_{x_o \in M} \log \mathbb{E}|T_{x_o} F_t| < 0$$

("strong moment stability") then $\pi_1 M = 0$, for any stochastic flow on a compact M, (for the non-compact case, see [L]).

For more general systems, we can use (19) to obtain

Theorem : Suppose M is a compact Riemannian manifold, and (1) is a Brownian system with drift satisfying $\nabla A^X = 0$. If the Ricci curvature is non positive, the flow is not moment stable, and if the curvature is negative, then $\mu_{x_o}(1) > 0$.

Appendix : Consider a general non-degenerate stochastic differential equation of the form (1) and give M the Riemannian metric and associated connection so that the generator is $\frac{1}{2}\Delta + \underline{A}^X$ as in § 2 above.

For $x \in M$, the adjoint of $X(x)$ gives an isometric inclusion

$$X(x)^* : T_x M \longrightarrow \mathbb{R}^m ;$$

write $T_x M^\perp$ for the orthogonal complement of its image (i.e : the kernel of $X(x)$) and let $Y(x)$ be the projection of $\mathbb{R}^m$ onto $T_x M^\perp$, so that :

$$Y(x)e = e - X(x)^* X(x)e.$$

Let $TM^\perp$ be the subbundle of $\underline{\mathbb{R}}^m$ with fibres $T_x M^\perp$, and give it the Riemannian metric induced from the standard, trivial, metric of $\mathbb{R}^m$. Take __any__ metric connection on $TM^\perp$. We will use $//_t$ to denote parallel translation of the normal space $T_{x_o} M^\perp$ along $\{x_s ; 0 \le s \le t\}$ to $T_{x_t} M^\perp$, as well as parallel translation of tangent vectors. Identifying $T_{x_t} M$ with the corresponding subspace of $\mathbb{R}^m$, we obtain $//_t : \mathbb{R}^m \longrightarrow \mathbb{R}^m$, $t \ge 0$.

For $\tilde{B}_t$ defined by (8), set $\hat{B}_t = X(x_o)^* u_o \tilde{B}_t$. Consider the $T_{x_o} M^\perp$ valued process $\{\beta_t ; t \ge 0\}$ defined by :

$$\beta_t = \int_0^t //_s^{-1} Y(x_s) dB_s \qquad (21)$$

and set $\overline{B}_t = \hat{B}_t + \beta_t \qquad (t \ge 0)$.

The following generalizes a result of Price and Williams [PW] on S^2.

Proposition : *The process* $\{\bar{B}_t\ ;\ t \geq 0\}$ *is Brownian motion on* $\mathbb{R}^m$, *with* :

$$B_t = \int_0^t //_s d\bar{B}_s \tag{22}$$

In particular, $\{\beta_t\ ;\ t \geq 0\}$ *is a Brownian motion independent of* $\{x_t\ ;\ t \geq 0\}$.

Proof : That (22) holds is clear by definition of β_t, and (8), using the fact that $u_s = //_s u_0$ and $//_t^{-1} X(x_t)^* //_t = X(x_0)^*$. However, (22) gives :

$$\bar{B}_t = \int_0^t //_s^{-1} dB_s\ ,$$

showing that $\bar{B}_.$ is a BM $(\mathbb{R}^m)$, since each $//_s$ is orthogonal.

The final result follows since $\sigma\{x_t\ ;\ t \geq 0\} = \sigma\{\tilde{B}_t\ ;\ t \geq 0\}$. □

For the standard embedding of the sphere S^n in $\mathbb{R}^{n+1}$ with corresponding gradient Brownian system, we can now identify the conditional distribution of v_t given $\{x_s, s \geq 0\}$. Indeed, in this case, (19) reduces to

$$Dv_t = -v_t\, d\beta_t^1 - \frac{1}{2}(n-1)v_t dt, \text{ where : } \beta_t^1 = \int_0^t \langle x_s, dB_s\rangle$$

giving :

$$v_t = e^{-\beta_t^1 - \frac{1}{2}nt}\, //_t\, v_o\,.$$

This is because ∇X is essentially the shape operator for the submanifold and so, for S^n in $\mathbb{R}^{n+1}$:

$$\nabla X(v)e = -\langle x, e\rangle v, \qquad v \in T_x M,\ e \in \mathbb{R}^m$$

e.g. see [E3].

Now, $\{\beta_t^1\ ;\ t \geq 0\}$ is a 1-dimensional Brownian motion and, as for β_t above, we see that it is independent of $\mathcal{F}_\infty^x$. Thus, $//_t^{-1} v_t$ is independent of $\mathcal{F}_\infty^x$. □

<u>Comment</u> : So, this turns out to be rather uninteresting. However, the more general case for a gradient Brownian system :

$$Dv_t = A_{x_t}(v_t, //_t\, d\beta_t) - \frac{1}{2} \mathrm{Ric}^{\#}_{x_t}(v_t)dt$$

where $A_x : T_xM \times (T_xM)^{\perp} \longrightarrow T_xM$ looks difficult to treat.

Here, A is the shape operator :

$$\langle A_x(v_1,z),v_2\rangle = \langle\alpha(v_1,v_2),z\rangle$$

for α the second fundamental form, and

$$\nabla X(v)(e) = A(v,Y(x)e) \qquad v \in T_xM,$$

so :

$$\nabla X(v_s)dB_s = A(v_s, //_s\, d\beta_s)$$

References

[A] Arnold, L : A formula connecting sample and moment stability of linear stochastic systems.
SIAM J. App. Math. 44, p. 793-802 (1984).

[E1] Elworthy, K.D : Stochastic Differential Equations on Manifolds.
Cambridge University Press, Cambridge : 1982.

[E2] Elworthy, K.D : Stochastic flows on Riemannian manifolds.
In : Diffusion Processes and Related Problems in Analysis, vol. II (M.A. Pinsky and V. Wihstutz, eds), p. 37-72. Progress in Probability n° 27. Birkhaüser (1992).

[E3] Elworthy, K.D : Geometric aspects of diffusions on manifolds.
In : Ecole d'Eté de Probabilités de Saint-Flour, XV-XVII, 1985-1987 (P.L. Hennequin, ed.), p. 276-425.
Lecture Notes in Maths. n° 1362, Springer (1987).

[E4] Elworthy, K.D : Stochastic Differential Geometry.
Tables Rondes de St Chéron (Janvier 1992). Bull. Sci. Maths. (1993).

[ERI] Elworthy, K.D, Rosenberg S : Generalized Bochner theorems and the spectrum of complete manifolds.
Acta. App. Math. 12, *p. 1-33 (1988).*

[ERII] Elworthy, K.D, Rosenberg S : Manifolds with wells of negative curvature
Invent. Math., vol. 103, p. 471-495 (1991).

[G] Goldberg, S.I : Curvature and Homology. *Academic Press, 1962.*

[JY] Jacod J, Yor, M : Etude des solutions extrémales, et représentation intégrale des solutions pour certains problèmes de martingales.
Zeit. für Wahr. 38, *1977, p. 83-125.*

[K] Kusuoka, S : Degree theorem in certain Wiener Riemannian manifolds.
In : Stochastic Analysis ; Proceedings, Paris 1987.
(Métivier, S. Watanabe, eds), p. 93-108.
Lecture Notes in Maths. 1322. Springer (1988).

[KN] Kobayashi, S, Nomizu, K : Foundations of Differential Geometry.
Vol. II. Interscience, J. Wiley and Sons (1969).

[L] Li (Xue-mei) : Stochastic flows on non-compact manifolds.
Ph. D. Thesis. Warwick University (1992).

[PW] Price, G.C, Williams, D : Rolling with "slipping", I.
Sém. de Probabilités XVII, Lect. Notes in Maths. 986, p. 194-197. Springer (1983).

Some Remarks on $A(t, B_t)$

John B. Walsh

University of British Columbia

1 Introduction

Let $\{B_t : t \geq 0\}$ be a standard Brownian motion, let $L(t, x)$ be its local time and let $A(t, x) = \int_{-\infty}^{x} L(t, y)\, dy$. The process $\{A(t, B_t), t \geq 0\}$ comes up naturally in the study of the local time sheet, and was studied in some detail in joint work with L. C. G. Rogers [1, 2, 3]. It was shown there that it is a Dirichlet process but not a semimartingale, at least relative to the Brownian filtration: it is the sum of a stochastic integral plus a continuous process X; X has zero quadratic variation (so $A(t, B_t)$ is a Dirichlet process) but it has non-trivial $\frac{4}{3}$-power variation [2] (and hence infinite variation, which is why $A(t, B_t)$ is not a semimartingale).

This note is a byproduct of [3], where the exact $\frac{4}{3}$-variation of X was determined. We will give a decomposition different from the one used there, one which puts things in a rather different context and leads to some heuristic remarks on a formal connection with distributions.

2 The Decomposition

Theorem 1 *$A(t, B_t)$ has the decomposition*

$$A(t, B_t) = \int_0^t L(s, B_s)\, dB_s + X_t \tag{1}$$

where

$$\begin{aligned} X_t &= \lim_{\varepsilon \to 0+} \frac{1}{2} \int_0^t \frac{L(s, B_s) - L(s, B_s - \varepsilon)}{\varepsilon}\, ds \\ &= t + \lim_{\varepsilon \to 0+} \frac{1}{2} \int_0^t \frac{L(s, B_s + \varepsilon) - L(s, B_s)}{\varepsilon}\, ds\,. \end{aligned} \tag{2}$$

The limits exist in probability, uniformly for t in compact sets.

Proof. Let ϕ_ε be an approximate identity and let

$$\psi_\varepsilon(x) = \int_{-\infty}^{x} \phi_\varepsilon(y)\, dy\,. \tag{3}$$

Then

$$\begin{aligned} A(t, B_t) &= \int_0^t I_{\{B_t - B_s \geq 0\}}\, ds \\ &= \lim_{\varepsilon \to 0+} \int_0^t \psi_\varepsilon(B_t - B_s)\, ds\,. \end{aligned} \tag{4}$$

This holds for all t since $\{s : B_s = B_t\}$ has Lebesgue measure zero. Let us write ϕ and ψ in place of ϕ_ε and ψ_ε respectively, and expand the integral in (4) by Ito's lemma:

$$(5)\int_0^t \psi(B_t - B_s)\,ds = t\psi(0) + \int_0^t\!\!\int_s^t \phi(B_u - B_s)\,dB_u\,ds + \frac{1}{2}\int_0^t\!\!\int_s^t \phi'(B_u - B_s)\,du\,ds\,.$$

Assuming that ϕ is Lipschitz, it is a simple matter to interchange the order of integration in the stochastic integral term on the right hand side of (5).

We would like to extend (5) to some discontinuous ϕ. Suppose that ν is a finite signed measure of zero total mass and compact support, and let $\phi(x) = \nu(-\infty, x]$. Let ϕ_n be a sequence of uniformly bounded C_K^∞ functions such that the measures $\phi_n'(x)\,dx$ converge weakly to ν, and such that there exists C such that $\int |\phi_n'(x)|\,dx \le C$ for all n. Let $\psi_n(x) = \int_{-\infty}^x \phi_n(y)\,dy$. Notice that we can choose the ϕ_n to all be supported in the same compact interval, so that the ψ_n will be uniformly bounded. For each n, write the left hand side of (5) in the form

$$\int_0^t \psi_n(B_t - B_s)\,ds = \int_{-\infty}^{\infty} \psi_n(B_t - x)L(t,x)\,dx\,.$$

Since the ψ_n are uniformly bounded and $\psi_n(x) \to \psi(x)$ for all x, the left-hand side of (5) converges to

$$\int_{-\infty}^{\infty} \psi(B_t - x)L(t,x)\,dx\,.$$

On the right-hand side of (5), $\psi_n(0) \to \psi(0)$, while the second term is

$$\int_0^t\int_0^u \phi_n(B_u - B_s)\,ds\,dB_u = \int_0^t\left[\int_{-\infty}^{\infty} \phi_n(B_u - x)L(u,x)\,dx\right] dB_u\,.$$

Using the uniform bound on the ϕ_n and the fact that $\phi_n \to \phi$ at all continuity points, and hence a.e., it is easy to see that this converges to

$$\int_0^t\left[\int_{-\infty}^{\infty} L(u,x)\phi(B_u - x)\,dx\right] dB_u\,.$$

To handle the final integral in (5), first change order, then introduce local time:

$$\frac{1}{2}\int_0^t\int_0^u \phi_n'(B_u - B_s)\,ds\,du = \frac{1}{2}\int_{-\infty}^{\infty}\int_{-\infty}^{\infty}\int_0^t \phi_n'(y-x)L(u,x)L(du,y)\,dy\,dx\,.$$

Integrate first over x, then let $n \to \infty$ and use the fact that the ϕ_n' converge weakly to ν and are uniformly bounded in L^1 to see that this is

$$\begin{aligned} &= \frac{1}{2}\int_{-\infty}^{\infty}\int_0^t\left[\int_{-\infty}^{\infty} \phi_n'(z)L(u,y-z)\,dz\right] L(du,y)\,dy \\ &\to \frac{1}{2}\int_{-\infty}^{\infty}\int_0^t\left[\int_{-\infty}^{\infty} L(u,y-z)\nu(dz)\right] L(du,y)\,dy\,, \end{aligned}$$

giving

$$\begin{aligned} \int_0^t \psi(B_t - x)L(t,x)\,dx &= t\psi(0) + \int_0^t\left[\int_{-\infty}^{\infty} L(u,x)\nu(-\infty,x]\,dx\right] dB_u \\ (6)\qquad &\quad + \frac{1}{2}\int_{-\infty}^{\infty}\int_0^t\left[\int_{-\infty}^{\infty} L(u,y-z)\nu(dz)\right] L(du,y)\,dy\,. \end{aligned}$$

If $\nu = \varepsilon_{-1}(\delta_0 - \delta^\varepsilon)$ then $\psi(0) = 0$, so this is

$$
\begin{aligned}
\int_0^t \psi(B_t - x)L(t,x)\,dx &= \int_0^t \left[\int_{-\infty}^{\infty} L(u,x)\nu((-\infty,x])\,dx\right] dB_u \\
&\quad + \frac{1}{2}\int_{-\infty}^{\infty}\int_0^t \varepsilon^{-1}(L(u,y) - L(u,y-\varepsilon))L(du,y)\,dy \qquad (7)\\
&= \int_0^t \left[\int_{-\infty}^{\infty} L(u,x)\nu((-\infty,x])\,dx\right] dB_u \\
&\quad + \frac{1}{2}\int_0^t \varepsilon^{-1}(L(u,B_u) - L(u,B_u-\varepsilon))\,du\,.
\end{aligned}
$$

Now we can let $\varepsilon \to 0^+$. The first two terms converge in L^2, hence so does the third, giving

$$
(8) \qquad A(t,B_t) = \int_0^t L(u,B_u)\,du + \lim_{\varepsilon\to 0^+}\frac{1}{2}\int_0^t \varepsilon^{-1}(L(u,B_u) - L(u,B_u-\varepsilon))\,du\,.
$$

This proves the first half of (2). To get the second half, apply the same argument to $\nu_n \equiv \varepsilon^{-1}(\delta_{-\varepsilon} - \delta_0)$ and note that this time $\psi(0) = 1$ for all n, so that

$$
(9) \quad A(t,B_t) = t + \int_0^t L(u,B_u)\,dB_u + \lim_{\varepsilon\to 0^+}\frac{1}{2}\int_0^t \varepsilon^{-1}(L(u,B_u+\varepsilon) - L(u,B_u))\,du\,.
$$

To see the limits in (2) are uniform, notice that all three terms in (7) are continuous in t. The left-hand side converges uniformly in t for t in compacts, and the stochastic integral converges in L^2, again uniformly in t, hence the final integrals in (8) and (9) also converge. ♣

3 Some Remarks

Remark 1 The equation (2) can be interpreted in terms of Schwartz distributions. Let $\frac{\partial^+}{\partial x}$ and $\frac{\partial^-}{\partial x}$ represent the right-hand and left-hand partial derivatives. Consider $x \mapsto L(t, B_t + x)$. The limits in (2) just involve $\frac{\partial^+ L}{\partial x}$ and $\frac{\partial^- L}{\partial x}$, which evidently exist in some distributional sense, so we can formally rewrite (2) as

$$
\begin{aligned}
(10) \qquad X_t &= \frac{1}{2}\int_0^t \frac{\partial^- L}{\partial x}(s,B_s)\,ds \\
&= \frac{1}{2}\int_0^t \left(2 + \frac{\partial^+ L}{\partial x}(s,B_s)\right) ds\,.
\end{aligned}
$$

The partials are not functions, for if they were, X would be of bounded variation, whereas it is known [2, 3] to have nontrivial $\frac{4}{3}$-variation, and hence infinite variation.

Remark 2 Here is a quick formal but non-rigorous argument which shows that Theorem 1 is a disguised version of Ito's lemma. Notice that $A(t,x)$ is continuously differentiable in t as long as $B_t \neq x$ ($A(t,x) = \int_0^t I_{\{B_s \le x\}}\,ds$ so $\frac{\partial A}{\partial t}(t,x) = I_{\{B_t \le x\}}$) and it is continuously differentiable in x ($\frac{\partial A}{\partial x} = L(t,x)$), but the second derivative fails to exist.

Thus one can almost, but not quite, apply the classical version of Ito's lemma. If we ignore this inconvenience and apply it purely formally to $A(t, B_t + \varepsilon)$ and $A(t, B_t - \varepsilon)$, noting that $I_{\{B_t \le B_t + \varepsilon\}} = 1$ and $I_{\{B_t \le B_t - \varepsilon\}} = 0$, we get

$$A(t, B_t + \varepsilon) = t + \int_0^t L(s, B_s + \varepsilon)\, dB_s + \frac{1}{2}\int_0^t \frac{\partial L}{\partial x}(s, B_s + \varepsilon)\, ds$$

and

$$A(t, B_t - \varepsilon) = \int_0^t L(s, B_s - \varepsilon)\, dB_s + \int_0^t \frac{1}{2}\frac{\partial L}{\partial x}(s, B_s - \varepsilon)\, ds\,.$$

Now just let $\varepsilon \downarrow 0$ to get (10).

Remark 3 If we subtract the two expressions for X, we see that

$$\int_0^t \left(\frac{\partial^+ L}{\partial x}(s, B_s) - \frac{\partial^- L}{\partial x}(s, B_s)\right) ds = -2t\,.$$

for all t, which leads to the conclusion that, in some distribution sense

$$\frac{\partial^+ L}{\partial x}(s, B_s) - \frac{\partial^- L}{\partial x}(s, B_s) \equiv -2 \tag{11}$$

for a.e. s. A similar phenomenon occurs with expectations:

$$\frac{\partial^+}{\partial x}E^y\{L(t,x)\}\bigg|_{x=y} - \frac{\partial^-}{\partial x}E^y\{L(t,x)\}\bigg|_{x=y} = -2\,. \tag{12}$$

In some sense, then, (10) is an almost-everywhere form of (12).

References

[1] Rogers, L. C. G., and Walsh, John B., Local time and stochastic area integrals, *Ann. Probability* 19, 457–482, 1991.

[2] Rogers, L. C. G., and Walsh, John B., The intrinsic local time sheet of Brownian motion. *Prob. Th. Rel. Fields* 88, 363–379, 1991.

[3] Rogers, L. C. G., and Walsh, John B., The exact $\frac{4}{3}$-variation of a process arising from Brownian motion. *Preprint.*

EXCURSION LAWS
AND EXCEPTIONAL POINTS ON BROWNIAN PATHS

Krzysztof Burdzy
University of Washington

The purpose of this note is to present an example of a family of "exceptional points" on Brownian paths which cannot be constructed using an entrance law.

Watanabe (1984, 1987) proved that various families of exceptional points on Brownian paths may be constructed using entrance laws. Special cases include excursions of one-dimensional Brownian motion within square root boundaries (see Watanabe (1984); the original construction was given by Davis (1983) and Greenwood and Perkins (1983)) and "cone-points" on the outer boundary of the 2-dimensional Brownian path (Burdzy (1989) Theorem 2.4 (i)). Watanabe's construction consists of generating an infinite but countable number of excursions (finite pieces of Brownian path) and then splicing them in a suitable way. The excursions are generated by a Poisson Point Process and they come ordered in a natural way corresponding to "local time." The excursions may be spliced together if the lifetimes of excursions corresponding to the local time interval $[0, c]$ are summable for each c. This condition is satisfied when the expected lifetime of an excursion under the excursion law is finite. Hence, one of the main conditions in Watanabe's theorem is that of finiteness of the expected lifetime of the excursion under the excursion law.

One may ask whether there exists a converse to Watanabe's theorem which would say that exceptional points on Brownian paths corresponding to an excursion law exist only when the expected lifetime of an excursion under the excursion law is finite. This could settle an open problem of whether there exist excursions within $\pm c\sqrt{t}$ for the critical case $c = 1$ (they do for $c > 1$ and do not for $c < 1$; see Davis and Perkins (1985)). Our theorem shows that such a general result cannot be proved.

The reader may consult the books of Blumenthal (1992), Burdzy (1987) and Sharpe (1988) regarding excursion theory and further references.

Let X denote the standard Brownian motion starting from 0. Suppose that $f : [0, \infty) \to [0, \infty]$. We will say that $\{X(s), s \in (t, t + \varepsilon)\}$ is an *excursion within f-boundaries* if $\varepsilon > 0$ and $|X(t + u) - X(t)| < f(u)$ for all $u \in (0, \varepsilon)$. The starting point of an excursion within f-boundaries may be called an *exceptional point* if for every fixed $t \geq 0$, the time t is not the starting point of an excursion within f-boundaries a.s. Let $C_*[0, \infty)$ denote the space of functions defined on $[0, \infty)$ which take real values and are continuous on some interval $[0, \zeta)$ and are equal to Δ (a

Supported in part by NSF grant DMS 91-00244 and AMS Centennial Research Fellowship point outside $\mathbb{R}$) otherwise. The case $\zeta = \infty$ is not excluded. A σ-finite measure H on $C_*[0,\infty)$ will be called an *excursion law within f-boundaries* if

(i) the canonical process under H is strong Markov with the transition probabilities of Brownian motion killed upon hitting the graph of f or $-f$, and

(ii) H is supported by paths starting from 0.

Theorem 1. *There exists a continuous function f such that*

(i) w.p.1 there exist excursions within f-boundaries and their starting points are exceptional points for Brownian paths, and

(ii) we have $H\zeta = \infty$ where H is the Brownian excursion law within f-boundaries.

Remark. It is a part of our assertion that there exists only one (up to a multiplicative constant) excursion law within f-boundaries. This seems to be true for any function f but we will indicate how to prove it just for our special choice of f.

Our proof of Theorem 1 uses in an essential way the fact that our function f is not monotone.

Problem 1. *Does there exist a monotone function f which satisfies Theorem 1?*

Proof of Theorem 1. First we will define a function g and prove the theorem for g in place of f. Choose a sequence of strictly positive numbers $\{p_k\}_{k\geq 1}$ such that $\sum_{k=1}^{\infty} p_k < 1/2$. We will also need $a_k, b_k > 0$ for $k \geq 1$ whose values will be specified later. Let

$$g(t) = \begin{cases} a_k & \text{for } t = b_k,\ k \geq 1, \\ \infty & \text{otherwise.} \end{cases}$$

It will be convenient to work with the time reversed process, i.e., $Y(t) = X(1-t) - X(1)$ for $t \in [0,1]$. The process Y is a Brownian motion.

The construction of g is based on the following observation. For every $p < 1$ and $c_1, c_2 > 0$ there exists $b \in (0, c_1)$ such that with probability greater than p there exists $t \in (b, c_1)$ such that $Y(t) = Y(t-b)$ and $|Y(t)| < c_2$. We can use the continuity of Brownian paths to strengthen this statement as follows. Suppose that p, c_1, c_2 and b are as above. Then for every $a > 0$ there exists $d > 0$ such that with probability greater than p there exists $t \in (b, c_1)$ such that $Y(t) = Y(t-b)$, $|Y(t)| < c_2$ and $|Y(t-b) - Y(s)| < a$ for all $s \in [t-b, t-b+d]$.

We will define inductively sequences of strictly positive numbers $\{a_k\}_{k\geq 1}, \{b_k\}_{k\geq 1}, \{d_k\}_{k\geq 1}$ and $\{q_k\}_{k\geq 1}$. The first constraint we impose on these sequences is that $b_{k+1} < d_k < b_k/2 < 2^{-k-1}$ for all k. Let $a_1 = 1$, $d_0 = 1/2$ and let $b_1, d_1 > 0$ be so small that with probability greater than $1 - p_1$ there exists $t \in (b_1, d_0/2)$ such that $Y(t) = Y(t-b_1)$ and $|Y(t-b_1) - Y(s)| < a_1/4$ for all $s \in [t-b_1, t-b_1+d_1]$. Let $q_1 = d_0/4 \wedge d_1/4$. Next choose $b_2 \in (0, q_1)$ so small that with probability greater than $1 - p_2$ there exists $t \in (b_2, q_1)$ such that $Y(t) = Y(t-b_2)$ and $|Y(t)| < a_1/8$. Let P^x denote the distribution of Brownian motion starting from x. Choose $a_2 > 0$ so small that for every real x and every $t \geq b_2/2$

$$P^x(|Y(t)| \leq a_2) < 2^{-1} b_2/b_1.$$

Find $d_2 \in (0, d_1/8)$ so small that with probability greater than $1 - p_2$ there exists $t \in (b_2, q_1)$ such that $Y(t) = Y(t-b_2)$, $|Y(t)| < a_1/8$ and $|Y(t-b_2) - Y(s)| < a_2/4$ for all $s \in [t-b_2, t-b_2+d_2]$.

Now we proceed by induction. Suppose that $a_1, \dots, a_k$ and $b_1, \dots, b_k$ have been chosen. Let $q_k = \min_{j\le k} 2^{-k-2} d_j$. Let $b_{k+1} \in (0, q_k)$ be so small that with probability greater than $1 - p_{k+1}$ there exists $t \in (b_{k+1}, q_k)$ such that $Y(t) = Y(t - b_{k+1})$ and $|Y(t)| < 2^{-k-2} a_j$ for every $j \le k$. Find $a_{k+1} > 0$ so small that for every real x and every $t \ge b_{k+1}/2$

$$P^x(|Y(t)| \le a_{k+1}) < 2^{-k} b_{k+1}/b_k.$$

Choose $d_{k+1} > 0$ so small that with probability greater than $1 - p_{k+1}$ there exists $t \in (b_{k+1}, q_k)$ such that $Y(t) = Y(t - b_{k+1})$, $|Y(t)| < 2^{-k-2} a_j$ for every $j \le k$ and $|Y(t - b_{k+1}) - Y(s)| < a_{k+1}/4$ for all $s \in [t - b_{k+1}, t - b_{k+1} + d_{k+1}]$. This completes the inductive definition of $\{a_k\}_{k\ge1}$, $\{b_k\}_{k\ge1}$, $\{d_k\}_{k\ge1}$ and $\{q_k\}_{k\ge1}$.

Next we will prove that there exist excursions within g-boundaries. Let T_1 be the smallest $t > b_1$ such that $Y(t) = Y(t - b_1)$ and $|Y(t - b_1) - Y(s)| < a_1/4$ for all $s \in [t - b_1, t - b_1 + d_1]$. By our choice of b_1, a_1, d_0 and d_1, we have $T_1 < 1/4$ with probability greater than $1 - p_1$. Let T_2 be the smallest $t \in (T_1 + b_2, T_1 + q_1)$ such that $Y(t) = Y(t - b_2)$, $|Y(t) - Y(T_1)| < a_1/8$ and $|Y(t - b_2) - Y(s)| < a_2/4$ for all $s \in [t - b_2, t - b_2 + d_2]$. If there is no such t, we let $T_2 = T_3 = \dots = \infty$. Note that T_1 is a stopping time for Y. Using the strong Markov property for Y at T_1 and the definition of b_2, a_2, q_1 and d_2 we see that T_2 is finite (and, therefore, $T_2 < T_1 + q_1$) with probability exceeding $1 - p_2$. We continue by induction. Suppose that $T_1, \dots, T_k$ have been chosen and are finite. Let T_{k+1} be the smallest $t \in (T_k + b_{k+1}, T_k + q_k)$ such that $Y(t) = Y(t - b_{k+1})$, $|Y(t) - Y(T_k)| < 2^{-k-2} a_j$ for every $j \le k$ and $|Y(t - b_{k+1}) - Y(s)| < a_{k+1}/4$ for all $s \in [t - b_{k+1}, t - b_{k+1} + d_{k+1}]$. If such t does not exist then we let $T_{k+1} = T_{k+2} = \dots = \infty$. The strong Markov property applied at T_k and the definitions of the constants ensure that T_{k+1} is finite and bounded by $T_k + q_k$ with probability greater than $1 - p_{k+1}$. We see that all T_k's are finite with probability greater than $1 - \sum_{k=1}^{\infty} p_k > 1/2$. Let $T_\infty = \lim_{k\to\infty} T_k$. Note that if T_∞ is finite then

$$T_\infty < 1/4 + \sum_{k\ge1} q_k \le 1/4 + \sum_{k\ge1} 2^{-k-2} \le 1/2.$$

Suppose that $T_\infty < 1$ and let $U = 1 - T_\infty$. We will show that U is the starting point for an excursion of X within g-boundaries. Fix an arbitrary $k > 1$. We have

$$Y(T_k) = Y(T_k - b_k) \tag{1}$$

and $|Y(T_k - b_k) - Y(s)| < a_k/4$ for all $s \in [T_k - b_k, T_k - b_k + d_k]$. Since $T_{j+1} - T_j < q_j < 2^{-j-2} d_k$ for all $j \ge k$, we have

$$T_\infty - T_k = \sum_{j\ge k} T_{j+1} - T_j < d_k.$$

Hence $T_\infty - b_k \in [T_k - b_k, T_k - b_k + d_k]$ and, therefore,

$$|Y(T_k - b_k) - Y(T_\infty - b_k)| < a_k/4. \tag{2}$$

It follows from the definition of T_j's that $|Y(T_{j+1})-Y(T_j)| < 2^{-j-2}a_k$ for all $j \geq k$. This and the continuity of Y implies that

$$|Y(T_\infty) - Y(T_k)| \leq \sum_{j\geq k} |Y(T_{j+1}) - Y(T_j)| < a_k/4.$$

This, (1) and (2) imply that $|Y(T_\infty) - Y(T_\infty - b_k)| < a_k/2$ for all k. We may express this in terms of X and U as $|X(U) - X(U+b_k)| < a_k/4$. Now it follows directly from the definition that U is the starting point of an excursion of X within g-boundaries.

We have proved that an excursion within g-boundaries exists with probability greater than 1/2. An easy modification of the argument shows that for each $k > 1$, with probability greater than 1/2 there exists an excursion within g-boundaries which has a starting point in $(0, 1/k)$. A standard application of the 0-1 law then shows that an excursion within g-boundaries exists with probability 1.

In order to prove that the starting points of excursions within g-boundaries are exceptional points it will suffice to show that with P^0-probability 1, $|X(b_k)| > a_k$ for infinitely many k. This can be achieved by choosing each a_k sufficiently small so that $P^0(|X(b_k)| > a_k) > 1 - 2^{-k}$.

Let us prove that there exists only one excursion law within g-boundaries. Note that a_k's may be chosen so small that

$$P^x(X(b_{k-1} - b_k) \in dy)/P^z(X(b_{k-1} - b_k) \in dy) \in (1/2, 2)$$

for all $x, z \in (-a_k, a_k)$ and $|y| < a_{k-1}$. Then an argument similar to that in the proof of Theorem 2.2 (b) of Burdzy (1987) shows that for every j and $\varepsilon > 0$ there exists $k_0 < \infty$ such that for every $k > k_0$

$$P^x(X(b_j - b_k) \in dy)/P^z(X(b_j - b_k) \in dy) \in (1 - \varepsilon, 1 + \varepsilon)$$

for all $x, z \in (-a_k, a_k)$ and $|y| < a_j$. Suppose that H and $\widetilde{H}$ are excursion laws within g-boundaries. An application of the Markov property at time b_k shows that

$$\frac{H(X(b_j) \in dy)}{\widetilde{H}(X(b_j) \in dy)} \cdot \frac{\widetilde{H}(X(b_k) \in (-a_k, a_k))}{H(X(b_k) \in (-a_k, a_k))} \in (1 - \varepsilon, 1 + \varepsilon)$$

for all $|y| < a_j$. Since ε can be made arbitrarily small by choosing large k, we conclude that the distributions of H and $\widetilde{H}$ at time b_j are constant multiples of each other. This is true for every j and clearly implies that H is a constant multiple of $\widetilde{H}$.

We will show that the excursion law H within g-boundaries has infinite expected lifetime. Let $H(\zeta \geq b_1) = c > 0$. Since $P^x(|X(b_3)| \leq a_2) < 2^{-1}b_2/b_1$, an application of the Markov property for H at time b_3 implies that

$$H(\zeta \geq b_2) > 2cb_1/b_2.$$

Similarly $P^x(|X(b_{k+2})| \leq a_{k+1}) < 2^{-k}b_{k+1}/b_k$ for all $k \geq 1$ and induction shows that

$$H(\zeta \geq b_k) > 2^k cb_1/b_k$$

for $k \geq 1$. For every k

$$H\zeta \geq b_k H(\zeta \geq b_k) > b_k 2^k c b_1 / b_k = 2^k c b_1.$$

It follows that $H\zeta = \infty$.

This completes the proof of the theorem with function g playing the role of the function f in the statement of the theorem. The function g is not continuous. We will now sketch an argument explaining how to modify the function g in order to obtain a continuous function f which also satisfies the theorem.

The modulus of continuity for Brownian paths is $\delta(t) = \sqrt{t}$ up to a logarithmic correction, so with probability 1 we have $|X(s+t) - X(s)| < t^{1/4}$ for all s and all $t < c(s)$ where $c(s) > 0$ is random. Let $h(t) = g(t) \wedge t^{1/4}$. Then every starting point of an excursion within g-boundaries is a starting point of an excursion within h-boundaries. The proof that the excursion law within h-boundaries has infinite expected lifetime does not need any essential changes. Note that h is finite and continuous at 0. It is not hard to see that we can smooth h away from 0 (leaving its values at b_k's) to obtain a continuous function f which has all the desired properties. □

REFERENCES

1. R. Blumenthal, *Excursions of Markov Processes*, Birkhäuser, Boston, 1992.
2. K. Burdzy, *Multidimensional Brownian Excursions and Potential Theory*, Longman, Harlow, Essex, 1987.
3. K. Burdzy, *Geometric properties of 2-dimensional Brownian paths*, Probab. Th. Rel. Fields 81 (1989), 485–505.
4. B. Davis, *On Brownian slow points*, Z. Wahrsch. verw. Gebiete 64 (1983), 359-367.
5. B. Davis and E. Perkins, *Brownian slow points: the critical case*, Ann. Probab. 13 (1985), 779–803.
6. P. Greenwood and E.A. Perkins, *Local time on square root boundaries*, Ann. Probab. 11 (1983), 227–261.
7. M. Sharpe, *General Theory of Markov Processes*, Academic Press, New York, 1988.
8. S. Watanabe, *Excursion point processes and diffusions*, Proceedings of the International Congress of Mathematicians, 1983, Warszawa (Z. Ciesielski and Cz. Olech, eds.), PWN-Polish Scientific Publishers, Warsaw, 1984, pp. 1117–1124.
9. S. Watanabe, *Construction of semimartingales from pieces by the method of excursion point processes*, Ann. Inst. Henri Poincaré 23 (1987), 297–320.

DEPARTMENT OF MATHEMATICS, GN-50, SEATTLE, WA 98195

Propriétés asymptotiques des semi-martingales à valeurs dans des variétés à bord continu

Marc Arnaudon

Institut de Recherche Mathématique Avancée, Université Louis Pasteur et CNRS, 7, rue René Descartes, 67084 Strasbourg Cedex, France.

Résumé

Dans la première partie, on considère une semi-martingale continue et convergente, à valeurs dans une variété C^∞ munie d'une connexion, et on détermine une condition sur la direction de la dérive pour que la semi-martingale soit une semi-martingale jusqu'à l'infini. On applique ensuite cette condition aux martingales réfléchies convergentes dans des variétés à bord continu, avec des réflexions au bord vérifiant certaines propriétés de régularité, et en particulier aux martingales normalement réfléchies dans des variétés riemanniennes à bord convexe.

Dans la deuxième partie, on étudie les semi-martingales de crochet fini dans une variété riemannienne, et on montre que, soit elles convergent dans les compacts inclus dans des ouverts où la dérive s'annule, soit elles les quittent définitivement. On applique ensuite ce résultat à l'étude des martingales réfléchies à valeurs dans des variétés à bord pour montrer que, soit il y a convergence dans l'intérieur, soit il y a convergence vers le bord ou le point à l'infini du compactifié d'Alexandroff est valeur d'adhérence, les deux dernières possibilités ne s'excluant pas mutuellement. On montre enfin que dans une variété compacte à bord convexe sur lequel tous les vecteurs normaux sont entrant, une martingale normalement réfléchie et de crochet fini est convergente.

Introduction

Toutes les semi-martingales étudiées ici seront supposées continues. Un résultat de Zheng ([Z]) affirme qu'une martingale à valeurs dans une variété munie d'une connexion est une semi-martingale jusqu'à l'infini sur l'événement où elle converge. Emery fait une démonstration ([E1 4.48]) à l'aide d'un système de coordonnées convexes au voisinage de chaque point. Les coordonnées de la martingale sont alors des sous-martingales bornées convergentes, donc des semi-martingales jusqu'à l'infini. Dans un article précédent ([A]), cette méthode était utilisée pour démontrer le même résultat avec des martingales à valeurs dans des variétés à bord dont la direction de réflexion sur le bord ne s'approchait pas trop de l'espace tangent au bord. Une démonstration identique sera utilisée ici pour prouver (proposition 1) qu'une semi-martingale à valeurs dans une variété munie d'une connexion est une semi-martingale jusqu'à l'infini sur l'événement où elle converge et où la dérive reste asymptotiquement dans un cône saillant. La condition sur la dérive porte uniquement sur sa direction, et la propriété recherchée est qu'un choix de carte permette à l'une des coordonnées de la semi-martingale de devenir une sous-martingale bornée, alors que la partie à variation finie des autres coordonnées sera contrôlée par celle de la première. Ce résultat est motivé par l'étude des martingales à valeurs dans des variétés dont le bord ne serait plus C^∞, mais seulement convexe par exemple. On démontre dans ce cas (corollaire 6) que si la martingale se réfléchit normalement et est convergente, c'est une semi-martingale jusqu'à l'infini, en remarquant que les vecteurs normaux au bord restent localement dans un demi-espace.

On s'intéresse ensuite à une semi-martingale de variation quadratique finie dans une variété riemannienne. Darling a démontré ([D]) que s'il s'agit d'une martingale, elle converge dans le compactifié d'Alexandroff. On supposera ici que la dérive s'annule seulement lorsque la semi-martingale est dans un ouvert de la variété, et on étudiera le comportement dans les compacts inclus dans cet ouvert (proposition 7). En démontrant que soit il y a convergence dans un compact, soit le processus quitte le compact définitivement, on voudrait déduire des résultats sur les martingales réfléchies dans une variété à bord. Dans le cas d'un bord C^∞, on sait ([A]) que si la dérive reste asymptotiquement dans un cône saillant, il y a convergence dans le compactifié d'Alexandroff. Si le bord n'est pas de classe C^∞, on va chercher une fonction f bornée ainsi que ses dérivées d'ordre 1 et 2, qui croît suffisamment à chaque réflexion pour que l'on puisse contrôler la norme de la dérive, et aboutir au même résultat. On donne une telle fonction dans le cas de la réflexion normale dans une variété compacte à bord localement graphe de fonction convexe et sur lequel tous les vecteurs normaux sont entrant.

Toutes les variétés seront supposées séparables. Comme dans [E1], [M] et [S], une connexion sur une variété N désignera un opérateur F qui à un vecteur d'ordre 2 associe sa partie d'ordre 1. En coordonnées locales, on notera $F(D_i) = D_i$, et $F(D_{ij}) = \Gamma^k_{ij} D_k$, où les Γ^k_{ij} sont les symboles de Christofell. On reprendra les notations de [E1] et [A]. Le lien avec ∇ est $F(AB) = \nabla_A B$ pour tous A et B champs de vecteurs d'ordre 1. Si f est une fonction de classe C^∞ sur N, on notera

$$\mathrm{Hess}\, f(A \otimes B) = \nabla_A df(B) = ABf - \nabla_A Bf = ABf - F(AB)f.$$

Pour tout x dans N, on notera $d^2 f(x)$ la forme d'ordre 2 qui à λ, un vecteur d'ordre 2 associe $\langle d^2 f(x), \lambda\rangle = \lambda(f)$.

Si X est une semi-martingale continue à valeurs dans N, on notera $\mathcal{D}X$ sa différentielle d'ordre 2. Elle admet la décomposition $\mathcal{D}X = \overset{m}{d\tilde{X}} + \mathcal{D}\tilde{X}$, où $\mathcal{D}\tilde{X}$ est un vecteur formel d'ordre 2 qui désigne les caractéristiques locales de la martingale

([M], [S]), et $d\overset{m}{X}$ est un vecteur formel d'ordre 1. En coordonnées locales, si on note $X^i = M^i + A^i$ la décomposition de X^i en somme d'une martingale locale et d'un processus à variation finie, on a

$$\mathcal{D}X = dX^i D_i + \frac{1}{2} d\langle X^i, X^j\rangle D_{ij},$$

$$\mathcal{D}\tilde{X} = dA^i D_i + \frac{1}{2} d\langle M^i, M^j\rangle D_{ij}, \text{ et } d\overset{m}{X} = dM^i D_i.$$

Pour toute fonction f de classe C^∞ sur N, on a la décomposition

$$f(X) - f(X_0) = \int_0 \langle d^2 f(X), \mathcal{D}X\rangle = \int_0 \langle df(X), d\overset{m}{X}\rangle + \int_0 \langle d^2 f(X), \mathcal{D}\tilde{X}\rangle$$

en somme d'une martingale locale et d'un processus à variation finie. On notera $d\tilde{X} = F(\mathcal{D}\tilde{X})$. Cela donne

$$\langle d^2 f(X), \mathcal{D}\tilde{X}\rangle = \frac{1}{2} \operatorname{Hess} f(dX \otimes dX) + \langle df(X), d\tilde{X}\rangle.$$

Si X est une semi-martingale réelle sur l'espace probabilisé filtré $(\Omega, \mathcal{F}, (\mathcal{F}_t), P)$ et $A \in \mathcal{F}$, on dira que X est une semi-martingale jusqu'à l'infini sur A si son crochet et la variation totale de sa partie à variation finie convergent sur A. Ceci revient à dire que X est une semi-martingale jusqu'à l'infini pour la probabilité $P[\cdot|A]$ ([E2]). Si X est une semi-martingale à valeurs dans N, on dira que X est une semi-martingale jusqu'à l'infini sur A si pour toute fonction $f \in C^\infty(N)$, $f(X)$ est une semi-martingale jusqu'à l'infini sur A.

Soient N une variété de classe C^∞, de dimension n, munie d'une connexion F, et X une semi-martingale continue, à valeurs dans N. En se restreignant à l'événement où X converge, on va déterminer une condition sur la dérive pour que X soit une semi-martingale jusqu'à l'infini.

Définitions. *Soient V le domaine d'une carte ϕ et λ une forme linéaire sur $\mathbb{R}^n$. On notera $A(V, \lambda, p, k)$ pour p et k entiers naturels ($p \neq 0$), l'événement*

$$\{X \textit{ converge dans } V\} \cap \left\{\forall\, s > k,\ \left\langle \lambda, \phi_*\left(d\tilde{X}_s\right)\right\rangle \geq \frac{1}{p}\left\|\phi_*\left(d\tilde{X}_s\right)\right\|\right\}.$$

Soient $(\lambda_m)_{m\in\mathbb{N}}$ une suite dense dans l'ensemble des formes linéaires de $\mathbb{R}^n$ de norme 1, et $((V_l, \phi_l))_{l\in\mathbb{N}}$ un recouvrement de N par des cartes. Si l, m, p et k sont quatre entiers naturels ($p \neq 0$), on notera $A(l, m, p, k)$ l'événement $A(V_l, \lambda_m, p, k)$, et

$$A = \cup_{l,m,p,k\in\mathbb{N}} A(l, m, p, k).$$

On peut vérifier que A ne dépend ni de la suite dense de formes linéaires, ni du recouvrement dénombrable choisis ; A est l'ensemble sur lequel X converge et la dérive reste asymptotiquement dans un cône saillant.

Enonçons le résultat principal de cette partie.

Proposition 1 *La semi-martingale X est une semi-martingale jusqu'à l'infini sur A.*

Démonstration. Il suffit de montrer que pour tout quadruplet (l,m,p,k), X est une semi-martingale jusqu'à l'infini sur $A(l,m,p,k)$. Pour cela, on démontre tout d'abord le lemme suivant.

Lemme 2 *Soient l, m et p trois entiers naturels ($p \neq 0$). Tout point de V_l possède un voisinage ouvert $U(l,m,p)$ tel que toute semi-martingale X soit une semi-martingale jusqu'à l'infini sur l'événement*

$$A'(l,m,p) = \Big\{ \textit{Il existe } t(\omega) < \infty \textit{ tel que pour tout } s \geq t(\omega),$$
$$X_s(\omega) \textit{ appartienne à } U(l,m,p), \textit{ et } \left\langle \lambda_m, \phi_{l*}\left(d\tilde{X}_s\right)\right\rangle \geq \frac{1}{p}\left\|\phi_{l*}\left(d\tilde{X}_s\right)\right\|\Big\}.$$

Admettons un instant ce lemme. Pour démontrer la proposition, il suffit de recouvrir V_l par une suite d'ouverts $(U(l,m,p)_q)$, et de constater que

$$\{X \text{ converge dans } V_l\} = \cup_q \{X \text{ converge dans } U(l,m,p)_q\}.$$

Démonstration du lemme Soit $x \in V_l$. On peut supposer, quitte à composer ϕ_l avec une isométrie de $\mathbb{R}^n$, que λ_m est la première coordonnée dans $\mathbb{R}^n$. On notera $(y^1,\ldots,y^n)$ les composantes de la carte, et $D_1,\ldots,D_n$ les vecteurs correspondants. On peut supposer que x a pour coordonnées $(0,\ldots,0)$ et que les y^i sont bornés. Pour un réel positif c suffisamment grand, et quitte à se restreindre à un ouvert U inclus dans V_l et contenant x, l'application $(x^1,\ldots,x^n)$ définie par $x^i = y^i + c\sum_j (y^j)^2$ pour tout i est une carte locale dont chaque coordonnée est convexe. Définissons $U(l,m,p)$ comme l'ensemble des éléments de U qui vérifient $\sum |y^j| < (4pc)^{-1}$. Pour tout point x' de $U(l,m,p)$ et tout vecteur v de $T_{x'}N$ dont la première coordonnée dans la base $(D_1,\ldots,D_n)$ est positive et qui forme dans la carte ϕ_l un angle supérieur à $\frac{1}{p}$ avec tout vecteur non nul de $\Gamma(D_2,\ldots,D_n)$, on a $|\langle dy^i, v\rangle| \leq p\langle dy^1, v\rangle$. Et puisque $\langle dx^1, v\rangle$ est égal à $\langle dy^1, v\rangle + 2c\sum\langle y^j dy^j, v\rangle$, on a $\langle dx^1, v\rangle \geq 0$.

On a

$$d(x^1 \circ X) = dS^1 + \frac{1}{2}\operatorname{Hess} x^1(dX \otimes dX) + \left\langle dx^1, d\tilde{X}\right\rangle$$

où S^1 est une martingale locale. Pour des temps suffisamment grands, les deux derniers termes du membre de droite deviennent positifs sur $A'(l,m,p)$. Notons $x^1 \circ X = S^1 + A^1$. Le processus A^1 est asymptotiquement croissant, ce qui implique

que S^1 soit majorée donc converge sur $A'(l,m,p)$, puis que A^1 converge et soit à variation totale finie. En conclusion, $x^1 \circ X = S^1 + A^1$ est une semi-martingale jusqu'à l'infini sur $A'(l,m,p)$.

Il reste à montrer que $x^i \circ X$ est une semi-martingale jusqu'à l'infini sur $A'(l,m,p)$, pour $i \geq 2$. On a toujours

$$d(x^i \circ X) = dS^i + \frac{1}{2}\operatorname{Hess} x^i(dX \otimes dX) + \left\langle dx^i, d\tilde{X}\right\rangle$$

avec S^i martingale locale. Si nous montrons que l'intégrale du dernier terme est un processus à variation totale finie sur $A'(l,m,p)$, nous pourrons nous ramener à la démonstration précédente.

Ce dernier point est obtenu en constatant que sur $U(l,m,p)$, on a $|\langle dx^i, v\rangle| \leq 2p\langle dy^1, v\rangle$ et $\langle dy^1, v\rangle \leq 2\langle dx^1, v\rangle$, ce qui implique $|\langle dx^i, v\rangle| \leq 4p\langle dx^1, v\rangle$. On a donc asymptotiquement sur $A'(l,m,p)$,

$$\left|\left\langle dx^i, d\tilde{X}\right\rangle\right| \leq 4p\left\langle dx^1, d\tilde{X}\right\rangle$$

et on sait que l'intégrale du dernier terme est finie, ce qui achève la démonstration.

Il semble intéressant d'étudier les martingales réfléchies dans des variétés à bord, car si la réflexion n'est pas trop irrégulière, l'ensemble A de la première proposition peut être égal à l'ensemble de convergence.

Définitions. *On dira qu'une variété topologique à bord N est une variété C^∞ à bord continu de dimension n lorsque l'intérieur de N est une variété C^∞ de dimension n et lorsqu'elle est munie d'un atlas recouvrant le bord dont la restriction des cartes à l'intérieur de N est C^∞, dont les cartes ont des domaines de la forme $\{x^1 \geq f(x^2,\ldots,x^n)\}$ avec f continue définie sur un ouvert de $\mathbb{R}^{n-1}$ et sont telles que les changements de cartes sont des restrictions de difféomorphismes C^∞ définis sur un ouvert de $\mathbb{R}^n$. On dira que ces cartes sont C^∞.*

Une fonction g sur une variété à bord continu N sera dite de classe C^∞ si sa restriction à l'intérieur de N est une fonction C^∞ au sens des variétés C^∞ et si pour toute carte φ de classe C^∞ et de domaine U, l'application $g \circ \varphi^{-1}$ est la restriction à $\varphi(U)$ d'une fonction C^∞ définie sur un ouvert de $\mathbb{R}^n$. On notera $C^\infty(N)$ l'ensemble constitué des telles fonctions.

On dira qu'un processus continu X à valeurs dans une variété à bord continu est une semi-martingale lorsque pour toute fonction g appartenant à $C^\infty(N)$, le processus $g \circ X$ est une semi-martingale réelle continue.

Remarque. Il est équivalent de dire que N est une variété à bord continu ou de dire que N est un fermé d'une variété $\tilde{N}$ sans bord et de classe C^∞, tel que quel que soit x dans ∂N, il existe une carte C^∞ de $\tilde{N}$ de domaine U contenant x et telle que $N \cap U$ soit de la forme $\{x^1 \geq f(x^2,\ldots,x^n)\}$ avec f continue. Une fonction de $C^\infty(N)$ est alors une restriction à N d'une fonction de $C^\infty(\tilde{N})$, et un processus à valeurs dans N est une semi-martingale de N si et seulement si c'est une semi-martingale de $\tilde{N}$.

Puisque les changements de cartes d'une variété N à bord continu sont des restrictions de difféomorphismes C^∞, on peut définir les fibrés des vecteurs tangents d'ordre 1 et 2. On peut aussi définir une connexion ou une métrique riemannienne sur N.

Définition. *Si N est une variété à bord continu munie d'une connexion F, si U est un ouvert inclus dans $\mathring{N}$, et si Y est une semi-martingale à valeurs dans N, on dira que Y est asymptotiquement une F-martingale dans U s'il existe $t(\omega)$ p.s. fini tel que pour tout $s \geq t(\omega)$, on ait $1_{\{Y_s \in U\}} d\tilde{Y}_s = 0$, c'est à dire si, asymptotiquement, la dérive de Y s'annule dans U.*

Si N est une variété à bord continu munie d'une connexion F, et si Y est une semi-martingale à valeurs dans N, qui est asymptotiquement une F-martingale dans $\mathring{N}$, alors l'ensemble A est déterminé par la réflexion asymptotique des trajectoires convergeant vers un point du bord.

Examinons le cas de la réflexion normale dans les variétés riemanniennes dont les singularités du bord sont convexes.

Définitions. *Soit N une variété à bord continu munie d'une connexion. On dira que le bord de N est convexe lorsque pour tout point x de ∂N, il existe un voisinage V de x tel que pour tout couple (y,z) de points de V, il existe dans V une unique géodésique minimisante γ telle que $\gamma(0) = y$ et $\gamma(1) = z$.*

Soit N une variété à bord continu. On dira que le bord de N est localement le graphe d'une fonction convexe s'il existe un recouvrement d'un voisinage de ∂N par des cartes dont le domaine est de la forme $\{x^1 \geq f(x^2, \ldots, x^n)\}$ avec f convexe bornée.

Il est facile de vérifier que si le bord d'une variété est C^∞, c'est localement le graphe d'une fonction convexe. Plus généralement, si on peut représenter un bord comme graphe de fonction convexe, cela veut seulement dire que ses singularités sont convexes. Par conséquent, si N est une variété munie d'une connexion, et dont le bord est localement le graphe d'une fonction convexe, alors le bord n'a aucune raison d'être convexe. En revanche, nous allons démontrer que si le bord est convexe, alors il est localement graphe d'une fonction convexe.

Proposition 3 *Soit N une variété munie d'une connexion, à bord convexe. Alors le bord de N est localement graphe d'une fonction convexe.*

La preuve va être décomposée en trois étapes. Dans la première, on va démontrer que l'on peut recouvrir un voisinage du bord par des cartes dont le domaine est de la forme $\{x^1 \geq f(x^2, \ldots, x^n)\}$ avec f lipschitzienne. Ceci étant établi, on pourra considérer $x_0 \in \partial N$ et un voisinage U de x_0 vérifiant la propriété de convexité de la définition. On pourra supposer que U est le domaine d'une carte ϕ dans laquelle le bord $U \cap \partial N$ se représente comme l'ensemble $\{x_1 = f(x_2, \ldots, x_n)\}$, avec f lipschitzienne, que les symboles de Christoffel sont bornés dans cette carte, et que x_0 a pour coordonnées $(0, \ldots, 0)$.

Nous allons montrer que, quitte à réduire U, il existe une constante c telle que l'application qui à $(x_2, \ldots, x_n)$ associe $f(x_2, \ldots, x_n) + c\sum_{i\geq 2}(x^i)^2$ soit convexe. Pour cela, nous utiliserons les deux dernières étapes de la démonstration. Dans la deuxième étape, nous montrerons que le bord $\partial N \cap U$ est supporté par une famille d'hypersurfaces $(H_x)_{x\in U\cap\partial N}$. La troisième étape consistera à montrer que chaque H_x se représente dans la carte ϕ comme le graphe d'une fonction C^∞ dont les dérivées secondes sont bornées indépendamment de x.

Etape 1. On va montrer qu'au voisinage de chaque point du bord, il existe une carte exponentielle centrée en un point de l'intérieur telle que sur le domaine de cette carte et en coordonnées polaires, le bord ait pour équation $r = f(\theta)$ avec f lipschitzienne. Pour cela, on va montrer qu'il existe une boule ouverte centrée sur l'origine de la carte exponentielle telle que tout cône ayant pour base l'image d'un point du bord et supporté par cette boule soit contenu dans l'image de N. Si on remplace le cône de droites par un cône de géodésiques, cette propriété est due à la convexité. On va donc utiliser un résultat d'Emery et Zheng ([E,Z]) qui majore uniformément l'écart entre une géodésique et une droite.

Soient $x_0 \in \partial N$ et U un ouvert convexe contenant x_0, tel que pour tout x dans U, l'application $\exp_x$ soit un difféomorphisme à valeurs dans U. Soit φ une carte de domaine U. On considère l'ensemble des cartes $\varphi_y = \varphi_*(y) \circ \exp_y{}^{-1}$, avec y dans U. Lorsque y et y' varient dans un voisinage ouvert convexe relativement compact de x_0 inclus dans U, les dérivées premières et secondes des changements de cartes $\varphi_y \circ \varphi_{y'}{}^{-1}$ sont uniformément bornées. On remplacera désormais U par cet ouvert. Si z et z' sont dans $\varphi_y(U)$ et λ est dans $[0,1]$, on notera $w_y(z, z', \lambda) = \varphi_y(\gamma(\lambda))$, avec γ géodésique de U telle que $\gamma(0) = \varphi_y{}^{-1}(z)$ et $\gamma(1) = \varphi_y{}^{-1}(z')$. Alors Emery et Zheng ([E,Z]) ont démontré qu'il existe une constante c_y telle que quel que soit (z, z', λ), on ait

$$\|w_y(z, z', \lambda) - [(1-\lambda)z + \lambda z']\| \leq c_y \lambda(1-\lambda)\|z - z'\|^2,$$

et comme les dérivées premières et secondes des changements de cartes sont uniformément bornées, on peut reprendre la démonstration de [E,Z] et remplacer c_y par une constante c uniforme. Nous pourrons ainsi majorer dans toutes les cartes l'écart angulaire entre une géodésique et le segment qui l'interpole.

Pour $y \in U$, soit d^y la distance sur U induite par φ_y, et soient $B^y(\cdot, \cdot)$ les boules correspondantes. Soit $C \geq 1$ une constante telle que pour tout y, y' on ait $d^y \leq C d^{y'}$.

On choisit $D > 0$ telle que $B^{x_0}(x_0, D) \subset U$, y dans $\mathring{N} \cap B^{x_0}(x_0, D)$ et $\varepsilon' > 0$ tel que $B^{x_0}(y,\varepsilon') \subset \overset{\circ}{N} \cap B^{x_0}(x_0,D)$. Soit a tel que $\exp_{x_0} a = y$. Posons $\exp_{x_0} ta = y_t$ pour $t \in]0,1]$. Alors $y_t \in \overset{\circ}{N} \cap B^{x_0}(x_0,tD)$ et il existe $\varepsilon \leq \varepsilon'$ indépendant de t et non nul tel que $B^{x_0}(y_t,t\varepsilon) \subset \overset{\circ}{N} \cap B^{x_0}(x_0,tD)$, donc

$$B^{y_t}\left(y_t,\frac{t\varepsilon}{C}\right) \subset \overset{\circ}{N} \cap B^{x_0}(x_0,tD).$$

Posons $\beta = \dfrac{\varepsilon}{2C^2D}$ et montrons que pour t suffisamment petit, pour tout x dans $\partial N \cap B^{x_0}(x_0,tD)$, le cône $C(\varphi_{y_t}(x),\varphi_{y_t}(y_t),\beta)$, de sommet $\varphi_{y_t}(x)$, ensemble des points z tels que l'angle entre $z-\varphi_{y_t}(x)$ et $\varphi_{y_t}(y_t)-\varphi_{y_t}(x)$ soit de mesure inférieure à β, est dans $\varphi_{y_t}(N)$ au voisinage de $\varphi_{y_t}(x)$.

Soit t tel que $cCDt < \dfrac{\beta}{2}$. On va montrer que si une géodésique γ part de x, est telle que

$$\|\varphi_{y_t}(\gamma(1)) - \varphi_{y_t}(x)\| = \|\varphi_{y_t}(y_t) - \varphi_{y_t}(x)\|,$$

et ne passe pas dans $B^{y_t}\left(y_t,\dfrac{t\varepsilon}{C}\right)$, alors $\varphi_{y_t}(\gamma)$ ne passe pas dans $C(\varphi_{y_t}(x),\varphi_{y_t}(y_t),\beta)$ au voisinage de $\varphi_{y_t}(x)$.

Posons $z = \varphi_{y_t}(x)$, $z' = \varphi_{y_t}(\gamma(1))$, et soit $\lambda \in]0,1]$. Alors

$$\frac{\|w_{y_t}(z,z',\lambda) - [(1-\lambda)z + \lambda z']\|}{\lambda\|z-z'\|} \leq c(1-\lambda)\|z-z'\| \leq ctDC \leq \frac{\beta}{2}$$

ce qui permet de dire que l'angle entre $z'-z$ et $w_y(z,z',\lambda)-z$ est inférieur à $\dfrac{\beta}{2}$. Or l'angle entre $z'-z$ et $\varphi_{y_t}(y_t)-z$ est supérieur à 2β, donc $w_y(z,z',\lambda)$ n'est pas dans $C(\varphi_{y_t}(x),\varphi_{y_t}(y_t),\beta)$.

Une fois que l'on a prouvé cela, il est facile de voir que sur le voisinage $B^{x_0}(x_0,tD)$ de x_0, dans la carte φ_{y_t} et en coordonnées polaires, le bord a pour équation $r=f(\theta)$, avec f lipschitzienne de rapport inférieur à $\dfrac{CDt}{\beta}$. La première étape est achevée.

Etape 2. Soient $x_0 \in \partial N$ et un voisinage U de x_0 vérifiant la propriété de convexité de la définition. Intéressons-nous à l'existence des hypersurfaces. On peut maintenant supposer que U est le domaine d'une carte ϕ dans laquelle le bord $U \cap \partial N$ se représente comme l'ensemble $\{x_1 = f(x_2,\ldots,x_n)\}$, avec f lipschitzienne, que les symboles de Christoffel sont bornés dans cette carte, et que x_0 a pour coordonnées $(0,\ldots,0)$. Nous allons montrer que pour tout $x \in \partial N \cap U$, le bord $\partial N \cap U$ est dans un cône convexe de géodésiques, de base x.

On associe à $u' = (u^2,\ldots,u^n) \in \mathbb{R}^{n-1}$ suffisamment proche de 0, le réel u^1 tel que la géodésique γ de conditions initiales $\gamma(0) = x$ et $\phi_*(\dot\gamma(0)) = (u^1,\ldots,u^n)$, vérifie $\gamma(1) \in \partial N$. On notera $u^1 = l(u')$. Remarquons que l'unicité de u^1 au voisinage de $u' = 0$ provient du fait que f est lipschitzienne. L'hypothèse de convexité de ∂N se traduit par l'inégalité

$$l(\lambda u') \leq \lambda l(u') \text{ si } \lambda \leq 1,$$

car la géodésique γ passe dans N. Cela implique que la fonction qui à λ associe $\frac{1}{\lambda} l(\lambda u')$ soit croissante. On notera

$$f'(u') = \lim_{\lambda \to 0} \frac{1}{\lambda} l(\lambda u').$$

Il est clair que f' est homogène. Montrons qu'elle est convexe. Si elle ne l'était pas, alors il existerait u_1', u_2' et t tels que

$$f'((1-t)u_1' + tu_2') > (1-t)f'(u_1') + tf'(u_2').$$

On peut supposer dans ce calcul pour simplifier, que x a pour coordonnées $(0, \ldots, 0)$ dans la carte ϕ. Soit alors γ_ε pour $\varepsilon \in]0,1]$, la géodésique telle que $\gamma_\varepsilon(0)$ ait pour coordonnées $(f(\varepsilon u_1'), \varepsilon u_1')$ et $\gamma_\varepsilon(1)$ ait pour coordonnées $(f(\varepsilon u_2'), \varepsilon u_2')$.

Puisque f est lipschitzienne et

$$\|(l(\varepsilon u_i'), \varepsilon u_i')\| < \varepsilon M$$

pour une constante M, l'écart au temps 1 entre la géodésique reliant x au point de coordonnées $(f(\varepsilon u_i'), \varepsilon u_i')$ et le vecteur tangent à l'origine de coordonnées $(l(\varepsilon u_i'), \varepsilon u_i')$ est en ε^2, i.e. il existe M' telle que

$$|f(\varepsilon u_i') - l(\varepsilon u_i')| < M' \varepsilon^2,$$

donc

$$\lim_{\varepsilon \to 0} \frac{1}{\varepsilon} (f(\varepsilon u_i'), \varepsilon u_i') = (f'(u_i'), u_i').$$

Si nous montrons que

$$\lim_{\varepsilon \to 0} \frac{1}{\varepsilon} \phi(\gamma_\varepsilon(t)) = ((1-t)f'(u_1') + tf'(u_2'), (1-t)u_1' + tu_2'),$$

nous pourrons en déduire puisque f est lipschitzienne, en notant $\phi'(\gamma_\varepsilon(t)) = (\gamma_\varepsilon^2(t), \ldots, \gamma_\varepsilon^n(t))$, que

$$\lim_{\varepsilon \to 0} \frac{1}{\varepsilon} f(\phi'(\gamma_\varepsilon(t))) = \lim_{\varepsilon \to 0} \frac{1}{\varepsilon} f(\varepsilon((1-t)u_1' + tu_2')) = f'((1-t)u_1' + tu_2'),$$

et par conséquent,

$$\lim_{\varepsilon \to 0} \frac{1}{\varepsilon} \left(\gamma_\varepsilon^1(t) - f(\phi'(\gamma_\varepsilon(t))) \right) < 0,$$

et ce dernier point contredira le fait que pour tout $\varepsilon \in]0,1]$, le point $\gamma_\varepsilon(t)$ est dans N. Nous en déduirons que f' est convexe.

Montrons donc ce point. Nous savons que $\ddot{\gamma}_\varepsilon^i(s) = -\Gamma_{jk}^i(\gamma_\varepsilon(s))\dot{\gamma}_\varepsilon^j(s)\dot{\gamma}_\varepsilon^k(s)$. Le dernier terme est $O(\varepsilon^2)$, uniformément en $s \in [0,1]$. Comme pour tout i et tout ε, il existe $\theta \in [0,t]$ tel que

$$\gamma_\varepsilon^i(t) = \gamma_\varepsilon^i(0) + t\dot{\gamma}_\varepsilon^i(0) - \frac{t^2}{2}\Gamma_{jk}^i(\gamma_\varepsilon(\theta))\dot{\gamma}_\varepsilon^j(\theta)\dot{\gamma}_\varepsilon^k(\theta),$$

on en déduit que

$$\lim_{\varepsilon\to 0}\frac{1}{\varepsilon}\left(\gamma_\varepsilon^i(t) - \gamma_\varepsilon^i(0) - t\dot{\gamma}_\varepsilon^i(0)\right) = 0$$

et de même,

$$\lim_{\varepsilon\to 0}\frac{1}{\varepsilon}\left(\gamma_\varepsilon^i(1) - \gamma_\varepsilon^i(0) - \dot{\gamma}_\varepsilon^i(0)\right) = 0.$$

Cela donne

$$\lim_{\varepsilon\to 0}\frac{1}{\varepsilon}\left(\gamma_\varepsilon^i(t) - (1-t)\gamma_\varepsilon^i(0) - t\gamma_\varepsilon^i(1)\right) = 0,$$

ce qui est exactement le résultat recherché.

On a montré que le graphe de f était situé dans un cône convexe de géodésiques de sommet $\phi(x)$. On en déduit l'existence d'une hypersurface H_x supportant $\partial N \cap U$, et rencontrant cet ensemble au point x. Pour construire H_x, on considère une forme linéaire λ_x^0 de $\mathbb{R}^{n-1}$ telle que $\lambda_x^0(u') \leq f'(u')$ pour tout $u' \in \mathbb{R}^{n-1}$ ($\lambda_x^0 \in \partial f'(0)$), et on considère l'ensemble des points $\gamma_{u'}(1)$, u' appartenant à un ouvert de $\mathbb{R}^{n-1}$ contenant 0, $\gamma_{u'}$ étant la géodésique telle que $\gamma_{u'}(0) = x$ et $\dot{\gamma}_{u'}(0)$ ait pour coordonnées $(\lambda_x^0(u'), u')$. L'hypersurface H_x est l'exponentielle en x d'un voisinage de 0 d'un hyperplan de T_xN, et se représente dans la carte ϕ comme le graphe d'une fonction λ_x de classe C^∞, dont nous allons montrer dans la partie suivante que les dérivées jusqu'à l'ordre 2 sont bornées par des constantes indépendantes de x.

Etape 3. On revient à la supposition que x_0 ait pour coordonnées $(0,\dots,0)$ dans la carte ϕ.

Nous allons tout d'abord procéder à la construction de familles de fonctions C^∞ dépendant de façon C^∞ d'un paramètre décrivant un compact, et nous montrerons ensuite que les λ_x appartiennent à l'une d'elles.

La carte ϕ permet de définir pour chaque $y \in U$, un isomorphisme entre $\mathbb{R}^n$ et T_yN, en associant au vecteur ε_i de la base canonique, le vecteur D_i. De plus, l'application φ qui à (e,x,v) avec $e = (e_1,\dots,e_{n-1})$ famille orthonormale de $n-1$ vecteurs de $\mathbb{R}^n$, $x \in U$, $v = (v^1,\dots,v^{n-1}) \in B(0,\varepsilon) \subset \mathbb{R}^{n-1}$ associe $(\phi \circ \exp_x)(v^ie_i)$ est de classe C^∞. L'ensemble de départ peut être identifié à $SO(n) \times U \times B(0,\varepsilon)$. Notons $\psi_{(e,x)}$ l'application qui à v associe $(\varphi^2(e,x,v),\dots,\varphi^n(e,x,v))$. Notons K_α, pour $\alpha \in]0,\frac{\pi}{2}]$, l'ensemble compact des $e \in SO(n)$ tels que l'angle entre ε_1 et l'hyperplan engendré par e soit supérieur ou égal à α. Pour tout $e \in K_\alpha$, l'application $\psi_{(e,x)}$ est inversible au point 0. En choisissant ε suffisamment petit, et en réduisant ensuite U, les $\psi_{(e,x)}$ deviennent partout inversibles, à valeurs dans des ensembles contenant tous un voisinage U' de 0 dans $\mathbb{R}^{n-1}$. On peut alors définir l'application $\lambda_{(e,x)}$ qui à $y' = (y^2, \ldots, y^n) \in U'$ associe $\varphi^1(e, x, \psi^{-1}_{(e,x)}(y')) = y^1$. Cette application dépend de manière C^∞ des paramètres e et x, variant dans $K_\alpha \times U$. On peut remplacer U par un ouvert relativement compact dans U, contenant x_0. On en déduit alors que les applications $\lambda_{(e,x)}$, pour (e, x) variant dans $K_\alpha \times U$, ont des dérivées premières et secondes uniformément bornées.

On sait que tout λ_x est égal à un $\lambda_{(e_x,x)} \in \lambda_{(So(n),U)}$, et il reste à montrer que les λ_x appartiennent à un ensemble $\lambda_{(K_\alpha,U)}$ pour un $\alpha > 0$. Comme f est lipschitzienne, majore les λ_x, et $f(x') = \lambda_x(x')$ lorsque $x' = \psi_{(e_x,x)}(0)$, cette propriété est vraie.

On déduit que les λ_x ont des dérivées premières et secondes uniformément bornées. Ceci achève la troisième étape.

Il reste maintenant à remplacer la première coordonnée x^1 par

$$y^1 = x^1 + c\sum_{i\geq 2}(x^i)^2,$$

et à réduire encore au besoin l'ouvert U. Pour c suffisamment grand, les applications

$$\lambda'_x = \lambda_x + c\sum_{i\geq 2}(x^i)^2$$

sont convexes. Dans les nouvelles coordonnées, le bord est le graphe de $g = \sup_x \lambda'_x$. La fonction g est donc convexe, et la démonstration de la proposition est achevée.

Soit N une variété à bord continu. On suppose que le bord est localement le graphe d'une fonction convexe.

Si x est dans ∂N et si (U, ϕ) est une carte au voisinage de x, de domaine $\{x^1 \geq f(x^2, \ldots, x^n)\}$ avec f convexe, on définit l'ensemble $T_x\partial N$ des *vecteurs tangents* à ∂N comme étant l'ensemble des vecteurs de coordonnées $(df(x)(u'), u')$, u' appartenant à $\mathbb{R}^{n-1}$, et $df(x)(u')$ étant la dérivée de f au point x et dans la direction de u'. On peut vérifier que si on prolonge N en une variété sans bord au voisinage de x, l'ensemble $T_x\partial N$ est égal à l'ensemble des $\dot\gamma(0)$, γ étant une courbe C^∞ vérifiant $\gamma(0) = x$, et telle que la distance de $\gamma(t)$ à l'intérieur de N et la distance de $\gamma(t)$ au complémentaire de N soient $o(t)$ lorsque t décroît vers 0, ceci pour une métrique riemannienne quelconque (on utilise pour cela la continuité en u' des dérivées directionnelles de f, qui est due au fait que f est lipschitzienne). Cette propriété assure ensuite que la définition de $T_x\partial N$ ne dépend pas de la carte considérée.

On définit pour $x \in \partial N$ le *sous-différentiel* $T^{*+}_x\partial N$ de x comme étant l'ensemble des éléments λ de T^*_xN tels que dans la carte (U, ϕ), on ait $\langle\lambda, D_1\rangle > 0$, et qui vérifient

$$\forall V \in T_x\partial N, \ \langle\lambda, V\rangle \geq 0.$$

La première condition est intrinsèque, et est équivalente à $\lambda \neq 0$ et $\langle\lambda, \dot\gamma(0)\rangle \geq 0$ pour toute courbe γ de classe C^∞ qui vérifie $\gamma(0) = x$, et est telle que la distance de $\gamma(t)$ à l'intérieur de N soit $o(t)$ lorsque t décroît vers 0.

On suppose de plus que N est une variété riemannienne. On notera $\langle\cdot|\cdot\rangle$ le produit scalaire.

On dira qu'un vecteur V de T_xN est *normal* si $V = 0$ ou s'il existe $\lambda \in T_x^{*+}\partial N$ telle que $\langle V|\cdot\rangle = \lambda$.

On dira qu'une semi-martingale Y à valeurs dans N se réfléchit normalement sur le bord si $1_{\{Y\in\partial N\}}d\tilde{Y}$ est un vecteur normal.

Lemme 4 *Soit x un élément de ∂N. Il existe un voisinage U de x, et une forme différentielle λ_0 définie sur U, tels que si V est un vecteur normal en un point $y \in U \cap \partial N$, l'on ait*

$$\langle\lambda_0(y), V\rangle \geq \|V\|.$$

Démonstration. On choisit un ouvert U, domaine d'une carte ϕ dans laquelle le bord $\partial N \cap U$ se représente comme le graphe d'une fonction convexe bornée f définie sur un ouvert U' de $\mathbb{R}^{n-1}$, et dont tous les sous-différentiels $\partial f(x')$ pour $x' \in U'$ sont inclus dans un compact K. On cherche λ_0 de la forme $c\langle D_1|\cdot\rangle$, et cela revient à montrer qu'il existe une constante c positive, telle que pour tout y dans $\partial N \cap U$, pour tout λ dans $T_y^{*+}\partial N$, on ait

$$c\langle\lambda, D_1\rangle \geq \|\lambda\|.$$

Si λ est dans $T_y^{*+}\partial N$, alors $\phi_*(\text{Ker}\,\lambda)$ est le graphe d'une forme linéaire $\delta \in \partial f(y)$. Si $\delta(V^2,\ldots,V^n) = \delta_2V^2 + \cdots + \delta_nV^n$, alors

$$\lambda = \langle\lambda, D_1\rangle \left(dx^1 - \sum_{i\geq 2}\delta_i dx^i\right).$$

Comme les éléments de K sont uniformément bornés, il existe une constante c qui majore tous les $\left\|dx^1 - \sum_{i\geq 2}\delta_i dx^i\right\|$, et cela nous donne l'inégalité recherchée. La démonstration du lemme est achevée.

Il est facile de constater que le lemme implique que les vecteurs normaux restent localement dans un cône saillant. On obtient alors la proposition suivante.

Proposition 5 *Soit X une semi-martingale à valeurs dans une variété riemannienne N de métrique g, dont le bord est localement le graphe d'une fonction convexe. On suppose que pour une connexion F, le processus X est asymptotiquement une F-martingale dans l'intérieur. On note A' l'événement $\{X$ converge dans $N\}$ et $B(F,g)$ l'événement*

$$\{\exists t(\omega) < \infty, \forall\, s > t(\omega),\ 1_{\{X\in\partial N\}}F(\mathcal{D}\tilde{X}_s) \text{ est un vecteur normal pour } g\}.$$

Alors X est une semi-martingale jusqu'à l'infini sur $A' \cap B(F,g)$.

Ce résultat, accompagné de la proposition 3 donne immédiatement le corollaire suivant.

Corollaire 6 *Soit X une semi-martingale à valeurs dans une variété riemannienne N à bord convexe. On suppose que X est asymptotiquement une martingale dans l'intérieur pour la connexion associée à la métrique. On note A' l'événement $\{X$ converge dans $N\}$ et B l'événement*

$$\{\exists t(\omega) < \infty,\ \forall\, s > t(\omega),\ 1_{\{X \in \partial N\}} d\tilde{X}_s \text{ est un vecteur normal}\}.$$

Alors X est une semi-martingale jusqu'à l'infini sur $A' \cap B$.

Nous abordons la deuxième partie, dans laquelle nous nous intéressons à une semi-martingale X à valeurs dans une variété riemannienne munie d'une connexion F (qui n'est pas nécessairement la connexion associée à la métrique), et à l'ensemble de convergence de sa variation quadratique riemannienne. Notons

$$A = \left\{ \int_0^\infty \langle dX | dX \rangle < \infty \right\}.$$

La dérive $d\tilde{X}$ de X, ainsi que l'application Hess, seront calculées avec la connexion F.

Nous allons étudier le sous-ensemble de A sur lequel la dérive de X s'annule dans un ouvert, et en déduire des conséquences sur la convergence des martingales réfléchies dans des variétés à bord.

Proposition 7 *Soient U un ouvert et*

$$B(U) = \{\exists t(\omega) \text{ p.s. fini}, \forall s \geq t(\omega),\ 1_{\{X_s \in U\}} d\tilde{X}_s = 0\}$$

l'événement sur lequel, asymptotiquement, la dérive de X pour la connexion F s'annule dans U.

Si K est un compact inclus dans U, alors $A \cap B(U)$ est inclus dans la réunion des événements
$\{X$ converge vers un point de $K\}$ et
$\{$il existe un temps fini après lequel X ne rencontre plus $K\}$.

Démonstration. Il faut montrer que sur $A \cap B(U)$, si X a une valeur d'adhérence dans K, alors X converge vers cette valeur d'adhérence. Pour tout p entier naturel non nul, soit $(U_i^p) = (B(x_i^p, \frac{1}{p}) \cap U)$ un recouvrement fini de K. Prouver la propriété ci-dessus équivaut à démontrer que pour tout (p, i) tel que $B(x_i^p, \frac{1}{p}) \subset U$, la probabilité pour que sur $A \cap B(U)$, X entre dans U_i^{2p} et sorte de U_i^p une infinité de fois est nulle. Pour obtenir ce dernier point, on choisit une fonction f positive de classe C^∞, valant 1 sur U_i^{2p} et à support dans U_i^p. De l'égalité

$$df(X) = \langle df(X), d\overset{m}{X}\rangle + \frac{1}{2}\,\mathrm{Hess}\, f(dX \otimes dX)$$

vérifiée asymptotiquement sur $A \cap B(U)$, on déduit que $f(X)$ est une semi-martingale jusqu'à l'infini sur $A \cap B(U)$, car df et Hess f sont bornés. La semi-martingale $f(X)$ est donc convergente sur $A \cap B(U)$, et cela prouve le résultat recherché.

Applications

Soient N une variété riemannienne à bord continu, et X une semi-martingale, qui est asymptotiquement une F-martingale dans l'intérieur. On notera d la fonction distance, et A l'événement $\left\{\int_0^\infty \langle dX|dX\rangle < \infty\right\}$.

Proposition 8 *L'événement A est inclus dans la réunion de B_1, B_2 et B_3 avec*
$B_1 = \{X$ converge dans $\overset{\circ}{N}\}$,
$B_2 = \{d(X, \partial N)$ tend vers $0\}$,
$B_3 = \{$le point à l'infini du compactifié d'Alexandroff de N est valeur d'adhérence de $X\}$.

Remarque. L'événement B_1 est disjoint de $B_2 \cup B_3$, alors que les deux événements B_2 et B_3 peuvent avoir une intersection de probabilité non nulle, par exemple si X est à valeurs dans ∂N et converge vers le point à l'infini du compactifié d'Alexandroff.

Démonstration. Le complémentaire de B_3 est inclus dans l'événement où il existe un compact K dans lequel X revient définitivement. Soit pour $p \in \mathbb{N}^*$

$$K_p = K \cap \left\{d(X, \partial N) \geq \frac{1}{p}\right\}.$$

L'ensemble K_p est un compact inclus dans $\overset{\circ}{N}$, et la dérive de X s'annule asymptotiquement dans $\overset{\circ}{N}$. D'après la proposition 6, si quel que soit p, X ne converge pas dans K_p, alors $d(X, \partial N)$ tend vers 0, ce qui achève la preuve.

On choisit maintenant une fonction f bornée de classe C^∞ sur N, dont les dérivées premières sont bornées et telle que $|\mathrm{Hess}\, f|$ soit majorée par la métrique, et on s'intéresse à l'événement

$$B(f) = \left\{\exists\, t(\omega) < \infty,\ \varepsilon(\omega) > 0,\ \forall\, s > t(\omega),\ \left\langle df, 1_{\{X_s \in \partial N\}} d\tilde{X}_s\right\rangle \geq \varepsilon(\omega) \left\|d\tilde{X}_s\right\|\right\}.$$

On suppose toujours que X est asymptotiquement une martingale dans l'intérieur.

Proposition 9 *Sur $A \cap B(f)$, la semi-martingale X converge dans le compactifié d'Alexandroff de N.*

Démonstration. Il suffit de montrer que pour toute fonction h de classe C^∞ à support compact, $h(X)$ est une semi-martingale convergente sur $A \cap B(f)$. Pour cela, on montre d'abord que $f(X)$ est une semi-martingale jusqu'à l'infini sur $A \cap B(f)$. Ceci est obtenu en écrivant

$$f(X) - f(X_0) = \int_0 \langle df(X), d\overset{m}{X} \rangle + \frac{1}{2}\int_0 \text{Hess}\, f(dX \otimes dX) + \int_0 \langle df(X), d\tilde{X} \rangle.$$

Le membre de gauche est borné, les deux premiers termes du membre de droite sont des semi-martingales jusqu'à l'infini sur $A \cap B(f)$, et le dernier terme est asymptotiquement croissant sur $A \cap B(f)$, on en déduit que c'est aussi une semi-martingale jusqu'à l'infini sur $A \cap B(f)$.

Il reste à montrer que $h(X)$ est une semi-martingale convergente sur $A \cap B(f)$, lorsque h est C^∞ à support compact. On écrit

$$h(X) - h(X_0) = \int_0 \langle dh(X), d\overset{m}{X} \rangle + \int_0 \frac{1}{2} \text{Hess}\, h(dX \otimes dX) + \int_0 \langle dh(X), d\tilde{X} \rangle,$$

et on doit seulement montrer que le dernier terme converge. Ceci est obtenu en constatant qu'il existe sur $A \cap B(f)$ une fonction $M(\omega)$ finie, telle que pour s suffisamment grand, on ait

$$|\langle dh(X_s), d\tilde{X}_s \rangle| \leq M(\omega) \langle df(X_s), d\tilde{X}_s \rangle.$$

Ceci achève la démonstration.

On suppose dans la suite que N est une variété riemannienne compacte à bord localement graphe de fonction convexe, munie d'une connexion F qui n'est pas nécessairement la connexion de Levi-Civita associée à la métrique. Si x est sur le bord, un vecteur V de $T_x N$ sera dit *entrant* si quel que soit λ dans $T_x^{*+}\partial N$, on a $\langle \lambda, V \rangle \geq 0$.

Soit X une semi-martingale à valeurs dans N. On note toujours A l'événement $\left\{\int_0^\infty \langle dX | dX \rangle < \infty\right\}$, et on note

$$B(F) = \left\{ \exists t(\omega) \text{ p.s. fini}, \forall s \geq t(\omega),\ 1_{\left\{X_s \in \overset{\circ}{N}\right\}} d\tilde{X}_s = 0 \right\},$$

l'événement sur lequel la dérive de X pour la connexion F s'annule asymptotiquement dans l'intérieur.

On définit

$$C(F) = \{\exists t(\omega) < \infty,\ \forall\, s > t(\omega),\ 1_{\{X_s \in \partial N\}} d\tilde{X}_s \text{ est un vecteur normal}\},$$

l'événement sur lequel la dérive de X au bord pour la connexion F est asymptotiquement un vecteur normal.

On supposera aussi dans la suite que tout vecteur normal de ∂N est entrant, ce qui revient à dire que pour tous vecteurs n_x et n'_x normaux en $x \in \partial N$, on a $\langle n_x | n'_x \rangle \geq 0$.

Proposition 10 *La semi-martingale X est convergente sur l'événement*

$$A \cap B(F) \cap C(F).$$

Démonstration. Le résultat est immédiat en utilisant la proposition 9, une fois que l'on a construit une fonction f qui croît suffisamment à chaque réflexion au bord, afin que l'événement $C(F)$ soit inclus dans l'événement $B(f)$ de la proposition 9. La construction ne fait pas intervenir la connexion F, et est l'objet du lemme suivant.

Lemme 11 *Il existe sur N une fonction f de classe C^∞ et un réel $\alpha > 0$ tels que pour tout vecteur V normal unitaire au bord, on ait $\langle df, V \rangle \geq \alpha$.*

Démonstration du lemme. Les applications exp et les transports parallèles seront définis avec la métrique riemannienne. On considère une variété riemannienne sans bord $\tilde{N}$ dans laquelle N se plonge de façon riemannienne. Soit l la fonction de $\mathbb{R}_+$ dans $\mathbb{R}$ qui à $r < 1$ associe $\exp \dfrac{1}{r^2 - 1}$ et à $r \geq 1$ associe 0. On définit $c = \int_{\mathbb{R}^n} l(\|x\|)\, dx$. Pour $\varepsilon > 0$, soit φ_ε la fonction de $C^\infty(T\tilde{N})$ définie par $\varphi_\varepsilon(v) = (c\varepsilon^n)^{-1} l(\varepsilon^{-1} v)$. Alors $\varphi_\varepsilon(v)dv$ définit une mesure de masse 1 sur chaque espace tangent. On définit sur $\tilde{N}$ la fonction h qui vérifie $h(x) = 0$ si $x \in N$ et $h(x) = -d(x, N)$ sinon. La fonction $f(x)$ recherchée sera une moyenne f_ε de h sur voisinage de x, définie pour ε suffisamment petit sur un voisinage de N dans $\tilde{N}$ par

$$f_\varepsilon(x) = \int_{T_x\tilde{N}} \varphi_\varepsilon(y) h(\exp_x y)\, dy.$$

Elle est de classe C^∞, car on peut écrire

$$f_\varepsilon(x) = \int_{\tilde{N}} \varphi_\varepsilon(\exp_x{}^{-1} z) h(z) J(\exp_x{}^{-1})(z)\, dz$$

où $J(\exp_x{}^{-1})(z)$ est le jacobien de l'application $\exp_x{}^{-1}$ au point z. La fonction à l'intérieur de l'intégrale est de classe C^∞ en x sur un ouvert relativement compact contenant N, ce qui implique que l'intégrale dépende de façon C^∞ de x.

Soient x un point du bord de N et n_x un vecteur normal unitaire en x. On note $U(t)$ la géodésique partant de x avec une vitesse initiale n_x. Alors

$$\lim_{t \to 0} \frac{1}{t} (f_\varepsilon(U(t)) - f_\varepsilon(x)) = \langle df_\varepsilon, n_x \rangle .$$

Commençons par montrer que pour ε suffisamment petit, on a $\langle df_\varepsilon, n_x\rangle > 0$. Cela se fera en deux étapes. Pour t petit, on définit le transport parallèle τ_t au dessus de $U(t)$, qui est une isométrie de T_xN dans $T_{U(t)}\tilde{N}$, et on définit pour $y \in T_xN$ et t positif, $g(t,y) = \exp_{U(t)} \tau_t(y)$. L'application g est de classe C^∞, et sa dérivée par rapport à t en $(0,0)$ est n_x. On a l'égalité

$$f_\varepsilon(U(t)) - f_\varepsilon(x) = \int_{T_xN} \varphi_\varepsilon(y)(h(g(t,y)) - h(g(0,y)))\,dy,$$

due à la propriété d'isométrie de τ_t.

Puisque l'on travaille au voisinage de x, on peut supposer que $\tilde{N}$ est un ouvert de $\mathbb{R}^n$, que N est de la forme $\{x^1 \geq k(x^2,\dots,x^n)\}$ avec k convexe lipschitzienne, et que les coordonnées de x sont nulles. Notons que la métrique de $\tilde{N}$ n'est pas la métrique canonique de $\mathbb{R}^n$. Le produit scalaire de $\mathbb{R}^n$ sera noté $\langle\cdot|\cdot\rangle_{\mathbb{R}^n}$ pour le différencier du produit scalaire $\langle\cdot|\cdot\rangle$ de la variété. On pourra toutefois supposer qu'ils coïncident au point x. Les éléments de $\mathbb{R}^n$ seront souvent représentés avec des couples dont le premier terme appartiendra à $\mathbb{R}$ et le deuxième à $\mathbb{R}^{n-1}$. Si $z = (z^1, z') \in \partial N$, un vecteur $V = (V^1, V') \in T_zN$ est entrant si et seulement si $V^1 \geq dk(z')(V')$.

Dans une première étape, montrons que pour tout $\alpha > 0$, il existe $\delta > 0$ tel que si $\|y\| < \delta$, on ait

$$\liminf_{t\to 0} \frac{1}{t}(h(g(t,y)) - h(g(0,y))) \geq -\alpha.$$

Posons $n(t,y) = \frac{1}{t}(g(t,y) - g(t,0))$. Alors pour tout $\alpha > 0$, il existe $\delta > 0$ tel que si $\|y\| < \delta$ et $0 \leq t < \delta$, on ait $\|n(t,y) - n_x\| < \frac{\alpha}{2}$. D'autre part, il existe $\delta' > 0$ tel que si $z \in \partial N$ et $d(x,z) < \delta'$, la distance entre n_x et l'ensemble des vecteurs unitaires entrant au point z soit inférieure à $\frac{\alpha}{2}$ (découle de [R], théorème 24.5 p233).

Si $g(0,y)$ n'appartient pas à $\mathring{N}$, alors il existe $z \in \partial N$ tel que $d(g(0,y), N) = d(g(0,y), z)$. Si $\|y\| < \delta$ et $d(x, g(0,y)) < \frac{1}{2}\delta'$, on déduit des majorations précédentes que

$$\limsup_{t\to 0} \frac{1}{t} d(z + tn(t,y), N) \leq \alpha,$$

ce qui implique que

$$\liminf_{t\to 0} \frac{1}{t}(h(g(t,y)) - h(g(0,y))) \geq -\alpha.$$

De même, si $g(0,y)$ est dans $\mathring{N}$, alors on arrive à la même conclusion. La première étape est achevée.

Pour arriver à montrer que $\langle df_\varepsilon, n_x\rangle > 0$, il reste seulement à prouver qu'il existe $\varepsilon_0 > 0$, $\gamma > 0$ et $m > 0$, tels que pour tout $\varepsilon < \varepsilon_0$, il existe un ensemble $E_\varepsilon \subset T_x N$ de masse supérieure à m pour la mesure $\varphi_\varepsilon(y)dy$, tel que pour tout $y \in E_\varepsilon$, on ait

$$\liminf_{t\to 0} \frac{1}{t}(h(g(t,y)) - h(g(0,y))) \geq \gamma.$$

Cela constitue la deuxième étape. On choisira alors α vérifiant $m\gamma - \alpha > 0$, et on obtiendra l'existence d'un ε suffisamment petit pour que $\langle df_\varepsilon, n_x\rangle > m\gamma - \alpha > 0$.

On peut se restreindre au cas où dans la notation $n_x = (u^1, u_0)$, on a $0 < u^1 < 1$ (car si $u_1 = 1$, et comme k est lipschitzienne, on peut prendre pour E_ε lorsque ε est suffisamment petit, le support de la mesure $\varphi_\varepsilon(y)dy$ restreint à l'image réciproque par $\exp_x$ du complémentaire de N dans $\tilde{N}$). La partie essentielle de cette étape consiste à montrer qu'il existe une boule $\mathcal{U} = B(-u_0, \alpha')$ de centre $-u_0$ dans $\mathbb{R}^{n-1}$, $s_0 > 0$ et $\gamma > 0$, tels que pour tous $s \in]0, s_0]$, $u \in \mathcal{U}$, $V \in T_{x_s}\partial N$ avec $x_s = (k(su), su)$, on ait

$$\langle V|n_x\rangle < (1-\gamma)\|V\|.$$

On peut écrire V sous la forme $(dk(su)(au_0 + u'), au_0 + u')$, avec $\langle u_0|u'\rangle_{\mathbb{R}^{n-1}} = 0$, en ne s'intéressant qu'aux valeurs de a dans $\{-1, 0, 1\}$. On a

$$\langle V|n_x\rangle_{\mathbb{R}^n} = a\|u_0\|^2 + u^1 dk(su)(au_0 + u'),$$

donc si $a = -1$ ou 0, cela donne $\langle V|n_x\rangle_{\mathbb{R}^n} \leq dk(su)(au_0 + u')$. Soit K le coefficient de Lipschitz de k. En utilisant l'inégalité $dk(su)(au_0 + u') \leq K\|au_0 + u'\|$, on obtient

$$\langle V|n_x\rangle_{\mathbb{R}^n} < \frac{K}{\sqrt{1+K^2}}\|V\| < (1-\gamma)\|V\|,$$

si $0 < \gamma < 1 - \dfrac{K}{\sqrt{1+K^2}}$. Il reste donc à traiter le cas $a = 1$. Puisque n_x est normal, on a

$$\langle u_0|u\rangle + dk(0)(u)u^1 > 0,$$

et comme l'application qui à s associe $s\langle u_0|u\rangle + k(su)u^1$ est convexe, sa dérivée à gauche en $s > 0$ est supérieure ou égale à sa dérivée à droite en 0, ce qui donne en utilisant l'inégalité précédente,

$$-\langle u_0|u\rangle + dk(su)(-u)u^1 < 0.$$

On aimerait remplacer u par $-u_0$, mais en utilisant le fait que $dk(su)$ est lipschitzienne de rapport K, on obtient seulement

$$\|u_0\|^2 + dk(su)(u_0)u^1 < (\|u_0\| + K)\|u + u_0\| < (\|u_0\| + K)\alpha'.$$

Nous allons donner une formulation géométrique au problème à résoudre. Définissons $V_0 = (dk(su)(u_0), u_0)$ et $V_1 = (dk(su)(u'), u')$. Les vecteurs n_x, V_0, V_1 et V

sont dans l'espace vectoriel engendré par $(0, u_0)$, $(0, u')$ et $(1,0)$, et la matrice de leurs coordonnées est

$$\begin{pmatrix} 1 & 1 & 0 \\ 0 & 0 & 1 \\ u^1 & dk(su)(u_0) & dk(su)(u') \end{pmatrix}$$

qui est de rang 3 si α' est suffisamment petit. De plus, il existe $\gamma' > 0$ ne dépendant que de K et de α', tel que pour tout vecteur unitaire V' du plan vectoriel P engendré par V_0 et V_1, on ait $\langle n_x | V' \rangle < 1 - \gamma'$. Utilisant la convexité et l'homogénéité de $dk(su)$, on écrit

$$dk(su)(u_0 + u') \leq dk(su)(u_0) + dk(su)(u')$$

qui se traduit géométriquement par le fait que le plan P sépare n_x et V, ce qui implique

$$\langle n_x | V \rangle < (1 - \gamma') \| V \|.$$

On a donc montré l'existence de $\mathcal{U}$, s_0 et γ.

Quitte à restreindre s_0 et γ, et pour t et y suffisamment petits, on obtient encore pour tout $V \in T_{z_s} \partial N$, l'inégalité

$$\langle n(t,y) | V \rangle < (1 - \gamma) \| V \|.$$

On définit alors la boule B_s de centre $c_s = (k(su_0), su_0)$ et de rayon $s \left(\frac{\alpha'}{2} \wedge \frac{\|u_0\|^2}{2} \right)$, $E'_{2\|u_0\|s} = B_s \cap N^c$ (N^c est le complémentaire de N) et $E_\varepsilon = \exp_x{}^{-1}(E'_\varepsilon)$, de sorte que pour tout $y \in E_\varepsilon$, on ait $d(g(0,y), N) = d(g(0,y), z)$ avec z de la forme $(k(su), su)$, avec $u \in \mathcal{U}$ et $0 < s < s_0$.

Si on part de ce point z avec un vecteur vitesse $n(t,y)$, alors d'après les calculs précédents, on s'éloigne du bord avec une vitesse supérieure à γ, ce qui implique que

$$\liminf_{t \to 0} \frac{1}{t} (h(g(t,y)) - h(g(0,y))) \geq \gamma.$$

Par construction, les ensembles E_ε sont tels que

$$\liminf_{\varepsilon \to 0} \int_{E_\varepsilon} \varphi_\varepsilon(y) dy = 2m > 0,$$

donc pour ε suffisamment petit, on a

$$\int_{E_\varepsilon} \varphi_\varepsilon(y) dy \geq m,$$

cela achève la deuxième étape et permet de conclure que $\langle df_\varepsilon, n_x \rangle > 0$.

Pour achever la démonstration du lemme, nous allons montrer qu'il existe un $\varepsilon > 0$ tel que la dernière inégalité soit vraie quel que soit x et quel que soit le vecteur normal unitaire n_x.

L'ensemble des vecteurs normaux unitaires en x est compact, donc on peut trouver un $\varepsilon_x > 0$ et un $\alpha_x > 0$ tels que pour tout n_x dans cet ensemble, on ait $\langle df_{\varepsilon_x}, n_x\rangle > \alpha_x$. Pour tout $x \in \partial N$, il existe un voisinage ouvert W_x de x tel que pour tout $y \in W_x \cap \partial N$ et tout vecteur n_y normal unitaire en y, on ait $\langle df_{\varepsilon_x}, n_y\rangle > \frac{1}{2}\alpha_x$ (résulte de [R], corollaire 24.5.1). Par un recouvrement fini du bord par de tels ouverts, on trouve $\varepsilon > 0$ et $\alpha > 0$ tels que pour tout vecteur normal unitaire entrant n en un point du bord, on ait $\langle df_\varepsilon, n\rangle > \alpha$. Ceci achève la démonstration du lemme.

Remarque. Si ∂N possède des vecteurs normaux unitaires non entrant, cette démonstration ne marche pas, et cependant, dans le cas d'un secteur angulaire de $\mathbb{R}^2$, ou plus généralement lorsque N est le sous-ensemble de $\mathbb{R}^n$ défini par $\{x^1 \geq k(x^2, \ldots, x^n)\}$ avec k convexe lipschitzienne, la fonction $f = x^1$ convient quelle que soit la direction des vecteurs normaux.

Références :

[A] : M. Arnaudon : Dédoublement des variétés à bord et des semi-martingales, à paraître dans Stochastics.

[D] : R.W.R Darling : Convergence of Martingales in a Riemannian Manifold, Publ. R.I.M.S., Kyoto Univ. 19, 753-763, 1983.

[E1] : M. Emery : Stochastic Calculus in Manifolds, Springer Verlag 1989.

[E2] : M. Emery : Note sur l'exposé de S.W. He, J.A. Yan, W.A. Zheng (Sur la convergence des semi-martingales continues dans $\mathbb{R}^n$ et des martingales dans une variété), Séminaire de Probabilités 17, p.185, Lecture Notes in Mathematics 986, Springer 1981.

[E,Z] : M. Emery, W.A. Zheng : Fonctions convexes et semi-matingales dans une variété, Séminaire de Probabilités 18, Lecture Notes in Mathematics 1059, Springer 1983.

[M] : P.A. Meyer : Géométrie stochastique sans larmes, Séminaire de Probabilités 15, Lecture Notes in Mathematics 850, Springer 1981.

[R] : R.T. Rockafellar : Convex Analysis, Princeton University Press 1970.

[S] : L. Schwartz : Géométrie différentielle du deuxième ordre, semimartingales et Equations Différentielles Stochastiques sur une variété différentielle, Séminaire de Probabilités 16, LN 921, Springer 1982.

[Z] : W.A. Zheng : Sur le théorème de convergence des martingales dans une variété riemannienne, Z. Wahrscheinlichkeitstheorie verw. Gebiete 63, 511-515, 1983.

UNE REMARQUE SUR UN THÉORÈME DE BOURGAIN

Dominique SCHNEIDER and Michel WEBER

1. Introduction

Dans [B], Jean Bourgain établit un lien profond entre la régularité d'une famille distributive (au sens de Sawyer [Sa]) de contractions linéaires $\{S_n, n \geq 1\}$ d'un espace $L^2(\mu)$, où μ est une probabilité, et l'entropie métrique des sous-ensembles de $L^2(\mu)$, $C_f = \{S_n f, n \geq 1\}$. Rappelons à ce propos (voir [Du]) qu'une partie K non vide d'un espace de Hilbert H est un GB (resp. GC) ensemble, si le processus isonormal Z sur H, c'est-à-dire le processus gaussien indexé sur H, dont la covariance est donnée par le produit scalaire, possède une version à trajectoires bornées sur K (resp. continues en norme sur K). Bourgain énonce dans [B].

THÉORÈME 1. — *Soit $\{S_n, n \geq 1\}$ une suite de contractions sur $L^2(\mu)$. On suppose qu'il existe une suite $\{T_j, j \geq 1\}$ d'isométries positives, inversibles de $L^2(\mu)$, préservant 1, commutant avec la suite $\{S_n, n \geq 1\}$ et vérifiant le théorème ergodique en moyenne dans $L^1(\mu)$:*

$$\forall f \in L^1(\mu), \qquad \lim_{J\to\infty} J^{-1} \sum_{j\leq J} T_j f = \int f d\mu. \tag{1.1}$$

Soit $p \in [1, \infty)$. On suppose que pour tout $f \in L^p(\mu)$, la suite $\{S_n f, n \geq 1\}$ converge presque sûrement. Alors les ensembles C_f sont des GB ensembles. En particulier, il existe une constante numérique C telle que

$$\sup\{\varepsilon\sqrt{\log N_f(\varepsilon)}, \varepsilon > 0\} \leq C\|f\|^2,$$

où $N_f(\delta)$ désigne le nombre minimal de boules hilbertiennes de rayon δ suffisant pour recouvrir C_f.

On se propose dans ce travail d'en donner une démonstration raccourcie en y introduisant une argumentation plus “gaussienne”. Nous montrons ce faisant qu'il suffit de supposer que la suite $\{S_n f, n \geq 1\}$ soit bornée presque sûrement pour obtenir la conclusion et que celle-ci reste vraie pour des opérateurs linéaires continus en mesure. Ceci conduit naturellement à poser le problème suivant : sous les hypothèses du théorème 1, les ensembles C_f sont-ils GC ? Nous donnons en conclusion un exemple basé sur un théorème d'Halàsz pour lequel cela est vérifié. Cet exemple a aussi l'avantage de montrer le lien entre la propriété GC des ensembles C_f et la vitesse de convergence dans le théorème ergodique de Birkhoff (voir [LW] sur ce point).

2. Démonstration

La démonstration, astucieuse de Bourgain part d'un argument dû à Stein, que ce dernier a employé avec succès dans [St] à l'étude du principe de continuité. Il consiste à appliquer les hypothèses à un élément aléatoire particulier de $L^p(\mu)$, en l'occurrence une moyenne gaussienne (de Rademacher dans [St]) du type suivant :

$$(2.1) \qquad \forall J \geq 1, \forall f \in L^p(\mu) \quad F_{J,f}(\omega, x) = \frac{1}{\sqrt{J}} \sum_{j \leq J} g_j(\omega) T_j(f)(x)$$

où $g_1, g_2, \ldots$ est une suite isonormale d'espace de base $(\Omega, \mathcal{A}, \mathcal{P})$. L'argument profond dans la démonstration de Bourgain consiste à utiliser l'hypothèse de commutation comme moyen de transporter de l'information vers le processus isonormal, par le biais de $F_{J,f}$, J grand.

Le dernier point de la démonstration consiste à utiliser le principe de Banach pour obtenir un contrôle uniforme des bornes, puis de conclure en appliquant le lemme de comparaison de Slépian en tirant un x au hasard. Dans ce qui suit, nous avons volontairement détaillé les passages clés de la démonstration. Nous avons isolé sous forme de lemme une remarque utile pour la suite concernant les isométries positives.

LEMME 2.1. — *Soit* $T : L^p(\mu) \to L^p(\mu)$, $1 \leq p < \infty$, *une isométrie positive telle que* $T1 = 1$. *Alors pour tout* $f \in L^p(\mu)$, $(Tf)^2 = Tf^2$.

En particulier si $p = 2$, T est aussi une isométrie sur L^1_+.

Preuve : Soit $A \in \mathcal{F}$, $0 < \mu(A) < 1$. On sait (c.f. [K] p. 186) que deux éléments $f, g \in L^p(\mu)$ sont à support disjoints si et seulement si, $\|f+g\|^p_{p,\mu} = \|f\|^p_{p,\mu} + \|g\|^p_{p,\mu}$. Puisque T est une isométrie positive, de $T1 = 1$ on déduit que $T1_A$ et $T1_{A^c}$ sont donc à supports disjoints, et $0 \leq T1_A, T1_{A^c} \leq 1$. Soit $E = \{0 < T1_A < 1\} = \{0 < T1_{A^c} < 1\}$. Comme $E \subset \mathrm{supp}(T1_A) \cap \mathrm{supp}(T1_{A^c})$, on conclut que $T1_A$ et $T1_{A^c}$ sont des indicatrices. Par suite toute fonction simple est transformée par T en une fonction simple. Pour ces fonctions on a : $(Tf)^2 = Tf^2$. Soit $f \in L^\infty(\mu)$; f est limite dans tout $L^p(\mu)$, $0 \leq p \leq \infty$ de telles fonctions. Par continuité de T, puis par extraction, il existe un index partiel sur lequel Tf et Tf^2 sont simultanément limites presque sûres de Tg_n et Tg_n^2, g_n simples. Donc $(Tf)^2 = Tf^2$ dans ce cas. Enfin sous les hypothèses faites $Tf = \lim_{n\to\infty} \uparrow T(fI(|f| \leq n))$ presque sûrement si $f \in L^p(\mu)$; ceci montre donc que $T.f^2 = (Tf)^2$ si $f \in L^p(\mu)$. □

Soit $f \in L^\infty(\mu)$; alors

$$\int dP() \int |F_{J,f}(,x)|^p d\mu(x) \leq (\sqrt{p})^p \int [J^{-1} \sum_{j \leq J} T_j f^2(x)]^{p/2} d\mu(x).$$

En vertu des hypothèses, $J^{-1} \sum_{j \leq J} T_j f^2$ converge quand $J \to \infty$, vers $\|f\|^2_{2,\mu}$, dans $L^1(\mu)$. On peut donc en extraire une sous-suite bornée convergent presque sûrement. Le théorème de convergence dominée montre donc que pour tout J grand,

$$(2.1) \qquad \|F_{J,f}\|_{p,\mu\otimes P} \leq 2\sqrt{p}\|f\|_{2,\mu}.$$

Soit $0 < \varepsilon < \frac{1}{4}$. A l'aide de l'inégalité de Tchébycheff, on en déduit pour ces J,

$$(2.2) \qquad P\{\omega : \|F_{J,f}(\omega,.)\|_{p,\mu} > \|f\|_{2,\mu} 2\sqrt{p/\varepsilon}\} \leq \varepsilon.$$

L'hypothèse de bornitude presque sûre faite sur la suite $\{S_n, n \geq 1\}$, entraîne à l'aide du principe de Banach, qu'il existe une fonction $C(\varepsilon) > 0$, décroissante telle que

$$\text{(2.3)} \qquad \forall \varepsilon > 0, \forall f \in L^p(\mu), \mu\{\sup_n |S_n(f)| \leq \|f\|_{p,\mu} C(\varepsilon)\} \geq 1 - \varepsilon.$$

Le théorème de Fubini, ainsi que (2.1) et (2.3) montrent donc que

$$P \otimes \mu\{(\omega, x) : \sup_{n \geq 1} |S_n(F_{J,f}(\omega, .))(x)| \leq C(\varepsilon) \|F_{J,f}(\omega, .)\|_{p,\mu}\} \geq 1 - \varepsilon.$$

Il en résulte aisément que

$$\text{(2.4)} \qquad \mu\{x : P\{\omega : \sup_{n \geq 1} |S_n(F_{J,f}(\omega, .))(x)| \leq C(\varepsilon) \|F_{J,f}(\omega, .)\|_{p,\mu}\} \geq 1 - \sqrt{\varepsilon}\} \geq 1 - \sqrt{\varepsilon}.$$

Posons

$$X_\varepsilon = X_{\varepsilon, J, f} = \{x \in X : P\{\sup_{n \geq 1} |S_n(F_{J,f}(\omega, .)(x)| \leq 2\sqrt{p/\varepsilon}\, C(\varepsilon) \|f\|_{2,\mu}\} 1 - 2\sqrt{\varepsilon}\}.$$

De (2.2) et (2.4), il découle que $\mu(X_\varepsilon) \geq 1 - \sqrt{\varepsilon}$.

En vertu de l'évaluation 0.34 de [F] sur les semi-normes gaussiennes, on a

$$\text{(2.5)} \qquad \forall x \in X_\varepsilon, \mathbb{E} \sup_{n \geq 1} |S_n(F_{J,f}(.,))(x)| \leq \frac{8\sqrt{p/\varepsilon}\, C(\varepsilon) \|f\|_{2,\mu}}{1 - 2\sqrt{\varepsilon}}.$$

Pour un entier $N \geq 1$ arbitraire, on note $\overline{N} = \{1, 2, \ldots, N\}$. Comparons maintenant l'écart quadratique de la suite gaussienne

$$\{S_n(F_{J,f}(\omega, .))(x), n \in \overline{N}\}$$

à celui du processus isonormal, c'est-à-dire à la norme sur $L^2(\mu)$. Le lemme 2.1. nous assure que

$$\text{(2.6)} \qquad \forall n, n' \in \overline{N}, \|S_n - S_{n'})(F_{J,f}(x)\|_{2,P} = \left(\frac{1}{J} \sum_{j \leq J} T_j((S_n - S_{n'})^2(f))(x)\right)^{1/2}.$$

En vertu de (1.1), procédant par extraction, il existe un index partiel $\mathcal{J}$ sur lequel chacun des membres de droite de (2.6) tend presque sûrement quand J tend vers l'infini vers $\|(S_n - S_{n'})(f)\|_{2,\mu}$. Et, partant, on aura pour tout J suffisamment grand dans $\mathcal{J}$,

$$\text{(2.7)} \qquad \forall n, n' \in \overline{N}, \|(S_n - S_{n'})(F_{J,f})(x)\|_{2,p} \geq \frac{1}{2} \|(S_n - S_{n'})(f)\|_{2,\mu},$$

sur un ensemble noté Y dans la suite, de masse supérieure ou égale à $1 - \sqrt{\varepsilon}$. Comme $\mu(X_\varepsilon \cap Y_\varepsilon) \geq 1 - 2\sqrt{\varepsilon} > 0$, en tirant un x au hasard dans $X_\varepsilon \cap Y_\varepsilon$, on déduit du lemme de comparaison de Slépian

$$\text{(2.8)} \qquad \mathbb{E} \sup\{Z(S_n(f)), n \in \bar{N}\} \leq \frac{16\sqrt{p/\varepsilon}\, C(\varepsilon) \|f\|_{2,\mu}}{1 - 2\sqrt{\varepsilon}}.$$

Soit maintenant $f \in L^2(\mu)$. Par continuité en moyenne quadratique de Z et par densité de $L^\infty(\mu)$ dans $L^2(\mu)$, on en déduit que (2.8) est aussi réalisé dans ce cas. Comme la borne obtenue est indépendante de $\overline{N}$, on conclut en faisant tendre N vers l'infini.

Ceci montre que $\{S_n f, n \geq 1\}$ est un GB ensemble pour tout $f \in L^2(\mu)$. Enfin le dernier point est simplement la minoration de Sudakov [Su].

3. Conclusion

La démonstration que nous venons de faire, permet d'énoncer le théorème de Bourgain sous la forme suivante :

THÉORÈME 3.1. — *Soit $(X, \mathcal{A}, \mu)$ un espace probabilisé, et soit $\{S_n, n \geq 1\}$ une suite d'opérateurs linéaires de $L^2(\mu)$ dans $L^2(\mu)$, continus en mesure, commutant avec une suite d'isométries $\{T_j, j \geq 1\}$ positives préservant 1 et vérifiant (1.1). Soit $2 \leq p < \infty$. On suppose*

$$\forall f \in L^p(\mu), \sup_{n\geq 1} |S_n(f)| < \infty, \quad \mu - \textit{presque partout}. \tag{3.1}$$

Alors pour tout $f \in L^p(\mu)$, C_f est un GB ensemble, et (1.2) est réalisé.

A la suite de cet énoncé, on peut maintenant se demander si la propriété : $\{S_n(f), n \geq 1\}$ converge presque sûrement pour tout $f \in \mathcal{X}$, n'entraîne pas de façon analogue que pour ces éléments $\overline{C}_f$ est un GC ensemble? Pour répondre à cette question il faut vraisemblablement remplacer le principe de Banach par un outil plus adapté. En effet, celui-ci ne distingue pas l'index sur lequel sont indicées S_n, de tout autre index partiel. Nous terminons en montrant qu'il existe des situations pour lesquelles cela est réalisé. L'exemple que nous donnons repose sur le théorème suivant dû à Halàsz (*cf.*[*H*]).

THÉORÈME 3.2. — *Pour tout automorphisme ergodique sur le tore, muni de la mesure de Lebesgue λ, et toute suite $(c_n)_{n\geq 1}$ croissante vers $+\infty$, $c_1 \geq 2$, il existe un ensemble mesurable A avec $\lambda(A) = 1/2$ tel que pour tout $n \geq 1$,*

$$|\sum_{j\leq n} 1_{\tau^{-j}A} - n/2| \leq c_n. \tag{3.2}$$

Autrement dit, individuellement la vitesse de convergence peut être de l'ordre de $O(1/n)$; la condition de croissance sur $(c_n)_{n\geq 1}$ et $c^2 \geq 2$, interdisant un ordre strictement inférieur.

Notons $S_n f = n^{-1} \sum_{j=1}^n f \circ \tau^j$, et soit $\omega_n = (\log 1 + n)^{-b'}, b' > 0, n \geq 1$. Soit $b < b'$. En appliquant le théorème précédent, on peut se placer dans les conditions suivantes :

1) il existe un mesurable A du tore tel que $\lambda(A) = 1/2$ et $|S_n(I_A) - 1/2| \leq n\omega_n$ pour tout n, λ-presque partout,

2) la suite $(n\omega_n)_{n\geq 1}$ est croissante, $\omega^2 \geq 1$ et

$$\lim_{N\to\infty} \sup_{n\geq 1} (\omega_{n+N})(\log 1 + n)^b = 0.$$

Posons $f = 1_A - 1/2$, et soit pour tout $j \geq 1$, T_j l'opérateur unitaire sur $L^2(\mu)$ associé à la transformation τ^j. Clairement, $\sqrt{1/J \sum_{j\leq J} T_j(S_n f)^2} \leq \omega_n, \lambda$ presque partout. Cela montre que le nombre de boules de rayon $\omega_n, n \geq N$, pour l' écart quadratique induit par la suite gaussienne $\{S_n(F_{J,F}(\cdot))(x), n \geq 1\}$, nécessaires pour recouvrir $[N, \infty]$ est majoré par $n - N$. En vertu d'un résultat classique de R.M. Dudley [Du], on en déduit que :

$$x\ \mu - p.p.\ \mathbb{E}(\sup_{n\geq N} S_n(F_{J,f})(x)) \leq C \int_1^\infty \frac{\omega(N+u)}{u\sqrt{\log 1 + u}} = H_N, \tag{3.3}$$

où C est une constante universelle.

Soit $N_1 > N$. En reprenant l'argumentation finale de la démonstration, on obtient

$$\mathsf{E}\sup\{Z(S_n(f)), N \leq n \leq N_1\} \leq H_N,$$

et par suite, faisant tendre N_1 vers l'infini, puis N vers l'infini on montre, puisque $\lim_{N\to\infty} H_N = 0$, que l'oscillation à l'infini de $\{Z(S_n(f)), n \geq 1\}$ est nulle presque sûrement. Les ensembles $\overline{C_f}$ sont donc des GC ensembles.

Références

[B] Bourgain, J. *Almost sure convergence and bounded entropy*. Israël J. of Math., V. 63, p. 79–87, (1988).

[Du] Dudley, R.M. *The size of compact subsets in Hilbert spaces and continuity of Gaussian processes*. J. Functional analysis, V1, p. 290–330 (1967).

[F] Fernique, X. *Gaussian Random Vectors and their reproducing Kernel Hilbert spaces*. Tech. rep. n° 34, Univ. of Ottawa, (1985).

[H] Halàsz, K. *Remarks on the remainder in Birkhoff's ergodic theorem*. Acta Math. Acad. Sci Hungar. 28, p. 389–395, (1978).

[K] Krengel, U. *Ergodic theorems*. W. de Gruyter, studies in Mathematics 6, (1985).

[LW] Ladouceur, S., Weber, M. *Speed of convergence of the mean average operator for quasi-compact operators*, preprint, (1991).

[Sa] Sawyer, S. *Maximal inequalities of weak type*. Ann. Math., V. 84, p. 157–174, (1966).

[St] Stein, E.M. *On limits of sequences of operators*. Ann. Math. V. 74, p. 140–170, (1961).

[Su] Sudakov, V.N. *Gaussian random processes and measures of solid angles in Hilbert spaces*. Dokl. Akad. Nauk. S.S.S.R. V. 197, p. 43–45, (1971).

Institut de Recherche Mathématique Avancée,
Université Louis Pasteur et C.N.R.S.,
7, rue René Descartes,
67084 Strasbourg Cedex

OPERATEURS REGULIERS SUR LES ESPACES L^p .

MICHEL WEBER

Résumé. — *Nous étendons le critère d'entropie de J. Bourgain [1] au cas de suites d'opérateurs définis sur des espaces $L^p(\mu)$ avec $1 < p \leq 2$. Nous obtenons, à l'aide d'une technique de randomisation analogue à celle introduite par E. M. Stein dans l'étude du principe de continuité, et en utilisant les propriétés des fonctions aléatoires p-stables, un critère d'entropie similaire contrôlant le fait que pour un $0 < r < p$ et tout $f \in L^r(\mu)$, la suite $\{S_n(f), n \geq 1\}$ soit μ-p.s. bornée.* .

1 Introduction-Enoncé.

Soit $(X, \mathcal{A}, \mu)$ un espace probabilisé. Dans [4], nous obtenions une extension du critère d'entropie de Bourgain [1] et en donnions une preuve simple et directe. Ce critère concerne la régularité de suites d'opérateurs définis sur les espaces $L^p(\mu)$ avec $2 \leq \mu < \infty$, et utilise la notion de GB ensemble. Rappelons à ce propos, qu'une partie K non vide d'un espace de Hilbert H est un GB (resp. GC) ensemble, si le processus isonormal Z sur H, c'est à dire le processus gaussien indexé sur H, dont la covariance est donnée par le produit scalaire, possède une version à trajectoires bornées sur K (resp. continues en norme sur K). Rappelons maintenant l'énoncé de ce critère.

THÉORÈME 1.1. — *Soit $\{S_n, n \geq 1\}$ une suite d'opérateurs de $L^2(\mu)$ dans $L^2(\mu)$, avec μ-continus, et commutant avec une suite d'isométries $\{T_j, j \geq 1\}$ positives, de $L^2(\mu)$, préservant 1, et vérifiant le théorème ergodique en moyenne dans $L^1(\mu)$:*

$$(1.1) \qquad \forall f \in L^1(\mu), \qquad \lim_{J\to\infty} J^{-1} \sum_{j\leq J} T_j f = \int f d\mu, \text{ dans } L^1(\mu).$$

On suppose que

$$(1.2) \qquad \text{pour tout } f \in L^p(\mu) \text{ , la suite } \{S_n(f), n \geq 1\} \text{est bornée presque sûrement.}$$

Alors les ensembles $C_f = \{S_n(f), n \geq 1\}$ sont des GB ensembles. En particulier, il existe une constante $0 < C < \infty$ telle que pour tout $f \in L^p(\mu)$,

$$(1.3) \qquad \sup\{\epsilon\sqrt{\log N_f^2(\epsilon)}, \epsilon > 0\} \leq C\|f\|_2$$

où $N_f^2(\delta)$ désigne le nombre minimal de boules hilbertiennes de rayon δ suffisant pour recouvrir C_f.

Dans [5], nous obtenions une extension dans $L^\infty(\mu)$ de ce critère et l'appliquions aux rotations sur le tore. Introduisons les éléments de Stein

$$F_{J,f}(\omega,x)=\frac{1}{\sqrt{J}}\sum_{j\le J}g_j(\omega)T_j(f)(x)$$

où $g_1,\cdots,g_n$ est une suite isonormale définie sur un autre espace d'épreuves $(\Omega,\mathcal{B},P)$. Cette extension requérait sur ces éléments un contrôle de leurs normes-sup. Supposons qu'en fait $(\mathcal{X},\mathcal{A},\mu)$ soit un espace métrique compact et que pour une distance continue d

(1.4) *il existe une probabilité de Radon π sur X, telle que :*

$$\sup_{x\in X}\int_0^{diam(X,d)}\sqrt{\log\frac{1}{\pi(y:\ d(x,y)\le u)}}\,du\quad<\infty.$$

Soit τ un endomorphisme ergodique sur $(\mathcal{X},\mathcal{A},\mu)$, et associons à tout $f\in L^\infty$, l'écart

$$\forall x,x'\in X,\quad D_f(x,x')=\sup_{J\ge 1}\sqrt{\frac{1}{J}\sum_{j\le J}\{f\circ\tau^j(x)-f\circ\tau^j(x')\}^2}$$

THÉORÈME 1.2. — *Soit $\{S_n,n\ge 1\}$ une suite d'opérateurs linéaires μ-continus sur $L^2(\mu)$, et commutant avec τ. Supposons que*

(1.5) $\qquad\forall f\in L^\infty(\mu)$, *la suite $\{S_n(f),n\ge 1\}$ soit bornée $\mu-p.p.$,*

alors pour tout f telle que

$$\forall x,x'\in X,\qquad D_f(x,x')\le d(x,x'),$$

les ensembles $C_f=\{S_n(f),n\ge 1\}$ sont des GB ensembles de $L^2(\mu)$. En particulier, si $\tau\in Lip(d)$, alors pour tout $f\in Lip(d)$, C_f est un GB ensemble de $L^2(\mu)$.

Comme application, nous obtenions le

COROLLAIRE 1.3. — *Soit $\Pi^d=[0,1[^d$ le tore d-dimensionnel muni de la mesure de Haar λ_d et soit $\tau_\theta=(T_{\theta_1},\cdots,T_{\theta_d})$ une rotation telle que $\theta=(\theta_1,\cdots,\theta_d)$ soit à coordonnées rationnellement indépendantes. Soit alors $\{S_n(f),n\ge 1\}$ une suite d'opérateurs sur $L^2(\lambda_d)$-continus et commutants avec τ_θ. Supposons que (1.5) soit réalisée. Alors pour tout $f\in Lip(d)$, C_f est GB ensemble de $L^2(\lambda_d)$.*

Considérons maintenant une suite d'opérateurs linéaires, μ-continus, $\{S_n,n\ge 1\}$ définis sur $L^p(\mu)$, $1<p\le 2$, et satisfaisant le condition de bornitude (3.1). Peut-on ici aussi, en déduire un contrôle sur l'entropie métrique des sous-ensembles C_f de $L^p(\mu)$? Nous y répondons de façon affirmative en démontrant le critère suivant :

THÉORÈME 1.4. — *Soient $1 < p \leq 2$ et $\{S_n, n \geq 1\}$ une suite d'opérateurs linéaires de $L^p(\mu)$ dans $L^p(\mu)$, μ-continus. Supposons qu'il existe un endomorphisme ergodique τ sur $(X, \mathcal{A}, \mu)$, commutant avec les $S_n, n \geq 1$. Si, pour un $0 < r < p$ on a :*

(1.6) *pour tout $f \in L^r(\mu)$, la suite $\{S_n(f), n \geq 1\}$ est $\mu - p.s.$ bornée.*

Alors, pour tout $f \in L^p(\mu)$,

$$\sup\{\epsilon\{\log N_f^p(\epsilon)\}^{\frac{1}{q}}, \epsilon > 0\} \leq C(r,p)\|f\|_p, \tag{1.7}$$

où $\frac{1}{p} + \frac{1}{q} = 1$, $N_f^p(\epsilon)$ désigne le nombre minimal de L^p-boules de rayon ϵ suffisant pour recouvrir C_f, et $0 < C(r,p) < \infty$ est une constante ne dépendant que de r et p et de la suite d'opérateurs $\{S_n, n \geq 1\}$, et tendant vers l'infini quand r tend vers p.

2. Démonstration

Notons pour tout $j \geq 1$, par T_j l'opérateur normal associé à τ^j. Nous allons modifier les éléments de Stein. Soit $\{\theta_i\, i \geq 1\}$ une suite de v.a.r. indépendantes, équidistribuées, p-stables, symétriques, de paramètre 1 et d'espace d'épreuves $(\Omega, \mathcal{A}, P) \otimes (\Omega', \mathcal{A}', P')$, (on note $\widetilde{P} = P \otimes P'$ dans la suite). Pour tout $f \in L^p(\mu)$, tout $J \geq 1$, tout $x \in X$, on pose

$$F_{f,J}^p(\omega, \omega', x) = \frac{1}{J^{\frac{1}{p}}} \sum_{j \leq J} \theta_j(\omega, \omega')(T_j f)(x) \tag{2.1}$$

Alors $F_J^p = \{F_{f,J}^p(\omega, \omega', x),\ x \in X\}$ détermine une fonction aléatoire p-stable de mesure spectrale

$$m = \sum_{j \leq J} \delta_{T_j f}$$

On peut représenter F_J^p comme un mélange aléatoire de fonctions aléatoires gaussiennes; c'est une propriété classique. Plus exactement, suivant [3], remarque 1.8, p. 261, il existe une suite de v.a.r. gaussiennes, centrées, réduites, indépendantes d'espace d'épreuves $(\Omega, \mathcal{A}, P)$, et une suite de v.a.r. positives, i.i.d. $(\eta_j, j \geq 1)$, d'espace d'épreuves $(\Omega', \mathcal{A}', P')$ telles que la fonction aléatoire H_J^p définie par

$$H_{J,f}^p(\omega, \omega', x) = \frac{1}{J^{\frac{1}{p}}} \sum_{j \leq J} \eta_j(\omega) g_j(\omega')(T_j f)(x),$$

a même loi que F_J^p. Observons tout d'abord que pour tout $r < p$,

$$\mathsf{E}(|F_J^p|^r) = \mathsf{E}(|\theta_1|^r)\Big(\frac{1}{J} \sum_{j \leq J} |T_j f|^p\Big)^{\frac{r}{p}},$$

puisque

$$\frac{1}{J^{\frac{1}{p}}}\sum_{j\leq J}\theta_j T_j f \overset{\mathcal{D}}{=} \theta_1\Big(\frac{1}{J}\sum_{j\leq J}|T_j f|^p\Big)^{\frac{1}{p}}.$$

Soit $f \in L^\infty(\mu)$. A l'aide du théorème de Birkhoff, et du théorème de convergence dominée on obtient :

$$\lim_{J\to\infty}\int\Big(\frac{1}{J}\sum_{j\leq J}|T_j f|^p\Big)^{\frac{r}{p}} d\mu = \Big(\int |f|^p\, d\mu\Big)^{\frac{r}{p}}.$$

D'où, pour tout J assez grand,

$$\int \mathbf{E}(|F_J^p|^r)\, d\mu \leq 2^r\mathbf{E}(|\theta_1|^r)||f||_p^r.$$

Ainsi, pour tout J assez grand, et $r < p$

$$||F_J||_{r,\mu\otimes\widetilde{P}} \leq 2||\theta_1||_r||f||_{p,\mu}.$$

En argumentant alors comme suivant les alinéas (2.2) à (2.4) de [4], on tire du principe de Banach et des hypothèses faites, que pour tout $\epsilon > 0$, tout J assez grand, il existe un ensemble mesurable $X_\epsilon^J \subset X$, tel que $\mu(X_\epsilon^J) \geq 1 - \sqrt{\epsilon}$, et un réel $0 < C(\epsilon) < \infty$, tels que

$$\text{(2.2)}\qquad \forall x \in X_\epsilon^J,\quad \widetilde{P}\{\sup_{n\geq 1}|S_n(F_{J,f})| \leq C(\epsilon)||\theta_1||_r||f||_{p,\mu}\} \geq 1 - 2\sqrt{\epsilon}.$$

D'où :

$$\text{(2.3)}P'\{\omega' : P\{\sup_{n\geq 1}|S_n(F_{J,f}(\omega,\omega',x))| \leq C(\epsilon)||\theta_1||_r||f||_{p,\mu}\} \geq 1 - \sqrt{\epsilon}\} \geq 1 - 3\sqrt{\epsilon}.$$

En vertu de l'évaluation 2.3.3 de [2] sur les semi-normes gaussiennes, on a alors sur X_ϵ^J, pour tout $0 < \epsilon < \frac{1}{4}$, en notant $\mathbf{E}_{(P)}$le symbole d'intégration par rapport à P,

$$\text{(2.4)}\qquad 1 - \sqrt{\epsilon} \leq P'\{\omega' : \mathbf{E}_{(P)}\{sup_{n\geq 1}|S_n(F_{J,f}(.,\omega',x))|\} \leq \frac{4C(\epsilon)}{1-\sqrt{\epsilon}}||\theta_1||_r||f||_{p,\mu}\},$$

Considérons la fonction aléatoire p-stable indexée sur les entiers et définie par :

$$S_n(F_{J,f}^p) = \frac{1}{J^{\frac{1}{p}}}\sum_{j\leq J}\theta_j S_n(T_j(f)),\quad n\geq 1,$$

égale aussi grâce à l'hypothèse de commutation à

$$S_n(F^p_{J,f}) = \frac{1}{J^{\frac{1}{p}}} \sum_{j\leq J} \theta_j T_j(S_n(f)), \quad n \geq 1,$$

Elle a donc même loi que la fonction aléatoire p-stable ci-dessous :

$$H^p_J(n) = \frac{1}{J^{\frac{1}{p}}} \sum_{j\leq J} \eta_j g_j T_j(S_n(f)), \quad n \geq 1,$$

Introduisons l'écart aléatoire gaussien sur $\mathbb{N}$

$$d_{J,\omega',x}(n,m) = \left[\frac{1}{2}\mathbb{E}_{(P)}(H^p_J(n) - H^p_J(m))^2\right]^{\frac{1}{2}},$$

ainsi que l'écart associé à H^p_J :

$$d_{J,x}(n,m) = \left(\frac{1}{2}\int |\beta(n) - \beta(m)|^p dm_{H^p_J}(\beta)\right)^{\frac{1}{p}},$$

où $m_{H^p_J}$ désigne la mesure spectrale de H^p_J. Pour toute partie $A \subset \mathbb{N}$, tout écart d sur $\mathbb{N}$, tout $\epsilon > 0$, on notera $N(A, d, \epsilon)$ le cardinal minimal d'un recouvrement de A par des d-boules de rayon ϵ, centrées dans A. De même, $\sigma(A, d, n)$ est la fonction définie pour chaque entier n comme étant le plus petit nombre $\epsilon > 0$ tel que A puisse être recouvert par au plus n d-boules de rayon ϵ centrées dans A. En vertu de [4], lemme 2.1, p. 263, on peut assigner un ensemble mesurable Ω'_o tel que $P'\{\Omega'_o\} > \frac{1}{2}$; (en fait les mêmes calculs montrent que sa mesure peut être choisie arbitrairement proche de 1 ; et on supposera pour la *seule* commodité de l'exposé que $P'\{\Omega'_o\} > 1 - \sqrt{\epsilon}$), tel que :

$$\forall \omega' \in \Omega'_o, \forall n \geq 1, \sigma(\mathbb{N}, d_{J,\omega',x}, n) \geq \beta(p) \frac{\sigma(\mathbb{N}, d_{J,x}, n)}{(log(n+1))^{\frac{1}{p}-\frac{1}{2}}}, \tag{2.5}$$

On en déduit à l'aide de (2.4) et de la minoration de Sudakov, que pour tout $x \in X^J_\epsilon$, on a :

$$\frac{4C(\epsilon)}{1-\sqrt{\epsilon}} ||\theta_1||_r ||f||_{p,\mu} \geq \gamma(p) \sup_{\delta>0} \delta\Big(log N(\mathbb{N}, d_{J,x}, \delta)\Big)^{\frac{1}{q}}, \tag{2.6}$$

où $\gamma(p) > 0$. Soit $\bar{N}$ une partie finie de $\mathbb{N}$. En vertu des hypothèses faites, on peut trouver un index partiel $\mathcal{J}$ dépendant de $\bar{N}$ tel que :

$$\mu\{\forall j \in \mathcal{J}, \forall n, m \in \bar{N}, d_{J,x}(n,m) \geq \delta(p) ||(S_n - S_m)(f)||_{p,\mu}\} \geq 1 - \sqrt{\epsilon}, \tag{2.7}$$

où $\delta(p) > 0$. En combinant (2.6) et (2.7), on obtient :

$$C(\epsilon)||\theta_1||_r ||f||_{p,\mu} \geq \epsilon(p) \sup_{\delta>0} \delta\Big(log N(\bar{N}, ||.||_{p,\mu}, \delta)\Big)^{\frac{1}{q}}, \tag{2.8}$$

oú $\epsilon(p) > 0$. On conclut en faisant tendre $\bar{N}$ vers $\mathbb{N}$. On en déduit le résultat annoncé pour tout élément g de $L^p(\mu)$ en procédant par approximation.

3. Cas des procédés de sommation.

Dans le cas où les opérateurs S_n sont définis à partir de procédés de sommation matricielles, on peut renforcer très nettement l'énoncé du théorème 1.4. Soit $A = \{a_{n,k}, n, k \geq 1\}$ une matrice infinie de réels. Soit $(\mathcal{X}, \mathfrak{A}, \mu)$ un espace de LEBESGUE et notons $\mathcal{T}$ le groupe des automorphismes de $(\mathcal{X}, \mathfrak{A}, \mu)$. Posons formellement

$$\text{(3.1)} \qquad \forall T \in \mathcal{T}, \forall f \in L^p(\mu), \forall n \geq 1, S_n^T f = \sum_{k=1}^{\infty} a_{n,k} f \circ T^k \cdot$$

Etant donnée une suite $\{b_n, n \geq 1\}$ de réels, l'écriture formelle

$$\text{(3.2)} \qquad \forall f \in L^p(\mu) \ , \ \sigma(f) = \sum_{k=1}^{\infty} b_k f \circ T^k \cdot$$

détermine en vertu du théorème de la borne uniforme un opérateur linéaire comme L^p-limite des opérateurs continus $\sigma_N(f) = \sum_{k=1}^{\infty} b_k f \circ T^k$, $N \geq 1$, si et seulement si $\sup_{N \geq 1} \| \sigma_N \| < \infty$; et alors σ lui même est continu. Ici nous allons simplement supposer que $A = \{a_n = \{a_{n,k}, k \geq 1\}, n \geq 1\}$ est borné dans l_1; et donc les opérateurs S_N^T sont toujours L^p-continus, $p \leq \infty \cdot$ Nous montrons

THÉORÈME 3.1. —
i) $(2 \leq p < \infty)$ *Si pour un automorphisme ergodique* T

$$\text{(3.3)} \qquad \forall f \in L^p(\mu), \quad \{S_n^T(f), n \geq 1\} \textit{ est borné p.s.},$$

alors nécessairement,

$$\text{(3.4)} \qquad \sup_{S \in \mathcal{T}} \ \sup_{f \in L^p(\mu), \|f\|_2 \leq 1} \mathbb{E}\Big(\sup_{n \geq 1} | Z(S_n^S(f)) |\Big) < \infty,$$

où Z *est le processus isonormal sur* $L^2(\mu)$.

Si, plus particulièrement $(\mathcal{X}, \mathfrak{A}, \mu)$ *est un espace produit* $(\mathcal{Y}, \mathcal{B}, \nu)^{\otimes \mathbb{Z}}$, *alors* $\mathcal{A}$ *est un GB ensemble de* l_2.

ii)$(1 < p \leq 2)$ *Si pour un automorphisme ergodique* T *et pour un* $0 < r < p$

$$\text{(3.5)} \qquad \forall f \in L^r(\mu), \quad \{S_n^T(f), n \geq 1\} \textit{ est borné p.s.},$$

alors nécessairement,

$$\text{(3.6)} \qquad \sup_{S \in \mathcal{T}} \ \sup_{f \in L^p(\mu), \|f\|_2 \leq 1} \sup\{\epsilon \{\log N_{f,S}^p(\epsilon)\}^{\frac{1}{q}}, \epsilon > 0\} \leq C(r,p),$$

où $\frac{1}{p} + \frac{1}{q} = 1$, $N_{f,S}^p(\epsilon)$ *désigne le nombre minimal de* L^p*-boules de rayon* ϵ *suffisant pour recouvrir* $\{S_n^S f, n \geq 1\}$, *et* $0 < C(r,p) < \infty$ *est une constante ne dépendant que de* r *et* p *et tendant vers l'infini quand* r *tend vers* p.

Note : les conditions (3.4), (3.6) sont fortes. En effet, du critère de BOURGAIN [1] on tire immédiatement par exemple (3.4) sans le passage au sup sur T. Il suffit d'ailleurs ([4], théorème 3.1) que les S_n soient simplement continus en mesure. L'intérêt supplémentaire de (3.4) réside dans la contrôle uniforme sur T de la propriété GB qu'elle indique. Donnons-en brièvement la preuve, l'autre inégalité se traitant de manière similaire.

Du principe de BANACH , on tire que pour un $K < \infty$ que

$$(3.5) \qquad \sup_{f \in L^p(\mu), \|f\|_p \leq 1} \mu\Big(\sup_{n \geq 1} | S_n^T(f) | > K\Big) \leq \frac{1}{8}.$$

Soit maintenant T^* le sous-groupe distingué associé à T. Par le lemme de conjugaison , T^* est faiblement dense dans T, si T est apériodique, donc ***a fortiori*** si T est ergodique. De plus

$$(3.6) \qquad S_n^{R^{-1}TR}(f) = R^{-1}\Big(S_n^T f\Big)R.$$

Ceci montre comme dans [4], avec la même constante K que dans (3.5)

$$(3.7) \qquad \sup_{S \in T} \sup_{f \in L^p(\mu), \|f\|_p \leq 1} \mu\Big(\sup_{n \geq 1} | S_n^S(f) | > K\Big) \leq \frac{1}{8}.$$

A l'aide de l'estimation (2.8) dans [4], il est maintenant aisé de conclure à (3.4). Dans le cas des espaces produits, prenons

$$f \in 1_\nu^\perp, \ \|f\|_2 = 1, \ f \in L^p(\mu)$$

et observons que $\|(S_n^T - S_{n'}^T)\|_{2,\mu} = \|a_n - a_{n'}\|_2$, qui amène facilement par (3.4) la propriété pour $\mathcal{A}$.

Lorsque les procédés de sommation décrits au paragraphe précédents vérifient de plus

$$(3.8) \qquad \forall n \geq 1, \ S_n(f) = \sum_{k=1}^{N_n} a_{n,k} f \circ T^k,$$

où les $N_n, n \geq 1$, sont des entiers positifs, la propriété (3.3) se traduit directement sur la suite $\mathcal{A} = \{a_n = \{a_{n,k}, 1 \leq k \leq N_n\}, n \geq 1\}$. On peut en effet démontrer l'énoncé suivant.

THÉORÈME 3.2. — *Soit $\{S_n, n \geq 1\}$ une suite d'opérateurs définis par (3.1) et satisfaisant la condition (3.8). Alors,*

i) $(2 \leq p < \infty)$ *Si pour un automorphisme ergodique T*

$$(3.3) \qquad \forall f \in L^p(\mu), \quad \{S_n^T(f), \ n \geq 1\} \text{ est borné p.s.},$$

alors nécessairement,

(3.9) $$\mathcal{A} \text{ est un } GB - \text{ensemble de } l_2.$$

ii)(1 < p ≤ 2) Si pour un automorphisme ergodique T et pour un $0 < r < p$

(3.5) $$\forall f \in L^r(\mu), \quad \{S_n^T(f), n \geq 1\} \text{ est borné p.s.},$$

alors nécessairement,

(3.10) $$\sup\{\epsilon\{\log N^p(\mathcal{A}, \epsilon)\}^{\frac{1}{q}}, \epsilon > 0\} < \infty$$

où $\frac{1}{p} + \frac{1}{q} = 1$, $N^p(\mathcal{A}, \epsilon)$ désigne le nombre minimal de L^p-boules de rayon ϵ suffisant pour recouvrir $\mathcal{A}$.

Démonstration : A l'aide du lemme de Rokhlin-Halmos-Kakutani, pour tout $\epsilon > 0$, tout $N \geq 0$, il existe A ensemble mesurable tel que $A, TA, \cdots, T^{N-1}A$, soient deux à deux disjoints et $\frac{1-\epsilon}{N} \leq \mu(A) \leq \frac{1}{N}$. On pose $f = 1_A$. Soient n, m tels que $N_n \leq N_m \leq N$. Alors :

$$\begin{aligned}||S_n(f) - S_m(f)||_{2,\mu} &= ||\sum_{k=1}^{N_n}(a_{n,k} - a_{m,k})f \circ T^k + \sum_{k=N_n+1}^{N_m} a_{m,k} f \circ T^k||_{2,\mu} \\ &= [\sum_{k=1}^{N_n}(a_{n,k} - a_{m,k})^2 + \sum_{k=N_n+1}^{N_m} a_{m,k}^2]^{\frac{1}{2}} \\ &= ||a_n - a_m||_2 \sqrt{\mu}(A).\end{aligned}$$

Notons pour toute partie B de $\mathbb{N}$, tout écart d sur $\mathbb{N}$ et tout $\epsilon > 0$, par $N(B, d, \epsilon)$, le cardinal minimal d'un recouvrement de B par des d-boules de rayon ϵ, centrées dans B. A l'aide de l'estimation (2.8) de [4], il existe un nombre K indépendant de A tel que :

$$K\sqrt{\mu(A)} \geq \sup_{\delta > 0} \delta \sqrt{\log\, N(C_f, ||.||_2, \delta)}.$$

Mais,

$$\begin{aligned}N(C_f, ||.||_{2,\mu}, \epsilon) &\geq N(\{S_m(f) : N_m < N\}, ||.||_{2,\mu}, \epsilon) \\ &= N(\{a_m : N_m < N\}, \sqrt{\mu(A)}||.|_2, \epsilon).\end{aligned}$$

D'où,

$$K\sqrt{\mu(A)} \geq \sup_{\delta > 0} \delta \sqrt{\log\, N(\{a_m : N_m < N\}, \sqrt{\mu(A)}||.|_2, \delta)}.$$

Si $\delta = \epsilon\sqrt{\mu(A)}$, on obtient,

$$K \geq \sup_{\epsilon>0} \epsilon\sqrt{log\ N(\{a_m : N_m < N\}, \|.\|_2, \epsilon)},$$

le résultat (3.9) s'en suit en faisant tendre N vers l'infini. Enfin, (3.10) s'obtient en argumentant de façon similaire. □

References

[1]BOURGAIN, J. *Almost sure convergence and bounded entropy.* Israël J. Math. V. 63, no 63, p. 79-95, (1988).

[2] FERNIQUE, X. *Fonctions aléatoires à valeurs dans les espaces lusiniens* . Expo. Math. V. 8, p. 289-364 (1990).

[3] MARCUS, M.B., PISIER, G. *Characterizations of almost surely p-stable random Fourier series and strongly stationary processes.* Acta mathematica, V. 152, p. 245-301,(1984).

[4] SCHNEIDER, D., WEBER, M. *Une remarque sur un théorème de Bourgain.* preprint, (1991).

[5] WEBER, M.*GC sets, Stein's elements and matrix summation methods.* preprint, (1992).

Institut de Recherche Mathématique Avancée,
Université Louis Pasteur,
7, rue René Descartes,
67084 Strasbourg Cedex

Convergence en loi de variables aléatoires et de fonctions aléatoires, propriétés de compacité des lois, II.

X. Fernique, Strasbourg.

0. Introduction.

Dans un travail précédent [6], j'ai étudié des propriétés de convergence en loi de fonctions aléatoires, continues ou cadlag, à valeurs dans les espaces lusiniens. J'ai montré en particulier que dans de nombreux cas ([6], théorème 3.2.1), ces convergences en loi étaient en fait associées à des topologies lusiniennes ; les résultats présentés utilisaient essentiellement les relations entre compacité relative et propriétés de tension pour les ensembles de mesures positives bornées. Dans le travail présenté ici, nous reprenons le même sujet sous le nouvel aspect suivant : améliorer les techniques pour le maniement des fonctions aléatoires à valeurs dans les espaces lusiniens (cf.[5]) pour pouvoir utiliser la convergence étroite de leurs lois même lorsqu'elles ne sont pas tendues.

Soient E un espace complètement régulier et $M_b^+(E)$ l'ensemble de ses mesures positives bornées ; soit A une partie de $M_b^+(E)$, on suppose qu'elle est bornée et tendue aux sens suivants :

(0.1) *Il existe un nombre* M *tel que* $\sup\{\mu(E), \mu\in A\} \leq M$,

(0.2) *Il existe une suite* $(K_n, n\in \mathbb{N})$ *de parties compactes de* E *telles que*

$$\lim_{n\to\infty} \sup\{\mu(E - K_n), \mu\in A\} = 0 ;$$

on sait alors que A est relativement compact pour la topologie de la convergence étroite. Inversement, on sait aussi que si A est relativement compact pour cette topologie et si A est polonais ([10]) ou si A appartient à certaines classes d'espaces lusiniens ([4]. Th. I.6.5) ou même à certaines classes d'espaces complètement réguliers plus généraux ([7]), alors A est nécessairement borné et tendu ; on sait par contre qu'il existe d'autres classes d'espaces lusiniens réguliers E dans lesquels A peut être relativement compact pour la convergence étroite sans être tendu ([9]) ; c'est par exemple le cas si E est le dual faible d'un espace de Hilbert séparable ([4], Exemple I.6.4).

Les problèmes de fluctuation associés à certaines équations de Boltzmann et donc à l'évolution des grands systèmes de particules introduisent naturellement à l'étude des propriétés de compacité relative de familles de mesures positives bornées sur des espaces de Hilbert séparables E pour la topologie de la convergence étroite des mesures associée à la topologie faible de E ; c'est donc la situation où les propriétés (0.1) et (0.2) fournissent des conditions suffisantes et non nécessaires de compacité relative. On se propose dans ce travail de présenter des conditions nécessaires et suffisantes de compacité relative applicables pour tout espace lusinien régulier E (§1), de caractériser la convergence étroite des suites de mesures positives bornées sur certains espaces lusiniens réguliers (§2), de mettre enfin en évidence des propriétés particulières aux suites tendues de mesures positives bornées sans être nécessairement vérifiées par les suites relativement compactes et non tendues (§3).

L'étude fournira dans un cadre assez général des critères de convergence en loi pour les fonctions aléatoires continues ou cadlag à valeurs dans les espaces lusiniens (théorème 2.3 et corollaire 2.4).

1. Compacité relative.

Dans ce paragraphe, on présente les résultats suivants :

Théorème 1.1 : *Soient* E *un espace lusinien régulier et* A *une partie de* $M_b^+(E)$ *; les deux propriétés suivantes sont alors équivalentes :*

(i) A *est relativement compact pour la topologie de la convergence étroite,*

(ii) *Pour toute suite décroissante* $\{f_n, n \in N\}$ *de fonctions continues réelles bornées sur* E *convergeant simplement vers zéro, on a :*

$$\lim_{n \to \infty} \sup\{ \int f_n d\mu, \mu \in A\} = 0.$$

Corollaire 1.2 : *Soient* F *un espace de Fréchet séparable localement convexe et* E = F' *le dual topologique de* F *muni de sa topologie faible ; on note* $\{V_n, n \in N\}$ *une suite fondamentale décroissante de voisinages de l'origine dans* F *et* $\{B_n, n \in N\}$ *la suite croissante des polaires respectifs des* V_n *dans* E *; soit enfin* A *une partie de* $M_b^+(E)$*. Les deux propriétés suivantes sont alors équivalentes :*

(i) A *est relativement compact pour la topologie de la convergence étroite,*

(ii) A *est borné ; de plus pour toute suite croissante* $\{\Omega_n, n \in N\}$ *de voisinages ouverts respectifs des* B_n*, on a :*

$$\lim_{n \to \infty} \sup\{\mu(E - \Omega_n), \mu \in A\} = 0.$$

Remarque 1.3 : Dans la situation du corollaire 1.2, toute partie compacte de E est contenue dans l'un des B_n ; dans ces conditions, une partie A de $M_b^+(E)$ est tendue et bornée si et seulement si :

(ii') A *est borné ; de plus on a :* $\lim_{n\to\infty} \sup\{\mu(E - B_n), \mu\in A\} = 0.$

Le corollaire 1.2 situe donc bien la différence entre les parties bornées et tendues et les parties relativement compactes.

1.4 Démonstration du théorème 1.1 : (a) l'implication (i) ⇒ (ii) est vérifiée dans le cadre plus général où E (non nécessairement lusinien) est complètement régulier et où A est un ensemble de mesures de Radon positives bornées sur E ; sous l'hypothèse (i), fixons en effet $\varepsilon > 0$, pour toute mesure $\mu \in \bar{A}$, il existe un entier $n = n(\mu)$ tel que $\int f_n \, d\mu < \varepsilon$; l'ensemble $\{m \in \bar{A} : \int f_{n(\mu)} \, dm < \varepsilon\}$ est alors une partie ouverte $U(\mu)$ de $\bar{A}$ contenant μ ; $\bar{A}$ étant compact, on peut donc former un recouvrement ouvert fini $\{U(\mu_k), 1\leq k\leq \ell\}$; on pose alors $n = \sup\{n(\mu_k), 1\leq k\leq \ell\}$ et on a pour tout élément μ de A, $\int f_n \, d\mu < \varepsilon$ de sorte que (ii) est vérifiée.

(b) Nous prouvons maintenant l'implication inverse en plusieurs étapes en supposant E lusinien régulier.

(b.1) Supposons pour commencer que E soit polonais et que A vérifie (ii) ; nous allons montrer que A est alors borné et tendu, il sera donc relativement compact.

(b.1.1) Pour montrer que A est borné, il suffit pour tout entier n, de noter f_n l'application de E dans **R** constante et égale à $1/n$; la suite $\{f_n, n\in \mathbf{N}\}$ tend alors en décroissant vers zéro pour la convergence simple ; puisque A vérifie (ii), il existe un entier n_0 tel que $\sup\{\int f_{n_0} \, d\mu < \varepsilon, \mu \in A\} \leq 1$ et on a alors $\sup\{\mu(E), \mu\in A\} \leq 1/n_0$.

(b.1.2) Pour montrer que A est tendu, nous notons d une distance bornée continue et complète sur E, nous notons aussi $\{x_k, k\in \mathbf{N}\}$ une suite dense dans E . Pour tout entier k, nous définissons une application continue bornée f_k de E dans **R** en posant :

$$f_k(x) = \inf\{d(x_j, x), j \leq k\} ;$$

alors la suite $\{f_k, k\in \mathbf{N}\}$ tend en décroissant vers zéro pour la convergence simple et puisque A vérifie (ii), on peut construire une suite croissante $\{k_n , n\in \mathbf{N}\}$ d'entiers telle que :

$$\forall n\in \mathbf{N}, \forall \mu \in A, \quad \int f_{k_n} \, d\mu \leq 4^{-n} ;$$

on pose alors $A_n = \{f_{k_n} > 2^{-n+1}\}$, $B_n = E - A_n$; on constate que :

$$\forall n\in \mathbf{N}, \forall \mu \in A, \mu(A_n) \leq 2^{n-1} \int f_{k_n} \, d\mu \leq 2^{-n-1} ;$$

dans ces conditions, l'ensemble $K_n = \bigcap_{m\geq n} B_m$ est fermé et totalement borné dans l'espace complet (E, d), il est donc compact et on a :

$$\forall \mu\in A, \mu(E - K_n) \leq \sum_{m\geq n} \mu(A_m) \leq 2^{-n},$$

de sorte que A est tendu ; l'implication (ii) $\Rightarrow$ (i) est donc vérifiée si E est polonais et en particulier si E est l'espace $\mathbf{R}^{\mathbf{N}}$ muni de sa topologie produit.

(b.2) Nous supposons maintenant que E est lusinien métrisable ; on peut donc supposer ([3], Th. III.20) que E est une partie borélienne de $\mathbf{R}^{\mathbf{N}} = P$.

(b.2.1) Si A est une partie de $M_b^+(E)$ vérifiant (ii) dans E, c'est *a fortiori* une partie de $M_b^+(P)$ vérifiant (ii) dans P et qui est donc en fonction de la preuve (b.1) relativement compacte dans $M_b^+(P)$; soit m adhérente à A dans $M_b^+(P)$, on va montrer que m appartient à $M_b^+(E)$; soit en effet F une partie fermée de P ne coupant pas E ; il existe donc une application continue f de P dans [0, 1] telle que $f^{-1}(1) = F$; la suite $\{f_n, n\in \mathbf{N}\}$ des puissances entières f^n de f est alors une suite décroissante d'applications continues de P dans [0, 1] convergeant simplement vers zéro dans E. Pour tout $\varepsilon > 0$, la propriété (ii) implique donc qu'il existe un entier n tel que :

$$\forall\, \mu\in A,\ \int f^n\, d\mu < \varepsilon,$$

on a alors aussi :

$$m(F) \le \int f^n\, dm \le \sup\{ \int f^n\, d\mu,\ \mu\in A\} \le \varepsilon\ ,\quad m(F) = 0\ ;$$

il en résulte :

$$m(P - E) = \sup\{m(F) : F \text{ fermé},\ F\subset P - E\} = 0\ ;$$

ceci montre que m appartient à $M_b^+(E)$ et donc que A est relativement compact dans $M_b^+(E)$ pour la topologie induite par celle de $M_b^+(P)$.

(b.2.2) Il reste à montrer que A est aussi relativement compact dans $M_b^+(E)$ pour la topologie étroite associée à la topologie de E et il suffit pour cela ([4], I.6.1, cor.3) de montrer que toute suite $\{\mu_n, n\in \mathbf{N}\}$ d'éléments de A convergeant dans $M_b^+(P)$ vers un élément m de $M_b^+(E)$ converge aussi vers m dans $M_b^+(E)$; on peut pour cela, suivant la proposition III.2.1 de [11] ou le lemme 2.1 de [2], utiliser la définition alternative des topologies étroites sur $M_b^+(E)$ et sur $M_b^+(P)$ à partir des parties ouvertes et des parties fermées de E et de P ([4], Th.I.6.3 (d)) ; pour toute partie ouverte U de E, il existe en effet une partie ouverte V de P telle que $U = V \cap E$ et on a :

$$m(U) = m(V) \le \liminf \mu_n(V) = \liminf \mu_n(U)\ ;$$

soient X une partie fermée de E et Y une partie fermée de P telle que $X = Y \cap E$, on a aussi :

$$m(X) = m(Y) \ge \limsup \mu_n(Y) = \limsup \mu_n(X),$$

le résultat s'ensuit ; on a donc établi dans ce cas aussi l'implication (ii) $\Rightarrow$ (i).

(b.3) Nous étudions maintenant la situation générale. Soit A une partie de $M_b^+(E)$ vérifiant (ii) ; fixons une application continue injective $g = \{g_n, n \in \mathbf{N}\}$ de E dans $\mathbf{R}^\mathbf{N}$, l'image g(E) est alors ([4], prop.I.2.1) une partie borélienne de $\mathbf{R}^\mathbf{N}$ et l'ensemble $\tilde{g}(A)$ des mesures images $\{\tilde{g}(\mu), \mu \in A\}$ des éléments de A par g est une partie de $M_b^+(g(E))$ qui vérifie (ii) dans g(E) ; la preuve (b.2) montre donc que $\tilde{g}(A)$ est relativement compact dans $M_b^+(g(E))$; on notera que, puisque g est injective, l'application : $\mu \to \tilde{g}(\mu)$ est aussi injective ; ceci implique que pour toute suite $\{\mu_n, n \in \mathbf{N}\}$ d'éléments de A, on peut fixer une suite partielle $\{\mu_n, n \in \mathbf{N}_0\}$ et une mesure unique $m = m(\mathbf{N}_0)$ sur E telles que $\{\tilde{g}(\mu_n), n \in \mathbf{N}_0\}$ converge vers $\tilde{g}(m)$.

Soit maintenant f une application continue bornée de E dans $\mathbf{R}$; alors l'application g' = (f, g) est encore une application continue injective de E dans $\mathbf{R}^\mathbf{N}$ de sorte que $\tilde{g}'(A)$ est encore relativement compact dans $M_b^+(g'(E))$. Soit $\{\mu_n, n \in \mathbf{N}\}$ une suite d'éléments de A et $\{\mu_n, n \in \mathbf{N}_0(g)\}$ la suite extraite à l'alinéa ci-dessus ; alors $\{\tilde{g}'(\mu_n), n \in \mathbf{N}_0(g)\}$ a le seul point adhérent $\tilde{g}'(m)$, elle converge donc vers $\tilde{g}'(m)$ et on a en particulier puisque f est continue bornée :

$$\lim \{ \int f \, d\mu_n, n \in \mathbf{N}_0(g) \} = \int f \, dm ;$$

ceci montre que la suite $\{\mu_n, n \in \mathbf{N}_0(g)\}$ converge vers m dans $M_b^+(E)$ de sorte que A est relativement compact dans $M_b^+(E)$; le théorème est donc établi.

1.5 Démonstration du corollaire 1.2 : (a) Supposons la propriété (1.2 (i)) vérifiée ; notons $\{\Omega_n, n \in \mathbf{N}\}$ une suite croissante de voisinages ouverts respectifs des B_n ; alors la suite des $F_n = E - \Omega_n$ est une suite décroissante de fermés tels que :

$$\forall n \in \mathbf{N}, F_n \cap B_n = \emptyset , \ \bigcap_{n \in \mathbf{N}} F_n = \emptyset, \ \bigcup_{n \in \mathbf{N}} B_n = E ;$$

pour tout n, il existe alors une application continue g_n de E dans [0, 1] telle que $g_n^{-1}(0) = B_n$ et $g_n^{-1}(1) = F_n$; on pose :

$$\forall n \in \mathbf{N}, f_n = \inf \{g_k, 1 \leq k \leq n\},$$

alors la suite $\{f_n, n \in \mathbf{N}\}$ est une suite décroissante d'applications continues de E dans [0, 1] et chaque f_n est nulle sur B_n de sorte que la suite $\{f_n, n \in \mathbf{N}\}$ converge simplement vers zéro. Puisque (1.2 (i)) est vérifiée, le théorème 1.1 montre donc que pour tout $\varepsilon > 0$, il existe un entier n tel que :

$$\forall \mu \in A, \mu(E - \Omega_n) = \mu(F_n) \le \int f_n \, d\mu < \varepsilon,$$

de sorte que (1.2 (ii)) est aussi vérifiée.

(b) Supposons maintenant que A vérifie la propriété (1.2 (ii)) ; pour montrer que A vérifie alors (1.2 (i)), il suffit de montrer qu'il vérifie (1.1 (i)). Soit $\{f_k, k \in \mathbf{N}\}$ une suite décroissante de fonctions continues réelles bornées par 1 sur E convergeant simplement vers zéro. Fixons $\varepsilon > 0$ et posons $M = \sup\{\mu(E), \mu \in A\} < \infty$; puisque chaque B_n est compact dans E, la suite $(f_k, k \in \mathbf{N})$ converge uniformément vers zéro sur chaque B_n et on peut donc construire une suite croissante d'entiers $\{k_n, n \in \mathbf{N}\}$ telle que :

$$\forall n \in \mathbf{N}, \forall x \in B_n, f_{k_n}(x) < \varepsilon/2.$$

L'ensemble $\Omega_n = \{x \in E : f_{k_n}(x) < \varepsilon/2\}$ est alors un voisinage ouvert de B_n et la suite $(\Omega_n, n \in \mathbf{N})$ est croissante ; la propriété (1.2 (ii)) montre donc qu'il existe un entier n tel que :

$$\forall \mu \in A, \mu(E - \Omega_n) < \varepsilon/2 ;$$

on aura alors aussi :

$$\forall \mu \in A, \int f_{k_n} \, d\mu \le \int_{E-\Omega_n} f_{k_n} \, d\mu + \int_{\Omega_n} f_{k_n} \, d\mu \le (\varepsilon/2) \sup|f| + (\varepsilon/2)\, \mu(E)/M) \le \varepsilon ;$$

ceci implique que A vérifie la propriété (1.1 (ii)) et le théorème 1.1 montre qu'il vérifie aussi (1.2 (i)). Le corollaire est donc établi.

2. Convergence étroite de mesures positives bornées sur certains espaces lusiniens réguliers.

2.0 Les problèmes de convergence en loi associés à des équations différentielles stochastiques peuvent conduire à la situation suivante (cf. par exemple [12], chapitre 2) :

E est un espace lusinien régulier ; F est un espace vectoriel d'applications continues de E dans $\mathbf{R}$ engendrant sa topologie ; $\{\mu_n, n \in \overline{\mathbf{N}}\}$ est une suite de mesures positives bornées sur E vérifiant la propriété suivante :

2.0.1 $\forall f \in F$, la suite $\{\tilde{f}(\mu_n), n \in \mathbf{N}\}$ des images des μ_n par f est une suite de mesures positives bornées sur **R** convergeant étroitement vers l'image $\tilde{f}(\mu)$ de $\mu = \mu_\infty$ par f.

2.1 Ce schéma se rencontre par exemple dans l'étude des suites de mesures positives bornées sur un espace vectoriel topologique E lusinien pour une topologie de dualité avec un espace vectoriel topologique F ; en effet les applications : $x \to y(x) = \langle x, y\rangle$, $y \in F$, forment alors un espace vectoriel d'applications continues de E dans **R** engendrant sa topologie. On sait alors ([11] prop. III.5.1 ; [8], exemple 8.10) que *dans cette situation, pour qu'un filtre Ξ de vecteurs aléatoires à valeurs dans* E *converge en loi vers un vecteur aléatoire* X *à valeurs dans* E, *il faut et il suffit que pour tout* $y \in F$, *le filtre* $\langle y, \Xi\rangle$ *des images des ensembles de* Ξ *par* y *converge étroitement (sur* **R***) vers* $\langle y, X\rangle$.

Pour étendre le résultat 2.1, le problème est de comparer dans le cadre général 2.0 la topologie $\mathbb{E}$ de la convergence étroite des mesures à la topologie $\mathbb{E}'$ apparemment moins fine définie par les convergences étroites des mesures images $\tilde{f}(\mu)$, $f \in F$ et donc par le système des entourages

$$\{(\mu, \nu) \subset M_b^+(E) : \left| \int g(x)\ [\tilde{f}(\mu)](dx) - \int g(x)\ [\tilde{f}(\nu)](dx) \right| < 1\}$$

où f parcourt F et g parcourt l'ensemble des fonctions continues réelles bornées sur **R**.

Théorème 2.2: *Les deux topologies* $\mathbb{E}$ *et* $\mathbb{E}'$ *définies ci-dessus sont identiques.*

Démonstration : L'injection canonique de $(M_b^+(E), \mathbb{E})$ dans $(M_b^+(E), \mathbb{E}')$ est continue de sorte qu'il suffit de montrer que tout filtre Φ sur $M_b^+(E)$ convergeant vers un élément m de $M_b^+(E)$ pour la topologie $\mathbb{E}'$ converge aussi pour $\mathbb{E}$; nous opérons en deux étapes.

(a) Si $E = \mathbf{R}^p$ et si F est l'ensemble des applications $t : x \to \sum_{i=1}^{p} t_i x_i$, $t \in \mathbf{R}^p$, la proposition III.5.1 de [11] s'applique et fournit le résultat.

(b.1) Dans le cas général, si le filtre Φ converge vers m pour $\mathbb{E}'$, la preuve (a) montre que pour tout entier p et toute partie finie $f = (f_1,\ldots,f_p)$ de F, le filtre $\tilde{f}(\Phi)$ converge étroitement vers $\tilde{f}(m)$ dans $M_b^+(\mathbf{R}^p)$; ceci implique que pour tout entier p, tout élément f $= (f_1,\ldots,f_p)$ de F^p et toute partie ouverte U de $\mathbf{R}^p$, on a :

$$\liminf_{\mu \in \Phi} \mu\{f^{-1}(U)\} \geq m\{f^{-1}(U)\},$$

$$\lim \mu_{\mu \in \Phi}(E) = \lim_{\mu \in \Phi} \mu\{f^{-1}(\mathbf{R}^p)\} = m\{f^{-1}(\mathbf{R}^p)\} = m(E).$$

(b.2) On note $\mathbb{C}$ la classe des parties de E définie par $\mathbb{C} = \{f^{-1}(U),\ U$ ouvert dans $\mathbb{R}^p$, $f \in F^p,\ p \in \mathbb{N}\}$. Soit V une partie ouverte de E ; puisque F engendre la topologie de E, pour tout $x \in V$, il existe un entier p, un élément f de F^p et un ouvert U de $\mathbb{R}^p$ tel que x appartienne à $W(x) = f^{-1}(U)$ lui-même contenu dans V ; on forme ainsi un recouvrement ouvert de V et les propriétés particulières ([5], Th.1.9 (a)) de la topologie de V permettent d'en extraire un recouvrement dénombrable par des ouverts de la forme $W(x_k)$, $k \in \mathbb{N}$, appartenant tous à la classe $\mathbb{C}$ et contenus dans V. Fixons $\varepsilon > 0$, il existe alors un entier k et une famille $(x_1, \dots x_k)$ contenue dans V telle que :

$$\bigcup\{W(x_j),\ j \in [1, k]\} \subset V, \quad m(V) \leq m\left\{\bigcup\{W(x_j),\ j \in [1, k]\}\right\} + \varepsilon .$$

On remarque maintenant que le calcul usuel des parties cylindriques montre que la classe $\mathbb{C}$ est stable par réunions et intersections finies ; il existe donc un entier p, un élément f de $\mathbb{R}^p$ et un ouvert U de $\mathbb{R}^p$ tels que $\bigcup\{W(x_j),\ j \in [1, k]\} = f^{-1}(U)$; le résultat (b.1) fournit alors :

$$m(V) \leq m\{f^{-1}(U)\} + \varepsilon \leq \lim\inf_{\mu \in \Phi} \mu\{f^{-1}(U)\} + \varepsilon \leq \lim\inf_{\mu \in \Phi} \mu(V) + \varepsilon,$$

de sorte que pour toute partie ouverte V de E, on a :

$$\lim\inf_{\mu \in \Phi} \mu(V) \geq m(V),\ \lim_{\mu \in \Phi} \mu(E) = m(E) ;$$

le filtre Φ converge donc vers m pour la topologie $\mathbb{E}$, le théorème est établi.

2.3 Une version fonctionnelle du théorème 2.2 :

On note T un espace métrique compact (resp. on pose T = [0, 1]) ; soit de plus E un espace lusinien régulier ; on suppose (cf.[6], théorème 3.2.1) que $\mathbb{C} = \mathbb{C}(T, E)$ est un espace lusinien pour sa topologie uniforme (resp. que $\mathbb{D} = \mathbb{D}(T, E)$ est un espace lusinien pour sa topologie de Skorohod) ; on note F un espace vectoriel d'applications continues de E dans $\mathbb{R}$ engendrant sa topologie ; pour tout élément f de F et tout $\mu \in M_b^+(\mathbb{C})$ (resp.tout $\mu \in M_b^+(\mathbb{D})$, on note $\tilde{f}(\mu)$ l'image de μ par l'application : $x \to f \circ x$ de E dans $\mathbb{R}$. Dans ces conditions, on se propose de comparer sur $M_b^+(\mathbb{C})$ (resp. sur $M_b^+(\mathbb{D})$) la topologie $\mathbb{E}$ de la convergence étroite à la topologie apparemment moins fine $\mathbb{E}'$ définie par la convergence étroite des mesures images $\tilde{f}(\mu)$, $f \in F$.

Théorème 2.3 : *Les topologies* $\mathbb{E}$ *et* $\mathbb{E}'$ *définies ci-dessus sont identiques.*

Démonstration : La preuve suit de près celle du théorème 2.2 ; nous la détaillons partiellement dans le seul cas de $\mathbb{D}$. L'injection canonique de $(M_b^+(\mathbb{D}), \mathbb{E})$ dans $(M_b^+(\mathbb{D}), \mathbb{E}')$ est continue de sorte qu'il suffit de montrer que tout filtre Φ sur $M_b^+(\mathbb{D})$ convergeant vers un élément m de $\mathbb{M}_b^+(\mathbb{D})$ pour la topologie $\mathbb{E}'$ converge aussi pour $\mathbb{E}$; nous opérons en deux étapes.

(a) Supposons que $E = \mathbb{R}^p$ et que F est l'ensemble des applications $y : x \to \sum_{i=1}^{p} y_i\, x_i$, $y \in \mathbb{R}^p$; dans ce cas, nous introduisons la topologie $\mathbb{E}''$ séparée définie par la convergence étroite des seules $\tilde{y}(\mu)$, $y \in \mathbb{Q}^p$; elle est moins fine que $\mathbb{E}'$ et il suffit donc de montrer qu'elle est plus fine que $\mathbb{E}$; la topologie $\mathbb{E}''$ est définie par une famille dénombrable d'écarts, donc métrisable et il suffit de montrer que toute suite $\{\mu_n, n \in \mathbb{N}\}$ convergeant pour $\mathbb{E}''$ converge aussi pour $\mathbb{E}$; si $\{\mu_n, n \in \mathbb{N}\}$ converge pour $\mathbb{E}''$, en particulier les images de la suite par les applications coordonnées sont tendues ainsi que leurs sommes ; le théorème 4.4 de [6] montre alors que la suite est relativement compacte pour la topologie $\mathbb{E}$; puisque l'application canonique de $(\mathbb{M}_b^+(\mathbb{D}), \mathbb{E})$ dans $(\mathbb{M}_b^+(\mathbb{D}), \mathbb{E}'')$ est continue bijective et que la suite converge pour $\mathbb{E}''$, elle converge alors aussi pour $\mathbb{E}$, c'est le résultat dans ce cas.

(b) La deuxième étape de la preuve copie celle du théorème 2.1 sans modification notable : l'argument essentiel utilise le théorème 2.2.4 de [6] qui montre que sous les hypothèses du théorème, l'ensemble $\hat{f} : x \to f \circ x$ de $\mathbb{D}(T, E)$ dans $\mathbb{D}(T, \mathbb{R})$ où f parcourt F engendre la topologie de Skorohod sur $\mathbb{D}(T, E)$ de sorte que la classe $\mathbb{C} = \{\hat{f}^{-1}(U),$ U ouvert dans $\mathbb{D}(T, \mathbb{R}^p)$, $f \in F^p$, $p \in \mathbb{N}\}$ est une base de la même topologie.

Corollaire 2.4 : *Soit* F *un espace de Fréchet localement convexe séparable et* $E = F'$ *son dual topologique muni de la topologie* $\sigma(E, F)$ *; soit de plus* T *un espace métrique compact (resp. soit* $T = [0, 1]$*) ; on note* $\{\mu_n, n \in \overline{\mathbb{N}}\}$ *une suite de mesures positives bornées sur* $\mathbb{C} = \mathbb{C}(T, E)$ *(resp. sur* $\mathbb{D} = \mathbb{D}(T, E)$*), alors les deux propriétés suivantes sont équivalentes :*

(i) *La suite* $\{\mu_n, n \in \mathbb{N}\}$ *converge vers* $\mu_\infty = \mu$ *dans* $\mathbb{M}_b^+(\mathbb{C})$ *(resp. dans* $\mathbb{M}_b^+(\mathbb{D})$*),*

(ii) *Pour tout* $x \in F$, *la suite* $\{\tilde{x}(\mu_n), n \in \mathbb{N}\}$ *converge vers* $\tilde{x}(\mu)$ *dans* $\mathbb{M}_b^+(\mathbb{C}(T, \mathbb{R})$ *(resp. dans* $\mathbb{M}_b^+(\mathbb{D}(T, \mathbb{R})))$

3. Tension et compacité.

Soient E un espace lusinien régulier et $\mathbb{M}_b^+(E)$ l'ensemble de ses mesures positives bornées, on se propose dans ce paragraphe, de distinguer dans $\mathbb{M}_b^+(E)$ les suites tendues et les suites relativement compactes ou convergentes sans être tendues quand il en existe. On dit que *E possède la propriété de Prohorov* si toute suite relativement compacte dans $M_b^+(E)$ est tendue. Pour commencer, on donne des exemples d'espaces ne possédant pas la propriété de Prohorov :

Lemme 3.1 : *Soient* F *un espace de Fréchet localement convexe séparable et* E = F' *son dual topologique muni de la topologie* $\sigma(E, F)$ *; on suppose que* E *possède la propriété de Prohorov.*

(a) *Soit de plus* A *un ensemble de mesures de probabilité sur* E *tel que pour tout élément* x *de* F, *l'ensemble* $\tilde{x}(A)$ *des images des éléments de* A *par* x *soit tendu dans* **R** *; alors* A *est tendu dans* E.

(b) *Pour qu'une suite* $\{\mu_n, n \in N\}$ *de mesures de probabilité sur* E *converge étroitement, il faut et il suffit que pour tout élément* x *de* F, *la suite* $\{\tilde{x}(\mu_n), n \in N\}$ *converge étroitement.*

(c) *En particulier, soient* $\{g_n, n \in N)$ *une suite gaussienne normale et* $\{y_n, n \in N\}$ *une suite d'éléments de* E *telle que la série :* $x \to \sum \langle y_n, x \rangle^2$ *converge simplement sur* F *; la série* $\sum g_n y_n$ *converge alors p.s. dans* E *vers un vecteur gaussien à valeurs dans* E.

Démonstration : (a) Supposons sous les hypothèses (a) que A ne soit pas tendu et notons $\{V_k, k \in N\}$ une suite fondamentale décroissante de voisinages de l'origine dans F ; il existe donc un nombre $\varepsilon > 0$ et pour tout entier k, il existe un élément μ_k de A tel que :

3.1.1 $$\mu_k\{\sup_{x \in V_k} |\langle y, x \rangle| > 2^k\} > \varepsilon ;$$

pour tout entier k, nous notons alors Y_k une variable aléatoire de loi respective μ_k et aussi π_k la loi de $Z_k = Y_k/2^k$. Dans ces conditions, pour tout $x \in E$, la définition de A montre que la suite $\{\langle Y_k, x \rangle, k \in N\} = \{\langle Z_k, x \rangle\, 2^k, k \in N\}$ est tendue dans **R** ; dans ces conditions, $\{\langle Z_k, x \rangle, k \in N\}$ converge en loi (dans **R**) vers zéro ; le rappel 2.1 ou le théorème 2.2 impliquent donc que la suite vectorielle $\{Z_k, k \in N\}$ converge en loi (dans E) vers zéro ; puisque E possède la propriété de Prohorov, la même suite est tendue et la nature des parties compactes de E montre qu'il existe un entier m tel que :

$$\forall k \in N,\ \pi_k\{\sup_{x \in V_m} |\langle y, x \rangle| > 1\} \leq \varepsilon,\ \mu_k\{\sup_{x \in V_m} |\langle y, x \rangle| > 2^k\} \leq \varepsilon ;$$

en particulier :

3.1.2 $$\mu_m\{\sup_{x \in V_m} |\langle y, x \rangle| > 2^m\} \leq \varepsilon ;$$

ceci est contradictoire avec la construction de μ_m (cf. 3.1.1) ; nécessairement A est tendu.

(b) La condition indiquée est nécessaire, nous prouvons qu'elle est suffisante. Supposons qu'elle soit vérifiée ; alors pour tout élément x de F, la suite étroitement convergente $\{\tilde{x}(\mu_n), n \in N\}$ est tendue et la preuve (a) montre que la suite $\{\mu_n, n \in N\}$

l'est aussi ; comme l'hypothèse montre qu'elle n'a qu'un point adhérent, elle converge ; c'est le résultat.

(c) Sous l'hypothèse 3.1.(c), la suite $\{\mu_n, n\in \mathbf{N}\}$ des sommes partielles $\sum_{k=1}^{n} g_k y_k$ vérifie la condition 3.1.(b) ; la preuve (b) montre donc qu'il existe un voisinage V de l'origine dans F tel que :

3.1.3 $$\forall n \in \mathbf{N},\ \mathbf{P}\{\sup_{x\in V} |\sum_{k=1}^{n} g_k \langle y_k, x\rangle| > 1\} \leq 1/4 ;$$

nous notons K le polaire compact de V dans E et N_K la jauge de K ; les inégalités de Lévy et la relation 3.1.3 impliquent que :

3.1.4 $$\mathbf{P}\{\forall n \in \mathbf{N},\ \sum_{k=1}^{n} g_k y_k \in K\} > 1/2 ;$$

les évaluations gaussiennes ([5], 2.3) fournissent alors à partir de 3.1.4 :

3.1.5 $$\mathbf{E}\{\sup_{n\in \mathbf{N}} N_K[\sum_{k=1}^{n} g_k y_k]\} \leq 5/2 ;$$

par ailleurs, l'hypothèse 3.1.(b) montre que pour tout $x \in F$, la série $\sum g_k \langle y_k, x\rangle$ converge p.s. ; le théorème 3.4.1 de [5] implique alors la conclusion (b) du lemme.

Application 3.2 : L'utilisation du lemme précédent suffit à montrer que de nombreux duaux faibles E d'espaces de Fréchet localement convexes séparables ne possèdent pas la propriété de Prohorov :

(a) C'est le cas si E est un espace de Hilbert séparable pour sa topologie faible, c'est aussi le cas si E est l'un des espaces ℓ_q, $q\in]1, \infty]$ muni de la topologie $\sigma(\ell_q, \ell_p)$ ou si E est l'espace ℓ_1 muni de la topologie $\sigma(\ell_1, c_0)$; dans toutes ces situations, utilisant les notations du lemme, on identifie E et F à des sous-espaces de $\mathbf{R}^{\mathbf{N}}$ dont on note $\{e_n, n \in \mathbf{N}\}$ la base canonique et $x = \{x^n, n \in \mathbf{N}\} = \sum x^n e_n$ l'élément scalène ; on introduit une suite numérique $\alpha = \{\alpha^n, n \in \mathbf{N}\}$ et on applique le lemme 3.1 (c) à la suite $\{y_n, n \in \mathbf{N}\}$ définie par $y_n = \alpha^n e_n$; on constate alors que la série : $x \to \sum \langle y_n, x\rangle^2$ converge simplement sur F si et seulement si $\alpha\in \ell_r$ où $r = \infty$ si $q\in]1, 2]$, $r = 2q/(q-2)$ si $q\in [2, \infty[$, $r = 2$ si $q = \infty$, alors que la série $\sum g_n y_n$ ne converge p.s. dans E vers un vecteur gaussien à valeurs dans E que si $\alpha \in l_q$. La conclusion résulte donc de l'inégalité $q < r$.

(b) C'est aussi le cas si F est l'espace de Banach séparable des fonctions continues sur un espace compact métrisable T non fini et si E est l'ensemble des mesures signées et bornées sur T muni de la topologie de la dualité ; ce dernier cas peut aussi être illustré par l'exemple suivant :

Exemple 3.3 : Soient T un espace métrique compact non fini, $\{t_n, n\in \mathbf{N}\}$ une suite d'éléments distincts de T convergeant vers un élément t de T ,$\{g_n, n\in \mathbf{N}\}$ une suite gaussienne normale ; pour tout n, on pose $\mu_n = n^{-1/2} \sum_{k=n+1}^{2n} g_k\, \delta_{t_k}$; alors la suite $\{\mu_n, n\in \mathbf{N}\}$ est une suite aléatoire (de mesures signées bornées) qui est p.s. non bornée dans le dual E de C(K) puisque $n^{-1/2}\, \|\mu_n\| = n^{-1} \sum_{k=n+1}^{2n} |g_k|$ tend p.s. vers 1 ; la suite des lois des μ_n n'est donc pas tendue dans $M_b^+(E)$; par contre pour toute application continue f de T dans **R** et pour tout entier n, la mesure image de μ_n par f s'écrit :

$$\tilde{f}(\mu_n) = n^{-1/2} \sum_{k=n+1}^{2n} g_k\, \delta_{f(t)} + n^{-1/2} \sum_{k=n+1}^{2n} g_k\, [\delta_{f(t_k)} - \delta_{f(t)}] ;$$

le premier terme a une loi indépendante de n alors que le second terme tend en loi vers zéro ; il en résulte que la suite $\{\tilde{f}(\mu_n), n \in \mathbf{N}\}$ converge en loi vers la loi de $g_0\, \delta_{f(t)}$. le théorème 2.1 montre alors que la suite des lois des μ_n converge dans $M_b^+(E)$ vers la loi de $g_0\, \delta_t$.

Théorème 3.4 : *Soient* E *un espace lusinien régulier et* A *une partie bornée de* $M_b^+(E)$.

(a) *On suppose que* A *est tendu ; alors pour toute suite bornée* $\{f_n, n \in \mathbf{N}\}$ *de fonctions réelles continues sur* E *convergeant vers zéro uniformément sur tout compact, on a:*

$$\lim_{n\to\infty} \sup_{\mu\in A} \int f_n\, d\mu = 0.$$

(b) *On suppose que* E *est le dual faible d'un espace de Fréchet localement convexe séparable* F *et que* A *n'est pas tendu ; il existe alors une suite* $\{f_n, n\in \mathbf{N}\}$ *de fonctions réelles continues bornées sur* E *convergeant vers zéro uniformément sur tout compact telle que :*

$$\limsup_{n\to\infty} \sup_{\mu\in A} \int f_n\, d\mu \neq 0.$$

Démonstration : (a) On pose $M_1 = \sup_{n\in \mathbf{N}} \| f_n \|$, $M_2 = \sup_{\mu\in A} \mu(E)$; fixons $\varepsilon>0$, on peut lui associer une partie compacte K de E telle que

$$\forall\mu\in A,\ \mu(E-K) < \varepsilon/(2M_2),$$

il existe alors un entier n_0 tel que :

$$\forall n > n_0,\ \forall x\in K,\ | f_n (x) | < \varepsilon/(2M_1) ;$$

on aura alors :

$$\forall n > n_0,\ \forall\mu\in A,\ | \int f_n\, d\mu | \leq | \int_K f_n\, d\mu | + \| f_n \|\, \mu(E-K) \leq \varepsilon,$$ c'est le résultat (a).

(b) Sous les hypothèses 3.4 (b), nous notons $\{K_n, n\in \mathbf{N}\}$ la suite des polaires d'une suite fondamentale décroissante de voisinages de l'origine dans F de sorte que $\{K_n,$

$n\in N\}$ est une suite fondamentale croissante de parties compactes de E ; si A n'est pas tendu, il existe un nombre $\varepsilon > 0$ et pour tout entier n, un élément μ_n de A et une partie fermée F_n ne coupant pas K_n tels que :

$$\forall n\in N,\ \mu_n(F_n) > \varepsilon ;$$

l'espace E étant parfaitement normal ([1], I.6.1), il existe aussi pour tout entier n une application continue de E dans [0, 1] égale à zéro dans K_n et à un dans F_n. Dans ces conditions, la suite $\{f_n, n\in N\}$ converge vers zéro uniformément sur tout compact et on a :

$$\forall n\in N,\ \sup_{\mu\in A} \int f_n \, d\mu \ \geq \int f_n \, d\mu_n > \varepsilon, \text{ c'est le résultat (b).}$$

3.5 Soient $\{X_n, n\in N\}$ une suite de variables aléatoires réelles convergeant en loi et $\{Y_n, n\in N\}$ une autre suite de variables aléatoires réelles convergeant en loi vers zéro ; on constate immédiatement que la suite des $X_n Y_n$, $n\in N$, converge alors aussi en loi vers zéro ; l'énoncé suivant étudie une extension de cette propriété dans certains espaces lusiniens.

Théorème 3.5 : *Soient* F *un espace vectoriel topologique localement convexe et* E *son dual topologique muni de la topologie* $\sigma(E, F)$ *; on suppose que* E *et* F *sont lusiniens ; soit de plus* $\{X_n, n\in N\}$ *une suite de variables aléatoires à valeurs dans* E. *Dans ces conditions,*

(a) *Si* F *est tonnelé et si la suite des lois des* X_n, $n\in N$, *est tendue, alors pour toute suite* $\{Y_n, n\in N\}$ *de variables aléatoires à valeurs dans* F *convergeant en loi vers zéro, la suite des variables aléatoires réelles* $\langle X_n, Y_n\rangle$, $n\in N$, *converge aussi en loi vers zéro.*

(b) *On suppose que* F *est un espace de Fréchet séparable localement convexe et que* E *est son dual topologique muni de la topologie faible ; on suppose aussi que la suite des lois des* X_n, $n\in N$, *n'est pas tendue, alors il existe une suite* $\{Y_n, n\in N\}$ *de variables aléatoires à valeurs dans* F *convergeant en loi vers zéro telle que la suite des variables aléatoires réelles* $\langle X_n, Y_n\rangle$, $n\in N$, *ne converge pas en loi vers zéro.*

Démonstration : (a) Fixons $\varepsilon > 0$, il existe alors une partie compacte K de E telle que :

$$\forall n\in N,\ P\{X_n \notin K\} < \varepsilon/2;$$

puisque F est tonnelé, le polaire V de K dans F est un voisinage de l'origine dans F ; il existe donc un entier n_0 tel que :

$$\forall n > n_0,\ P\{Y_n \notin \varepsilon V\} < \varepsilon/2;$$

on en déduit :

$$\forall n > n_0,\ P\{|\langle X_n , Y_n\rangle| > \varepsilon\} < \varepsilon,$$

c'est le résultat (a).

(b) Notons $\{V_j, j\in N\}$ une suite fondamentale décroissante de voisinages de l'origine dans F et $\{K_j, j\in N\}$ la suite de leurs polaires dans E ; c'est une suite de compacts de E et puisque la suite des lois des X_n n'est pas tendue, il existe un nombre $\varepsilon > 0$ et une suite d'entiers $\{n(j), j\in N\}$ strictement croissante tels que :

$$\forall j\in N,\ P\{\sup_{y\in V_j} |\langle y, X_{n(j)}\rangle| > 1\} = P\{X_{n(j)}\notin K_j\} > \varepsilon ;$$

il existe donc aussi (lemme 3.5.1 ci dessous) une suite $\{Z_j, j\in N\}$ d'applications mesurables de l'espace d'épreuves dans F telle que :

$$\forall j \in N,\ P\{Z_j\in V_j\} = 1,\ P\{ |\langle Z_j, X_{n(j)}\rangle| > 1\} > \varepsilon;$$

on conclut alors au résultat (b) en posant $Y_n = Z_j$ pour tout $n \in]n(j-1), n(j)]$.

Lemme 3.5.1 : *Soient* E *un espace lusinien régulier et* F *un sous-espace lusinien de* $\mathbb{C}(E, \mathbf{R})$ *muni de la topologie de la convergence simple ; soient de plus* $\varepsilon > 0$ *et* μ *une probabilité sur* E *tels que :*

$$\mu\{\sup_{f\in F} f(x) > 1\} > \varepsilon ;$$

dans ces conditions, il existe une application mesurable $\varphi : x \to \varphi_x$ *de* E *dans* F *telle que :*

$$\mu\{\varphi_x(x) > 1\} > \varepsilon.$$

Démonstration : Puisque F est lusinien, il existe une suite $\{f_n, n\in N\}$ dense dans F et pour tout $x \in E$, $\sup_{f\in F} f(x)$ est égal à $\sup_N f_n(x)$; ceci montre que l'application : $x \to \sup_{f\in F} f(x)$ est mesurable sur E et que sous les hypothèses du lemme, $\mu\{\exists n\in N : f_n(x) > 1\} > \varepsilon$. On choisit alors un élément arbitraire g de F (qui n'est pas vide) ; pour tout élément x de E, on note n_x la borne inférieure de l'ensemble $\{n : f_n(x) > 1\}$ et on pose $\varphi_x = g$ si n_x est infini , $\varphi_x= f_{n_x}$ sinon.

3.6 On se propose ici de montrer qu'au moins dans un cadre particulier, les relations entre suites de mesures bornées tendues et suites de mesures convergeant étroitement dans $M_b^+(E)$ peuvent être associées en fait à des topologies lusiniennes différentes sur le même ensemble E.

3.6.0 Nous construisons dans cet alinéa sur un espace lusinien E une autre topologie lusinienne, éventuellement différente et associée aux fonctions continues sur toute partie compacte de E :

Soit E un espace lusinien régulier ; on note $\mathcal{L}$ sa topologie lusinienne, F est l'ensemble des applications de E dans **R** dont la restriction à toute partie compacte de E soit continue, $\mathcal{T}$ est la topologie sur E engendrée par F, c'est-à-dire la topologie la moins fine pour laquelle les éléments de F soient continus ; $\mathcal{T}$ est donc liée aux entourages V(f) $= \{x,y \in E: \sup_{1\le i\le n} | f_i(x) - f_i(y) |\le 1\}$, $f = \{f_1, \dots f_n\}\in F^n$, $n\in N$; en particulier l'application canonique de (E, $\mathcal{T}$) dans (E, $\mathcal{L}$) est continue. Pour toute partie compacte K de (E, $\mathcal{L}$) et tout élément f de F, la restriction de f à K peut, puisque (E, $\mathcal{L}$) est normal, être prolongée en une fonction continue f' sur (E, $\mathcal{L}$) ; ceci montre que les restrictions de $\mathcal{L}$ et de $\mathcal{T}$ à K coincident de sorte que K est aussi compact pour la topologie plus fine $\mathcal{T}$: les deux topologies ont les mêmes parties compactes et toute suite d'éléments de E convergeant pour $\mathcal{L}$ converge aussi pour $\mathcal{T}$.

Puisque (E, $\mathcal{L}$) est lusinien, il existe un espace polonais P et une application continue bijective φ de P sur (E, $\mathcal{L}$) ; cette application est aussi une application bijective de P sur l'espace séparé (E, $\mathcal{T}$) qui transforme toute suite $\{x_n, n\in N\}$ d'éléments de P convergeant vers un élément x de P en une suite $\{\varphi(x_n), n\in N\}$ d'éléments de E convergeant vers $\varphi(x)$ dans (E, $\mathcal{L}$), donc aussi dans (E, $\mathcal{T}$) : ceci montre puisque P est métrisable, que φ est aussi une application continue de P dans (E, $\mathcal{T}$) : (E, $\mathcal{T}$) est donc encore un espace lusinien régulier ; il a les mêmes parties compactes que (E, $\mathcal{L}$) et une topologie plus fine ; il a la même tribu borélienne, les mêmes mesures positives bornées. En particulier si (E, $\mathcal{L}$) est métrisable, alors $\mathcal{T} = \mathcal{L}$ puisque ces deux topologies ont les mêmes suites convergentes.

Sur l'ensemble $M_b^+(E)$ on peut définir deux topologies, la topologie $\mathcal{T}$-étroite notée $E_{\mathcal{T}}$ et le topologie $\mathcal{L}$-étroite notée $E_{\mathcal{L}}$. L'injection canonique de ($M_b^+(E)$, $E_{\mathcal{T}}$) dans ($M_b^+(E)$, $E_{\mathcal{L}}$) est continue ; soit A une partie de $M_b^+(E)$; si A est relativement compacte pour la topologie $E_{\mathcal{T}}$, elle est aussi relativement compacte pour la topologie $E_{\mathcal{L}}$; en fait si A est tendue et bornée, alors A est relativement compacte pour les deux topologies. Si (E, $\mathcal{L}$) possède la propriété de Prohorov, alors (E, $\mathcal{T}$) la possède aussi et les parties relativement compactes sont les mêmes pour les deux topologies. Au moins dans certains cas, l'introduction de la topologie $\mathcal{T}$ permet de mieux comprendre la nature des parties de $M_b^+(E)$ relativement compactes sans être tendues :

Théorème 3.6.1 : *On suppose que* (E, $\mathcal{L}$) *est le dual faible d'un espace de Fréchet séparable et localement convexe ; alors* (E, $\mathcal{T}$) *possède la propriété de Prohorov même si* (E, $\mathcal{L}$) *ne la possède pas.*

Le théorème identifie avec précision dans les hypothèses indiquées quelles sont les parties A tendues et bornées de $M_b^+(E)$: ce sont les parties relativement compactes pour la topologie $\mathcal{T}$- étroite.

Démonstration : Supposons que (E, $\mathcal{T}$) ne possède pas la propriété de Prohorov ; en suivant la démonstration du théorème 3.4, nous construisons donc un nombre $\varepsilon > 0$, une suite croissante $\{K_n, n\in N\}$ de parties compactes de E et aussi une suite $\{\mu_n, n\in N\}$ de mesures positives bornées sur E convergeant pour la topologie $\mathcal{T}$- étroite vers une mesure μ vérifiant :

Toute autre partie compacte C de E est contenue dans l'un des K_n ; de plus pour tout entier n, il existe une partie compacte H_n de $K_{n+1} - K_n$ telle que $\mu_n(H_n)$ soit supérieur à ε.

Pour tout entier n, nous notons alors f_n une fonction sur E à valeurs dans [0, 1] nulle dans K_n et égale à 1 dans H_n ; pour tout entier n, la série $\sum_{k\geq n} f_k$ converge donc uniformément sur tout compact de E vers une somme g_n bornée, continue sur (E, $\mathcal{T}$) et on a du fait de la convergence $\mathcal{T}$- étroite :

$$\forall n\in \mathbf{N},\ \int g_n\, d\mu = \lim_{k\to\infty} \int g_n\, d\mu_k \geq \limsup_{k\to\infty} \int f_k\, d\mu_k \geq \varepsilon\ ;$$

mais la suite $\{g_n, n\in \mathbf{N}\}$ est positive ou nulle et majorée par un sur E ; de plus elle converge uniformément sur tout compact vers zéro ; le théorème de convergence dominée implique donc que la suite des intégrales $\int g_n\, d\mu$ converge vers zéro ; il y a contradiction à supposer que (E, $\mathcal{T}$) ne possède pas la propriété de Prohorov : le théorème est démontré.

Remarque 3.6.2 : On notera que puisqu'il existe ([9]) des espaces lusiniens métrisables E ne possédant pas la propriété de Prohorov, *il existe aussi des espaces lusiniens* (E, $\mathcal{L}$) *pour lesquels* (E, $\mathcal{T}$) *ne possède pas la propriété de Prohorov.*

3.7 Conclusion : Dans des conditions assez générales, les théorèmes 2.1 et 2.3, le corollaire 2.2 permettent d'étudier des variables aléatoires et des fonctions aléatoires convergeant en loi sans que leurs lois soient tendues ; les critères correspondants sont simples à vérifier. Pourtant les théorèmes 3.4 et 3.5 montrent que ce type de convergence a peu de propriétés : la bonne convergence en loi est celle des suites dont les lois sont tendues ; la bonne convergence étroite ne serait-elle pas celle qui est définie par les fonctions bornées et continues sur tout compact plutôt que par les seules fonctions bornées et continues ?

4. Références

[1] Billingsley P. Convergence of probability measures, J. Wiley, New-York, 1968.

[2] Boulicaut P. Convergence cylindrique et convergence étroite d'une suite de probabilités de Radon, Z. Wahrscheinliichkeitstheorie verw.Geb., 28, 1973, 43-52.

[3] Dellacherie C., Meyer P.A. Probabilités et Potentiel, Chapitres I à IV, Hermann, Paris, 1975.

[4] Fernique X. Processus linéaires, processus généralisés, Ann.Inst. Fourier Grenoble, 17, 1967, 1-92.

[5] Fernique X. Fonctions aléatoires à valeurs dans les espaces lusiniens, Expo. Math.,8, 1990, 289-364.

[6] Fernique X. Convergence en loi de fonctions aléatoires continues ou cadlag, propriétés de compacité des lois, Séminaire de Probabilités XXV, Lecture Notes in Math. 1485, 178-195, Springer Verlag Berlin Heidelberg New-York, 1991.

[7] Hoffmann-Jorgensen J. Weak compactness and tightness of subsets of M(X), Math.Scand., 31, 1972, 127-150.

[8] Hoffmann-Jorgensen J. Stochastic Processes in Polish Spaces, Various publications Series, 39, Aarhus Universitet, Matematisk Institut, 1991.

[9] Preiss D. Metric spaces in which Prohorov's theorem is not valid, Z. Wahrscheinlich-keitstheorie verw. Geb., 27, 1973, 109-116.

[10] Prohorov Yu.V. Convergence of random processes and limit theorems, Th. Prob. Appl., 1, 1956, 157-214.

[11] Schwartz L. Applications radonifiantes, Séminaire d'Analyse de l'Ecole Polytechnique de Paris, 1969-1970.

[12] Skorohod A.V. Stochastic Equations for Complex Systems, Mathematics and Its Applications, D. Reidel Publishing Company, East European Series, Dordrecht, 1988.

Xavier Fernique, Institut de Recherche Mathématique Avancée,
Université Louis Pasteur et C.N.R.S.,
7 Rue René Descartes, 67084 Strasbourg Cédex.

Estimates of the Hausdorff dimension of the boundary of positive Brownian sheet components.

T.S. Mountford
Department of Mathematics
University of California
Los Angeles
Ca. 90024

The Brownian sheet is examined. We provide upper and lower bounds for the Hausdorff dimension of the boundary of time components for which the Brownian sheet is strictly positive or strictly negative. In particular we show that this dimension lies strictly between 1 and 3/2. It is also shown that there exist random time points which are boundary points for both positive and negative components.

Research supported by NSF grant DMS-9157461, a grant from the Sloan Foundation and a grant from FAPESP.

Recent work of Dalang and Walsh (1992a,b) has investigated the structure of neighbourhoods of random times $\underline{t}$ which are boundary points of sets $\{\underline{s} : W(\underline{s}) > 1\}$. Ehm (1981) and Rosen (1983) show that the level sets of the Brownian sheet have dimension 3/2. Kendall (1980) and Dalang and Walsh (1992a,b) show that typical points of the level set of, say, $\{\underline{s} : W(\underline{s}) = 1\}$ do not belong to the boundary of a single component of $\{\underline{s} : W(\underline{s}) > 1\}$. Thus there is a difference between the union of the boundaries of the individual components of {t: W(t) > 1} and the boundary of the union of these components. In this note we show that in fact such time points have Hausdorff dimension strictly between 1 and 3/2.

Theorem One

The Hausdorff dimension of the boundary of every component of {t: W(t) > 1} is in the interval [5/4, 3/2).

This result can be seen as on the one hand adding to the results quoted above, while also showing that there are more boundary points than are simply required of boundaries of open sets in two dimensions.

We also show

Theorem Two

There exist random time points which are boundary points of at least one component of {t: W(t) > 1} and at least one component of {t: W(t) < 1}.

For notational convenience we examine boundaries of components of $\{\underline{s}: W(\underline{s}) > 1\}$. It will be clear that the results that are derived hold for the boundaries of components of $\{\underline{s}: W(\underline{s}) > c\}$ or $\{\underline{s}: W(\underline{s}) < c\}$ for any real c.

The paper is organized as follows In Section One we introduce notation and definitions that will be used throughout. We also quote certain results. The next section establishes that with probability one there exist components of the time set {t: W(t) > 1} whose boundary has Hausdorff dimension at least 5/4. Section Three is devoted to proving a technical result used in Section Two. The proof of the lower bound in Theorem One is completed in Section Four where it is argued that every component of {t: W(t) > 1} must have dimension at least 5/4. Section Five completes the proof of Theorem One by supplying the upper bound for boundary dimension. The argument is essentially that found in Dalang and Walsh (1992a). The paper concludes with Section Six where Theorem Two is proven.

The clarity and indeed the contents of this paper owe a great deal to conversations with Robert Dalang. It is a pleasure to thank him and Tufts University for their hospitality.

Section One

We show that the Hausdorff dimension of the set of points $\{\underline{t}: \underline{t}$ is a boundary point of a component of $\{\underline{s}: W(\underline{s}) > 1\}\}$ is at least 5/4 by using two facts:

1 Frostman's Theorem: The capacitory dimension of a set is equal to the Hausdorff dimension. See e.g. Kahane (1985), page 133, or Taylor (1961).

2 A compact set F has positive α capacity if we can find n_i increasing to infinity and points

$$x_1^{n_i}, x_2^{n_i}, \ldots, x_{n_i}^{n_i} \in F$$

so that

$$\limsup_{i \to \infty} \frac{1}{n_i^2} \sum_{1 \le k < j \le n_i} \frac{1}{|x_k^{n_i} - x_j^{n_i}|^{\alpha}} \le M < \infty.$$

See e.g. Landkoff (1972), pages 160-162.

Therefore to show our set has Hausdorff dimension at least 5/4 it will be sufficient to show that for each M and d, the capacitory dimension is at least 5/4 - f(M,d), where as M tends to infinity and d tends to zero, f(M,d) tends to zero.

Definitions:

Given a time point $\underline{t} = (t_1,t_2)$, we define $B^{1,\underline{t}}(s) = W(t_1+s,t_2) - W(t_1,t_2)$, $s \ge 0$. Similarly $B^{2,\underline{t}}(s) = W(t_1,t_2+s) - W(t_1,t_2)$, $s \ge 0$.

$W^{\underline{t}}(s_1,s_2) = W(t_1+s_1,t_2+s_2) - W(t_1,t_2+s_2) - W(t_1+s_1,t_2) + W(t_1,t_2)$. In this paper we will not require Brownian motion to have variance t at time t, so with this loose terminology, the above two processes are Brownian motions. A Brownian motion with unit speed will be called a standard Brownian motion. Given a time point $\underline{t}$, $F(\underline{t})$ will denote σ-$\{W(\underline{s}): \underline{s} \le \underline{t}\}$. Given a time rectangle R, G(R) = σ-$\{W(t_1,t_2) - W(t_1,s_2) - W(s_1,t_2) + W(s_1,s_2): (t_1,t_2), (s_1,s_2) \in R\}$. Given a time region R equal to the finite union of rectangles R_i, G(R) will denote the sigma-field generated by the sigma-fields $G(R_i)$. Given two times $\underline{s} < \underline{t}$, $G(\underline{s},\underline{t})$ will denote the σ-field $G([0,t_1]\times[s_2,t_2] \cup [s_1,t_1]\times[0,t_2])$. Note that for any $\underline{t} > \underline{s}$, $F(\underline{s})$ is independent of $G(\underline{s},\underline{t})$.

A random variable $\underline{T} \in R_+^2$ is a *stopping point* if it satisfies the condition: for each $\underline{t} \in R_+^2$, the event $\{\underline{T} \leq \underline{t}\}$ is $F_{\underline{t}}$ measureable.

The following result is clear, it can for instance be proven by the method used by Walsh (1984) in proving Theorem 1.6.

Proposition 1.1

Let $\underline{T}$ be a stopping point. Then

i) $W^{\underline{T}}$ is a Brownian sheet independant of $F_{\underline{T}}$.

ii) $\frac{1}{\sqrt{T_2}} B^{1,\underline{T}}$ is a standard Brownian motion independant of $F_{\underline{T}}$.

iii) $\frac{1}{\sqrt{T_1}} B^{2,\underline{T}}$ is a standard Brownian motion independant of $F_{\underline{T}}$.

iv) All three processes above are independant.

In fact part (i) is contained in Theorem 1.6 of Walsh (1984) which applies to weak stopping points.

Definition of $H^h(\underline{t},r)$.

We now define a stopping point which will be fundamental. While the definition is natural, it requires a few distinct steps to describe. It should be remembered that we are attempting to construct an increasing curve, C, starting from a given $\underline{t}$, on which W is greater than 1, provided that W($\underline{t}$) is greater than 1+r. In the following $\underline{t} = (t_1,t_2)$ will be a fixed time point or possibly a fixed stopping point. ∞ will for our purposes simply be a graveyard time point.

Step One: Define the stopping time T_1 to equal $\inf\{s \geq 0: B^{1,\underline{t}}(s) = -r \text{ or } dr\}$. If T_1 is not in $\frac{r^2}{t_2}(\frac{1}{M},M)$ then $H^h(\underline{t},r) = \infty$. If $T_1 \in \frac{r^2}{t_2}(\frac{1}{M},M)$ and $B^{1,\underline{t}}(T_1) = dr$, then $H^h(\underline{t},r) = (t_1+T_1,t_2)$. Otherwise we use Step Two.

Step Two: Define the stopping time T_2 to equal $\inf\{s \geq 0: B^{2,\underline{t}} = -r \text{ or } (1+d)r\}$. If T_2 is not in $\frac{r^2}{t_1}(\frac{1}{M},M)$ or $B^{2,\underline{t}}(T_2) = -r$ then $H^h(\underline{t}) = \infty$. If not we go to Step Three.

Step Three: We define T_3 to equal $\inf\{s > 0: W(s+t_1+T_1,t_2+T_2) = W(t_1,t_2) + dr$.

If $W(t_1+s,T_2) > W(t_1,t_2)$ for $s \in [0,T_3]$ and $T_3 \in \frac{r^2}{t_2}(\frac{1}{M},M)$, then we define $H^h(\underline{t},r)$ to be $(T_3+T_1,T_2) + (t_1,t_2)$; otherwise it is equal to ∞.

The suffix h for H^h denotes the priviliged position given the horizontal time direction. We similarly define $H^v(\underline{t},r)$ by reversing the roles of the first and second time co-ordinates. We say $H^j(\underline{t},r)$ is successful if it is not ∞. The utility of the definition lies in the fact that H^j is a stopping point if $\underline{t}$ is, and also if W($\underline{t}$) > 1+r and H^j is successful then there is an increasing path from $\underline{t}$ to $H^j(\underline{t},r)$ on which the value of W is always above 1 and such that (over this path) the difference between W and 1 increases by dr. We now record some fundamental properties of the stopping points H^j. For a standard linear Brownian motion B, starting from 0, we define $T_c = \inf\{t: B(t) = c \text{ or } -1\}$. We define the constants

$$v(d,M) = P[\, T_d \in (\frac{1}{M},M),\, B(T_d) = d\,],$$

$$u(d,M) = P[\, T_{1+d} \in (\frac{1}{M},M),\, B(T_{1+d}) = 1+d\,],$$

$$c(d,M) = v(d,M) + (1-v(d,M))u(d,M),$$

It should be noted that as M tends to infinity v(d,M) tends to 1/(1+d) and u(d,M) tends to 1/(2+d). And so c(d,M) tends to $\frac{2}{2+d}$.

Lemma 1.1

There exists a constant C such that for all stopping points $\underline{t}$ in $(1,\infty)^2$ and j = h or v,

$$|\, P[H^j \text{ is successful } | F_{\underline{t}}] - c(d,M) \,| < Cr^{1/6}$$

Proof
Without loss of generality we consider H^h. The chance that $H^h(\underline{t},r) = (t_1+T_1,t_2)$ is precisely equal to v(d,M). The chance that, in defining H^h we proceed to step 3 is equal to (1-v(d,M))u(d,M). Therefore the lemma will be proven if we can show that the chance that we proceed to step 3 but H^h is unsuccessful is less than $Cr^{1/6}$ for suitable r. This last event is contained in the union of events

a $\sup_{s_i \le Mr^2} |W^{\underline{t}}(s_1,s_2)| \le r^{3/2}$.

b $B^3(s) = W(T^{1,r}+s, T^{2,r}) - W(T^{1,r},T^{2,r})$ hits $r^{3/2}$ before it hits $-r^{4/3}$.

c The time for B^3 defined above to hit either $-r^{4/3}$ or $r^{4/3}$ is greater than r^2.

Standard inequalities for the Brownian sheet and Brownian motion yield the desired inequalities. See e.g. Ito and McKean (1965).

□

We now define a succession of stopping points $U^j(\underline{t})$ for a time point $\underline{t}$. It should be borne in mind that we will be interested in points $\underline{t}$ such that $W(\underline{t}) \in (1+2^{-n/2}, 1+2\,2^{-n/2})$. Our goal will be to construct an increasing path on which W's value increases from close to 1 to above 2, without going below 1.

$U^1(\underline{t}) = H^h(\underline{t}, 2^{-n/2})$,

For j even, $U^j(\underline{t}) = \infty$ if $U^{j-1}(\underline{t}) = \infty$;$= H^v(U^{j-1}(\underline{t}), 2^{-n/2}(1+d)^{j-1})$ otherwise.

For j odd, $U^j(\underline{t}) = \infty$ if $U^{j-1}(\underline{t}) = \infty$;$= H^h(U^{j-1}(\underline{t}), 2^{-n/2}(1+d)^{j-1})$ otherwise.

As before we say U^j is successful if it is not equal to ∞. If $U_j(\underline{t})$ is successful, then there is an increasing time path from $\underline{t}$ to $U^j(\underline{t})$ along which W is strictly greater than 1, and such that $W(U^j(\underline{t})) - 1$ will be of the order $2^{-n/2}(1+d)^j$.

In the following we will be interested in $U^j(\underline{t})$ for $\underline{t}$ so that $W(\underline{t}) \in (1+2^{-n/2}, 1+2\,2^{-n/2})$. Accordingly we record some simple facts.

i If $W(\underline{t}) \in (1+2^{-n/2}, 1+2\,2^{-n/2})$, then, provided U^{N^n} is successful for $N^n = \frac{n}{2}\log_{1+d}(2)$, we have $W(U^{N^n}) \in (2,3)$. Here and in the following we round N^n up to the nearest integer.

ii Under the above circumstances for $\underline{t} \in [1,2]^2$, it must be the case that $U^r \in [1, 2\,2^{-n}(1+d)^{2r} M]^2$.

We define one last stopping point $V(\underline{t})$ for $\underline{t} \in [1,2]^2$. By observation (ii) above, if $U^{N^n}(\underline{t})$ is successful, then $U^{N^n} = (U_1, U_2)$ must be in $[1,8M]^2$. We define $V(\underline{t})$ to equal $(16M, U_2)$ if

i $W(s,U_2) > 1$ on $[U_1, 16M]$

and

ii $W(16M, U_2) > 2$.

Otherwise $V(\underline{t}) = \infty$. The use of this definition of V will emerge in the next section.

We now state some simple lemmas whose proofs are left to the reader.

The lemma below follows from Lemma 1.1 and the definitions of this section.

Lemma 1.2

There exist K_M and k_M so that for all $\underline{t} \in [1,2]^2$,

$$k_M(c(d,M))^r \le P[U^r(\underline{t}) < \infty] \le K_M(c(d,M))^r$$

for integer $r \in [1, N^n]$ Also we may choose k_M and K_M so that

$$k_M(c(d,M))^{N^n} \le P[V(\underline{t}) < \infty] \le K_M(c(d,M))^{N^n}$$

Lemma 1.3

There exists an integer k, depending only on M so that for any $\underline{t}$ and r, the event $\{U^{r-k} < \infty\}$, is measurable with respect to $G(\underline{t},\underline{t}+(1+d)^{2r}(2^{-n},2^{-n})) = G([0,t_1]\times[0,t_2+(1+d)^{2r}2^{-n})]\bigcup[0,t_1+(1+d)^{2r}2^{-n})]\times[0,t_2])$.

Section Two

In this section we obtain (modulo a technical lemma) the capacitance estimates required for the lower bound in Hausdorff dimension. We prove

Proposition 2.1

For every $\varepsilon > 0$, there exist components of the set $\{\underline{s} : W(\underline{s}) > 1\}$ whose boundary dimension is at least $5/4 - \varepsilon$.

Before proving this proposition we need some technical groundwork. Let n be an even integer and let $D_n = \{(\frac{j}{2^n}, \frac{k}{2^n}) : j, k \in Z\} \cap [1,2]^2$.

Define $K_n = \{\underline{t} = (t_1,t_2) \in D_n : W(t_1 + 2^{-n}, t_2) \ge 1 + 2^{-n/2}, W(t_1 + 2^{-(n+1)}, t_2) \le 1\}$. For $\underline{t} \in K_n$ we define $L(\underline{t})$ to equal (s,t_2) where $s = \sup\{ t \le t_1 + 2^{-n} : W(s,t_2) = 1\}$. Define $B_n = \{\underline{t} \in K_n : V(\underline{t} + (2^{-n},0)) < \infty\}$ and $B_n' = \{L(\underline{t}) : \underline{t} \in B_n\}$. We are directly interested in the set B_n', since its members are boundary points of Brownian sheet components. However, as the following lemma shows, for capacitory purposes, we may deal with the set B_n.

Lemma 2.1

For any positive α

$$\frac{1}{|B_n|^2}\sum_{x\neq y,x,y\in B_n}\frac{1}{|\underline{x}-\underline{y}|^{\alpha}} \geq 2^{\alpha}\frac{1}{|B_n'|^2}\sum_{x\neq y,x,y\in B_n'}\frac{1}{|\underline{x}-\underline{y}|^{\alpha}}$$

Proof

The above inequality simply follows form the inequality for each x, y $\in B_n$, $|L(x)-L(y)| \geq \frac{1}{2}|x-y|$.

□

The lemma below will perhaps reveal the motivation behind our definition of the final stopping point $V(\underline{t})$.

Lemma 2.2

There exists an a.s. finite number of components of $\{W > 1\}$, $C_1, C_2, \ldots C_N$ such that for every n, every point in B_n' is a boundary point of C_j for some j.

Proof

If $\underline{t} \in B_n'$, then there exists an increasing path from $\underline{t}$ to the line segment $[1,8M]\times\{16M\}$ on which W > 1 (except for the point $\underline{t}$ at which w equals 1) and such that W takes value at least 2 on the line segment $[1,8M]\times\{16M\}$. The Brownian motion W(s,16M) has only finitely many excursions from value 1 to value 2 beginning in the finite time interval [1, 8M]. But the number of components of $\{W > 1\}$ which intersect the line segment $[1,8M]\times\{16M\}$ at points where W is greater than 2 must be less than this a.s. finite number of excursions.

□

Lemma 2.3

Let $x(d,M) = -\frac{\log_2(c(d,M))}{\log_2(1+d)}$. There exist finite, strictly positive constants k and K such that for all n, $k2^{+3n/2}2^{-x(d,M)n/2} < E[|B_n|] = E[|B_n'|] < K2^{+3n/2}2^{-x(d,M)n/2}$.

Proof

It follows from Lemma 1.2 that for any of the 2^{2n} $\underline{t}$s in D_n, $P[V(\underline{t}+(2^{-n},0)) < \infty]$ is of the order $(c(d,M))^{N^n}$ which equals 1/2 to the power $\frac{n}{2}\left[\frac{\log_2(c(d,M))}{\log_2(1+d)}\right]$.

This event is independent of the event $\underline{t} \in K_n$, which has probability of the order of $2^{-n/2}$ and the result follows.

□

It should be noted that as M tends to infinity and then d tends to zero, x(d,M) tends to 1/2. Throughout this section we will assume that d and M have been chosen and fixed so that $x(d,M) < 1/2 + \varepsilon$.

The lemma below requires some solid work and its proof is postponed to the next section.

Lemma 2.4

Let $\underline{t}$ and $\underline{s}$ be elements of D_n with $|\underline{t}-\underline{s}|_{max} = \max\{ |t_1-s_1|, |t_2-s_2|\} \in [2^{-i},2^{-i+1})$ and $|\underline{t}-\underline{s}|_{min} = \min\{ |t_1-s_1|, |t_2-s_2|\} \in [2^{-j},2^{-j+1})$, then there exists finite K so that

$$P[\underline{t} \text{ and } \underline{s} \in B_n] \le K 2^{-n/2} 2^{-x(d,M)n/2} 2^{-(n-i)/2} 2^{-(n-j)x(d,M)/2}$$

Given this lemma we obtain the following capacity estimate for B_n.

Proposition 2.2

For every $\alpha < 3/2 - x(d,M)/2$, there exists a finite constant K_α so that

$$\frac{1}{E[|B_n|]^2} E\left[\sum_{x \ne y, x,y \in B_n'} \frac{1}{|\underline{x}-\underline{y}|^\alpha} \right] \le K_\alpha$$

Proof

The expectation of the sum on the left hand side is bounded by

$$K \sum_{\underline{s},\underline{t} \in D_n} \sum_{i=0}^{n} \sum_{j=i}^{n} \sum_{\substack{|\underline{t}-\underline{s}|_{min} \in [2^{-j},2^{-j+1}) \\ |\underline{t}-\underline{s}|_{max} \in [2^{-i},2^{-i+1})}} \frac{P[\underline{s},\underline{t} \in B_n]}{2^{-i\alpha}}$$

for some constant K not depending on n. Using Lemma 2.3, the above is bounded by

$$K' \sum_{\underline{t} \in B_n} \sum_{i=0}^{n} \sum_{j=i}^{n} \sum_{\substack{|\underline{t}-\underline{s}|_{min} \in [2^{-j},2^{-j+1}) \\ |\underline{t}-\underline{s}|_{max} \in [2^{-i},2^{-i+1})}} 2^{i\alpha} 2^{-n/2} 2^{-x(d,M)n/2} 2^{-n/2} 2^{i/2} 2^{-x(d,M)(n-j)/2}$$

Summing over $\underline{t} \in B_n$ yields a factor of 2^{2n}, while summing over $|\underline{t}-\underline{s}|_{min} \in [2^{-j},2^{-j+1})$ $|\underline{t}-\underline{s}|_{max} \in [2^{-i},2^{-i+1})$ yields a factor of $2^{n-i}2^{n-j}$. Therefore the sum in the lefthand side of the statement of the Proposition is majorized by

$$K 2^{-n} 2^{2n} 2^{-x(d,M)n} \sum_{i=0}^{n} 2^{(n-i)} 2^{i\alpha} 2^{i/2} \sum_{j=i}^{n} 2^{(n-j)} 2^{x(d,M)j/2}$$

which is majorized by

$$K 2^{+n} 2^{-x(d,M)n} \sum_{i=0}^{n} 2^{(n-i/2)} 2^{i\alpha} \sum_{j=i}^{n} 2^{(n-j)} 2^{x(d,M)j/2}.$$

summing over j reduces the above to

$$K 2^{+n} 2^{-x(d,M)n} \sum_{i=0}^{n} 2^{(n-i/2)} 2^{i\alpha} 2^{(n-i)} 2^{x(d,M)i/2}.$$

Because $\alpha < 3/2 - x(d,M)/2$ this sum over i is bounded by $K_\alpha' 2^{3n} 2^{-x(d,M)n} \le K_\alpha (E[|B_n|])^2$ for finite K_α' and K_α not depending on n. The proposition follows.

□

Corollary 2.4

There exists c > 0 and finite K such that with probability at least c for each n

$$\frac{1}{|B_n'|^2} \sum_{x \ne y, x,y \in B_n'} \frac{1}{|\underline{x}-\underline{y}|^\alpha} < K$$

Proof
First note that by Lemma 2.1, it is sufficient to show that there exist c and K so that with probability at least c

$$\frac{1}{|B_n|^2} \sum_{x \neq y, x, y \in B_n} \frac{1}{|\underline{x}-\underline{y}|^\alpha} < K$$

for each n. Also note that $\underline{t}, \underline{s} \in D_n$ implies that for positive α, $\frac{1}{|\underline{s}-\underline{t}|^\alpha} \leq 2^{-\alpha/2}$.
Therefore

$$E[|B_n|^2] \leq 2^{\alpha/2} E\left[\sum_{x \neq y, x, y \in B_n} \frac{1}{|\underline{x}-\underline{y}|^\alpha}\right] + E[|B_n|] \leq K(E[|B_n|])^2.$$

A simple Cauchy-Schmidt argument (see e.g. Kahane (1985), page 8) yields the conclusion that $P[|B_n| > c(K)E[|B_n|]] > c(K)$ for c strictly positive depending on K but not on n. Furthermore Proposition 2.2 guarantees that for G sufficiently large,

$$P\left[\frac{1}{E[|B_n|]^2} \sum_{x \neq y, x, y \in B_n} \frac{1}{|\underline{x}-\underline{y}|^\alpha} \leq G\right] > 1-c(K)/2.$$

Therefore with probability at least c(K)/2

$$\frac{1}{|B_n|^2} \sum_{x \neq y, x, y \in B_n} \frac{1}{|\underline{x}-\underline{y}|^\alpha} < \frac{G}{(c(K))^2}$$

□

Proof of Proposition 2.1
Recall that d and M have been chosen to ensure that 3/2 - x(d,M)/2 > 5/4 - ε so we can assume that $\alpha > 5/4 - \varepsilon$ as well. Let $H_M(\omega)$ be the union of the components of {W > 1} which intersect the line segment $\{6M^2\} \times [0, 4M^2]$ at points where W > 3/2. By Lemma 2.2 there are only finitely many such components and this is a closed set. Therefore its boundary is just the union of the boundaries of the individual components. For each n, $B_n' \subset \delta H_M$ and (by Proposition 2.2) with probability at least c > 0,

$$\frac{1}{|B_n'|^2} \sum_{x \neq y, x, y \in B_n'} \frac{1}{|\underline{x}-\underline{y}|^\alpha} < K$$

Therefore with probability at least c > 0,

$$\frac{1}{|B_n'|^2} \sum_{x \neq y, x, y \in B_n'} \frac{1}{|\underline{x}-\underline{y}|^\alpha} < K$$

occurs for infinitely many n. Thus (by Landkoff (1972)), with probability at least c, the capacitory dimension of δH_M is at least $5/4 - \varepsilon$. The 0-1 law of Orey and Pruitt (1973), page 141, implies that

$$P[\text{ there exists components of } \{W > 1\} \text{ whose boundaries have Hausdorff dimension at least } \alpha] = 1$$

Proposition 2.1 follows.

□

Section Three

This section is devoted to proving Lemma 2.4 of the previous section. We start by proving the lemma for the easiest case: $\underline{s} < \underline{t}$. Though more complicated, the proof for the other cases can be broken down into the same basic steps.

It is readily seen that Lemma 2.4 is equivalent to

Lemma 2.4a

Let $\underline{t}$ and $\underline{s}$ be elements of D_n with $|\underline{t}-\underline{s}|_{max} = \max\{|t_1-s_1|, |t_2-s_2|\} \in 2^{-n}[(1+d)^i, (1+d)^{i+1})$, $\min\{|t_1-s_1|, |t_2-s_2|\} \in 2^{-n}[(1+d)^j, (1+d)^{j+1})$. Then there exists K such that

$$P[\underline{t} \text{ and } \underline{s} \in B_n] \le K 2^{-n/2} 2^{-x(d,M)n/2} (1+d)^{-i/2} c(d,M)^{-j/2}$$

Proof of Lemma 2.4a for the case $\underline{s} < \underline{t}$.

Let $\underline{s}$ and $\underline{t}$ satisfy

i $\quad |\underline{s}-\underline{t}|_{\min} = |s_1-t_1| \in 2^{-n}[(1+d)^j, (1+d)^{j+1})$

ii $\quad |\underline{s}-\underline{t}|_{\max} = |s_2-t_2| \in 2^{-n}[(1+d)^i, (1+d)^{i+1})$

The event $\{\underline{s}, \underline{t} \in B_n\}$ is contained in the intersection of four events:

A1: $\{U^{j/2-k}(\underline{s}) < \infty\}$ if $j/2-k \ge 0$; $= \Omega$ the whole probability space if $j/2-k < 0$,

A2: $\{V(\underline{t}) < \infty\}$,

A3 $\{\underline{s} \in K_n\}$,

A4 $\{\underline{t} \in K_n\}$.

In defining event A1, the constant k is the constant of Lemma 1.3. Accordingly, the event A1 is measurable with respect to the σ-field $G(\underline{s},\underline{s}+(2^{-n}(1+d)^{j-1}, 2^{-n}(1+d)^{j-1}))$
=
$G([s_1, s_1+2^{-n}(1+d)^{j-1}] \times [0, s_2+2^{-n}(1+d)^{j-1}] \cup [0, s_1+2^{-n}(1+d)^{j-1}] \times [s_2, s_2+2^{-n}(1+d)^{j-1}])$. Therefore it is independent of the event A2, and, using Corollary 1.3, we obtain the inequality

$$P[A1 \cap A2] < K(c(d,M))^N (c(d,M))^{j/2-k}. < K'(c(d,M))^N (c(d,M))^{j/2}.$$

Also the event $A2 \cap A1$ is independent of the random variable $W(\underline{s})$. The event A3 is contained in the event $\{W(\underline{s} + (2^{-n},0)) \in (2^{-n/2}, 2\,2^{-n/2})\}$. These observations imply that $P[A3 \mid A1 \cap A2] \le K 2^{-n/2}$. Similarly, the event A4 is contained in the event $\{W(\underline{t} + (2^{-n},0)) \in (2^{-n/2}, 2 2^{-n/2})\}$. Let the σ-field G equal σ-$\{G([0,s_1+2^{-(j+1)}] \times [0,s_2+2^{-(j+1)}]), G([0,t_1] \times [t_2,\infty], [t_1,\infty] \times [0,t_2])\}$. The events A1, A2, A3 are measurable with respect to G; in addition the random variable $W(1, s_2 + 2^{-n}(1+d)^{j-1}) - W(1, s_2 + 2^{-n}(1+d)^{j-1} + 2^{-n}(1+d)^{i-1})$ is independent of G and "contributes" to $W(\underline{t} + (2^{-n},0))$. We conclude that $P[A4 \mid A1 \cap A2 \cap A3] \le K(1+d)^{-i/2}$ for some K not depending on n,i, j. The result follows.

□

This approach can be followed in the general case once we have proven

Proposition 3.1

Let $\underline{s}$ and $\underline{t}$ be as in Lemma 2.3. Let k be as in Lemma 1.3. Then

$$P[U^{j/2-k}(\underline{t}),\, U^{j/2-k}(\underline{s}) < \infty] < K'(c(d,M))^{j/2}(c(d,M))^{j/2}.$$

for some K independent of n and j.

In the following for the sake of concreteness we will deal with the case $s_1 < t_1$, $s_2 > t_2$, $t_1 - s_1 > s_2 - t_2$. It will be clear that only minor relabeling in our arguments will establish the desired bounds for the other cases.

We wish to bound $P[U^{j/2-k}(\underline{t}), U^{j/2-k}(\underline{s}) < \infty]$. $U^{j/2-k}(\underline{t})$ is measurable with respect to $G(\underline{t},\underline{t}+2^{-n}((1+d)^j,(1+d)^j))$ and $U^{j/2-k}(\underline{s})$ is measurable with respect to $G(\underline{s},\underline{s}+(2^{-n}((1+d)^j,(1+d)^j)))$. The problem is that these sigma fields are not independent. They both contain the sigma-field generated by the white noise of the shaded region in the diagram below.

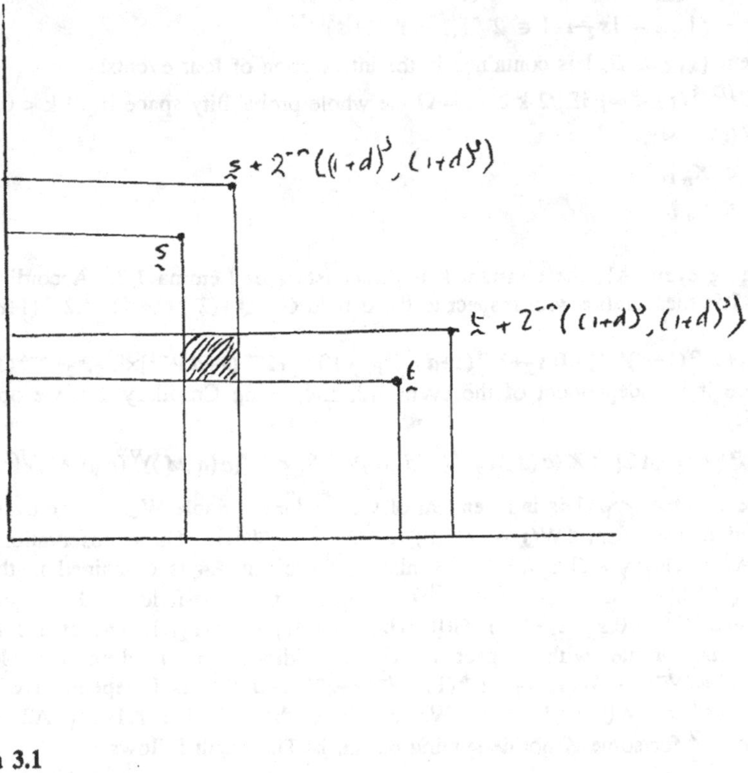

Lemma 3.1

Let c be a fixed positive constant and let B be a standard Brownian motion. Suppose $Z(t) = (1-\lambda)B(t) + f(t)$ where f is a process satisfying $|f(t)| < \lambda$ for all $t \geq 0$. Define $T^Z = \inf\{t: Z(t) = c \text{ or } -1\}$ and $T^B = \inf\{t: B(t) = c \text{ or } -1\}$ and the events

$$A(B,x,M) = \{B(T^B) = x,\ T_B > M\} \quad A'(B,x,M) = \{B(T^B) = x,\ T_B < M\}$$

$$A(Z,x,M) = \{Z(T^Z) = x,\ T_Z > M\} \quad A'(Z,x,M) = \{Z(T^Z) = x,\ T_Z < M\}$$

There exists a constant K (=K(c)) so that for all λ, M and x ∈ { -1, c}

$$P\left[A(B,x,M)\ \ A(Z,x,M)\right] + P\left[A(Z,x,M)\ \ A(B,x,M)\right] \le K\lambda^{1/2}$$

and

$$P\left[A'(B,x,M)\ \ A'(Z,x,M)\right] + P\left[A'(Z,x,M)\ \ A'(B,x,M)\right] \le K\lambda^{1/2}$$

Proof
For brevity we will only prove that

$$P\left[A'(B,c,M)\ \ A'(Z,c,M)\right] \le K\lambda^{1/2}$$

for suitable K, the other proofs are similar. We need only concern ourselves with λ much smaller than c.

The event $\{A'(B,c,M)\ \ A'(Z,c,M)\}$ is contained in the union of the events

A $\{T^B \in [M-\lambda^{2/3}, M]\}$

and

B $\{\sup_{0\le s\le\lambda^{2/3}} B(T^B+s)-B(T^B) < \frac{\lambda(2+c)}{1-\lambda}\}$.

Our desired inequality follows from standard Brownian inequalities. See e.g. Ito and McKean (1965).

□

It is necessary to introduce the sigma fields

$$G_l = \sigma\{\, G(\underline{s},U^{l-1}(\underline{s})),\ G(\underline{t},U^{l-1}(\underline{t})),\ \}$$

$$G_{l,+} = \sigma\{\, G(\underline{s},U^{l-1}(\underline{s})),\ G(\underline{t},U^{l}(\underline{t})),\ \}$$

If it were possible to prove inequalities such as

$$|P[U^l(\underline{t}) < \infty \mid G_l] - c(d,M)| < k2^{-l/6}$$

$$|P[U^l(\underline{s}) < \infty \mid G_{l,+}] - c(d,M)| < k2^{-l/6}$$

then the bound claimed in Proposition 3.1 would follow easily. Unfortunately this is not true in total generality as there may be path wildness.

It is true that, for instance, given a stopping point $\underline{T} > \underline{t}$, the Brownian motion

$$B(r) = \frac{1}{\sqrt{T_2}} W(T_1+r, T_2) - W(T_1,T_2)$$

is independent of σ-$\{G(\underline{t},\underline{T}),\ G(\underline{s},U_{l+1})\}$. Our problem is that the Brownian motion

$$\frac{1}{\sqrt{T_1}} W(T_1, T_2+r) - W(T_1,T_2)$$

is not independant of σ-$\{G(\underline{t},\underline{T}),\ G(\underline{s},U_{l-1})\}$. In fact

$$W(T_1,T_2+r) - W(T_1,T_2) =$$

$$W(T_1,T_2+r) - W(T_1,T_2) - \left[W([U^{l-1}(\underline{s})]_1, T_2+r) - W([U^{l-1}(\underline{s})]_1, T_2)\right] +$$

$$W([U^{l-1}(\underline{s})]_1, T_2+r) - W([U^{l-1}(\underline{s})]_1, T_2) - \left[W(s_1, T_2+r) - W(s_1, T_2)\right] +$$
$$W(s_1, T_2+r) - W(s_1, T_2)$$

The first and third processes are independant of σ-$\{G(\underline{t}, \underline{T}), G(\underline{s}, U_{l-1})\}$. Therefore if we can control the middle process we will be in a position to apply Lemma 3.1. We hope this will motivate the following.

We proceed to define "wild" sets we wish to discard from consideration. For $0 \le l, h \le j/2-k$ we define

$$A(l, \underline{s}) = \{ \text{ there exists } r, r' \in (t_2, t_2 + 4M(2^{-n/2}(1+d)^l)^2 :$$
$$W([U_{l-1}(\underline{s})]_1, r) - W(s_1, r) - W([U_{l-1}(\underline{s})]_1, r') + W(s_1, r') > (2^{-n/2}(1+d)^l)^{3/2}$$
$$B(l, \underline{t}) = \{ \text{ there exists } r, r' \in (s_1, s_1 + 4M(2^{-n/2}(1+d)^l)^2 :$$
$$W(r, [U_l(\underline{t})]_2) - W(r, t_2) - W(r', [U_l(\underline{t})]_2) + W(r', t_2) > (2^{-n/2}(1+d)^l)^{3/2}$$

Lemma 3.2

There exist constants c and K so that $P[A(l, \underline{s}) \cup B(l, \underline{t})] < Ke^{-c2^{n/4}(1+d)^{-l/2}}$. This lemma follows from bounds found in Orey and Pruitt (1973).

Lemma 3.3

There exists a constant c so that

$$|P[U^l(\underline{t}) < \infty \mid G_l] - c(d, M)| < c(2^{-n/2}(1+d)^l)^{-1/6}$$

on $A(l, \underline{s})^c$. Similarly

$$|P[U^l(\underline{s}) < \infty \mid G_{l,+}] - c(d, M)| < c(2^{-n/2}(1+d)^l)^{-1/6}$$

on $B(l, \underline{t})^c$.

Proof

We will just give the proof for $U^l(\underline{t})$ as that for $U^l(\underline{s})$ is almost identical. In addition we will assume for simplicity that l is even. The proof for l even is slightly more complicated but no new ideas are needed.

As l is even, $U^l(\underline{t}) = H^v(U^{l-1}(\underline{t}), 2^{-n}(1+d)^{l-1})$. Also for any stopping point $\underline{P}$, greater (in natural partial order) than $\underline{t}$, we have $B^{1,\underline{P}}$ is independent of G_l, our problem comes down to dealing with step one defining H^v. Consider the Brownian motion $Z(r) = W([U^{l-1}(\underline{t})]_1, [U^{l-1}(\underline{t})]_2+r) - W([U^{l-1}(\underline{t})]_1, [U^{l-1}(\underline{t})]_2)$. As noted above, this can be decomposed as

$$Z(r) = W([U^{l-1}(\underline{t})]_1, [U^{l-1}(\underline{t})]_2+r) - W([U^{l-1}(\underline{t})]_1, [U^{l-1}(\underline{t})]_2) =$$
$$\Big(W([U^{l-1}(\underline{t})]_1, [U^{l-1}(\underline{t})]_2+r) - W([U^{l-1}(\underline{t})]_1, [U^{l-1}(\underline{t})]_2) -$$
$$W([U^{l-1}(\underline{s})]_1, [U^{l-1}(\underline{t})]_2+r) - W([U^{l-1}(\underline{s})]_1, [U^{l-1}(\underline{t})]_2)\Big)$$

$$+ \Big(W([U^{l-1}(\underline{s})]_1, [U^{l-1}(\underline{t})]_2+r) - W([U^{l-1}(\underline{s})]_1, [U^{l-1}(\underline{t})]_2) -$$

$$W(s_1,[U^{l-1}(\underline{t})]_2+r) - W(s_1,[U^{l-1}(\underline{t})]_2)\Big)$$

$$+ W(s_1,[U^{l-1}(\underline{t})]_2+r) - W(s_1,[U^{l-1}(\underline{t})]_2)$$

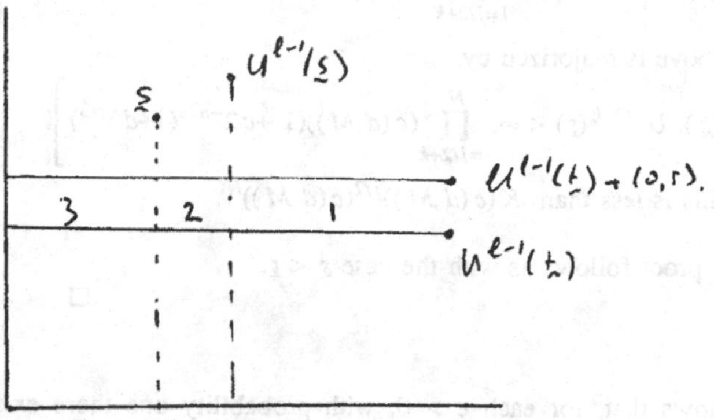

Given $\sigma\{G(\underline{t},\underline{T}),G_l\}$ the first and third processes above, sum to a process equal in law to

$$[[U_{l-1}(\underline{t})]_1 - [U^{l-1}(\underline{s})]_1 + s_1]^{1/2} B(s)$$

where B is a standard Brownian motion independent of $\sigma\{G(\underline{t},\underline{T}),G_l\}$. The second process above is measureable with respect to this σ field. On the event $A(l,\underline{s})^c$, this process is bounded in magnitude by $(2^{-n/2}(1+d)^l)^{3/2}$. The result now follows from scaling and Lemma 3.1.

□

Proof of Proposition 3.1

Let $L(\omega) = \inf\{l \geq 0 : \omega \in A(l,\underline{t}) \cup B(l,\underline{s})\}$. We decompose the event $\{U_{j/2-k}(\underline{s}), U_{j/2-k}(\underline{t}) < \infty\}$ into

$$\bigcup_{l=0}^{j/2-k} \{U_{j/2-k}(\underline{s}), U_{j/2+k}(\underline{t}) < \infty, V=l\} \cup \{U_{j/2-k}(\underline{s}), U_{j/2+k}(\underline{t}) < \infty, V > j/2-k\}$$

$$\subset \bigcup_{l=0}^{j/2-k} \{U_{l-1}(\underline{s}), U_{l-1}(\underline{t}) < \infty, V=l\} \cup \{U_{j/2-k}(\underline{s}), U_{j/2+k}(\underline{t}) < \infty, V > j/2-k\}$$

By lemmas 3.2 and 3.3 the probability of the latter event is bounded by

$$K\sum_{l=0}^{j/2-k} (c(d,M)^{2(l-1)} e^{-c(2^{-n/2}(1+d)^l)^{j/2}} \qquad + \qquad (c(d,M))^{2(j/2-k)}$$

This is easily seen to be bounded by the appropriate quantity.

□

Proof of Lemma 2.4a

The case $\underline{s} < \underline{t}$ has already been dealt with. Of the remaining cases (since they are essentially the same) we will consider the case where $t_1 > s_1$, $t_2 < s_2$, $|t_1 - s_1| \geq |t_2 - s_2|$. Let $s_2 - t_2 \in 2^{-n/2}[(1+d)^j,(1+d)^{j+1})$. By definition,

$P[V(\underline{s}), V(\underline{t}) < \infty] \le P[U^{j/2-k}(\underline{s}), V(\underline{t}) < \infty]$. This latter expression is equal to

$$E\left[U^{j/2-k}(\underline{s}), U^{j/2-k}(\underline{t}) < \infty, \prod_{l=j/2-k+1}^{N} P[U^l < \infty \mid F(U^{j/2-k}(\underline{s})), F(U^{l-1}(\underline{t}))]\right]$$

$$\le E\left[U^{j/2-k}(\underline{s}), U^{j/2-k}(\underline{t}) < \infty, \prod_{l=j/2+k}^{N} P[U^l < \infty \mid F(U^{j/2-k}(\underline{s}))F(U^{l-1}(\underline{t}))]\right]$$

By Lemma 1.2, the above is majorized by

$$E\left[U^{j/2-k}(\underline{s}), U^{j/2-k}(\underline{t}) < \infty, \prod_{l=j/2+k}^{N} (c(d,M))(1 + c2^{-n/6}(1+d)^{j/3})\right].$$

By Proposition 3.1, this is less than $K(c(d,M))^{j/2}(c(d,M))^N$.

The remainder of the proof follows as with the case $\underline{s} < \underline{t}$.

□

Section Four

Section Two shows that, for each $\varepsilon > 0$, with probability one there exist components of $\{W > 1\}$ whose boundary has Hausdorff dimension at least $5/4 - \varepsilon$. In this section we use standard properties of the Brownian sheet to show that every such component must have a boundary with dimension at least 5/4.

Proposition 4.1

The Hausdorff dimension of every component of $\{W > 1\}$ is at least 5/4.

To show the above it is sufficient to show that for every $\varepsilon > 0$ and every rational time point $\underline{q} \in Q_+ \times Q_+$, the component of $\{W > 1\}$ containing $\underline{q}$ (if it exists) has, with probability one, a boundary of dimension at least $5/4 - \varepsilon$. We will prove this fact for the point (1,1) but the reader will see that the proof works for any fixed time point.

We now state some propositions without proof. We give some remarks which will hopefully convince the reader that no new ideas are required to prove the stated propositions.

Given $\varepsilon > 0$, the arguments of Sections Two and Three can be refined to show that with probability $c(\varepsilon) > 0$, there is a component C of $\{W > 1\} \cap [1,2]^2$ such that δC has dimension at least $5/4 - \varepsilon$, and (2,2) is in C. If we denote this event by $A(\varepsilon)$, then we may even prove that

Proposition 4.2

For some $k(\varepsilon) > 0$, $P[A(\varepsilon) \mid W(2,2)] > k(\varepsilon)$ on the event $\{W(2,2) \in (2,3)\}$.

The arguments used in Section Two and Three for our Brownian sheet process work equally well with the process

$$B(s,t) = B_1(s) - B_2(t)$$

for two independant, not necessarily standard, Brownian motions. In fact the major problems of calculations dissappear as $W(t_1,t_2) - W(s_1,t_2) - W(t_1,s_2) + W(s_1,s_2)$ become stochastically insignificant. Similarly if we consider the process

$W^{c,\underline{t}}(\underline{s}) = \frac{1}{c}\left[W(\underline{t} + c^2\underline{s}) - W(\underline{t})\right]$ for c small, the terms $W^{c,\underline{t}}(s_1', s_2') - W(s_1, s_2') - W(s_1', s_2) + W(s_1, s_2)$ are stochastically manageable and all estimates derived in Section Two and Three will hold uniformly for $c \in (0,1]$. So no new ideas are required to prove

Proposition 4.3

Let $A(\varepsilon, \underline{t}, c)$ be the event that there is a component C of $\{W > 1\} \cap [\underline{t}, \underline{t} + (c^2, c^2)]$ such that

1 δC has dimension at least $5/4 - \varepsilon$,

2 $\underline{t} + (c^2, c^2) \in$ C For M > 1, there exists a constant $k(\varepsilon, M) > 0$ such that for all $\underline{t} \in [1, M]^2$ and c > 1 $P[A(\varepsilon, \underline{t}, c) \mid W(\underline{t} + (c^2, c^2))] > k(\varepsilon, M)$ on $\{W(\underline{t} + (c^2, c^2)) \in (1+c, 1+2c)$.

Given (t_1, t_2), we define the Brownian sheet

$$W_{\underline{t}}'(s_1, s_2) = \frac{s_1}{t_1}\frac{s_2}{t_2} W\left(\frac{t_1^2}{s_1}, \frac{t_2^2}{s_2}\right)$$

and the let the stopping points $U^{1\prime}(\underline{t}), U^{2\prime}(\underline{t}), \ldots, U^{N\prime}(\underline{t}), V'(\underline{t})$ be defined for the sheet W' above.

Finally define the random points $U^{1\prime\prime}, U^{2\prime\prime}, \ldots, V''$ by,

$$\underline{U^{j\prime\prime}} = [(U^{j\prime\prime})_1, (U^{j\prime\prime})_2] = \left[\frac{t_1^2}{(U^{j\prime})_1}, \frac{t_2^2}{(U^{j\prime})_2}\right],$$

These random points can play the same role as the points U^j in Section Two and Three, the only essential difference being that they decrease as j decreases. They will also be used in Section Six. Using these points instead of the U^j we can prove our final stated result

Proposition 4.4

Let $B(\varepsilon, \underline{t}, c)$ be the event there is a component C of $\{W > 1\} \cap [\underline{t}, \underline{t} + (c^2, c^2)]$ such that

1 δC has dimension at least $5/4 - \varepsilon$,

2 $\underline{t} \in$ C

Let M be > 1. There exists a constant $k(\varepsilon, M) > 0$ such that for all stopping points $\underline{S} \in [1, M]^2$ and c > 1 $P[B(\varepsilon, \underline{S}, c) \mid W(\underline{S})] > k(\varepsilon, M)$ on $\{W(\underline{S}) \in (1+c, 1+2c)\}$.

To finish the proof of Proposition 4.1 from Proposition 4.4, we require some fresh arguments.

We require some notation: Given time point $\underline{t}$, we define $C(\underline{t})$ to be the component of $\{W > 1\}$ containing $\underline{t}$, if it exists. Given in addition a time rectangle R containing $\underline{t}$, we define $T(\underline{t}, R)$ to be $\delta(C(\underline{t}) \cap R)$ δR.

Before proving Proposition 4.1, we require two preliminary lemmas. In the following, given a process X and a point y,

$$T^X(y) = \inf \{ t > 1 : X(t) < y \}.$$

Throughout, B and V will denote independant standard Brownian motions.

Lemma 4.1

Let ε be a positive constant, less than two. Let λ be a positive constant less than 1/2. Define $Z = B + \lambda V$. Let R be a fixed constant.

$$P\left[|T^{|B|}(\varepsilon) - T^{|Z|}(\varepsilon)| \geq \lambda^{1/4},\ T^{|B|}(\varepsilon) < R \right] < C(R)\lambda^{1/4}$$

Proof

Consider the events

1 $\quad |T^B(\varepsilon) - T^B(\varepsilon \pm \lambda^{1/2})| \geq \lambda^{1/2}$,

2 $\quad \sup_{s \in [1, R+1]} |V(s)| < \lambda^{-1/2}$.

Outside of these two events, the events $\{ |T^{|B|}(\varepsilon) - T^{|Z|}(\varepsilon)| \geq \lambda^{1/4} \}$ and $\{ T^{|B|}(\varepsilon) < R \}$ are incompatible. The lemma follows from simple bounds for Brownian motion.

□

Similar elementary considerations give the following, whose proof is therefore omitted.

Lemma 4.2

With the notation of the previous lemma, let F_R^B be $\sigma\{B(t): t \leq R\}$. Then

(a): For small λ,

$$P[T^{|Z|}(\varepsilon) - T^{|B|}(\varepsilon) \geq \lambda^3 \mid F_R^B] > 1/3$$

on $A^B(\varepsilon, \lambda) =$

$\{ T^{|B|}(\varepsilon) \in [1, R], T^B(\varepsilon + \lambda^{1/2}) - T^B(\varepsilon) < \lambda^{1/2}, T^B(\varepsilon) - T^B(\varepsilon - \lambda^{4/3}) > \lambda^3 \}$.

(b): $P[A^B(\varepsilon,\lambda)^c \quad \{T^{|B|}(\varepsilon) \text{ not in } [1,R]\}\ ] \leq K(R)\lambda^{1/4}$ for some finite K(R).

Proof of Proposition 4.1

Fix $\varepsilon > 0$, arbitrarily small. Choose M sufficiently large that $P[T^B(1) > M/2\ ] < \varepsilon/4$ for a standard Brownian motion. Here $T^B(1)$ is the stopping time of Lemma 4.1. Let $d = k(\varepsilon, M) > 0$. The main part of the proof consists of establishing that, given r (large), we can choose c (small) so that there are increasing stopping points $S_1, \ldots, S_r$ such that outside of a set of probability ε

1 $\quad$ For each i, $S_i > S_{i-1} + (2c, 2c)$.

2 $\quad$ For each i, $S_i \in [1, M)^2$.

3 $\quad$ For each $i \in \{1, 2, \ldots, r\}$ S_i is in C(1,1).

Once this has been proven Proposition 4.4 yields the bound P[C(1,1) has a boundary of Hausdorff dimension at least $5/4 - \varepsilon] > 1 - \varepsilon - (1-d)^r$, and Proposition 4.1 follows.

Choose n large and even (how large is to be determined later). Let $c = e^{-100^n}$. Let $B^0(s) = W(s,1)$. For i = 1, 2, . . . n/2, define $B^i(s) = W(s,1+e^{-100^{n-i}})$. Define the stopping times $T^i = T^{B^i}(1+c)$. Clearly (by Lemma 4.1, our choice of M and elementary considerations) for n sufficiently large, P[for some $0 \le i \le n/2$, $T^i > M$] + P[for some i ≤ n/2, C(1,1) is non-empty but $(1,1+e^{-100^{n-i}})$ is not in C(1,1)] < ε/4. Consider the stopping times $V^j = T^1 \quad T^2 \ldots \quad T^j$. By Lemma 4.2 (a) and the observation above, outside of the event $\bigcup_{i=0}^{n/2} A^{B^i}(1+c, e^{-100^{n-i}/2})^c$, we have $P[T^j > T^{j-1} + (e^{-100^{n-j}4/2}, e^{-100^{n-j}4/2}) \mid F_{V^{j-1}}] > 1/3$. By Lemma 4.2 (b), for large n, $P[\bigcup_{i=0}^{n/2} A^{B^i}(1+c, e^{-100^{n-i}/2})^c, \bigcup\bigcup_{i=0}^{n/2}\{T^i(1+c) > M\}] < \varepsilon/4$. Also outside of the events

$$\bigcup_{i=0}^{n/2}\{\, |T^{i-1}(c) - T^i(1+c)| \ge e^{-100^{n-i}/8},\ T^{i-1}(1+c) < M\},$$

it is the case that $\{T^j > T^{j-1} + (e^{-100^{n-j}4/2}, e^{-100^{n-j}4/2})\}$ implies $\{T^j > V^{j-1} + (2c, 2c)\}$. Also, by Lemma 4.1, we have for large n,

$$P\left[\bigcup_{i=0}^{n/2}\{\, |T^{i-1}(1+c) - T^i(1+c)| \ge e^{-100^{n-i}/8},\ T^i(1+c) < M\}\right]$$

$$< C(M)\sum_{i=0}^{n/2} e^{-100^{n-i}/8} < \varepsilon/8$$

Collecting these bounds together, we conclude that if N = #{j ≤ n/2: $T^j > V^{j-1} + (2c, 2c)$}, then for n large, P[N < r] < ε/4 + ε/4 + ε/8 + ε/8 + P[B(n/2, 1/3) < r], where B(n/2, 1/3) is a binomial random variable with parameters n/2 and 1/3. If n is sufficiently large our result follows.

□

The thoughts for this proof were suggested to the authour during a conversation with Robert Dalang, Steve Evans and Davar Khoshnevisan.

Section Five

In this section we establish that the Hausdorff dimension of boundary points is strictly less than 3/2. We will show that for any v greater than zero, the dimension of the set B = {$\underline{t} \in [1,2]^2$: $W(\underline{t})$ is a boundary point of a component of diameter greater than v}
has dimension bounded below 3/2 - c for some c > 0 not depending on v. The proof and elementary scaling ideas will convince the reader that this is enough.

The j-ring around the point $\underline{t}$ is the set $R(\underline{t}, j) = \{\underline{s} : |\underline{s} - \underline{t}|_\infty = 2^{-j}\}$. A j-ring is *good* if $\sup_{\underline{s} \in R(\underline{t},j)} W(\underline{s}) - W(\underline{t})\} < -2^{-j/2}$.

Given δ ∈ (0, 1/2), we say a point $(\frac{j}{2^n}, \frac{k}{2^n}) \in [1,2]^2$, is n-bad if

i $\quad |W(\frac{j}{2^n}, \frac{k}{2^n}) - 1| \le n^2 2^{-n/2}$

ii $\quad$ There does not exist a good j-ring for $j \in [(1-\delta)n, \sqrt{n}\,]$

Orey and Pruitt (1973) prove that a.s. for n sufficiently large, $\underline{s} \in [1,2]^2$, $|\underline{s} - \underline{t}|_\infty < 2^{-n+1}$ implies that $|W(\underline{s}) - \underline{W(\underline{t})}| < n^2 2^{-n/2}$. Therefore for n large

$$B \subset \bigcup_{\substack{j,k\in[1,2^n] \\ (\frac{j}{2^n},\frac{k}{2^n})\, n-bad}} [1+\frac{j}{2^n}, 1+\frac{j+1}{2^n}]\times[1+\frac{k}{2^n}, 1+\frac{k+1}{2^n}].$$

We proceed to estimate the probability of a time point being n-bad. For notational simplicity we will work with the time point (1,1) but all conclusions found will be valid for an arbitrary time point $\underline{t}$ in $[1,2]^2$. Define the processes

$$B_1(t) = W(t+1,1) - W(1,1), t\in [0,1]$$

$$B_2(t) = W(1,t+1) - W(1,1), t\in [0,1]$$

$$B_3(t) = \frac{W(1,1-t)}{1-t} - W(1,1) \ t \in [0,1),$$

$$B_4(t) = \frac{W(1-t,1)}{1-t} - W(1,1) \ t \in [0,1).$$ These four processes are independent of each other and of W(1,1). The first two processes are Brownian motions, the last two are such that $B_i(\frac{s}{s+1})$ are Brownian motions and so in a neighbourhood of 0, the properties of all B_j will be Brownian. For i ∈ {1, 2, 3, 4} and j ∈ $(\sqrt{n}, (1-\delta)n]$, define the event

$$A_j^{M,i} = \sup_{s\leq 2^{-j}} B_i(s) \leq M2^{-j/2}$$

Lemma 5.1

There exists strictly positive c such that for i ∈ {1, 2, 3, 4} and all n large enough

$$P\left[\sum_{j=\sqrt{n}}^{(1-\delta)n} I_{A_j^{M,i}} \geq (1-\delta)n\frac{15}{16}\right] \geq 1-e^{-cn}$$

Proof

We give the proof for i = 1, the prove for the cases i = 3 or 4 is essentially the same, that for i = 2 is of course exactly the same.

For j ∈ $(\sqrt{n}, (1-\delta)n]$, define

$$T_j = \inf\{s>0: B_1(s) \geq M2^{-j/2}$$

The T_j are stopping times with respect to the natural filtration of B_1 and the corresponding σ-fields F_{T_j} form a reverse filtration. The quantity $P[A_j^{M,1} | F_{T_{j+1}}]$ is equal to 0 if $T_{j+1} \geq 2^{-j}$; if $T_{j+1} < 2^{-j}$ then it is equal to

$$P\left[\sup_{0\leq s\leq 2^{-j}-T_{j+1}} B(s) \geq M^{-j/2} - M^{-(j+1)/2}\right]$$

where B is a Brownian motion. This term is less than or equal to

$$P\left[\sup_{0\leq s\leq 2^{-j}} B(s) \geq M^{-j/2}(1-\frac{1}{\sqrt{2}})\right] = 2P[B(1) \geq M(1-\frac{1}{\sqrt{2}})] = f(M).$$

Since clearly $P[A_{(1-\delta)n}^{M,1}] \leq f(M)$, we conclude that $\sum_{j=\sqrt{n}}^{(1-\delta)n} I_{A_j^{M,i}}$ is stochastically greater than a Binomial random variable with parameters $(1-\delta)n-\sqrt{n}$ and 1-f(M). Since f(M) tends to zero as M tends to infinity, the result follows from standard large deviations estimates for binomial random variables. See for example Bollabas (1985).

□

Define the two dimensional processes:

$$W^1(s,t) = W(1+s,1+t) - W(1,1+t) - W(1+s,1) + W(1,1)$$
$$W^2(s,t) = W(1-s,1+t) - W(1,1+t) - W(1-s,1) + W(1,1)$$
$$W^3(s,t) = W(1+s,1-t) - W(1,1-t) - W(1+s,1) + W(1,1)$$
$$W^4(s,t) = W(1-s,1-t) - W(1,1-t) - W(1-s,1) + W(1,1)$$

The estimates below follow directly from estimates in Orey and Pruitt (1973).

Lemma 5.2

Let V_j^i, i ∈ {1, 2, 3, 4}, j ∈ $(\sqrt{n}, (1-\delta)n)$ be the event { there exists s ∈ $[0, 2^{-j}]$ s.t. $W^i(s,2^{-j}) \geq 2^{-j}/4$ or $W^i(2^{-j},s) \geq 2^{-j}/4$}. There exist strictly positive K and c so that

$$P\left[\bigcup_{j=\sqrt{n}}^{(1-\delta)n} \bigcup_{i=1}^{4} V_j^i\right] \leq Ke^{-c2^{\sqrt{n}}}$$

Lemma 5.3

Let C_j be the event { for every i ∈ {1,2,3,4} $B_i(2^{-j+1}) \leq -(M+2)2^{-j}$, and $\sup_{s\leq 2^{-j+1}} B_i(s) \leq (M+\frac{1}{2})2^{-j}$ }. Then there exists strictly positive c so that

$$P\left[\bigcup_{j=\sqrt{n}}^{(1-\delta)n} C_j\right] > 1 - e^{-cn}$$

for all n large enough.

Proof

Let $F'_j = \sigma\text{-}\{B_s^i : i=1,2,3,4,\ s \leq 2^{-j}\}$. There exists k > 0 so that $P[C_j \mid F_j'] > k$ on $\bigcap_i A_j^{M,i}$. Therefore

$$P\left[\left(\bigcup_{j=\sqrt{n}}^{(1-\delta)n} C_j\right)^c\right] \leq P\left[\sum_{j=\sqrt{n}}^{(1-\delta)n} I_{\bigcap_i A_j^{M,i}} \geq (1-\delta)n\frac{12}{16}\right] + (1-k)^{(1-\delta)3n/4}$$

The result now follows from Lemma 5.1

□

Proposition 5.1

For every $(\frac{j}{2^n},\frac{k}{2^n}) \in [1,2]^2$ and some finite K, $P[(\frac{j}{2^n},\frac{k}{2^n})]$ is n-bad $\leq Kn^2 2^{-n(\frac{1}{2}+c)}$.

Proof

We prove this just for j = k = 2^n.

If (for j ∈ $(\sqrt{n}, (1-\delta)n)$) C_j occurs, then the j+1-ring will be good unless for some i ∈ {1, 2, 3, 4}

$$\sup_{s \le 2^{-j+1}} W^i(s, 2^{-j+1}) > 2^{-j}/2$$

or

$$\sup_{s \le 2^{-j+1}} W^i(2^{-j+1}, s) > 2^{-j}/2.$$

By Lemma 5.2 this can only happen on a set of measure bounded by $Ke^{-c2^{\sqrt{n}}}$. Given this bound Lemma 5.3 implies that the probability that there does not exist a good j-ring for j $\in [\sqrt{n}, (1-\delta)n]$ is less than or equal to 2^{-nc} for some c strictly positive. This event is measureable with respect to $G([\frac{1}{2},\frac{3}{2}]\times[0,\frac{3}{2}] \cup [0,\frac{3}{2}]\times[\frac{1}{2},\frac{3}{2}]]$. W(1,1) is equal to W(1/2, 1/2) plus a random variable measureable with respect to $G([\frac{1}{2},\frac{3}{2}]\times[0,\frac{3}{2}] \cup [0,\frac{3}{2}]\times[\frac{1}{2},\frac{3}{2}]]$. Since W(1/2, 1/2) is independent of the latter sigma-field we deduce

$$P[\,|W(1,1)| < n^2 2^{-n/2} \mid G([\frac{1}{2},\frac{3}{2}]\times[0,\frac{3}{2}] \cup [0,\frac{3}{2}]\times[\frac{1}{2},\frac{3}{2}]] < Kn^2 2^{-n/2}$$

and so P[(1,1) is n-bad] $\le Kn^2 2^{-n(\frac{1}{2}+c)}$.

□

We can now complete the proof of Theorem One with the following proposition.

Proposition 5.2

The Hausdorff dimension of the set of time points that are in the boundary of some component of $\{\underline{s}: W(\underline{s}) > 0\}$ is less than or equal to 3/2 - c. Here c is the positive constant of Lemma 5.3 and Proposition 5.1.

Proof

As was mentioned in the introductory paragraph of this section, a.s. for all n large

$$\bigcup_{\substack{j,k \in [1,2^n] \\ (\frac{j}{2^n},\frac{k}{2^n})\, n\text{-bad}}} [1+\frac{j}{2^n}, 1+\frac{j+1}{2^n}]\times[1+\frac{k}{2^n}, 1+\frac{k+1}{2^n}].$$

is a covering of B. For $\alpha > 3/2 - c$, by Proposition 4.1,

$$E\left[\sum_{\substack{j,k \in [1,2^n] \\ (\frac{j}{2^n},\frac{k}{2^n})\, n\text{-bad}}} 2^{-n\alpha}\right] < 2^{2n} Kn^2 2^{-n(1/2+c)} 2^{-n\alpha}$$

which tends to zero as n tends to infinity. The result now follows by Fatou's lemma.

□

Section Six

In this section we use the ideas of Section Two to establish Theorem Two, stated in the introduction.

To prove this result we follow a path close to that of Section Two.

We reason along the following lines: if there are such points then with positive probability there ought to be points in a given rectangle which are on the boundary both of components of {W > 1} of diameter > 1, and of components of {W < 1} of diameter > 1. We consider time points in the square $[L, L+1]^2$, where L is a large constant to be fully specified later. Suppose we can "pick out" some finite number of components of $\{W > 1\}$ (hereafter *positive* components) of diameter > 1 and some finite number of components of $\{W < 1\}$ (hereafter *negative* components) of diameter > 1. The boundaries of these components intersected with $[L,L+1]^2$ are compact sets disjoint boundaies, then these boundaries should be separated by a strictly positive distance. Accordingly, if we can show that , with probability bounded away from zero, for each n there exists a point in $[L,L+1]^2$ which is within 2^{-n} of a positive component and a negative component, then we will have shown that with positive probability there exist points which are boundary points of both positive and negative components. A routine application of a 0-1 law of Orey and Pruitt (1973) will complete the proof.

We now introduce, recall or redefine some notation.

$D_n^L = \{ (\frac{i}{2^n},\frac{j}{2^n}) : (\frac{i}{2^n},\frac{j}{2^n}) \in [L,L+1]^2 \}$. Let M and d be chosen (and fixed) so that $x(d,M)$, the constant introduced in Section Two, is strictly less than 1. Let L be a large number much larger than $12M^2$ We define, for $\underline{t} \in D_n^L$, the stopping points $U^1(\underline{t}), U^2(\underline{t}), \ldots, U^N(\underline{t})$ as before (with our fixed M). We need a new definition for $V(\underline{t})$ however:

If $U^N(\underline{t}) < \infty$, we define $V(\underline{t})$ to equal $(L+2, (U^1)_2)$ if for each s in $[(U^N)_1, L+2]$, $W(s,(U^N)_2) > 3/2$. Otherwise V is equal to infinity.

We also require some random points in the quadrant below $\underline{t}$, $U^{j''}$. We define the Brownian sheet

$$W_{\underline{t}}'(s_1,s_2) = \frac{s_1 s_2}{t_1 t_2} W(\frac{t_1^2}{s_1},\frac{t_2^2}{s_2})$$

and the let the stopping points $U^{1'}(\underline{t}), U^{2'}(\underline{t}), \ldots, U^{N'}(\underline{t})$ be defined for the sheet W' above.

Finally define the random points $U^{1''}, U^{2''}, \ldots, V''$ by,

$$\underline{U^{j''}} = [(U^{j''})_1, (U^{j''})_2] = [\frac{t_1^2}{(U^{j'})_1}, \frac{t_2^2}{(U^{j'})_2}],$$

if $U^{j'} < \infty$; $= \infty$ otherwise. We now define a random subset of D_n^L analogous to B_n. Let V_n^L consist of those elements $\underline{t}$ of D_n^L such that

a $|W(\underline{t})-1| < 2^{-n/2}$,

b $W(\underline{t}+(2^{-n},0)) \in (1+2^{-n/2}, 1+2\,2^{-n/2})$,

c $W(\underline{t}-(2^{-n},0)) \in (1-2\,2^{-n/2}, 1-2^{-n/2})$,

d $V(\underline{t}) < \infty$

e $V''(\underline{t}) < \infty$. The following lemmas follow in the same way as their Section Two and Three counterparts:

Lemma 6.1

For some strictly positive K not depending on n, $E[|V_n^L|] \geq K 2^{3n/2} 2^{-x(d,M)n}$.

Lemma 6.2

There exists a finite K' not depending on n so that for $\underline{t}$ and $\underline{s}$, elements of D_n^L with $|\underline{t}-\underline{s}|_{max} = \max\{ |t_1-s_1|, |t_2-s_2| \} \in [2^{-i}, 2^{-i+1})$ and $|\underline{t}-\underline{s}|_{min} = \min\{ |t_1-s_1|, |t_2-s_2| \} \in [2^{-j}, 2^{-j+1})$,

$$P[\underline{t} \text{ and } \underline{s} \in V_n^L] \le K' 2^{-n/2} 2^{-x(d,M)n} 2^{-(n-i)/2} 2^{-(n-j)x(d,M)}$$

We are now in a position to prove Theorem Two.

Proof of Theorem Two

We first estimate $E[|V_n^L|^2]$.

This quantity is equal to

$$\sum_{\underline{s},\underline{t} \in D_n^L} \sum_{i=0}^{n} \sum_{j=i}^{n} \sum_{\substack{|\underline{t}-\underline{s}|_{\min} \in [2^{-j}, 2^{-j+1}) \\ |\underline{t}-\underline{s}|_{\max} \in [2^{-i}, 2^{-i+1})}} P[\underline{s}, \underline{t} \in V_n^L]$$

By Lemma 6.2, the above is bounded by

$$H 2^{2n} \sum_{i=0}^{n} 2^{(n-i)} \sum_{j=i}^{n} 2^{(n-j)} 2^{-n/2} 2^{-x(d,M)n} 2^{-(n-i)/2} 2^{-x(d,M)(n-j)},$$

which equals

$$H 2^{+3n} 2^{-2x(d,M)n} \sum_{i=0}^{n} 2^{-i} 2^{i/2} \sum_{j=i}^{n} 2^{-j} 2^{x(d,M)j} . < H' 2^{3n} 2^{-nx(d,M)}.$$

We conclude that $E[|V_n^L|^2] < K(E[|V_n^L|])^2$ for some finite constant K. Therefore, as before, it follows that there is a constant c, not depending on n so that $P[|V_n^L| > 0] > c$ for all n. Therefore, with probability at least c, the set V_n^L must be non-empty for infinitely many n. If $\underline{t} \in V_n^L$, then $\underline{t} + (2^{-n}, 0)$ must belong to a component of $\{W > 1\}$ which intersects the line segment $\{L+2\} \times [L, L+2]$ at points where W is greater than 1+1/2, similarly $\underline{t} - (2^{-n}, 0)$ must belong to a component of $\{W < 1\}$ which intersects the line segment $\{\frac{L^2}{L+2}\} \times [\frac{L^2}{L+2}, L]$ at points where W is less than 1/2. It follows that (with positive probability) the boundaries of these two sets of finite components are not disjoint. Hence with positive probability there exist in $[L, L+1]^2$ points which are on the boundary of both positive nad negative components.

□

References

Bollabas, B. (1985): *Random Graphs*, Academic, London.

Dalang, R.C. and Walsh, J. (1992a): The Structure of the Brownian Bubble. Preprint.

Dalang, R.C. and Walsh, J. (1992b): Geography of the Level Sets of the Brownian Sheet. Preprint.

Ehm, W. (1981): Sample Function Properties of Multi-parameter Stable Processes. *Z. Wahr. v. Geb.* **50**, 195-228.

Ito, K and McKean, H.P. (1965): *Diffusion processes and their sample paths*, Springer Verlag, Berlin, New York.

Kahane, J-P. (1985): *Some Random Fourier Series of Functions*, Cambridge University press, Cambridge, New York.

Kendall, W. (1980): Contours of Brownian processes with several-dimensional time. *Z. Wahr. v. Geb.* **52**, 269-276.

Landkoff, N. (1972): *Foundations of Modern Potential Theory*, Springer Verlag, Berlin, New York.

Orey, S. and Pruitt, W. (1973): Sample functions of the N-parameter Wiener process on R^d. *Annals of Probability* **1**, 138-163.

Rosen, J. (1983): Joint Continuity of the Local Time for the N-Parameter Wiener process on R^d. Preprint University of Massachusetts, Amherst.

Taylor, S.J. (1961): On the connection between Hausdorff measures and generalized capacities. *Proceedings of the Cambridge Philosophical Society* 57. 524-531.

Walsh, J.B. (1984): An Introduction to Stochastic Partial Differential Equations. *Ecole d'Ete de Probabilites de Saint-Flour* X1V Springer, Berlin, New York.

UN THEOREME DE DESINTEGRATION EN ANALYSE QUASI-SURE

Paul LESCOT

Université Paris VI
ANALYSE COMPLEXE ET GEOMETRIE
U.R.A. 213 du CNRS
Tour 45-46 5è étage — Boite 172
4, place Jussieu
75252 PARIS CEDEX 05

§ 0. INTRODUCTION. Soit (X,H,μ) l'espace de Wiener classique, et soit $g : X \to \mathbb{R}$ une application indéfiniment différentiable au sens du calcul des variations stochastiques ([5]) . L'objet de ce travail est d'étudier la désintégration de μ par g sous une hypothèse plus générale que la "non-dégénérescence" de [1]; plus précisément, nous obtiendrons le résultat suivant :

THÉORÈME A : Soit $g \in \mathbb{D}^{\infty}(X;\mathbb{R}^d)$ telle que $(\det g^{*})(x) \neq 0$ sauf sur un ensemble mince, et soit $\nu = g_{*}\mu$ la mesure image de μ par g . Alors :

(i) $\nu(d\xi) = k(\xi)d\xi$, où $k : \mathbb{R}^d \to \overline{\mathbb{R}}_+$ est une fonction semi-continue inférieurement

(ii) $k(\xi) < +\infty$ $d\xi$-presque sûrement en ξ .

(iii) Soit $O = \{\xi \in \mathbb{R}^d \mid k(\xi) > 0\}$; alors O est un ouvert de $\mathbb{R}^d$, $\nu(\mathbb{R}^d \setminus O) = 0$ et, pour tout compact $K \subset O$, il existe $\delta > 0$ tel que $k(\xi) > \delta$ pour tout $\xi \in K$.

(iv) $\mathrm{supp}(\nu) = \bar{O}$.

(v) Il existe une application $\hat{\sigma}$ de O dans l'ensemble des mesures boréliennes sur X telle que, pour toute $u \in \mathcal{C}_c(\mathbb{R}^d)$, toute $v \in \mathbb{D}^{\infty}(X;\mathbb{R})$ et toute redéfinition v^* de v, on ait :

$$\int_X u(g(x))\, v(x)\, d\mu(x) = \int_O u(\xi) \left(\int_X v^*(x)\hat{\sigma}(\xi)(dx)\right) d\xi$$

(vi) Pour tout $\xi \in O$, $\hat{\sigma}(\xi)(X) = k(\xi)$.

(vii) Pour toute fonction $v \in \mathbb{D}^{\infty}(X)$, $v \geq 0$, et toute redéfinition v^* de v , l'application $\xi \mapsto \int_X v^*(x)\hat{\sigma}(\xi)(dx)$ est semi-continue inférieurement de O dans $\overline{\mathbb{R}}_+$.

Au passage nous obtenons le "principe de descente" :

THÉORÈME B : Soit B une partie mince de X ; alors, pour tout $\xi \in O$, B est $\hat{\sigma}(\xi)$-négligeable.

Ce Théorème généralise le résultat de [1] d'après lequel la mesure d'aire ne charge pas les ensembles minces.

L'existence d'un ξ tel que $\hat{\sigma}(\xi)$ soit de masse totale infinie est possible : nous donnons à la fin de cet article l'exemple d'une fonction g satisfaisant les hypothèses du Théorème A et telle que k prenne la valeur $+\infty$.

Nous commencerons par établir l'existence d'une densité indéfiniment différentiable pour des versions tronquées de la mesure ν, au moyen d'une technique d'intégration par parties qui s'inspirera de [6]; notre construction fera intervenir une fonction arbitraire ψ. Par la suite un théorème de SUGITA ([9]), récemment généralisé par KAZUMI et SHIGEKAWA ([3]), nous fournira une "bonne désintégration" pour ces mesures tronquées. Après en avoir déduit les propriétés voulues, nous ferons voir que les différents objets construits $(k, O, \hat{\sigma})$ ne dépendent pas de ψ.

Ichiro SHIGEKAWA a bien voulu me communiquer le preprint de [3] ; des conversations avec Johan van BIESEN ont été très suggestives. Qu'ils en soient ici remerciés.

§ 1. DÉFINITIONS, NOTATIONS ET RÉSULTATS ADMIS.

Nous nous placerons dans le cadre de [1]; en particulier X sera l'espace de Wiener classique (espace des fonctions continues réelles sur $[0,1]$ nulles en 0), H son sous-espace de Cameron-Martin et μ la mesure de Wiener sur X. $\mathbb{D}^{p,r}(X)$ et $\mathbb{D}^{\infty}(X)$ désigneront les analogues usuels sur X des classiques espaces de Sobolev. Pour $f \in \mathbb{D}^{p,r}(X)$, on posera $\|f\|_{p,r} = \|(I-\mathcal{L})^{r/2} f\|_{L^p(X)}$, où $\mathcal{L}$ désigne l'opérateur d'Ornstein-Uhlenbeck (cf. [7]).

Pour tout ouvert O de X, on pose

$C_{p,r}(O) = \inf\{\|f\|^p_{p,r} \mid f \in \mathbb{D}^{p,r}(X)\ ,\ f \geq 0,\ f \geq 1\ \ \mu\text{-p.p. sur } O\}$; on prolonge $C_{p,r}$ à $\mathcal{P}(X)$ en posant $C_{p,r}(A) = \inf\{C_{p,r}(O) \mid O \text{ ouvert de } X \text{ et } A \subset O\}$ pour toute partie A de X. Un sous-ensemble Y de X sera dit <u>mince</u> si $C_{p,r}(Y) = 0$ pour tout $p \geq 1$ et tout $r \in \mathbb{N}$.

On notera $\mathbb{D}^{q,-r}(X)$ le dual topologique de $\mathbb{D}^{p,r}(X)$ (q est l'exposant conjugué de p , i.e. tel que $\frac{1}{p}+\frac{1}{q}=1$) ; nous le munirons de sa norme naturelle :

$$\|F\|_{\mathbb{D}^{q,-r}(X)} = \sup_{\substack{f \in \mathbb{D}^{p,r}(X) \\ \|f\|_{p,r} \leq 1}} |F(f)| .$$

Soit $g \in \mathbb{D}^{\infty}(X)$; alors on peut trouver une suite décroissante d'ouverts de X, $(O_n)_{n \in \mathbb{N}}$ et une suite $(g_m)_{m \in \mathbb{N}}$ d'éléments de $\mathbb{D}^{\infty}(X)$ telles que :

(i) g_m est continue sur O_r^c , pour tous m et r .

(ii) Pour chaque r , la suite $(g_n)_{n \in \mathbb{N}}$ converge uniformément sur O_r^c vers la restriction à O_r^c d'une fonction $g^* \in \mathbb{D}^{\infty}(X)$.

(iii) $g_n \to g$ dans $\mathbb{D}^{\infty}(X)$.

(iv) $\lim_{n\to+\infty} c_{n,n}(O_n) = 0$.

Dans ces conditions, on appelle g^* une redéfinition de g. Toute redéfinition de g est quasi-borélienne, et deux quelconques coïncident en dehors d'un ensemble mince. Si ρ est une mesure borélienne sur X ne chargeant pas les ensembles minces, l'expression $\int g^*(x)d\rho(x)$ est donc définie sans ambiguité, pour toute $g \in \mathbb{D}^{\infty}$.

Soient $p \geq 1$, $r \in \mathbb{N}$; en vertu des résultats de [4], il existe une application <u>continue</u>

$\delta : \mathbb{D}^{p,r+1}(X) \longrightarrow \mathbb{D}^{p,r}(X)$ telle que :

$$\forall f \in \mathbb{D}^{p,r+1}(X) \quad \forall g \in \mathbb{D}^{q,1}(X) \quad (\tfrac{1}{p}+\tfrac{1}{q}=1) \quad \int_X (f(x)|\nabla g(x))d\mu(x) = -\int_X \delta f(x).g(x)d\mu(x) \;;$$

on l'appelle la <u>divergence</u> sur X .

D'après les inégalités de Meyer ([7]), la norme $\|\ \|_{p,r}$ est équivalente à la norme $\|f\|'_{p,r} = \sum_{j=0}^{r} \|\nabla^j f\|_{L^p(X;H^{\otimes j})}$; l'inégalité de Hölder implique alors la continuité de la multiplication de $\mathbb{D}^{p,r}(X) \times \mathbb{D}^{p',r}(X)$ dans $\mathbb{D}^{p'',r}(X)$ dès que $\frac{1}{p}+\frac{1}{p'}=\frac{1}{p''}$. En particulier la multiplication par un élément donné de $\mathbb{D}^{\infty}(X)$ est continue de $\mathbb{D}^{p,r}(X)$ dans $\mathbb{D}^{p',r}(X)$ dès que $1 \leq p' < p$; nous ferons constamment usage de cette remarque au second paragraphe.

Pour tout espace topologique N, on notera $\mathcal{C}(N)$ (resp. $\mathcal{C}_b(N)$, $\mathcal{C}_c(N)$) l'espace des fonctions réelles continues sur N (resp. continues bornées, continues à support compact).

Un résultat classique d'analyse harmonique sera crucial :

LEMME 1.1 : Soit ν une mesure de Radon finie sur $\mathbb{R}^d$ telle qu'existe une suite $(\mu_k)_{k \in \mathbb{N}}$ de réels vérifiant

$$\left| \int \frac{\partial^{|\alpha|} h}{\partial \xi_1^{\alpha_1} \cdots \partial \xi_d^{\alpha_d}} \nu(d\xi) \right| \leq \mu_n \|h\|_{C_b(\mathbb{R}^d)}$$

pour tout entier n, tout multi-indice $(\alpha_1, \ldots, \alpha_d)$ avec $\alpha_1 + \ldots + \alpha_d = n$ et toute $h \in C_b^\infty(\mathbb{R}^d)$. Alors, ν possède une densité indéfiniment différentiable f par rapport à la mesure de Lebesgue $d\xi$ sur $\mathbb{R}$, et

$\|f\|_{C_b^k(\mathbb{R}^d)} \leq \lambda_{k,d} \max(\mu_0, \ldots, \mu_{k+d+1})$ pour tout k, avec des $\lambda_{k,d}$ indépendants de ν.

Pour la démonstration, voir STROOCK ([9]), Lemma 3.1, p. 56.

§ 2. INTÉGRATION PAR PARTIES.

Dans toute la suite de cet article, nous fixerons $g = (g_1, \ldots, g_d) \in \mathbb{D}^\infty(X;\mathbb{R}^d)$ satisfaisant les hypothèses du Théorème A. On notera, pour tous $1 \leq i, j \leq d$, $\sigma_{i,j}(x) = (\nabla g_i(x) | \nabla g_j(x))$, et $a(x) = \det(\sigma_{i,j}(x))_{\substack{1 \leq i \leq d \\ 1 \leq j \leq d}}$ (i.e., avec les notations usuelles ([1]), $a(x) = (\det g)^2(x))$; $\{x \in X | a^*(x) = 0\}$ est donc mince par hypothèse. On notera $(H_{i,j}(x))_{\substack{1 \leq i \leq n \\ 1 \leq j \leq n}}$ la comatrice de $\sigma_{i,j}(x)$; chaque $H_{i,j}$ est un polynôme homogène de degré $n-1$ en les $\sigma_{i,j}$, d'où, par calcul symbolique, $H_{i,j} \in \mathbb{D}^\infty(X;\mathbb{R})$. En outre, si l'on définit $\gamma_{i,j}(x) = a(x)^{-1} H_{j,i}(x)$, il est bien connu que $\gamma(x)$ est l'inverse de $\sigma(x)$.

Nous allons établir le

THÉORÈME 2.1. : Soit $\varphi \in L^1(X)$, $\varphi \geq 0$ telle que pour tout $k \geq 0$, $\varphi_k = \frac{\varphi}{a^k} \in \mathbb{D}^\infty(X;\mathbb{R})$; alors, pour toute $f \in \mathbb{D}^{2,\infty}(X)$, $\nu_{\varphi,f} = g_*(\varphi f \mu)$ possède une densité $\mathcal{C}^\infty$ $k_{\varphi,f}(\xi)$ par rapport à la mesure de Lebesgue sur $\mathbb{R}^d$, et on a

$$\| k_{\varphi,f} \|_{\mathcal{C}_b(\mathbb{R}^d)} \leq C(\varphi) \|f\|_{\mathbb{D}^{2,d+1}(X)} .$$

Démonstration. Posons, pour chaque $i \in \{1,\ldots,d\}$:

$Z_i(x) = \sum_{j=1}^{d} H_{i,j}(x) \nabla g_j(x)$. Il est clair que $Z_i \in \mathbb{D}^\infty(X;H)$; en outre $(\nabla g_k(x) \mid Z_i(x)) = \delta_{ik}\, a(x)$ par définition même des $H_{i,j}$. Dans la terminologie du chapitre 3 de [6], Z_i n'est autre que le "canonical lift" à X du champ de vecteurs $\frac{\partial}{\partial \xi_i}$ sur $\mathbb{R}^d$; plus précisément on a le

LEMME 2.2 : Soit $h \in C_b^\infty(\mathbb{R}^d)$; alors :

$$\frac{\partial h}{\partial \xi_i}(g(x))a(x) = (\nabla(h \circ g)(x) \mid Z_i(x))$$

pour tout $i \in \{1,\ldots,d\}$.

Démonstration. On a

$$\nabla(h \circ g)(x) = \sum_{j=1}^{d} \frac{\partial h}{\partial \xi_j}(g(x))\, \nabla g_j(x) ,$$

d'où :

$$(\nabla(h \circ g)(x) \mid Z_i(x)) = \sum_{j=1}^{d} \frac{\partial h}{\partial \xi_j}(g(x))\, (\nabla g_j(x) \mid Z_i(x)) = \sum_{j=1}^{d} a(x)\delta_{ij} \frac{\partial h}{\partial \xi_j}(g(x))$$

$$= a(x) \frac{\partial h}{\partial \xi_i}(g(x)) . \quad \square$$

Nous allons maintenant définir, pour tout d-indice $\alpha = (\alpha_1,\ldots,\alpha_d) \in \mathbb{N}^d$ et tout $k \in \mathbb{N}$, des opérateurs $R_{k,\alpha}$. Leur construction procède par récurrence sur $|\alpha| = \alpha_1 + \ldots + \alpha_d$:

on pose $R_{k,(0,\ldots,0)}(f) = \varphi_k f$. Supposons ensuite $|\alpha| \geq 1$, et soit j le plus petit des indices i tels que $\alpha_i \neq 0$; écrivons $\alpha' = (0,0,\ldots,0,\alpha_j - 1, \alpha_{j+1},\ldots,\alpha_n)$.

On a $|\alpha'| = |\alpha| - 1$, donc, par hypothèse de récurrence, les $R_{k,\alpha'}$ $(k \in \mathbb{N})$ sont définis.

Posons alors :

$$R_{k,\alpha}(f) = -(k+1)R_{k+2,\alpha'}(f)\,(\nabla a \mid Z_j) - a\,\delta(R_{k+2,\alpha'}(f)Z_j) .$$

LEMME 2.3 : Pour tous $k \in \mathbb{N}$, $\alpha \in (\mathbb{N}^+)^d$, tout $r \in \mathbb{N}$, et tous $p > p' \geq 1$, $R_{k,\alpha}$ définit un opérateur continu de $\mathbb{D}^{p,r+|\alpha|}(X)$ dans $\mathbb{D}^{p',r}(X)$.

Démonstration. Elle procède par récurrence sur $|\alpha|$.
Pour $|\alpha| = 0$, $R_{k,\alpha}$ n'est autre que la multiplication par φ_k , et la propriété résulte de la remarque faite au § 1 et de l'hypothèse $\varphi_k \in \mathbb{D}^\infty(X)$.

Supposons le résultat démontré pour $|\alpha| \leq n$, et soit α tel que $|\alpha| = n+1$; définissons α' comme ci-dessus, et fixons p'' et p''' de telle sorte que $p' < p'' < p''' < p$. On a $(\nabla a \mid Z_j) \in \mathbb{D}^\infty(X)$; or, par hypothèse de récurrence, $f \to R_{k+2,\alpha'}(f)$ est bien définie et continue de $\mathbb{D}^{p,r+n+1}(X)$ dans $\mathbb{D}^{p'',r+1}(X)$; $f \to (k+1)\,(\nabla a \mid Z_j) R_{k+2,\alpha'}(f)$ est donc continue de $\mathbb{D}^{p,r+n+1}(X)$ dans $\mathbb{D}^{p',r+1}(X)$, a fortiori de $\mathbb{D}^{p,r+n+1}(X)$ dans $\mathbb{D}^{p',r}(X)$.
En outre, $f \to R_{k+2,\alpha'}(f)$ est bien définie et continue de $\mathbb{D}^{p,r+n+1}(X)$ dans $\mathbb{D}^{p''',r+1}(X)$; $f \to R_{k+2,\alpha'}(f)Z_j$ est donc continue de $\mathbb{D}^{p,r+n+1}(X)$ dans $\mathbb{D}^{p'',r+1}(X;H)$. On peut dès lors utiliser la continuité de la divergence, en vertu de laquelle $f \longrightarrow \delta(R_{k+2,\alpha'}(f)Z_j)$ est continue de $\mathbb{D}^{p,r+n+1}(X)$ dans $\mathbb{D}^{p'',r}(X)$, et donc $f \to a\,.\,\delta(R_{k+2,\alpha'}(f)Z_j)$ l'est de $\mathbb{D}^{p,r+n+1}(X)$ dans $\mathbb{D}^{p',r}(X)$ (car $a \in \mathbb{D}^\infty(X)$) . On a donc bien établi le résultat au rang $n+1$. □

LEMME 2.4 : Pour tout $\alpha \in (\mathbb{N}^+)^d$, $R_{o,\alpha}$ définit un opérateur continu de $\mathbb{D}^{2,|\alpha|}(X)$ dans $L^1(X)$.

Démonstration. Il suffit d'appliquer le Lemme 2.3 en prenant $p = 2$, $p' = 1$, $r = 0$, $k = 0$.

LEMME 2.5 : Pour tous $k \in \mathbb{N}$, $\alpha \in (\mathbb{N}^+)^d$, toute $h \in C_b^\infty(\mathbb{R}^d)$ et toute $f \in \mathbb{D}^{2,\infty}(X)$, on a :

$$\int_{\mathbb{R}^d} \frac{\partial^{|\alpha|} h}{\partial \xi_1^{\alpha_1} \ldots \partial \xi_d^{\alpha_d}}\, v_{\varphi,f}(d\xi) = \int_X h(g(x))\, a(x)^k\, R_{k,\alpha}(f)(x)\, d\mu(x) .$$

Démonstration. Une fois de plus elle procède par récurrence sur $n = |\alpha|$, la propriété pour $n = 0$ résultant de la définition de $v_{\varphi,f}$.

Supposons la propriété établie au rang n ; on peut alors écrire :

$$\int_X h(g(x))a(x)^k R_{k,\alpha}(f)(x)d\mu(x) = \int_X h(g(x))a(x)^k(-(k+1)R_{k+2,\alpha'}(f)(x)(\nabla a(x)|Z_j(x)) \ldots$$

$$-a(x)\ \delta(R_{k+2,\alpha'}(f)\ Z_j)(x))d\mu(x) = -\int_X (h\circ g)(x)a(x)^{k+1}\ \delta(R_{k+2,\alpha'}(f)Z_j)(x)d\mu(x) \ldots$$

$$-(k+1)\int_X h(g(x))R_{k+2,\alpha'}(f)(x)a(x)^k\ (\nabla a(x)|Z_j(x))d\mu(x)$$

$$= \int_X R_{k+2,\alpha'}(f)(x)(\nabla[(h\circ g)a^{k+1}](x)|Z_j(x))d\mu(x) \ldots$$

$$-(k+1)\int_X h(g(x))R_{k+2,\alpha'}(f)(x)(\nabla a(x)|Z_j(x))a(x)^k\ d\mu(x)$$

où l'on a utilisé la définition de la divergence δ .

On peut donc écrire :

$$\int_X h(g(x))a(x)^k R_{k,\alpha}(f)(x)d\mu(x) = \int_X R_{k+2,\alpha'}(f)(x)\ a(x)^{k+1}(\nabla(h\circ g)(x)|Z_j(x))d\mu(x)$$

$$+ (k+1)\int_X R_{k+2,\alpha'}(f)(x)a(x)^k(h\circ g)(x)(\nabla a(x)|Z_j(x))d\mu(x)$$

$$-(k+1)\int_X h(g(x))R_{k+2,\alpha'}(f)(x)(\nabla a(x)|Z_j(x))a(x)^k d\mu(x)$$

$$= \int_X R_{k+2,\alpha'}(f)(x)a(x)^{k+1}(\nabla(h\circ g)(x)|Z_j(x))d\mu(x)\ .$$

Le Lemme 2.2 permet d'égaler cette expression à :

$$\int_X \frac{\partial h}{\partial \xi_j}(g(x))a(x)^{k+2}R_{k+2,\alpha'}(f)(x)d\mu(x)\ .$$

L'hypothèse de récurrence appliquée à la fonction $\frac{\partial h}{\partial \xi_j}$ nous donne donc :

$$\int_X h(g(x))a(x)^k R_{k,\alpha}(f)(x)d\mu(x) = \int \frac{\partial^{|\alpha'|}}{\partial \xi_1^{\alpha'_1}\ldots\partial \xi_d^{\alpha'_d}}\left(\frac{\partial h}{\partial \xi_j}\right) v_{\varphi,f}(d\xi)$$

$$= \int \frac{\partial^{|\alpha|} h}{\partial \xi_1^{\alpha_1}\ldots\partial \xi_d^{\alpha_d}}(\xi)\ v_{\varphi,f}(d\xi)\ ,\quad \text{q.e.d.}$$

<u>Fin de la démonstration du Théorème A</u>. Appliquons le Lemme 2.5 pour $k=0$; on obtient :

$$\left| \int \frac{\partial^{|\alpha|_h}}{\partial \xi_1^{\alpha_1} \ldots \partial \xi_d^{\alpha_d}} (\xi)\, v_{\varphi,f}(d\xi) \right| = \left| \int_X h(g(x)) R_{o,\alpha}(f)(x)\, d\mu(x) \right|$$

$$\leq \|h\|_{C_b(\mathbb{R}^d)} \int_X |R_{o,\alpha}(f)(x)|\, d\mu(x) = \|h\|_{C_b(\mathbb{R}^d)} \, \|R_{o,\alpha}(f)\|_{L^1(X)} \leq K(\alpha) \|f\|_{\mathbb{D}^{2,|\alpha|}(X)} \|h\|_{C_b(\mathbb{R}^d)}$$

en vertu du Lemme 2.4 ; il suffit alors d'appliquer le Lemme 1.1 pour conclure. □

§ 3. CONSTRUCTION DE MESURES.

Soit φ satisfaisant les hypothèses du Théorème 2.1 ; on posera $k_\varphi = k_{\varphi,1}$ et $O_\varphi = \{\xi \in \mathbb{R}^d | k_\varphi(\xi) > 0\}$: il s'agit d'un ouvert de $\mathbb{R}^d$.

THÉORÈME 3.1 : <u>Pour tout $\xi \in O_\varphi$ il existe une mesure borélienne de probabilité $\sigma^{\xi,\varphi}$ sur X telle que : $k_{\varphi,f}(\xi) = k_\varphi(\xi) \int_X f^*(x)\sigma^{\xi,\varphi}(dx)$ pour toute $f \in \mathbb{D}^\infty(X)$ et toute redéfinition f^* de f ; $\sigma^{\xi,\varphi}$ ne charge aucun ensemble $C_{2,d+1}$-négligeable (en particulier, aucun ensemble mince).</u>

<u>Démonstration</u>. Considérons la forme linéaire

$$\mathbb{D}^{2,\infty}(X) \to \mathbb{R}$$

$$\lambda_{\varphi,\xi} : f \longmapsto \frac{k_{\varphi,f}(\xi)}{k_\varphi(\xi)} .$$

Il résulte du Théorème 2.1 que $|\lambda_{\varphi,\xi}(f)| \leq \frac{C(\varphi)}{k_\varphi(\xi)} \|f\|_{\mathbb{D}^{2,d+1}(X)}$ pour toute $f \in \mathbb{D}^\infty(X)$; par densité, on peut donc prolonger $\lambda_{\varphi,\xi}$ en une forme linéaire continue sur $\mathbb{D}^{2,d+1}(X)$: $\tilde{\lambda}_{\varphi,\xi}$.

Soit $f \geq 0$, $f \in \mathbb{D}^{2,d+1}(X)$; on peut trouver une suite $(f_n)_{n\in\mathbb{N}}$ d'éléments de $\mathbb{D}^{2,\infty}(X)$ telle que :

(i) $f_n \geq 0$ et (ii) $f_n \xrightarrow[n\to+\infty]{} f$ dans $\mathbb{D}^{2,d+1}(X)$

(cela résulte par exemple de [3], Proposition 3.4) .

On a donc $\tilde{\lambda}_{\varphi,\xi}(f) = \lim_{n\to+\infty} \tilde{\lambda}_{\varphi,\xi}(f_n) = \lim_{n\to+\infty} \lambda_{\varphi,\xi}(f_n) = \lim_{n\to+\infty} \frac{k_{\varphi,f_n}(\xi)}{k_\varphi(\xi)} \geq 0$.

$\tilde{\lambda}_{\varphi,\xi}$ est donc une forme linéaire continue et positive sur $\mathbb{D}^{2,d+1}(X)$; les résultats des pages 422 et 423 de [3] entraînent l'existence d'une mesure borélienne $\sigma^{\xi,\varphi}$ sur X, ne chargeant pas les ensembles $C_{2,d+1}$-négligeables, et telle que $\tilde{\lambda}_{\varphi,\xi}(f) = \int_X \tilde{f}(x)\,\sigma^{\xi,\varphi}(dx)$ pour toute $f \in \mathbb{D}^{2,d+1}(X)$ et toute modification quasi-continue $\tilde{f}$ de f. Mais, pour $f \in \mathbb{D}^{\infty}(X)$, toute redéfinition f^* de f est une modification quasi-continue de f, d'où $\int_X f^*(x)\,\sigma^{\xi,\varphi}(dx) = \tilde{\lambda}_{\varphi,\xi}(f) = \lambda_{\varphi,\xi}(f) = \frac{k_{\varphi,f}(\xi)}{k_\varphi(\xi)}$, soit :

$$k_{\varphi,f}(\xi) = k_\varphi(\xi) \int_X f^*(x)\,\sigma^{\xi,\varphi}(dx). \qquad (*)$$

Il suffit alors de montrer que $\sigma^{\xi,\varphi}$ est de masse totale 1 ; pour cela, on prend $f = f^* = 1$ dans $(*)$. □

Nous allons appliquer le théorème 3.1 dans deux cas particuliers :

Cas 1 : $\varphi(x) = e^{-\frac{1}{a(x)}}$. Alors, pour tout $k \in \mathbb{N}$, $\frac{\varphi}{a^k} = f_k(a)$, où $f_k(x) = \frac{1}{x^k} e^{-\frac{1}{x}}$ $(x \geq 0)$. Le théorème de calcul symbolique ([5], p. 372) entraîne alors $\frac{\varphi}{a^k} \in \mathbb{D}^{\infty}(X)$ pour tout $k \in \mathbb{N}$.

Les hypothèses du Théorème 3.1 sont donc satisfaites ; nous poserons dorénavant $\Omega = O_\varphi$ et $\sigma^{\xi,\varphi} = \sigma^\xi$ pour tout $\xi \in \Omega$. On notera ℓ la densité k_φ.

Cas 2 : Fixons $\psi \in \mathcal{C}^\infty(\mathbb{R};\mathbb{R})$, croissante, et telle que $\psi(t) = 0$ pour $t \leq 1$ et $\psi(t) = 1$ pour $t \geq 2$ et posons $\varphi_n(x) = \psi(n\,a(x))$ $(x \in X,\ n \in \mathbb{N}^*)$.

Il est clair que les φ_n vérifient les conditions du Théorème 3.1 ; on a donc une suite de mesures $\sigma^{\xi,n} = \sigma^{\xi,\varphi_n}$, chacune étant définie pour $\xi \in O_n = O_{\varphi_n}$. On posera $O = \bigcup_{n\geq 1} O_n$ et on notera $k_n(\xi) = k_{\varphi_n}(\xi)$.

§ 4. CONSTRUCTION D'UNE VERSION S.C.I. DE LA DENSITÉ DE ν.

LEMME 4.1 : Pour tout $n \in \mathbb{N}^*$ et tout $\xi \in \mathbb{R}^d$, $k_n(\xi) \leq k_{n+1}(\xi)$.

Démonstration. Soit $u \in \mathcal{C}_c(\mathbb{R}^d)$, $u \geq 0$; on a :

$$\int_{\mathbb{R}^d} u(\xi)(k_n(\xi) - k_{n+1}(\xi))d\xi = \int_{\mathbb{R}^d} u(\xi)k_n(\xi)d\xi - \int_{\mathbb{R}^d} u(\xi)k_{n+1}(\xi)d\xi$$

$$= \int_X u(g(x))\varphi_n(x)d\mu(x) - \int_X u(g(x))\varphi_{n+1}(x)d\mu(x)$$

$$= \int_X u(g(x))(\varphi_n(x) - \varphi_{n+1}(x))d\mu(x) = \int_X u(g(x))(\psi(n\ a(x)) - \psi((n+1)a(x)))d\mu(x) \leq 0$$

(on a utilisé la définition des k_n et le caractère croissant de ψ). Cela vaut pour toute $u \in \mathcal{C}_c(\mathbb{R}^d)$, $u \geq 0$; mais k_n et k_{n+1} sont des fonctions continues (car $\mathcal{C}^\infty$), d'où le résultat. □

LEMME 4.2 : Pour tout $n \in \mathbb{N}^*$, $O_n \subset O_{n+1}$.

Démonstration. Par définition, $O_n = \{\xi \in \mathbb{R}^d | k_n(\xi) > 0\}$; il suffit alors d'appliquer le Lemme 4.1. □

Posons $k(\xi) = \lim_{n\to+\infty} k_n(\xi)$; en tant que limite croissante d'une suite de fonctions continues, $k = \mathbb{R}^d \to \bar{\mathbb{R}}_+$ est une fonction semi-continue inférieurement.

THÉORÈME 4.3 : $\nu(d\xi) = k(\xi)d\xi$.

Démonstration. Soit $u \in \mathcal{C}_c(\mathbb{R}^d)$, $u \geq 0$; alors :

$\int_{\mathbb{R}^d} u(\xi)\nu(d\xi) = \int_X u(g(x))d\mu(x) = \lim_{n\to+\infty} \int_X u(g(x))\varphi_n(x)d\mu(x)$ en vertu de la définition de ν et du théorème de convergence dominée $\Big(\lim_{n\to+\infty} \varphi_n(x) = 1$ p.s. en x car tel sera le cas dès que $a(x)$ sera non nul; or $\{x \in X | a^*(x) \neq 0\}$ est mince, donc μ-négligeable et $a = a^*$ p.s.$\Big)$. On a donc $\int_{\mathbb{R}^d} u(\xi)\nu(d\xi) = \lim_{n\to+\infty} \int_X u(g(x))\varphi_n(x)d\mu(x)$ $= \lim_{n\to+\infty} \int_{\mathbb{R}^d} u(\xi)k_n(\xi)d\xi$; mais $u(\xi)k_n(\xi)$ tend en croissant vers $u(\xi)k(\xi)$, d'où $\lim_{n\to+\infty} \int_{\mathbb{R}^d} u(\xi)k_n(\xi)d\xi = \int_{\mathbb{R}^d} u(\xi)k(\xi)d\xi$, soit $\int_{\mathbb{R}^d} u(\xi)\ \nu(d\xi) = \int_{\mathbb{R}^d} u(\xi)\,k(\xi)d\xi$.
Cela vaut pour toute $u \in \mathcal{C}_c(\mathbb{R}^d)$ positive, donc pour toute $u \in \mathcal{C}_c(\mathbb{R}^d)$ en vertu de la décomposition $u = \frac{|u| + u}{2} - \frac{|u| - u}{2}$. On a donc $\nu(d\xi) = k(\xi)d\xi$. □

Remarque. L'alinéa (i) du Théorème A est ainsi établi.

(ii) résulte de ce que $\int_{\mathbb{R}} k(\xi)d\xi = \int_{\mathbb{R}} d\nu(\xi) = \nu(\mathbb{R}) = \mu(g^{-1}(\mathbb{R})) = \mu(X) = 1$ donc $k(\xi)$ est fini $d\xi$-p.s.

§ 5. PROPRIÉTÉS DE k .

Il est clair que $k(\xi) \neq 0$ si et seulement si $k_n(\xi) \neq 0$ pour au moins un n . On a donc $\{ \xi \in \mathbb{R}^d | k(\xi) \neq 0 \} = \bigcup_{n \geq 1} O_n = O$.

LEMME 5.1 : $\nu(\mathbb{R}^d \setminus O) = 0$.

Démonstration. Soit $F_n = \{ x \in X | a^*(x) \leq \frac{1}{n} \}$; les $(F_n)_{n \geq 1}$ forment une suite décroissante de parties mesurables de X , et on a $\bigcap_{n \in \mathbb{N}^*} F_n = \{ x \in X | a^*(x) = 0 \}$, donc $\bigcap_{n \in \mathbb{N}^*} F_n$ est mince , à fortiori de mesure nulle .

On peut écrire $\lim_{n \to +\infty} \mu(F_n) = \mu(\bigcap_{n \in \mathbb{N}^*} F_n) = 0$.

Soit $x \in X \setminus F_n$; on a $a^*(x) > \frac{1}{n}$, d'où $2n\, a^*(x) > 2$ et $\varphi^*_{2n}(x) = \psi(2n\, a^*(x)) > 1$. On peut donc écrire :

$$\nu(\mathbb{R}^d \setminus O) = \mu(g^{-1}(\mathbb{R}^d \setminus O)) = \mu(g^{-1}(\mathbb{R}^d \setminus O) \cap F_n) + \mu(g^{-1}(\mathbb{R}^d \setminus O) \cap (X \setminus F_n))$$

$$\leq \mu(F_n) + \int_{g^{-1}(\mathbb{R}^d \setminus O)\ \cap\ (X \setminus F_n)} \varphi_{2n}(x)d\mu(x) \leq \mu(F_n) + \int_{g^{-1}(\mathbb{R}^d \setminus O)} \varphi_{2n}(x)d\mu(x)$$

$$\leq \mu(F_n) + \int_{g^{-1}(\mathbb{R}^d \setminus O)} \varphi_{2n}(x)d\mu(x) = \mu(F_n) + \int_{\mathbb{R}^d \setminus O} k_{2n}(\xi)d\xi = \mu(F_n)$$ car k_{2n} est nulle sur $\mathbb{R}^d \setminus O \subset \mathbb{R}^d \setminus O_{2n}$.

On a donc $\nu(\mathbb{R}^d \setminus O) \leq \mu(F_n)$ pour tout $n \geq 1$; le résultat s'ensuit. □

LEMME 5.2 : <u>Soit</u> K <u>un compact contenu dans</u> O ; <u>alors il existe</u> $\delta > 0$ <u>tel que</u> $k(\xi) > \delta$ <u>pour tout</u> $\xi \in K$.

Démonstration. Soit $\alpha > 0$; alors $\{\xi | k(\xi) > \alpha\} = \bigcup_{n \geq 1} \{\xi | k_n(\xi) > \alpha\}$ est un ouvert (cette propriété n'est autre que la semi-continuité inférieure de k) .

Par hypothèse, K est contenu dans $O = \{\xi \in \mathbb{R}^d | k(\xi) > 0\} = \bigcup_{n \geq 1} \{\xi \in \mathbb{R}^d | k(\xi) > \frac{1}{n}\}$; par compacité on peut trouver m tel que $K \subset \bigcup_{n=1}^{m} \{\xi \in \mathbb{R}^d | k(\xi) > \frac{1}{n}\}$ d'où $k(\xi) > \frac{1}{m}$ pour tout $\xi \in K$. □

La clause (iii) du Théorème A résulte des Lemmes 5.1 et 5.2.

§ 6. DIVERSES PROPRIÉTÉS DE Ω ET DE $\mathrm{supp}(\nu)$.

LEMME 6.1 : $\mathrm{supp}(\nu) = \bar{O}$.

Démonstration. Soit A un ouvert de $\mathbb{R}^d$ ν-négligeable, et soit $n \in \mathbb{N}^*$ fixé ; on peut écrire :

$$0 \le \int_A k_n(\xi)d\xi \le \int_A k(\xi)d\xi = \nu(A) = 0 ,$$

d'où $\int_A k_n(\xi)d\xi = 0$. Mais A est ouvert et k_n continue positive, d'où $k_n(\xi) = 0$ pour tout $\xi \in A$ (et pas seulement pour presque tout $\xi \in A$!) . Cela est vrai pour tout n , donc $k(\xi) = 0$ pour tout $\xi \in A$.

Réciproquement, un ouvert sur lequel k est nulle en tout point est évidemment ν-négligeable ; le plus grand ouvert ν-négligeable est donc $\widehat{\{\xi|k(\xi) = 0\}} = \widehat{(\mathbb{R}^d \setminus O)} = \mathbb{R}^d \setminus \bar{O}$, c'est-à-dire que $\mathrm{supp}(\nu) = \bar{O}$. □

LEMME 6.2 : $k(\xi) \ge \ell(\xi)$ pour tout $\xi \in \mathbb{R}^d$.

Démonstration. On peut supposer $\ell(\xi) > 0$, i.e. $\xi \in \Omega$. $k_n(\xi)$ est l'unique densité $\mathcal{C}^\infty$ de $g_*(\varphi_n \mu)$, i.e. de $g_*(\varphi_n e^{\frac{1}{a}} . e^{-\frac{1}{a}} \mu)$. Mais $\varphi_n . e^{\frac{1}{a}} \in \mathcal{D}^\infty(X)$ par calcul symbolique, d'où $k_n(\xi) = \ell(\xi) \int_X \varphi_n^*(x) e^{\frac{1}{a^*(x)}} \sigma^\xi(dx)$.

On en tire $k_n(\xi) \ge \ell(\xi) \int_X \varphi_n^*(x) \sigma^\xi(dx) = \ell(\xi) \int_X \psi(n a^*(x))\sigma^\xi(dx) (*)$. Comme ci-dessus on voit que $\lim_{n\to+\infty} \psi(n a^*(x)) = 1$ pour tout x n'appartenant pas à l'ensemble mince (donc σ^ξ-négligeable) $\{y|a^*(y) = 0\}$; en outre $0 \le \psi(n a^*(x)) \le 1$ pour tout n et tout x . Le théorème de convergence dominée donne alors $\lim_{n\to+\infty} \int_X \psi(n a^*(x))\sigma^\xi(dx) = \int_X \sigma^\xi(dx) = 1$; en passant à la limite dans $(*)$ on obtient $k(\xi) \ge \ell(\xi)$. □

Remarque. Pour la première fois nous avons utilisé l'hypothèse $a^* \ne 0$ q.s. et pas seulement l'hypothèse plus faible $a \ne 0$ p.s.

LEMME 6.3 : $\Omega \subset O$.

Démonstration. Cela résulte du Lemme 6.2, de la définition de $\Omega (= \{\xi \in \mathbb{R}^d | \ell(\xi) > 0\})$ et de celle de $O (= \{\xi \in \mathbb{R}^d | k(\xi) > 0\})$. □

LEMME 6.4 : $\nu(\mathbb{R}^d \setminus \Omega) = 0$.

Démonstration. On a :

$$\int_X \mathbb{1}_{\mathbb{R}^d \setminus \Omega}(g(x))\, e^{-\frac{1}{a(x)}}\, d\mu(x) = \int_{\mathbb{R}^d} \mathbb{1}_{\mathbb{R}^d \setminus \Omega}(\xi)\ell(\xi)d\xi = \int_{\mathbb{R}^d \setminus \Omega} \ell(\xi)d\xi = 0 \ ;$$

on en déduit $\mathbb{1}_{\mathbb{R}^d \setminus \Omega}(g(x))e^{-\frac{1}{a(x)}} = 0$ μ-p.s. en x , soit $\mathbb{1}_{\mathbb{R}^d \setminus \Omega}(g(x)) = 0$ μ-p.s., i.e. $\nu(\mathbb{R}^d \setminus \Omega) = 0$. □

COROLLAIRE 6.5 : $\mathrm{Supp}(\nu) = \bar{\Omega} = \bar{O}$.

Démonstration. $\nu(\mathbb{R}^d \setminus \bar{\Omega}) = 0$ d'après le Lemme 6.4 ; $\mathbb{R}^d \setminus \bar{\Omega}$ est donc un ouvert ν-négligeable et $\mathbb{R}^d \setminus \bar{\Omega} \subset \mathbb{R}^d \setminus \mathrm{Supp}(\nu)$, soit $\mathrm{Supp}(\nu) \subset \bar{\Omega}$.

Mais $\mathrm{Supp}(\nu) = \bar{O}$ (Lemme 5.2) et $\bar{\Omega} \subset \bar{O}$ (Lemme 6.3), d'où le résultat : l'alinéa (iv) du Théorème est démontré. □

Il nous est maintenant possible d'éliminer l'ouvert Ω .

LEMME 6.6 : $\Omega = O$.

Démonstration. D'après le Lemme 6.3, $\Omega \subset O$; il suffit donc d'établir que $O \subset \Omega$. Soit $m \geq 1$; dès que $\varphi_m^*(x) \neq 0$ on a $a^*(x) > \frac{1}{m}$, d'où $e^{\frac{1}{a^*(x)}} \leq e^m$ et $e^{\frac{1}{a^*(x)}} \varphi_m^*(x) \leq e^m \varphi_m^*(x) \leq e^m$.

On a donc $e^{\frac{1}{a^*(x)}} \varphi_m^*(x) \leq e^m$ pour tout $x \in X$. Il en résulte, pour tout $\xi \in \Omega$:

$$k_m(\xi) = \ell(\xi) \int_X e^{\frac{1}{a^*(x)}} \varphi_m^*(x)\, d\mu(x) \leq \ell(\xi) \int_X e^m\, d\mu(x) = e^m\, \ell(\xi) \quad ,$$

soit $k_m(\xi) \leq e^m\, \ell(\xi)$. Par continuité cette inégalité reste vraie pour tout $\xi \in \bar{\Omega}$.

Soit maintenant $\xi_o \in O$; on a $\xi_o \in \bar{O} = \bar{\Omega}$, d'où $k_m(\xi_o) \leq e^m\, \ell(\xi_o)$ pour tout m . Mais $k(\xi_o) \neq 0$, donc $k_m(\xi_o) \neq 0$ pour un certain m et $\ell(\xi_o) \neq 0$, i.e. $\xi_o \in \Omega$. □

§ 7. CONSTRUCTION DE $\hat{\sigma}$ ET FORMULE DE DÉSINTÉGRATION.

Posons, pour tout $\xi \in O$:

$\hat{\sigma}(\xi)(dx) = \ell(\xi) \exp\left(\frac{1}{a^*(x)}\right) \sigma^\xi(dx)$. Cette mesure est bien définie et ne charge aucun ensemble mince car tel est le cas de σ^ξ et car $\{x \in X \mid a^*(x) = 0\}$ est mince. Nous allons établir la formule de désintégration et l'égalité $\hat{\sigma}(\xi)(X) = k(\xi)$.

THÉORÈME 7.1 : Soient $u \in \mathcal{C}_c(\mathbb{R}^d)$, $v \in \mathbb{D}^\infty(X)$. Alors

$$\int_X u(g(x))v(x)d\mu(x) = \int_O u(\xi) \left(\int_X v^*(x)\hat{\sigma}(\xi)(dx)\right) d\xi .$$

Démonstration. $|u(g(x))v(x)\varphi_n(x)| \leq \|u\|_\infty |v(x)|$; d'après le théorème de convergence dominée, on a donc

$$\int_X u(g(x))v(x)d\mu(x) = \lim_{n\to+\infty} \int_X u(g(x))v(x)\varphi_n(x)d\mu(x) = \lim_{n\to+\infty} \int_{\mathbb{R}^d} u(\xi)k_{\varphi_n,v}(\xi)d\xi .$$

Observons alors que $k_{\varphi_n,v}(\xi)d\xi = g_*(\varphi_n v\mu)$ est absolument continue par rapport à $g_*\mu = \nu$, et donc ne charge pas $\mathbb{R}^d \setminus O$ en vertu du Lemme 5.1 . On peut donc écrire :

$$\int_{\mathbb{R}^d} u(\xi)k_{\varphi_n,v}(\xi)d\xi = \int_O u(\xi)k_{\varphi_n,v}(\xi)d\xi = \int_O u(\xi)\ell(\xi)\left(\int_X \varphi_n^*(x)v^*(x)\exp\left(\frac{1}{a^*(x)}\right)\sigma^\xi(dx)\right)d\xi$$

$$= \int_O u(\xi)\left(\int_X v^*(x)\varphi_n^*(x)\hat{\sigma}(\xi)(dx)\right)d\xi .$$

Si u et v sont ≥ 0 p.s., on a $v^* \geq 0$ q.s. (cf. [2], Lemme 3.2) soit $v^* \geq 0$ $\hat{\sigma}(\xi)$ - p.s. et $\lim_{n\to+\infty} \int_X v^*(x)\varphi_n^*(x)\hat{\sigma}(\xi)(dx) = \int_X v^*(x)\hat{\sigma}(\xi)(dx)$, d'où le résultat par convergence croissante. On se ramène à ce cas en écrivant

$u = \frac{|u| + u}{2} - \frac{|u| - u}{2}$ et $v = v_1 - v_2$ avec $v_i \in \mathbb{D}^\infty$, $v_i \geq 0$ (cela est possible d'après [9]) . □

Il nous reste à établir le

COROLLAIRE 7.2 : Pour tout $\xi \in \Omega$, $\hat{\sigma}(\xi)(X) = k(\xi)$.

Démonstration.

$$\hat{\sigma}(\xi)(X) = \lim_{n\to+\infty} \int_X \varphi_n^*(x)\hat{\sigma}(\xi)(dx) = \lim_{n\to+\infty} \ell(\xi) \int_X \varphi_n^*(x) \exp\left(\frac{1}{a^*(x)}\right)\sigma^\xi(dx)$$

$$= \lim_{n\to+\infty} k_n(\xi) = k(\xi) . \ \square$$

§ 8. ÉLIMINATION DE ψ :

Les objets $(k,O,\hat{\sigma})$ que nous venons de construire dépendent a priori du choix d'une fonction de troncature ψ effectué au § 3 ; en fait nous allons faire voir que ce choix est indifférent. Soient ψ_1, ψ_2 deux fonctions satisfaisant les conditions posées, et soient $O_1, k_1, \hat{\sigma}_1, k_{n,1}$ et $O_2, k_2, \hat{\sigma}_2, k_{n,2}$ associés respectivement à ces deux fonctions ψ_1 , ψ_2 par notre construction.

LEMME 8.1 : Pour tout entier n , $k_{n,1}(\xi) \leq k_{2n,2}(\xi)$.

Démonstration. Supposons $\psi_1(n\ a(x)) \neq 0$; on a $n\ a(x) \geq 1$, d'où $2\ n\ a(x) \geq 2$ et $\psi_2(2n\ a(x)) = 1$.

On en déduit $\psi_2(2n\ a(x)) \geq \psi_1\ (n\ a(x))$ pour tout $x \in X$, d'où

$\psi_2(2n\ a(x))d\mu(x) \geq \psi_1(n\ a(x))d\mu(x)$ et $g_*(\psi_2(2n\ a(x))d\mu(x)) \geq g_*(\psi_1(n\ a(x))d\mu(x))$.

Cela entraîne l'inégalité $k_{2n,2}(\xi) \geq k_{n,1}(\xi)$ pour tout $\xi \in \mathbb{R}^d$, en vertu de la continuité de $k_{1,n}$ et $k_{2,n}$. □

LEMME 8.2 : $k_1 = k_2$.

Démonstration. En faisant tendre n vers $+\infty$ dans le Lemme 8.1, on obtient $k_1(\xi) \leq k_2(\xi)$ pour tout $\xi \in \mathbb{R}^d$, l'argument étant symétrique, on a aussi $k_2(\xi) \leq k_1(\xi)$, d'où le résultat. □

LEMME 8.3 : $O_1 = O_2$.

Démonstration. Il suffit de tenir compte du Lemme 8.2 en se rappelant que $O_1 = \{\xi \in \mathbb{R}^d | k_1(\xi) > 0\}$ et $O_2 = \{\xi \in \mathbb{R}^d | k_2(\xi) > 0\}$. □

L'unicité de $\hat{\sigma}$ requiert un argument moins élémentaire.

LEMME 8.4 : $\hat{\sigma}_1 = \hat{\sigma}_2$.

Démonstration. ℓ est définie de façon unique : c'est la densité continue de $g_*(e^{-\frac{1}{a}}\mu)$; il suffit donc de montrer que $\sigma_1 = \sigma_2$ (σ_i désigne la mesure notée

σ au paragraphe 3, construite au moyen de la fonction de troncature ψ_i). Par définition, pour toute $f \in \mathbb{D}^{2,\infty}(X;\mathbb{R})$ et toute modification quasi-continue $\tilde{f}$ de f, on a :

$$\int_X \tilde{f}(x)\sigma_1^{\xi}(dx) = \frac{\left(e^{-\frac{1}{a}}f\right)^{k}(\xi)}{\ell(\xi)} = \int_X \tilde{f}(x)\sigma_2^{\xi}(dx) \quad \text{pour tout}$$

$\xi \in O_1 = O_2$ (on s'est servi de l'unicité de la densité $\mathcal{C}^{\infty}$ de $g_*(e^{-\frac{1}{a}} f\,\mu)$). Mais $\mathbb{D}^{2,\infty}(X;\mathbb{R})$ est dense dans $\mathbb{D}^{2,d+1}(X;\mathbb{R})$, d'où l'égalité

$\int_X \tilde{f}(x)\sigma_1{}^{\xi}(dx) = \int_X \tilde{f}(x)\sigma_2{}^{\xi}(dx)$ pour toute $f \in \mathbb{D}^{2,d+1}(X;\mathbb{R})$. Le théorème principal de KAZUMI et SHIGEKAWA ([3]) affirme l'unicité de la mesure associée à une forme linéaire positive sur $\mathbb{D}^{2,d+1}(X)$, et permet donc de conclure que $\sigma_1^{\xi} = \sigma_2^{\xi}$. □

§ 9. UN CONTRE-EXEMPLE.

Suivant une suggestion de P.MALLIAVIN, nous allons donner dans ce paragraphe un exemple de fonction $g \in \mathbb{D}^{\infty}(X;\mathbb{R})$ vérifiant les hypothèses du Théorème A et telle que k prenne la valeur $+\infty$. Il s'agit en réalité d'une application d'un espace $\mathbb{R}^2$ gaussien dans $\mathbb{R}$, ce qui nous montre qu'il ne s'agit pas d'un phénomène spécifique à la dimension infinie. Nous conservons les notations générales de l'article ; soit $(e_1,\dots,e_n,\dots)$ une base orthonormée de H contenue dans X^* ; nous définirons $g : X \to \mathbb{R}$ par $g(x) = (\langle e_1,x\rangle + \langle e_2,x\rangle)\, e^{-\langle e_2,x\rangle^2}$. Par calcul symbolique, il est clair que $g \in \mathbb{D}^{\infty}(X;\mathbb{R})$. De plus on a

$$\nabla g(x) = e^{-\langle e_2,x\rangle^2}(e_1+e_2) + (\langle e_1,x\rangle + \langle e_2,x\rangle)\left(-2\langle e_2,x\rangle\, e^{-\langle e_2,x\rangle^2}\right) e_2 ,$$

d'où :

$$a(x) = (\nabla g(x)\,|\,\nabla g(x)) = e^{-2\langle e_2,x\rangle^2} + e^{-2\langle e_2,x\rangle^2}(1 - 2\langle e_2,x\rangle\langle e_1+e_2,x\rangle)^2 \geq e^{-2\langle e_2,x\rangle^2} > 0 :$$

les conditions du Théorème sont bien remplies, d'où la définition de $\hat{\sigma}$ et de k. Posons $\lambda_n(u,v) = \varphi_n(ue_1 + ve_2)$; il est clair que $0 \leq \lambda_n \leq 1$ et que λ_n tend vers 1 en croissant.

LEMME 9.1 : <u>Pour tout</u> $\xi \in \mathbb{R}^*$ <u>et tout</u> $n \in \mathbb{N}$, <u>on a</u>

$$k_n(\xi) = \frac{1}{2\pi} \int_{-\infty}^{+\infty} \lambda_n(e^{\beta^2}.\xi - \beta, \beta)\, e^{\xi\beta e^{\beta} - \frac{1}{2}\xi^2 e^{2\beta^2}} d\beta .$$

<u>Démonstration</u>. Nous utiliserons le fait bien connu suivant : l'application de X dans $\mathbb{R}^2$ $x \mapsto (\langle x,e_1\rangle,\langle x,e_2\rangle)$ transforme μ en la mesure gaussienne canonique sur $\mathbb{R}^2$.

Soit $u \in \mathscr{C}_c(\mathbb{R})$; on a :

$$\int_{\mathbb{R}} u(\xi)k_n(\xi)d\xi = \int_X u(g(x))\varphi_n(x)d\mu(x) = \int_{\mathbb{R}^2} u((\alpha+\beta)e^{-\beta^2})\lambda_n(\alpha,\beta)\frac{1}{2\pi} e^{-\frac{\alpha^2}{2}} e^{-\frac{\beta^2}{2}} d\alpha\, d\beta .$$

Posons $\gamma = (\alpha+\beta)e^{-\beta^2}$; cette intégrale devient :

$$\int_{\mathbb{R}^2} u(\gamma)\, \lambda_n(e^{\beta^2}.\gamma - \beta,\beta)\, \frac{1}{2\pi} e^{-\frac{\alpha^2}{2}} e^{-\frac{\beta^2}{2}} e^{\beta^2} d\gamma\, d\beta$$

$$= \int_{\mathbb{R}^2} u(\gamma)\, \lambda_n(e^{\beta^2}\gamma - \beta, \beta)\frac{1}{2\pi} e^{\frac{1}{2}(\beta^2 - (e^{\beta^2}.\gamma - \beta)^2)} d\gamma\, d\beta$$

$$= \int_{\mathbb{R}} u(\gamma)\, \Big(\frac{1}{2\pi} \int_{\mathbb{R}} \lambda_n(e^{\beta^2}\gamma - \beta, \beta)\, e^{\frac{1}{2}\gamma e^{\beta^2}(2\beta - e^{\beta^2}.\gamma)} d\beta\Big)d\gamma$$

Soit $\theta_n(\gamma) = \frac{1}{2\pi} \int_{\mathbb{R}} \lambda_n(e^{\beta^2}\gamma - \beta, \beta)\, e^{\frac{1}{2}\gamma e^{\beta^2}(2\beta - \gamma e^{\beta^2})} d\beta$;

on a donc $k_n(\gamma) = \theta_n(\gamma)$ p.s. en γ .

De plus $\lambda_n(e^{\beta^2}\gamma - \beta, \beta) = \psi(n\, e^{-2\beta^2}(1 + (1-2\beta e^{\beta^2}\gamma)^2))$ d'où

$|\lambda_n(e^{\beta^2}.\gamma - \beta, \beta)| \leq 1$. Soit $\varepsilon > 0$; pour $A \geq |\gamma| \geq \varepsilon$, on a

$$\frac{1}{2}\gamma\, e^{\beta^2}(2\beta - \gamma e^{\beta^2}) = \gamma\beta e^{\beta^2} - \frac{1}{2}\gamma^2 e^{2\beta^2} \leq A\beta e^{\beta^2} - \frac{1}{2}\varepsilon^2 e^{2\beta^2}$$

lequel équivaut, pour $|\beta|$ tendant vers $+\infty$, à $-\frac{1}{2}\varepsilon^2 e^{2\beta^2}$; l'intégrale qui définit θ_n converge donc normalement sur $[-A, -\varepsilon] \cup [\varepsilon, A]$ pour tous $A \geq \varepsilon > 0$, donc θ_n définit une fonction continue sur $\mathbb{R}^*$. Il en résulte que $k_n = \theta_n$ sur $\mathbb{R}^*$. □

LEMME 9.2 : <u>Pour tout</u> $n \geq 2$, $k_n(0) \geq \frac{1}{\pi}\sqrt{\frac{1}{2}\log(\frac{n}{2})}$.

<u>Démonstration</u>. Soit $|\beta| \leq \sqrt{\frac{1}{2}\log(\frac{n}{2})}$; on a $e^{-2\beta^2} \geq \frac{2}{n}$, d'où $a(\alpha e_1 + \beta e_2) \geq \frac{2}{n}$ pour tout α et $\lambda_n(\alpha, \beta) = \psi(n\, a(\alpha e_1 + \beta e_2)) = 1$ pour tout α .

Pour tout $\gamma \neq 0$ on peut écrire

$$k_n(\gamma) = \theta_n(\gamma) = \frac{1}{2\pi}\int_{-\infty}^{+\infty} \lambda_n(e^{\beta^2}\gamma - \beta, \beta)\, e^{\frac{1}{2}\gamma e^{\beta^2}(2\beta - \gamma e^{\beta^2})}\, d\beta$$

$$\geq \frac{1}{2\pi}\int_{-\sqrt{\frac{1}{2}\log(\frac{n}{2})}}^{\sqrt{\frac{1}{2}\log(\frac{n}{2})}} \lambda_n(e^{\beta^2}\gamma - \beta, \beta)\, e^{\frac{1}{2}\gamma e^{\beta^2}(2\beta - \gamma e^{\beta^2})}\, d\beta$$

$$= \frac{1}{2\pi}\int_{-\sqrt{\frac{1}{2}\log(\frac{n}{2})}}^{\sqrt{\frac{1}{2}\log(\frac{n}{2})}} e^{\frac{1}{2}\gamma e^{\beta^2}(2\beta - \gamma e^{\beta^2})}\, d\beta$$

soit :

$$(\forall \gamma \neq 0) \quad k_n(\gamma) \geq \frac{1}{2\pi}\int_{-\sqrt{\frac{1}{2}\log(\frac{n}{2})}}^{\sqrt{\frac{1}{2}\log(\frac{n}{2})}} e^{\frac{1}{2}\gamma e^{\beta^2}(2\beta - \gamma e^{\beta^2})}\, d\beta .$$

Faisant tendre γ vers 0 , on peut conclure. □

Il est maintenant évident que $k(0) = +\infty$: $k(0) = \lim_{n \to +\infty} k_n(0)$ par définition, et on applique le Lemme 9.2.

§ 10. SEMI-CONTINUITÉ .

On a vu au § 4 que $\xi \to \hat{\sigma}(\xi)(X) = k(\xi)$ était une fonction semi-continue sur O; de façon plus précise, on a le

THÉORÈME 10.1 : Soit $v \in \mathbb{D}^{\infty}(X;\mathbb{R})$, $v \geq 0$, et soit v^* une redéfinition de v . Alors $\xi \to \int_X v^*(x)\hat{\sigma}(\xi)(dx)$ est une application semi-continue inférieurement de O dans $\bar{\mathbb{R}}_+$.

Démonstration. Par définition de $\hat{\sigma}$, on a :

$$\int_X v^*(x)\hat{\sigma}(\xi)(dx) = \ell(\xi) \int_X v^*(x)\exp(\frac{1}{a^*(x)})\, \sigma^{\xi}(dx) .$$

Comme ci-dessus, le théorème de convergence croissante permet d'écrire :

$$\int_X v^*(x)\exp(\frac{1}{a^*(x)})\, \sigma^{\xi}(dx) = \lim_{n \to +\infty}\uparrow \int_X v^*(x)\exp(\frac{1}{a^*(x)})\varphi_n^*(x)\, \sigma^{\xi}(dx)$$

(on utilise ici le Lemme 3.2 de [2] , en vertu duquel $v^* \geq 0$ quasi-sûrement, donc σ^{ξ}-presque sûrement).

On a donc :

$$\int_X v^*(x)\hat{\sigma}(\xi)(dx) = \lim_{n\to+\infty}\uparrow \ell(\xi)\int_X v^*(x)\,\varphi_n^*(x)\exp\left(\frac{1}{a^*(x)}\right)\sigma^\xi(dx) = \lim_{n\to+\infty}\uparrow k_{\varphi_n,v}(\xi)$$

d'après la définition même de σ. Mais les $k_{\varphi_n,v}$ sont des fonctions continues (et même $\mathcal{C}^\infty$) , comme nous l'avons établi au Théorème 2.1 , et on conclut de la même façon que plus haut. Cela établit la dernière assertion du Théorème. □

Le rapporteur de cet article a bien voulu attirer mon attention sur le travail de Feyel et de la Pradelle ([9']). Ces derniers construisent une "mesure d'aire" sur des espaces de Wiener lusiniens, qui généralise celle construite dans [1] sur l'espace de Wiener classique. La mesure en question est toujours de masse totale finie, et ne saurait donc pas coïncider avec $\hat{\sigma}(\xi)$ dans le cas du contre-exemple du § 9 : nos résultats ne sont donc pas contenus dans ceux de [9'].

BIBLIOGRAPHIE

[1] H.AIRAULT et P.MALLIAVIN. - Intégration géométrique sur l'espace de Wiener. Bulletin des Sciences Mathématiques 112, pp. 3-52, 1988.

[2] H.AIRAULT et J. Van BIESEN. - Le processus d'Ornstein-Uhlenbeck sur une sous-variété de l'espace de Wiener. Bulletin des Sciences Mathématiques 115, pp. 185-210, 1991.

[3] T.KAZUMI et I.SHIGEKAWA. - Measures of finite (r,p)-energy and potentials on a separable metric space. Séminaire de Probabilités XXVI, Lecture Notes in Mathematics 1526, pp. 415-444.

[4] P.KRÉE et M.KRÉE. - Continuité de la divergence dans les espaces de Sobolev relatifs à l'espace de Wiener. C.R. de l'Acad. Sc., t. 296, pp. 833-836, 1983.

[5] P.MALLIAVIN. - Implicit functions in finite corank on the Wiener space. Proceedings of the Taniguchi Symposium on Stochastic Analysis, Katata, 1982 .

[6] P.MALLIAVIN. - Stochastic analysis (ouvrage à paraître).

[7] P.-A.MEYER. - Transformations de Riesz pour les lois gaussiennes. Séminaire de Probabilités XVIII , pp. 179-193 (1982/83), Lecture Notes in Mathematics 1059.

[8] D.W.STROOCK. - The Malliavin Calculus and its applications to Second Order Parabolic Differential Equations: Part I. Mathematical Systems Theory 14, pp. 25-65, 1981.

[9] H.SUGITA. - Positive generalized Wiener Functions and Potential Theory over abstract Wiener Spaces. Osaka Journal of Mathematics 25, pp. 665-696, 1988.

[9'] D.FEYEL et A.de la PRADELLE. - Hausdorff measures on the Wiener space. Potential Analysis 1, pp. 177-189, 1992.

INEGALITES RELATIVES AUX PROCESSUS D'ORNSTEIN-UHLENBECK A n-PARAMETRES ET CAPACITE GAUSSIENNE $c_{n,2}$

Shiqi SONG
Equipe d'Analyse et Probabilités
Université Evry Val d'Essonne
Boulevard des Coquibus
91025 EVRY CEDEX FRANCE

Abstract

Let $Z^{(n)}$ be the n-parameters Ornstein-Uhlenbeck process on a separable Fréchet gaussian space (E,μ). We consider the Sobolev space $W^{n,2}$ and the associated Gaussian capacity $c_{n,2}$. We prove two inequalities of the following type:

$$\| \sup_{t\in R_+^n} e^{-|t|} |u|(Z_t^{(n)}) \|_2 \leq C_n \, c_{n,2}(u),$$

$$\| \sup_{t\in R_+^n} \left| \int_{s\in[0,t]} e^{-s} f(Z_s^{(n)}) ds \right| \|_2 \leq C_n \| U^n f \|_2.$$

These inequalities are used to give probabilistic representations for measures which belong to the dual space of $W^{n,2}$ and such representations permit us to prove that a Borel subset B of E has null $c_{n,2}$-capacity if and only if $Z^{(n)}$ can not hit it.

§1 Introduction

Etant donné un espace de Fréchet séparable E muni d'une mesure gaussienne centrée μ (définie sur les ensembles boréliens de E), le semigroupe d'Ornstein-Uhlenbeck $(Q_t)_{t\geq 0}$ sur (E,μ) est défini par la formule de Mehler (voir Meyer [9]) :

$$Q_t f(x) = \int f[\, x e^{-t} + y \, c_t \,] \, \mu(dy) \, , \; x \in E, \;\; t \in R_+,$$

où f désigne une fonction borélienne bornée, et $c_t = \sqrt{1-e^{-2t}}$. Ce semigroupe (Q_t) est symétrique par rapport à la mesure μ et il définit des semigroupes sur $L^p(E,\mu)$ pour tout p>1. En relation avec le semigroupe d'Ornstein-Uhlenbeck (Q_t), nous introduisons l'opérateur de noyau :

$$Uf(x) = \frac{1}{\sqrt{\pi}} \int_0^\infty t^{-1/2} e^{-t} Q_t f(x)\, dt \ , \ x \in E,$$

pour toute fonction $f \in \bigcup_{p>1} L^p(E,\mu)$. Soient r un nombre naturel et p > 1 un nombre réel, nous désignons par $W^{r,p}$ l'ensemble de fonctions de la forme $U^r f$ avec $f \in L^p(E,\mu)$ muni de la norme $N_{r,p}(U^r f) = N_p(f)$, où $N_p(f)$ indique la norme usuelle de $L^p(E,\mu)$. Nous introduisons ensuite la capacité $c_{r,p}$: pour une fonction f s.c.i. positive ou nulle,

$$c_{r,p}(f) = \inf\{\, N_{r,p}(h) \ ; \ h \geq f \text{ presque partout, } h \in W^{r,p} \,\},$$

et pour une fonction g quelconque,

$$c_{r,p}(g) = \inf\{\, c_{r,p}(f) \ ; \ f \geq |g| \text{ partout, f fonction s.c.i.} \}.$$

Rappelons que $c_{r,p}$ est une (semi-)norme. Un ensemble $A \subset E$ est dit de $c_{r,p}$-capacité nulle, si $c_{r,p}(A) = c_{r,p}(1_A) = 0$. Une fonction f sur E est dite $c_{r,p}$-quasi-continue, s'il existe une suite de sous-ensembles fermés (F_n) de E tels que $c_{r,p}(E-F_n)$ tend vers zéro et que f est continue sur chaque F_n. Nous désignons par $L^1(E,c_{r,p})$ la fermeture, par rapport à la capacité $c_{r,p}$, de l'ensemble de fonctions continues bornées sur E. Rappelons que les fonctions de $L^1(E,c_{r,p})$ sont $c_{r,p}$-quasi-continues (voir DeLaPradelle-Feyel [4]).

Notre travail commence par la remarque suivante : rappelons que, sur chaque espace de Fréchet gaussien séparable (E,μ), existe un processus de Markov Z à trajectoire continue à valeurs dans E dont le semigroupe de transition est précisément le semigroupe d'Ornstein-Uhlenbeck (Q_t) (voir par exemple Song [12]). Le processus de Markov Z est appelé le processus d'Ornstein-Uhlenbeck sur (E,μ). Alors, quand r = 1 et p = 2, il est bien connu (voir Fukushima [5] et Albeverio-Ma-Röckner [1]) que la capacité $c_{1,2}$ a une expression probabiliste. En fait, pour tout sous-ensemble borélien $B \subset E$, il existe une fonctionnelle additive A, déterminée par l'ensemble B, du processus d'Ornstein-Uhlenbeck Z telle que

$$(0,1) \qquad c_{1,2}(B)^2 = E_\mu[e^{-\sigma_B}] = E_\mu\Big[\int_0^\infty e^{-t}\, dA_t\Big].$$

où $\sigma_B = \inf\{t > 0; Z_t \in B\}$. Cette expression probabiliste donne en particulier le critère suivant : Un ensemble borélien B est de $c_{1,2}$-capacité nulle si et seulement si le processus d'Ornstein-Uhlenbeck Z ne le rencontre pas. Ce critère a été utilisée en particulier dans un récent travail de Denis [3] pour étudier le temps d'atteinte de zéro d'une martingale positive ou nulle $c_{1,2}$-quasi-continue sur un espace gaussien. On se demande alors si des expressions probabilistes du genre (0,1) existent aussi pour $c_{n,2}$ afin d'étendre l'étude de Denis [3] sur $c_{1,2}$ à $c_{n,2}$. Cette question a été l'origine du présent travail.

Rappelons que Ren [11] a déja étudié cette question et qu'il a obtenu une réponse partielle. Son travail suggère de représenter la capacité $c_{n,2}$ par le processus d'Ornstein-Uhlenbeck à n-paramètres.

Nous allons présenter dans la section 2 une construction des processus d'Ornstein-Uhlenbeck à multiparamètres sur un espace de Fréchet séparable gaussien. Cette construction, nouvelle par rapport à des constructions antérieures, met en évidence la relation entre les processus d'Ornstein-Uhlenbeck à multiparamètres et le semigroupe d'Ornstein-Uhlenbeck (Q_t). Cette relation importante est développée davantage dans la section 3. Dans la section 4, nous démontrons l'inégalité du genre suivant :

$$(0,2) \quad N_2[(\sup_{t\in R_+^n} e^{-|t|}\,|u|(Z_t^{(n)}))] \leq C_n\, c_{n,2}(u),$$

où $Z_t^{(n)}$ est le processus d'Ornstein-Uhlenbeck à n-paramètres sur (E,μ) et

$$|t| = |(t_1,\dots,t_n)| = |t_1| + \dots + |t_n|.$$

Dans la section 5, nous démontrons une autre inégalité du genre :

$$(0,3) \quad N_2(\sup_{t\in R_+^n} \left| \int_{s\in[0,t]} e^{-s}\, f(Z_s^{(n)})ds \right|) \leq C_n\, N_2(U^n f).$$

Ces deux inégalités sont utilisées dans la section 6 pour prouver que toute mesure ν du dual de $W^{n,2}$ admet une représentation probabiliste via le processus d'Ornstein-Uhlenbeck à n-paramètres, à savoir :

$$\nu(f) = E_\mu[\int_{s\in R_+^n} e^{-|s|}\, f(Z_s^{(n)})\, A(ds)],$$

où A est une mesure aléatoire sur R_+^n. En particulier, nous pouvons écrire pour un ensemble borélien B

$$(0,4) \quad c_{n,2}(B)^2 = E_\mu[\int_{s\in R_+^n} e^{-|s|}\, U^{2n}\nu(Z_s^{(n)})\, A(ds)],$$

où A est une mesure aléatoire sur R^n_+ et ν est la mesure (n,2)-d'équilibre de l'ensemble B (cf. Sugita [13] et Kazumi-Shigekawa [8]). Enfin, nous terminons notre travail en démontrant dans la section 7 qu'un ensemble borélien B a une $c_{n,2}$-capacité nulle si et seulement si le processus d'Ornstein-Uhlenbeck à n-paramètres ne le rencontre pas.

Remarques : 1. L'article de Ren [11] s'appuie sur l'équation différentielle stochastique qui définit le processus d'Ornstein-Uhlenbeck à n-paramètres. Nous prenons ici un point de vue markovien sur les processus d'Ornstein-Uhlenbeck à multiparamètres. En fait, notre métode utilisée ici est une généralisation de celle utilisée dans Fukushima [7].

2. F.Hirsch a remarqué que le processus d'Ornstein-Uhlenbcek à n-paramètres utilisé dans Ren [11] n'est pas le même que celui construit dans la section 2 du présent travail. F.Hirsch a également remarqué récemment qu'une représentation de notre processus d'Ornstein-Uhlenbeck à n-paramètres par le drap brownien à n-paramètres existe.

3. Les processus de Markov à multiparamètres ont été beaucoup étudiés dans le contexte des points multiples (voir, par exemple, Evans [5], Fritzsimmons-Salisbury [6], Dynkin [4], etc.). Sous l'hypothèse que le processus de Markov à multiparamètres X est de la forme $X = (X^{(1)}_{t_1}, \ldots, X^{(n)}_{t_n})$, où $X^{(i)}_{t_i}$ sont des processus de Markov à un seul paramètre indépendants symétriques par rapport à une mesure donnée $m^{(i)}$, dont la résolvants est absolument continue par rapport à $m^{(i)}$, on a montré que la probabilité pour X de rencontrer un ensemble peut être estimée à l'aide des mesures d'énergie finie. Notre méthode, aussi bien que nos résultats, est différente de celles utilisées dans ces travaux.

4. Etant donné un processus de Markov X à multiparamètres à valeurs dans E, il est important de déterminer les mesures ν sur E qui peuvent être représentées par des mesures aléatoires A sur R^n_+, c'est-à-dire,

$$\nu(f) = E\Big[\int_{s \in R^n_+} e^{-|s|} f(X_s)\, A(ds) \Big].$$

Ce problème a été traité dans Dynkin [4] pour un processus de Markov décrit dans la remarque 3. Nous montrons dans la section 6 que, pour le processus d'Ornstein-Uhlenbeck à n-paramètres $Z^{(n)}$, les mesures dans le dual de $W^{n,2}$ sont des mesures admettant une telle représentation probabiliste.

5. Il est à remarquer que les inégalités (0,2) et (0,3) sont nouvelles même dans le cas où n = 1. En général, on considère seulement les capacités des ensembles. Cette contreinte rend les calculs de capacités plus difficile. La notion de l'espace de Banach adapté introduite dans DeLaPradelle-Feyel [2], qui considère la capacité comme une norme sur l'ensemble de fonctions, donne plus de souplesse. En particulier, nous en avons profité pour obtenir les inégalités (0,2) et (0,3).

6. Sugita [13] a remarqué que la relation entre les $c_{n,p}$-potentiels et les (n,p)-mesures d'équilibre n'est linéaire que lorsque p = 2. Le fait que seules les capacités $c_{n,2}$ sont

représentées par les processus d'Ornstein-Uhlenbeck à n-paramètres est lié intrinsèquement avec la remarque de Sugita.

7. Les inégalités (0,2) et (0,3) pour n = 2 ont déjà été prouvées dans Song [12] avec une technique particulièrement adaptée à deux paramètres.

§2 Notations

Dans notre travail, nous utilisons répétitivement l'argument par récurrence. Nous avons alors besoin de nombreuses notations, indexées par les nombres naturels, que nous précisons ici.

Le symbole N désigne l'ensemble des nombres naturels $\{0,1,2,3,...\}$; $R_+ = [0,\infty[$ désigne l'ensemble des nombres réels positifs ou nuls.

Soit E un espace de Fréchet séparable. Relativement à E, nous définissons une suite d'espaces de Fréchet en posant :

$$\Xi^{(0)}(E) = E, \text{ et } \Xi^{(n+1)}(E) = C(R_+, \Xi^{(n)}(E)), n \in N.$$

Soit $l_{n,t}$ la t^{ieme} coordonnée de l'espace $\Xi^{(n)}(E) = C(R_+, \Xi^{(n-1)}(E))$, $t \in R_+$, $n \in N$, $n \geq 1$. Posons :

$$l^{(n)}_{t_1,...,t_n} = l_{1,t_1} \circ ... \circ l_{n,t_n},$$

où $(t_1,...,t_n)$ est un élément de R^n_+. Pour $\xi \in \Xi^{(n)}(E)$, posons :

$$\xi_{t_1,...,t_n} = l^{(n)}_{t_1,...,t_n}(\xi).$$

Notons qu'en identifiant $\xi \in \Xi^{(n)}(E)$ avec $\{\xi_{t_1,...,t_n} ; (t_1,...,t_n) \in R^n_+\}$, nous pouvons écrire :

$$\Xi^{(n)}(E) = C(R^n_+, E).$$

Dans le même ordre d'idées, nous pouvons aussi écrire :

$$\Xi^{(n+m)}(E) = \Xi^{(n)}(\Xi^{(m)}(E)), \quad n,m \in N.$$

Soit μ une mesure gaussienne centrée définie sur les ensembles boréliens de E. Nous posons :

$$m^{(0)}(E,\mu) = \mu;$$

$T^{(0)}_t(E,\mu)$, $t\geq 0$, le semigroupe d'Ornstein-Uhlenbeck sur $\Xi^{(0)}(E)$ associé à $m^{(0)}(E,\mu)$ par la formule de Mehler;

$Z^{(1)}(E,\mu)$ le processus d'Ornstein-Uhlenbeck à valeurs dans $\Xi^{(0)}(E)$ de semigroupe $T^{(0)}_t(E,\mu)$, $t\geq 0$, de loi initiale $m^{(0)}(E,\mu)$;

$m^{(1)}(E,\mu)$ la loi de $Z^{(1)}(E,\mu)$;

$T^{(1)}_t(E,\mu)$, $t\geq 0$, le semigroupe d'Ornstein-Uhlenbeck sur $\Xi^{(1)}(E)$ associé à $m^{(1)}(E,\mu)$ par la formule de Mehler;

$Z^{(n)}(E,\mu)$ le processus d'Ornstein-Uhlenbeck à valeurs dans $\Xi^{(n-1)}(E)$ de semigroupe $T^{(n-1)}_t(E,\mu)$, $t\geq 0$, de loi initiale $m^{(n-1)}(E,\mu)$, $n\in N$, $n\geq 1$;

$m^{(n)}(E,\mu)$ la loi de $Z^{(n)}(E,\mu)$, $n\in N$;

$T^{(n)}_t(E,\mu)$, $t\geq 0$, le semigroupe d'Ornstein-Uhlenbeck sur $\Xi^{(n)}(E)$ associé à $m^{(n)}(E,\mu)$ par la formule de Mehler, $n\in N$.

Notons que, pour tout $n\in N$, la mesure $m^{(n)}$ est une mesure gaussienne centrée sur l'espace $\Xi^{(n)}$. Rappelons la formule de Mehler :

$$T^{(n)}_s(E,\mu)f(\xi) = \int f(e^{-s}\xi + c_s\zeta)\, m^{(n)}(d\zeta), \quad n\in N,$$

pour toute fonction borélienne bornée f sur $\Xi^{(n)}(E)$, où $c_s = \sqrt{1 - e^{-2s}}$. Etant donnée l'identification $\Xi^{(n)}(E) = C(R^n_+,E)$, le processus $Z^{(n)}(E,\mu)$ peut être considéré comme un processus à n-paramètres à valeurs dans E, ou une variable aléatoire à valeurs dans $C(R^n_+,E)$. Nous avons aussi :

$$Z^{(n+m)}(E,\mu) = Z^{(n)}(\Xi^{(m)}(E),m^{(m)}(E,\mu))$$

pour tout $n, m\in N$. Les processus $Z^{(n)}(E,\mu)$ seront appelés les processus d'Ornstein-Uhlenbeck à n-paramètres sur (E,μ). Les processus d'Ornstein-Uhlenbeck usuels (c'est-à-dire à un paramètre) seront simplement appelés processus d'Ornstein-Uhlenbeck.

Définissons les symboles suivants :

$$Q_t = Q_t(E,\mu) = T_t^{(0)}(E,\mu);$$

$$Uf(x) = U(E,\mu)f(x) = \frac{1}{\sqrt{\pi}} \int_0^\infty t^{-1/2} e^{-t} Q_t f(x)\, dt,$$

où f est une fonction borélienne bornée sur E et $x \in E$;

$$V_{(n)}(E,\mu)F(\xi) = \frac{1}{\sqrt{\pi}} \int_0^\infty t^{-1/2} e^{-t} T_t^{(n)}(E,\mu)F(\xi)\, dt, \quad n \in N,$$

où F est une fonction borélienne bornée sur $\Xi^{(n)}(E)$ et $\xi \in \Xi^{(n)}(E)$;

$$Z_{t_1,\ldots,t_n}^{(n)}(E,\mu) = 1_{t_1,\ldots,t_n}^{(n)}(Z^{(n)}(E,\mu)), \quad n \in N.$$

Remarquons qu'un point $(t_1,\ldots,t_n)$ de R_+^n peut être désigné par un seul symbole t, ou par un couple (s,u), où $s \in R_+^m$ et $u \in R_+^k$ avec m, $k \in N$ et $m+k = n$, si nous identifions R_+^n avec le produit $R_+^m \times R_+^k$. En fonction de cela, nous trouverons des écritures comme :

$$Z_t^{(n)}(E,\mu), \; Z_{s,u}^{(n)}(E,\mu), \; \text{etc.}$$

Comme d'habitude, nous introduisons l'ordre partiel $\le$ sur R^n pour lequel $(s_1,\ldots,s_n) \le (t_1,\ldots,t_n)$ si et seulement si $s_i \le t_i$ pour tout $1 \le i \le n$. Nous introduisons une famille de tribus sur $C(R_+^n, E)$ en posant :

$$F_t^{(n)} = \sigma\{1_s^{(n)} \; ; s \le t\}, \quad t \in R_+^n.$$

Pour tout $n \ge 1$, l'espace $(\Xi^{(n)}, m^{(n)})$ est un espace gaussien. On dénote par $c_{k,2}^{(n)}$, $k \in N$, la capacité gaussienne d'indice (k,2) sur l'espace $(\Xi^{(n)}, m^{(n)})$. Les capacités gaussiennes sur (E,μ) seront notées par $c_{k,2}$. Enfin, on dénote par $L^1(\Xi^{(n)}, c_{k,2}^{(n)})$, respectivement par

$L^1(E,c_{k,2})$, la fermeture de l'ensemble des fonctions continues bornées sur $\Xi^{(n)}$, respectivement sur E, par rapport à la capacité-norme $c_{k,2}^{(n)}$, respectivement $c_{k,2}$.

§3 Loi du processus d'Ornstein-Uhlenbeck à n-paramètres

Dans cette section, nous fixons un espace de Fréchet séparable gaussien (E,μ). Nous démontrons une série de lemmes qui seront utilisés ultérieurement.

Lemme 1 : Soit $n \in N$, $n \geq 2$. Soit $t = (t_1,\ldots,t_n) \in R_+^n$. Soit $\sigma(t)$ une permutation de t. Considérant $Z^{(n)}(E,\mu)$ comme une variable aléatoire à valeurs dans $C(R_+^n,E)$, nous avons :

$$Z^{(n)}(E,\mu) = \{Z_t^{(n)}(E,\mu), t \in R_+^n\} \overset{\text{loi}}{=} \{Z_{\sigma(t)}^{(n)}(E,\mu), t \in R_+^n\} = Z_{\sigma(\bullet)}^{(n)}(E,\mu).$$

Preuve : On démontre le lemme par récurrence. En fait, comme dans Song [12], le lemme est déjà démontré lorsque $n = 2$. Supposons que le lemme est vrai pour $n \leq k-1$, $k \in N$, $k \geq 3$. Considérons le cas où $n = k$.

Il nous suffit de supposer que σ est un échange entre deux coordonnées de $t = (t_1,\ldots,t_k)$. Si σ ne concerne pas la dernière coordonnée t_k, on a :

$$\sigma(t) = (\sigma'(t_1,\ldots,t_{k-1}), t_k).$$

Considérons $Z^{(k)}(E,\mu)$ et $Z_{\sigma(\bullet)}^{(k)}(E,\mu)$ comme des processus à valeurs dans $\Xi^{(k-1)}(E)$. Alors, ils sont tous des processus de Markov possédant le même semigroupe de transition (le semigroupe d'Ornstein-Uhlenbeck $T_s^{(k-1)}(E,\mu)$), dont les lois initiales sont respectivement la loi de $Z^{(k-1)}(E,\mu)$ et celle de $Z_{\sigma'(\bullet)}^{(k-1)}(E,\mu)$. Comme, par hypothèse de récurrence, ces deux lois initiales sont les mêmes, on voit bien que $Z^{(k)}(E,\mu)$ et $Z_{\sigma(\bullet)}^{(k)}(E,\mu)$ ont aussi les mêmes lois.

Supposons que σ concerne t_k. D'après ce qu'on vient de démontrer, on peut échanger les $k-1$ premières coordonnées sans changer la loi de $Z^{(k)}(E,\mu)$. On peut donc supposer que σ est l'échange entre t_{k-1} et t_k, c'est-à-dire,

$\sigma(t) = (t_1,\dots,t_{k-2}, \sigma''(t_{k-1},t_k))$.

Utilisons les identifications suivantes :

$$Z^{(k)}(E,\mu) = Z^{(2)}(\Xi^{(k-2)}(E), m^{(k-2)}) \text{ et}$$

$$Z^{(k)}_{\sigma}(E,\mu) = Z^{(2)}_{\sigma''}(\Xi^{(k-2)}(E), m^{(k-2)});$$

on remarque que le problème devient celui pour n = 2, quitte à remplacer l'espace (E,μ) par l'espace $(\Xi^{(k-2)}(E), m^{(k-2)})$. Puisque ce dernier est toujours un espace de Fréchet séparable gaussien, notre hypothèse de récurrence lui est applicable. Les deux variables $Z^{(k)}(E)$ et $Z^{(k)}_{\sigma}(E)$ ont donc les mêmes lois. Le lemme est démontré. □

Lemme 2 : Soit $n \in N$. Soit $t = (t_1,\dots,t_n) \in R^n_+$. Soit f une fonction borélienne bornée sur E. Soit $s \in R_+$. Alors, on a :

$$T^{(n)}_s(E,\mu)[f \circ l^{(n)}_t](\xi) = Q_s f(l^{(n)}_t(\xi)),$$

où $\xi \in \Xi^{(n)}(E)$. En conséquence,

$$V_{(n)}(E,\mu)[f \circ l^{(n)}_t](\xi) = Uf(l^{(n)}_t(\xi)).$$

Preuve : On utilise la formule de Mehler. On pose $\xi_t = l^{(n)}_t(\xi)$. Il est à noter que la loi de $Z^{(n)}_t(E,\mu)$ est μ. D'où, on a :

$$\begin{aligned} T^{(n)}_s(E,\mu)[f \circ l^{(n)}_t](\xi) &= \int f \circ l^{(n)}_t(c_s\xi + e_s\zeta)\, m^{(n)}(d\zeta) \\ &= \int f(c_s\xi_t + e_s\zeta_t)\, m^{(n)}(d\zeta) \\ &= \int f(c_s\xi_t + e_s y)\, \mu(dy) \\ &= Q_s f(\xi_t). \ \square \end{aligned}$$

Lemme 3 : Soit $n \in N$. Soit $s = (s_1,\dots,s_n) \in R^n_+$. Posons :

$$[0,s] = \{t \in R^n_+ ;\ 0 \le t \le s\}.$$

Alors,

$$\{Z_t^{(n)}(E,\mu)\ ;\ t\in[0,s]\ \} \overset{\text{loi}}{=} \{Z_{s-t}^{(n)}(E,\mu)\ ;\ t\in[0,s]\ \}.$$

Preuve : On prouve le lemme par récurrence. Lorsque n = 1, le lemme résulte de la symétrie du processus d'Ornstein-Uhlenbeck. Supposons que le lemme est vrai pour les indices de 1 à n−1, n∈ N, n≥2. On va montrer qu'il est aussi vrai pour l'indice n.

Posons :

$$Y = Z^{(1)}(\Xi^{(n-1)}(E), m^{(n-1)}(E,\mu)).$$

(Notons que $m^{(n-1)}(E,\mu)$ est la loi de $Z^{(n-1)}(E,\mu)$.) Alors, on a :

$$\{\ Z_t^{(n)}(E,\mu);\ t\in[0,s]\ \}$$

$$= \{1_{t'}^{(n-1)}(Y_{t_n})\ ;\ t'\in R_+^{n-1},\ t_n\in R_+,\ (t',t_n)\in[0,s]\ \}$$

$$\overset{\text{loi}}{=} \{1_{t'}^{(n-1)}(Y_{s_n-t_n})\ ;\ t'\in R_+^{n-1},\ t_n\in R_+,\ (t',t_n)\in[0,s]\ \}$$

par la symétrie du processus d'Ornstein-Uhlenbeck Y,

$$\overset{\text{loi}}{=} \{1_{t',s_n-t_n}^{(n)}(Z^{(n)})\ ;\ t'\in R_+^{n-1},\ t_n\in R_+,\ (t',t_n)\in[0,s]\ \}$$

$$\overset{\text{loi}}{=} \{1_{s_n-t_n,t'}^{(n)}(Z^{(n)})\ ;\ t'\in R_+^{n-1},\ t_n\in R_+,\ t'\in[0,s']\ \text{et}\ t_n\in[0,s_n]\ \}$$

d'après le lemme 1, où s' désigne les n−1 premières coordonnées de s. On arrive à échanger la coordonnée t_n à s_n-t_n. Puisque maintenant les coordonnées inchangées t' se trouvent aux derniers rangs de $1_{s_n-t_n,t'}^{(n)}(Z)$, on peut recommencer le même argument. En le répétant, on arrive enfin à ce que toutes les coordonnées soient changées de t_i à s_i-t_i. Le lemme est prouvé. □

<u>**Lemme 4**</u> : <u>Soient</u> n, m ∈ N. <u>Soient</u> v ∈ R_+^n <u>et</u> t ∈ R_+^m. <u>Désignons par</u> ∞' <u>l'infinité de</u> R_+^m <u>et</u> ∞'' <u>celui de</u> R_+^n. <u>Soit</u> H <u>une fonction</u> $F_{t,\infty''}^{(m+n)}$-<u>mesurable</u>. <u>Alors</u>,

<u>l'espérance conditionnelle de</u> H <u>sachant</u> $F^{(m+n)}_{\infty',v}$ <u>sous la loi</u> $m^{(m+n)}(E,\mu)$ <u>est</u> $F^{(m+n)}_{t,v}$-<u>mesurable</u>.

<u>Preuve</u> : On note simplement $T^{(m+n)}_s$ pour $T^{(m+n)}_s(E,\mu)$, $s\in R_+$. Supposons d'abord que $n = 1$ et $m\in N$ quelconque. Considérons $Z^{(m+1)}$ comme le processus d'Ornstein-Uhlenbeck à valeurs dans $\Xi^{(m)}$. Pour tout réel positif s, par la formule de Mehler, on voit que $T^{(m)}_s g$ est $F^{(m)}_t$-mesurable dès que g est $F^{(m)}_t$-mesurable. Cette propriété avec la propriété de Markov de $Z^{(m+1)}$ implique que $E(\, H \mid F^{(m+1)}_{\infty',v}\,)$ est $F^{(m+1)}_{t,v}$-mesurable, si H est de la forme :

$$H = h_1(l^{(m+1)}_{s_1})\bullet\ldots\bullet h_k(l^{(m+1)}_{s_k}),$$

où $k\in N$, $s_i\in R_+$, et h_i sont des fonctions boréliennes bornées sur $\Xi^{(m)}$, $F^{(m)}_t$-mesurables, $i = 1, 2, \ldots,k$. Cette mesurabilité reste vraie pour toute fonction borélienne bornée $H \in F^{(m+1)}_{t,\infty''}$ grâce au théorème de classe monotone.

Supposons maintenant $n = 2$ (m est toujours quelconque). Ecrivons $v = (v_1,v_2)$. Supposons que H dépend d'un nombre fini de coordonnées, c'est-à-dire :

$$H = H[(l^{(m+2)}_{t_i,u_i,s_i})],$$

avec $(t_i)\subset[0,t]$, $(u_i,s_i)\in R^2_+$. Utilisant le semigroupe $T^{(m+2)}_s$ et la propriété de Markov de $Z^{(m+2)}$, on voit que l'espérance conditionnelle G' sous la loi $m^{(m+2)}$ de la fonction H définie ci-dessus sachant la tribu $F^{(m+2)}_{\infty',\infty,v_2}$ dépend également d'un nombre fini de coordonnées. Ecrivons donc : $G' = G'[(l^{(m+2)}_{t_i,u_i,q_i})]$, où $q_i\in [0,v_2]$. Posons :

$$W = W[(l^{(m+2)}_{w_j,x_j,y_j})],$$

avec $(w_j)\subset[0,\infty'[$ et $(x_j,y_j)\in [0,v]$. On a :

$$E(\, H\, W\,) = E(\, H[(l^{(m+2)}_{t_i,u_i,s_i})] \bullet W[(l^{(m+2)}_{w_j,x_j,y_j})]\,\,)$$

$$= E(\, G'[(l^{(m+2)}_{t_i,u_i,q_i})] \bullet W[(l^{(m+2)}_{w_j,x_j,y_j})]\,\,)$$

$$= E(G'[(1^{(m+2)}_{t_i,q_i,u_i})] \cdot W[(1^{(m+2)}_{w_j,y_j,x_j})]) \text{ d'après le lemme 1.}$$

On sait déjà que l'espérance conditionnelle de $G'[(1^{(m+2)}_{t_i,q_i,u_i})]$ sachant $F^{(m+2)}_{\infty',v_2,v_1}$ s'écrit sous la forme :

$$G = G[(1^{(m+2)}_{t_i,q_i,p_i})],$$

avec $(p_i) \subset [0,v_1]$. Utilisant encore une fois le lemme 1, on voit que :

$$E(H \mid F^{(m+2)}_{\infty',v_1,v_2}) = G[(1^{(m+2)}_{t_i,p_i,q_i})] \in F^{(m+2)}_{t,v_1,v_2} .$$

Grâce toujours au théorème de classe monotone, on étend cette mesurabilité à toute fonction borélienne bornée H.

Les cas où $n \geq 3$ peuvent être traités de la même manière. □

__Remarque__ : Ce lemme montre en particulier que la condition (F4) sur $\{F^{(n)}_t \; ; t \in R^n_+\}$ est satisfaite, ce qui nous permet d'appliquer l'inégalité de martingale à plusieurs paramètres (voir [10]).

__Lemme__ 5 : __Soient__ n, m $\in$ N. __Soient__ s __et__ t __deux points de__ R^n_+. __Soient__ u __et__ v __deux points de__ R^m_+ __tels que__ $u \leq v$. __Soit__ f __une fonction borélienne bornée sur__ E. __Alors,__

$$E(f(Z^{(m+n)}_{u,s+t}(E,\mu)) \mid F^{(m+n)}_{v,t}(E,\mu)) = Q_{|s|} f(Z^{(m+n)}_{u,t}),$$

$$E(f(Z^{(m+n)}_{s+t,u}(E,\mu)) \mid F^{(m+n)}_{t,v}(E,\mu)) = Q_{|s|} f(Z^{(m+n)}_{t,u}),$$

__où__ $|s| = |(s_1,\dots,s_m)| = |s_1| + \dots + |s_m|$.

__Preuve__ : Démontrons d'abord la première égalité. On la démontre par récurrence sur l'indice n. Notons qu'on a :

$$Z^{(m+n)}(E,\mu) = Z^{(n)}(\Xi^{(m)}(E), m^{(m)}(E,\mu)).$$

Pour simplifier l'écriture, on dénote :

$$Y = Z^{(n)}(\Xi^{(m)}(E), m^{(m)}(E,\mu)),$$

considéré comme un processus à valeurs dans $\Xi^{(m)}(E)$.

Si n = 1, la première égalité résulte de la propriété de Markov du processus Y, du lemme 2 et du lemme 4. Supposons que n≥2 et que l'égalité est vraie pour tout indice de 1 à n−1. Montrons qu'elle est aussi vraie pour l'indice n. Ecrivons $t = (t',t_n)$ avec $t' \in R_+^{n-1}$, $t_n \in R_+$ et $s = (s',s_n)$ avec $s' \in R_+^{n-1}$, $s_n \in R_+$. Soit $H \in F_{v,t}^{(m+n)}$ de la forme suivante :

$$H = H[(1_{u_i,p_i,q_i}^{(m+n)})],$$

avec $(u_i) \subset [0,v]$, $(p_i) \subset [0,t']$ et $(q_i) \subset [0,t_n]$. On a :

$$\begin{aligned} &E(\, f(Y_{u,s+t})\, H[(1_{u_i,p_i,q_i}^{(m+n)})](Y)\,) \\ &= E(\, f(Y_{u,s'+t',s_n+t_n})\, H[(1_{u_i,p_i,q_i}^{(m+n)})](Y)\,) \\ &= E(\, Q_{s_n} f(Y_{u,s'+t',t_n})\, H[(1_{u_i,p_i,q_i}^{(m+n)})](Y)\,) \end{aligned}$$

(propriété de Markov et le lemme 2)

$$\begin{aligned} &= E(\, Q_{s_n} f(Y_{u,t_n,s'+t'})\, H[(1_{u_i,q_i,p_i}^{(m+n)})](Y)\,) \quad \text{(lemme 1)} \\ &= E(\, Q_{|s'|} Q_{s_n} f(Y_{u,t_n,t'})\, H[(1_{u_i,q_i,p_i}^{(m+n)})](Y)\,) \quad \text{(hypothèse de récurrence)} \\ &= E(\, Q_{|s|} f(Y_{u,t})\, H[(1_{u_i,p_i,q_i}^{(m+n)})](Y)). \end{aligned}$$

Grâce au théorème de classe monotone, cette identité s'étend à toute fonction borélienne bornée $H \in F_{v,t}^{(m+n)}$. La première égalité du lemme est prouvée. La deuxième égalité du lemme résulte de la première et du lemme 1. □

Lemme 6 : Soit $n \in N$. Posons

$$Z_s = Z_s^{(n)}(E,\mu),\ V_{(n)} = V_{(n)}(E,\mu),\ F_s = F_s^{(n)} \text{ et } 1_\bullet = 1_\bullet^{(n)}.$$

Soit B un sous-ensemble de {1,...,n}. Soit s un point de R_+^n. On dénote s_B le regroupement des coordonnées de s dont les indices sont dans B et $s_{\overline{B}}$ le regroupement des coordonnées de s dont les indices sont en dehors de B. Soit f une fonction borélienne intégrable sur E. Posons

$$M_s^f = E\left(\int_{R_+^n} e^{-|u|} f(Z_u)\, du \;\Big|\; F_s \right),$$

$$H_{B,s}^f = \prod_{i\in B} \int_0^{s_i} e^{-u_i}\, du_i \; U^{2(n-|B|)} f(Z_{u_B,\, s_{\bar{B}}})$$

$$= \int_0^{s_B} e^{-|u_B|}\, du_B \; U^{2(n-|B|)} f(Z_{u_B,\, s_{\bar{B}}}).$$

Alors,

$$M_s^f = \sum_{B\subset\{1,..,n\}} \exp(-|s_{\bar{B}}|)\, H_{B,s}^f .$$

Preuve : Cette formule résulte de l'identité suivante :

$$1_{R_+^n}(u) = \prod_{i\in\{1,\dots,n\}} (1_{[0,s_i]}(u_i) + 1_{]s_i,\infty[}(u_i))$$

$$= \sum_{B\subset\{1,..,n\}} \prod_{i\in B} 1_{[0,s_i]}(u_i) \prod_{j\notin B} 1_{]s_j,\infty[}(u_j) .$$

Utilisant cette identité et le lemme 5, on a alors :

$$M_s^f = E\left(\int_{R_+^n} e^{-|u|} f(Z_u)\, du \;\Big|\; F_s \right)$$

$$= E\Big(\sum_{B\subset\{1,..,n\}} \prod_{i\in B} \int_0^{s_i} e^{-u_i}\, du_i$$

$$\prod_{j\notin B} \int_0^{\infty} e^{-s_j-u_j} f(Z_{u_B,\, s_{\bar{B}}+u_{\bar{B}}})\, du_j \;\Big|\; F_{s_B,\, s_{\bar{B}}} \Big)$$

$$= \sum_{B\subset\{1,..,n\}} \exp(-|s_{\overline{B}}|) \prod_{i\in B} \int_0^{s_i} e^{-u_i} du_i \; U^{2(n-|B|)} f(Z_{u_B, s_{\overline{B}}}). \square$$

<u>Lemme</u> **7** : <u>Soient</u> $n\in N$. <u>Soit</u> f <u>une fonction borélienne de carré intégrable sur</u> E. <u>On a</u> :

$$N_2\Big(\int_{R_+^n} e^{-|u|} du \; f(Z_u)\Big) = N_2(U^n f).$$

<u>Preuve</u> : On a d'abord l'identité suivante :

$$1_{R_+^n}(u) = \prod_{i\in\{1,...,n\}} (1_{[0,v_i]}(u_i) + 1_{]v_i,\infty[}(u_i))$$

$$= \sum_{B\subset\{1,..,n\}} \prod_{i\in B} 1_{[0,v_i]}(u_i) \prod_{j\notin B} 1_{]v_j,\infty[}(u_j).$$

Utilisant cette identité, on a :

$$N_2\Big(\int_{R_+^n} e^{-|u|} du \; f(Z_u)\Big)^2$$

$$= \sum_{B\subset\{1,..,n\}} E\Big(\int_{u_B<v_B,\, u_{\overline{B}}>v_{\overline{B}}} e^{-|u|} e^{-|v|} du\, dv\, f(Z_u)\, f(Z_v)\Big)$$

$$= \sum_{B\subset\{1,..,n\}} E\Big(\int_{R_+^{2|B|}} e^{-2|u_B|} e^{-|v_B|} du_B\, dv_B$$

$$\int_{R_+^{2|\overline{B}|}} e^{-|u_{\overline{B}}|} e^{-2|v_{\overline{B}}|} du_{\overline{B}}\, dv_{\overline{B}}$$

$$f(Z_{u_B, u_{\overline{B}}+v_{\overline{B}}})\, f(Z_{v_B+u_B, v_{\overline{B}}})\Big)$$

$$= \sum_{B\subset\{1,..,n\}} \int_{R_+^{2|B|}} e^{-2|u_B|} e^{-|v_B|} du_B\, dv_B \int_{R_+^{2|\bar{B}|}} e^{-|u_{\bar{B}}|} e^{-2|v_{\bar{B}}|} du_{\bar{B}}\, dv_{\bar{B}}$$

$$E(\, Q_{|u_B|} f(Z_{u_B, v_{\bar{B}}}) Q_{|v_B|} f(Z_{u_B, v_{\bar{B}}})\,)$$

$$= N_2(\, U^n f\,)^2. \quad \square$$

§4 Inégalité entre L^2-norme et capacité-norme

Dans cette section, on fixe un espace de Fréchet séparable gaussien (E,μ). On fixe aussi un nombre naturel $n\in N$. On pose $Z = Z^{(n)}(E,\mu)$, $V = V_{(n)}(E,\mu)$, $F_s = F^{(n)}_s$, et $l_s = l^{(n)}_s$, $s\in R^n_+$. On utilise le symbole N_2 pour désigner les L^2-normes sur différents espaces de probabilités (le contexte évitera la confusion).

<u>Théorème</u> 1 : <u>Pour toute fonction</u> $u\in L^1(E,c_{n,2})$, <u>la trajectoire</u> $t \to u(Z_t)$, $t\in R^n_+$, <u>est continue presque sûrement</u>. <u>De plus, il existe une constante</u> C_n <u>dépendant de</u> n (<u>ne dépendant pas de</u> (E,μ)) <u>telle que</u> :

$$\text{(4,1,1)} \qquad E[(\sup_{t\in R^n_+} e^{-|t|}\, |u|(Z_t)\,)^2] \le C_n\, c_{n,2}(u)^2.$$

Découpons la démonstration du théorème 1 en quelques lemmes.

<u>Lemme</u> 2 : <u>Il existe une constante</u> C_n <u>dépendant de</u> n (<u>ne dépendant pas de</u> (E,μ)) <u>telle que</u>

(4,2,1) $\quad E[(\sup_{t\in A} e^{-|t|}\,|u|(Z_t))^2] \leq C_n\, c_{n,2}(u)^2,$

pour tout sous-ensemble fini A de R_+^n, et pour toute fonction $u\in L^1(E,c_{n,2})$.

Preuve : Fixons un sous-ensemble fini A de R_+^n. Tout d'abord, on considère une fonction u qui est de la forme $u = U^{2n}f$ avec f une fonction de carré intégrable positive ou nulle. D'après le lemme §3,6, on a :

(4,2,2) $$e^{-|t|}\,U^{2n}f(Z_t) = M_t^f - \sum_{B\subset\{1,..,n\},B\neq\emptyset} \exp(-|t_{\bar{B}}|)\,H_{B,t}^f,\ t\in R_+^n.$$

Comme $H_{B,t}^f \geq 0$, on obtient $0 \leq e^{-|t|}\,U^{2n}f(Z_t) \leq M_t$. En utilisant l'inégalité de martingale, on obtient l'estimation :

(4,2,3) $$(E[(\sup_{t\in A} e^{-|t|}\,u(Z_t))^2])^{1/2}$$

$$\leq N_2(\sup_{t\in R_+^n} E(\int_{R_+^n} e^{-|s|} f(Z_s)\,ds \mid F_t))$$

$$\leq C_n\ N_2(\int_{R_+^n} e^{-|s|} f(Z_s)\,ds)$$

$$= C_n\,N_2(U^n f) = C_n\,N_{n,2}(u), \quad \text{(lemme §3,7).}$$

Considérons ensuite un (n,2)-potentiel Φ (voir Sugita [13]). Posons $\Phi_k = Q_{1/k}\Phi$, $k\in N$. Alors, Φ_k s'écrit sous forme de $\Phi_k = U^{2n}f_k$ avec f_k une fonction de carré intégrable positive ou nulle et Φ_k converge vers Φ dans $W^{n,2}$. Puisque la loi de Z_t est μ pour tout $t\in R_+^n$, l'inégalité (4,2,3) s'étend donc pour Φ :

(4,2,4) $\quad E[(\sup_{t\in A} e^{-|t|}\,\Phi(Z_t))^2] \leq C_n\,N_{n,2}(\Phi)^2.$

Soit maintenant $u\in L^1(E,c_{n,2})$ et soit Φ son (n,2)-potentiel. Alors, $\Phi \geq |u|$ $c_{n,2}$-quasi-partout et $c_{n,2}(u) = N_{n,2}(\Phi)$ (voir par exemple Song [12]). On a :

(4,2,7) $$E[(\sup_{t\in A} e^{-|t|} |u|(Z_t))^2]$$

$$\leq E[(\sup_{t\in A} e^{-|t|} \Phi(Z_t))^2]$$

$$\leq C_n N_{n,2}(\Phi)^2$$

$$= C_n N_{n,2}(u)^2.$$

Le lemme est prouvé. □

<u>Lemme</u> **3** : <u>L'inégalité</u> (4,1,1) <u>est vraie pour toute fonction</u> s.c.i. <u>positive ou nulle et bornée</u>.

<u>Preuve</u> : Soit u une fonction s.c.i. positive ou nulle bornée. il existe une suite croissante de fonctions continues positives ou nulles bornées (u_k) telles que $u = \sup_k u_k$. On a :

$$\sup_{t\in R_+^n} e^{-|t|} u(Z_t) = \sup_k \sup_{t\in R_+^n} e^{-|t|} u_k(Z_t).$$

La continuité de chaque u_k nous permet d'écrire :

$$E[(\sup_{t\in R_+^n} e^{-|t|} u_k(Z_t))^2]$$

$$= \sup_{A\subset R_+^n,\ \text{fini}} E[(\sup_{t\in A} e^{-|t|} u_k(Z_t))^2].$$

D'où,

$$E[(\sup_{t\in R_+^n} e^{-|t|} u(Z_t))^2]$$

$$= \sup_k \sup_{A\subset R_+^n,\ \text{fini}} E[(\sup_{t\in A} e^{-|t|} u_k(Z_t))^2]$$

$$\leq \sup_k C_n c_{n,2}(u_k)^2$$

$$= C_n c_{n,2}(u)^2.$$ □

<u>Lemme</u> 4 : <u>Soit</u> B <u>un sous-ensemble de</u> E. <u>Alors, pour tout</u> $b \in R_+^n$, <u>on a</u>

$$P(\{\exists\, t \in [0,b],\, Z_t \in B\}) \leq C_n e^{2|b|}\, c_{n,2}(B)^2.$$

<u>Preuve</u> : Il existe une suite $\{u_k\}$ de fonctions s.c.i. positives ou nulles telle que $u_k(x) \geq 1_B(x)$ pour tout $x \in E$, $k \in N$, et que $\inf_k c_{n,2}(u_k) = c_{n,2}(B)$. D'après les lemmes précédents, on a :

$$P(\{\exists\, t \in [0,b],\, Z_t \in B\})$$

$$\leq \inf_k P[\{\sup_{t \in [0,b]} u_k(Z_t) \geq 1\}]$$

$$\leq \inf_k C_n e^{2|b|}\, c_{n,2}(u_k)^2$$

$$= C_n e^{2|b|}\, c_{n,2}(B)^2.$$

Le lemme est prouvé. □

<u>Lemme</u> 5 : <u>Pour toute fonction</u> $u \in L^1(E, c_{n,2})$, $u(Z_t)$ <u>est continue en</u> $t \in R_+^n$ <u>presque partout</u>.

<u>Preuve</u> : Une telle fonction u est $c_{n,2}$-quasi-continue. Il existe une suite d'ensembles fermés $\{F_k\}$ tels que $\lim_n c_{n,2}(E - F_k) = 0$ et u est continue sur chaque F_k, $k \in N$. Soit $b \in R_+^n$ fixé. Pour chaque $k \in N$ fixé, pour tout $\xi \in \{\forall t \in [0,b]\ ;\ Z_t \in F_k\}$, la trajectoire $t \to u(Z_t)(\xi)$ est continue sur $[0,b]$. Or, d'après le lemme 4, on a :

$$\lim_k P[\{\exists\, t \in [0,b]\ ;\ Z_t \in E - F_k\}] = 0.$$

D'où,

$$P[\,u(Z_t) \text{ est discontinue}\,] = \sup_{b \in R_+^n} P[\,u(Z_t) \text{ est discontinue sur } [0,b]\,]$$

$$\leq \sup_{b \in R_+^n} P[\cap_{k \in N} \{\exists\, t \in [0,b],\, Z_t \in E - F_k\}] = 0. \ \square$$

<u>Lemme</u> 6 : <u>L'inégalité</u> (4,1,1) <u>est vraie pour toute fonction</u> $u \in L^1(E, c_{n,2})$.

Preuve : D'après le lemme 5, $e^{-|t|}\ |u|(Z_t)$ est continue en t presque sûrement. On peut donc écrire :

$$E[(\sup_{t\in R_+^n} e^{-|t|}\ |u|(Z_t)\ )^2]$$

$$= \sup_{A\subset R_+^n,\ \text{fini}}\ E[(\sup_{t\in A} e^{-|t|}\ |u|(Z_t)\ )^2]$$

$$\leq\ C_n\, c_{n,2}(u)^2\quad \text{(lemme 2).}$$

Le théorème 1 est prouvé. □

§5 Inégalités entre L^2-norme et capacités-norme (suite)

Lemme 1 : Pour tout n≥1, pour tout $t \in R_+^n$, il existe une version $E_t^{(n)}$ de la probabilité conditionnelle sachant la tribu $F_t^{(n)}$ qui satisfait les conditions suivantes :
1° Pour toute fonction continue bornée f qui dépend d'un nombre fini de coordonnées, l'application $t \to E_t^{(n)}f(\xi)$ est continue pour tout $\xi\in \Xi^{(n)}$ et l'application $\xi \to E_t^{(n)}f(\xi)$ est continue pour tout t≥0.
2° $E_t^{(n)}$ commute avec $T_s^{(n)}$ et $V^{(n)}$ pour tout $t \in R_+^n$, s≥0.

Preuve : Lorsque n = 1, l'énoncé du lemme est assez évident. Il résulte de la propriété de Markov du processus d'Ornstein-Uhlenbeck et la continuité du semigroupe d'Ornstein-Uhlenbeck, et la formule de Mehler (voir Song [12]). Pour n >1, on peut utiliser le lemme §3,4 et le lemme §3,1 pour démontrer le lemme. □

Dans cette section, on fixe un nombre naturel n, et on utilise les même notations Z, V, F_s, I_s, etc, qu'on a introduit dans la section précédente. De plus, on pose $E_t = E_t^{(n)}$.

Théorème 2 : Il existe une constante C_n telle que pour toute fonction borélienne de carré intégrable f, on a l'inégalité suivante :

$$N_2(\sup_{t\in R_+^n}\left|\int_{s\in [0,t]} e^{-s}\ f(Z_s^{(n)})ds\right|) \leq C_n\, N_2(U^n f).$$

Preuve : Si n = 1, on a

$$\int_{s\in[0,t]} e^{-s}\ f(Z_s^{(1)})ds = M_t^f - e^{-t}\,U^2 f(Z_t^{(1)}).$$

Appliquons le résultat du théorème §4,1, du lemme §3,7 et l'inégalité de martingale. On obtient

$$N_2(\sup_{t\in R_+}\left|\int_{s\in[0,t]} e^{-s}\ f(Z_s^{(1)})ds\right|)$$

$$\leq N_2(\sup_{t\in R_+}\left|M_t^f\right|) + N_2(\sup_{t\in R_+}\left|e^{-t}\,U^2 f(Z_t^{(1)})\right|)$$

$$\leq C_1\ [N_2(Uf) + c_{1,2}(U^2 f)]$$

$$\leq 2\ C_1\ N_2(Uf).$$

Supposons que le théorème 2 est démontré pour les indices de 1 à n − 1. D'après le lemme §3,6, on a

$$\int_{s\in[0,t]} e^{-|s|}\ f(Z_s)ds$$

$$= M_t^f - \sum_{B\subset\{1,\ldots,n\},\bar{B}\neq\emptyset} \exp(-\left|t_{\bar{B}}\right|)\ H_{B,t}^f\ ,\ t\in R_+^n.$$

La partie martingale M_t ne pose pas de problème nouveau. Considérons $H_{B,t}^f$. Puisqu'il s'agit uniquement d'estimer l'intégrale du carré de $H_{B,t}^f$, d'après le lemme §3,1, on peut ne considérer que $H_{B,t}^f$ pour le sous ensemble $B = \{1,\ldots,k\}$, $k<n$. Posons

$$Y = Z^{(n-k)}(\Xi^{(k)}(E),\ m^{(k)}(E,\mu)),$$

considéré comme un processus d'Ornstein-Uhlenbeck à valeurs dans $\Xi^{(k)}(E)$ à n−k paramètres. Posons ensuite:

$U_{(k)} = U(\Xi^{(k)}(E),\ m^{(k)}(E,\mu))$,

$c_{r,p}^{(k)}$ les capacités associées à $U_{(k)}$ sur $\Xi^{(k)}(E)$.

D'après le lemme 3,2, on a :

$$V[f\circ 1_{s_B,\ t_{\bar{B}}}](\xi) = (Uf)(1_{s_B,\ t_{\bar{B}}}(\xi)) = U_{(k)}[f\circ 1_{s_B}](1_{t_{\bar{B}}}(\xi)).$$

D'où,

$$H^f_{B,t} = U^{n-k}_{(k)} \left[\int_0^{t_B} (U^{n-k} f)(l_{s_B})\, e^{-|s_B|}\, ds_B\right] (Y_{t_{\overline{B}}})$$

Posons :

$$G_B = \sup_{t_B \in R_+^k} \left| \int_0^{t_B} (U^{n-k} f)(Z^{(k)}_{s_B})\, e^{-|s_B|}\, ds_B \right|.$$

Alors, par l'hypothèse de récurrence, on a

$$N_2(G_B) \leq C_k\, N_2(U^k U^{n-k} f) = C_k\, N_2(U^n f).$$

D'où :

$$N_2(\sup_{t \in R_+^n} \exp(-|t_{\overline{B}}|)\, |H^f_{B,t}|)$$

$$\leq N_2(\sup_{t_{\overline{B}} \in R_+^{n-k}} \exp(-|t_{\overline{B}}|)\, [U^{n-k}_{(k)}\, G_B](Y_{t_{\overline{B}}}))$$

$$\leq C_{n-k}\, c^{(k)}_{n-k,2}(U^{n-k}_{(k)}\, G_B)$$

$$\leq C_{n-k}\, N_2(G_B)$$

$$\leq C_n\, N_2(U^n f). \square$$

Pour terminer cette section, on démontre un résultat qui pourrait être intérèssant.

<u>**Théorème** 3</u> : <u>Il existe une constante</u> C_n <u>telle que pour tout ensemble fini</u> A <u>de</u> R_+^n, <u>pour toute fonction de carré intégrable</u> f, <u>pour tout</u> $k \leq n$,

$$c^{(n)}_{k,2}(\sup_{t \in A} |M^f_t|) \leq C_n\, N_2(U^{n-k} f).$$

<u>Preuve</u> : Remarquons que

$$M_t^f = E_t\Big(\int_{R_+^n} e^{-|s|} f(l_s)\, ds \Big).$$

Supposons d'abord que f est de la forme $f = U^k g$, avec g une fonction borélienne de carré intégrable. Alors, d'après lemme §3,2, $f(l_s) = V^k(g \circ l_s)$. Il en résulte

$$\int_{R_+^n} e^{-|s|} f(l_s)\, ds = V^k \Big[\int_{R_+^n} e^{-|s|}\, g \circ l_s\, ds \Big].$$

Comme V et E_t, $t \geq 0$, commutent, on obtient $M_t^f = V^k M_t^g$, $t \geq 0$. D'où,

$$c_{k,2}^{(n)}\big(\sup_{t \in A} \big| M_t^f \big| \big) \leq c_{k,2}^{(n)}\big(V^k \sup_{t \in A} \big| M_t^g \big| \big)$$

$$\leq N_2\big(\sup_{t \in A} \big| M_t^g \big| \big) \leq C_n\, N_2\big(\big| M_\infty^g \big| \big)$$

$$= C_n\, N_2(U^n g) = C_n\, N_2(U^{n-k} f).$$

On a prouvé le théorème dans le cas particulier. Le cas général peut être fait en passant à la limite. □

§6 Potentiels et mesures aléatoires

On utilise les mêmes symboles que ceux de la section 4. On montre dans cette section que toute mesure dans le dual du $W^{n,2}$ admet une représentation probabiliste.

Théorème 1: Soit ν une mesure dans le dual de $W^{n,2}$. Alors, il existe une mesure aléatoire $A(\xi, ds)$ sur R_+^n, $\xi \in \Xi^{(n)}$, telle que

$$\int U^{2n} h(x)\, g(x)\, \nu(dx) = E\Big[h(Z_0) \int_{s \in R_+^n} e^{-|s|}\, g(Z_s)\, A(ds) \Big]$$

pour toutes fonctions g et h boréliennes bornées sur E.

Preuve : Si $\nu(dx) = f(x)dx$ avec $f \in L^2(E, \mu)$ positive ou nulle, on pose

$$A(\xi,ds) = f(Z_s(\xi))ds.$$

Alors, on a :

$$E[\, h(Z_0) \int_{s\in R_+^n} e^{-|s|}\, g(Z_s)\, f(Z_s)ds\,]$$

$$= \int_{s\in R_+^n} e^{-|s|}\, ds\, E[\, h(Z_0)\, g(Z_s)\, f(Z_s)\,]$$

$$= \int_{s\in R_+^n} e^{-|s|}\, ds\, E[\, h(Z_0)\, Q_{|s|}(gf)(Z_0)\,]$$

$$= \int h(x)\, U^{2n}(gf)(x)\, \mu(dx)$$

$$= \int U^{2n}h(x)\, g(x)\, \nu(dx).$$

Soit maintenant ν un élément positif quelconque du dual de $W^{n,2}$. Posons $u = U^{2n}\nu$ et $u_k = Q_{1/k}u$, $k\in N$. Alors, u_k est de la forme $u_k = U^{2n}f_k$, avec une fonction $f_k\in L^2(E,\mu)$ positive ou nulle, et u_k tend vers u dans $W^{n,2}$. Appliquons le résultat du théorème §5,2. On a

$$N_2(\sup_{t\in R_+^n} \left| \int_{s\in [0,t]} e^{-s}\, (f_k-f_m)(l_s)ds \right|)$$

$$\leq C_n\, N_2(U^n(f_k-f_m)) = C_n\, N_{n,2}(u_k-u_m) \to 0,$$

quand k et m tendent vers l'infini. Il en résulte que, pour presque tout $\xi\in \Xi^{(n)}$, la suite de mesures $e^{-s}\, f_k(Z_s(\xi))ds$ converge étroitement, quitte à extraire une sous-suite, vers une mesure $e^{-s}\, A(\xi,ds)$. Alors, pour toutes fonction continues bornées g et h, on a :

$$E[\, h(Z_0) \int_{s\in R_+^n} e^{-|s|}\, g(Z_s)\, A(ds)\,]$$

$$= \lim_k E[\, h(Z_0) \int_{s\in R_+^n} e^{-|s|}\, g(Z_s)\, f_k(Z_s)ds\,]$$

$$= \lim_k \int U^{2n}h(x)\, g(x)\, f_k(x)\mu(dx)$$

$$= \lim_k \int Q_{1/k}[gU^{2n}h](x)\, \nu(dx)$$

$$= \int U^{2n}h(x)\, g(x)\, \nu(dx).$$

Grâce au théorème de classe monotone, cette relation reste encore vraie pour toutes fonctions h, g boréliennes bornées sur E. Le théorème est démontré. □

§7 Une application

Théorème 1 : Un ensemble borélien B est de $c_{n,2}$ - capacité nulle si et seulement si la probabilité pour $Z^{(n)}$ de rencontrer B est nulle.

Preuve : Rappelons que, pour tout ensemble borélien B, il existe une mesure ν dans le dual de $W^{n,2}$ telle que $c_{n,2}(B)^2 = \int U^{2n}\nu(x)\nu(dx)$ et que le support de ν est contenu dans la fermeture de B (cf. Sugita [13], Kazum-Shigekawa [8]). Alors, si B est un compact, la suffisance du théorème résulte du théorème §6,1. Pour un ensemble B quelconque, nous prouvons la suffisance du théorème en utilisant l'égalité suivante :

$$c_{n,2}(B) = \sup_{K \text{ compact},\, K \subset B} c_{n,2}(K).$$

Pour démontrer la nécessité du théorème, il suffit d'utiliser le lemme §4,4. □

Remerciement : Je remercie F.Hirsch pour les discussions que j'ai eues avec lui sur les idées essentielles du présent travail et pour les nombreuses corrections qu'il a faites sur une version préliminaire.

Références

[1] Albeverio,S., Ma,Z., Röckner,M. : Non-symmetric Dirichlet forms and Markov processes on general state space. Preprint. 1992.

[2] De La Pradelle,A., Feyel,D : Capacités Gaussiennes. Ann. Inst. Fourier, Grenoble , 41, 1 (1991), 49-76

[3] Denis,L. : Comportement des martingales positives sur l'espace de Wiener vis-à-vis de la capacité. C. R. Acad. Sci. Paris, t. 314, Série I pp. 771-773, 1992.

[4] Dynkin,E.B. Additive functionals of several time-reversible Markov processes. J.Funct. Anal., 42 (1981), 64-101.

[5] Evans,S.N. : Multiple points in the sample paths of a Lévy process. Probab. Th. Rel. Fields, 76 (1987), 359-367.

[6] Fitzsimmons,P.J., Salisbury,T.S. : Capacity and energy for multiparameter Markov processes. Ann. Inst. Henri Poincaré, Vol.25, n°3, p.325-350, 1989.

[7] Fukushima,M. : Dirichlet forms and Markov processes. North-Holland-Kodansha. 1980.

[8] Kazumi,T., Shigekawa,I : Measures of finite (r,p)-energy and potentials on a separable metric space. Séminaire de Probabilités XXVI, Lecture Notes in Mathematics, 1526, Springer-Verlag, Berlin-Heidelberg-New York, 1992.

[9] Meyer,P.A. : Note sur le processus d'Ornstein-Uhlenbeck. Séminaire de Probabilités XVI, p.95-133, Lecture Notes in Mathematics, n°920, Springer-Verlag, Berlin-Heidelberg-New York, 1982.

[10] Proceedings, Paris 1980 : Processus aléatoires à deux indices. Lecture Notes in Mathematics. 863. Springer-Verlag Berlin-Heidelberg-New York.

[11] Ren,J. : Topologie p-fine sur l'espace de Wiener et théorème des fonctions implicites. Bull.Sc.Math.,2e série ,114 (1990),99-114.

[12] Song,S : Processus d'Ornstein-Uhlenbeck et ensembles $W^{2,2}$-polaires. Preprint, 1992.

[13] Sugita, H. : Positive generalized Wiener functions and potential theory over abstract Wiener spaces. Osaka J. Math. 25 (1988), 665-696.

Représentation du processus d'Ornstein-Uhlenbeck à n paramètres

Francis HIRSCH
Equipe d'Analyse et Probabilités
Université d'Evry Val d'Essonne
Boulevard des Coquibus
F-91025 EVRY CEDEX

Dans [2], S. Song introduit un processus d'Ornstein-Uhlenbeck à n paramètres. Nous en donnons ici une description en termes du drap brownien.
Rappelons d'abord la construction de [2].
Soit E un espace de Fréchet séparable muni d'une mesure gaussienne centrée μ. Soit $E^{(n)}$ l'espace $C(\mathbb{R}_+^n; E)$ identifié à $C(\mathbb{R}_+; E^{(n-1)})$ en identifiant φ et $t_1 \to ((t_2, \cdots, t_n) \to \varphi(t_1, t_2, \cdots, t_n))$. On pose $m^{(0)} = \mu$, $E^{(0)} = E$, et on définit le processus d'Ornstein-Uhlenbeck $Z^{(n)}$ à valeurs dans $E^{(n-1)}$ de proche en proche pour $n \geq 1$ par:

$Z^{(1)}$ est le processus à valeurs dans $E^{(0)}$, admettant pour semi-groupe de transition $(T_t^{(0)})_{t\geq 0}$ défini par $T_t^{(0)} f(x) = \int f(\mathrm{e}^{-t}x + \sqrt{1-\mathrm{e}^{-2t}}y)\, dm^{(0)}(y)$, et de loi initiale $m^{(0)}$.

Pour $n \geq 2$, on définit $m^{(n-1)}$ comme la loi de $Z^{(n-1)}$, et $Z^{(n)}$ est le processus à valeurs dans $E^{(n-1)}$ admettant pour semi-groupe de transition $(T_t^{(n-1)})_{t\geq 0}$ défini par $T_t^{(n-1)} f(x) = \int f(\mathrm{e}^{-t}x + \sqrt{1-\mathrm{e}^{-2t}}y)\, dm^{(n-1)}(y)$, et de loi initiale $m^{(n-1)}$.

On suppose, pour fixer les idées, que E est l'espace de Wiener $C_0(\mathbb{R}_+; \mathbb{R}^d)$ des fonctions continues de $\mathbb{R}_+$ dans $\mathbb{R}^d$ nulles en 0, μ est la mesure de Wiener, et on désigne par $W^{(n+1)}_{t_1,\cdots,t_n,\tau}$ un drap brownien à $(n+1)$ indices à valeurs dans $\mathbb{R}^d$.

Proposition 1

$$Z^{(n)}_{t_1,\cdots,t_n} = \mathrm{e}^{-(t_1+\cdots+t_n)} W^{(n+1)}_{\mathrm{e}^{2t_1},\cdots,\mathrm{e}^{2t_n},\tau}$$

(où τ désigne le paramètre de parcours des trajectoires dans l'espace de Wiener $C_0(\mathbb{R}_+; \mathbb{R}^d)$).

On fait la démonstration par recurrence.
On étudie d'abord le cas $n = 1$. Soit $\varphi \in E$,

$$Z_t^{(1),\varphi} = \mathrm{e}^{-t}(\varphi(\tau) + W^{(2)}_{\mathrm{e}^{2t}-1,\tau}),$$

$\mathcal{F}_s^{(1)}$ la tribu sur E engendrée par $\{W^{(2)}_{e^{2t}-1,\tau};\ t \le s\}$.
Alors, si $t \ge s$ et f est borélienne bornée sur E,

$$\begin{aligned}\mathbf{E}(f(Z_t^{(1),\varphi}) \mid \mathcal{F}_s^{(1)}) &= \int f(e^{-t}(\varphi + W^{(2)}_{e^{2s}-1,\cdot} + \sqrt{e^{2t}-e^{2s}}y))d\mu(y) \\ &= T^{(0)}_{t-s} f(Z_s^{(1),\varphi}).\end{aligned}$$

Donc $Z^{(1),\varphi}$ est le processus associé à $(T_t^{(0)})_{t\ge 0}$ et partant de φ. Par conséquent

$$Z_t^{(1)} = e^{-t}(W_\tau^{(1)} + W^{(2)}_{e^{2t}-1,\tau})$$

avec $W^{(1)}$ et $W^{(2)}$ indépendants, c'est à dire, $Z_t^{(1)} = e^{-t}W^{(2)}_{e^{2t},\tau}$.
(Cette représentation de $Z^{(1)}$ est tout à fait classique (cf., par exemple, [1]).)

Supposons la propriété valable jusqu'à l'ordre $n-1$, $n \ge 2$. Si $\varphi \in E^{(n-1)}$, on pose

$$Z_t^{(n),\varphi} = e^{-t}(\varphi(t_2,\cdots,t_n,\tau) + e^{-(t_2+\cdots+t_n)}W^{(n+1)}_{e^{2t}-1,e^{2t_2},\dots,e^{2t_n},\tau})$$

et $\mathcal{F}_s^{(n)}$ la tribu sur $E^{(n-1)}$ engendrée par $\{W^{(n+1)}_{e^{2t}-1,e^{2t_2},\dots,e^{2t_n},\tau};\ t \le s\}$.
Si $t \ge s$ et f borélienne bornée sur $E^{(n-1)}$,

$$\mathbf{E}(f(Z_t^{(n),\varphi}) \mid \mathcal{F}_s^{(n)}) = T^{(n-1)}_{t-s} f(Z_s^{(n),\varphi}).$$

Alors

$$Z^{(n)}_{t_1,\dots,t_n} = e^{-(t_1+\cdots+t_n)}(W^{(n)}_{e^{2t_2},\dots,e^{2t_n},\tau} + W^{(n+1)}_{e^{2t_1}-1,e^{2t_2},\dots,e^{2t_n},\tau})$$

avec $W^{(n)}$ et $W^{(n+1)}$ indépendants, d'où le résultat.

References

[1] M. FUKUSHIMA Basic properties of Brownian motion and a capacity on the Wiener space, J. Math. Soc. Japan, 36-1 (1984), 161-175.

[2] S. SONG Inégalités relatives aux processus d'Ornstein-Uhlenbeck à n paramètres et capacité gaussienne $c_{n,2}$, dans ce volume.

REPRESENTATION D'UN SEMI-GROUPE D'OPERATEURS SUR UN ESPACE L^1 PAR DES NOYAUX. REMARQUES SUR DEUX ARTICLES DE S.E. KUZNETSOV

par Gabriel MOKOBODZKI

Dans un article récent [4], S.E. KUZNETSOV établit l'existence d'un semi-groupe dual d'un semi-groupe mesurable, la dualité étant considérée par rapport à une mesure excessive au sens faible de la théorie du potentiel. Nous montrons dans ce travail qu'on peut notablement affaiblir les hypothèses en utilisant des méthodes classiques de compactification à la RAY-KNIGHT, un peu de théorie ergodique, un argument essentiel de restriction de l'espace d'états dû à KUZNETSOV lui-même, sans pour autant faire appel aux méthodes s'appuyant sur le retournement du temps ou à des procédés analogues. On établira pour cela le théorème suivant :

THEOREME. *Soient $(E,\mathcal{B})$ un espace lusinien muni de sa tribu borélienne, $m \geq 0$ une mesure sur $(E,\mathcal{B}), (P_t)_{t>0}$ un semi-groupe à contraction sur $L^1(X,\mathcal{B},m)$ vérifiant les conditions suivantes :*

1) $P_t 1 \leq 1 \;\; \forall t; P_t f \geq 0$ si $f \geq 0$

2) m est excessive : $\forall f \in L^1_+(m), \int f dm = \sup_t \int P_t f dm$

3) le semi-groupe est fortement continu sur $R^+ \setminus \{0\}$. i.e. $\forall f \in L^1(m)$, l'application $t \to P_t f$ est continue en norme.

Sous ces hypothèses, il existe un semi-groupe $(Q_t)_{t>0}$ de vrais noyaux sur $(E,\mathcal{B})$, sous markoviens, tels que pour toute $f \in \mathcal{L}^1(m), Q_t f$ soit un représentant de $P_t f$.

Première étape : Construction d'une famille résolvante de noyaux.

On définit S_λ opérateur borné sur $L^1(X,\mathcal{B},m), \lambda > 0$ par $S_\lambda f = \int_0^\infty e^{-\lambda t} P_t f dt$; la famille résolvante $(S_\lambda)_{\lambda>0}$ ainsi obtenue est sous-markovienne.

Nous décrivons rapidement la méthode qui est celle employée pour construire des résolvantes duales *cf.* [2].

On choisit d'abord un espace H_0 de fonctions boréliennes bornées sur E, séparant les points de E, réticulé et contenant les fonctions constantes et qui vérifie les conditions suivantes :

1) H_0 est séparable pour la norme uniforme. La tribu borélienne engendrée par H_0 est d'après le théorème de BLACKWELL identique à $\mathcal{B}$.

2) Si g désigne l'injection canonique de H_0 dans $L^1(E,\mathcal{B},m)$, alors $g(H_0)$ est stable par l'action de $(S_\lambda)_{\lambda>0}$.

On construit alors une famille résolvante sous-markovienne $(W_\lambda)_{\lambda>0}$ de vrais noyaux sur $(E,\mathcal{B},m)$ et un ensemble $A \subset X$, de complémentaire m-négligeable telle que

a) pour tout $f \in H_0, W_\lambda f$ est un représentant de $S_\lambda f$.

b) $1_A W_\lambda 1_A = W_\lambda$ et W_λ opère sur $1_A.H_0$.

On désigne maintenant par Y un compactifié de A par rapport à la famille de fonctions $\{1_A f\}_{f\in H_0}$. L'espace Y est compact métrisable et A s'envoie injectivement sur un borélien $\tilde{A}$ de Y.

Par construction, on obtient une famille résolvante $(\tilde{W}_\lambda)_{\lambda>0}$ de noyaux felleriens sur Y, telle que pour tout $y \in \tilde{A}, \varepsilon_y \tilde{W}_\lambda = \varepsilon_y W_\lambda$. Evidemment, $\tilde{W}_\lambda(\mathcal{C}(Y))$ n'a aucune raison de séparer les points de Y. Soit alors G l'espace vectoriel réticulé fermé contenant les constantes, engendré par $\tilde{W}_\lambda(\mathcal{C}(Y))$. L'espace G s'identifie à un espace $\mathcal{C}(Z)$ où Z est un compact métrisable quotient de Y. Si φ désigne l'application canonique de Y sur Z, on transporte (W_λ) sur $\mathcal{C}(Z)$ en une famille résolvante (U_λ) sur Z par $U_\lambda h = f$ où $fo\varphi = W_\lambda(ho\varphi)$ de sorte que $(U_\lambda h)o\varphi = W_\lambda(ho\varphi)$.

On a cette fois une résolvante de Ray sur Z. Désignons par Z_0 l'ensemble des points de non-branchement et soit $\mu = \varphi(m)$. La théorie générale de Hille-Yosida permet de construire un semi-groupe $(P'_t)_{t>0}$ sur l'espace ImU_λ, qu'on étend canoniquement en un semi-groupe de noyaux portés par Z_0 par la formule $P'_t f = \lim_{\lambda\to\infty} P'_t \lambda U_\lambda f$, pour f parcourant $\mathcal{C}(Z)$.

Enfin, la mesure m étant excessive pour $(W_\lambda), \mu = \varphi(m)$ est aussi excessive pour (U_λ).

On va décrire maintenant une méthode permettant de relever (P_t) en un semi-groupe de noyaux sur Y.

LEMME 1. *Il existe un ensemble borélien $B \subset Z$, tel que $\mu(Z \setminus B) = 0$ et tel que pour tout $f \in \mathcal{C}(Y)$, tout $y \in D = \varphi^{-1}(B)$, la limite $\lim_{\lambda \to 0} \lambda W_\lambda f(y) = \hat{f}(y)$ existe.*

Démonstration. Fixons un $\lambda_0 > 0$. Pour tout $f \in \mathcal{C}(Y), 0 \le f \le 1$ la fonction $W_{\lambda_0}(f)$ est de la forme $u o \varphi$ où $u \in \mathcal{C}(Z)$. De plus u est une fonction λ_0-excessive dominée pour l'ordre fort des fonctions λ_0-excessives par $U_{\lambda_0} 1$. D'après un théorème de dérivation des résolvantes établi par l'auteur *cf.* [8], [2], $\lim_{\lambda \to \infty} \lambda(I - \lambda U_{\lambda_0 + \lambda})u = g$ existe en dehors d'un ensemble M_u, avec $U_{\lambda_0}(1_{M_u}) = 0$ et $g o \varphi = \lim_{\lambda \to \infty} \lambda W_\lambda f$ sur $\varphi^{-1}(M_u)^c$. Soit (f_n) une suite dense dans $\mathcal{C}(Y)$, (u_n) la suite correspondante de fonctions λ_0-excessives sur Z définie par $u_n o \varphi = W_{\lambda_0} f_n$. Posons $B_n = \{ \lim_{\lambda \to \infty} \sup \lambda(I - \lambda U_{\lambda + \lambda_0})u_n = \lim_{\lambda \to \infty} \inf \lambda(I - \lambda U_{\lambda + \lambda_0})u_n \}$. L'ensemble $B = \bigcap_n B_n$ est borélien dans Z (on peut d'ailleurs montrer que $B \subset Z_0$) et répond aux conditions cherchées.

On va utiliser maintenant à deux reprises une technique inventée par KUZNETSOV et exposée dans [4], p. 482.

Disons qu'un semi-groupe de noyaux $(R_t)_{t>0}$ est mesurable sur un espace $(X, \mathcal{F})$, si pour tout f mesurable bornée sur X, l'application $(x, t) \to R_t f(x)$ est mesurable sur $X \times \mathbb{R}^+ \setminus \{0\}$. Pour deux tels semi-groupes $(R_t)_{t>0}, (R'_t)_{t>0}$ on dira qu'ils sont équivalents par rapport à une mesure excessive m, si pour toute f mesurable bornée sur X et tout $t > 0$

$$R_t f = R'_t f \qquad m \text{ p.partout.}$$

LEMME 2. *Soient $(X, \mathcal{F})$ un espace lusinien, $(R_t)_{t>0}$ un semi-groupe mesurable de noyaux ≥ 0 bornés, m une mesure excessive pour $(R_t)_{t>0}$. Pour tout ensemble $F \in \mathcal{F}$, portant la mesure m, il existe un semi-groupe mesurable $(R'_t)_{t>0}$ équivalent à $(R_t)_{t>0}$ et tel que*

$$1_F R'_t 1_F = R'_t \qquad \forall\, t.$$

On renvoie à [4] pour la démonstration.

On revient aux notations du lemme 1. On applique une première fois le lemme de KUZNETSOV sur Z, au semi-groupe $(P'_t)_{t>0}$ et à l'ensemble B vérifiant les conditions du lemme 1.

LEMME 3. *Il existe un semi-groupe mesurable $(P''_t)_{t>0}$ μ-équivalent à (P'_t) et tel que*

$$1_B P''_t 1_B = P''_t \text{ pour tout } t > 0.$$

RELEVEMENT DE(P''_t) SUR Y.

On a vu que pour tout $f \in \mathcal{C}(Y)$, tout, $y \in D = \varphi^{-1}(B)$, la limite $\lim_{\lambda\to\infty} \lambda W_\lambda f(y) = \hat{f}(y)$ existe. Pour tout $f \in \mathcal{C}(Y)$, il existe donc une unique fonction borélienne, sur Z, qu'on notera Qf, définie par $Qf o\varphi = 1_D\hat{f}$. On vérifie facilement que pour $h \in \mathcal{C}(Z)$ $Q(ho\varphi) = 1_D.ho\varphi$, de sorte que $\tilde{Q} = f \mapsto Q(f)o\varphi$ est un noyau ≥ 0 sur Y qui est aussi un projecteur *i.e.* $\tilde{Q}^2 = \tilde{Q}$. Par construction $P''_t = 1_B.P''_t.1_B$. On définit R_t sur Y par la formule $R_tf = [P''_t(Qf)]o\varphi$.

On a

$$\begin{aligned} R_toR_sf &= P''_t(Q(R_sf)o\varphi \\ &= P''_t(Q.[P''_s(Qf)o\varphi])o\varphi \\ &= (P''_tP''_sQf)o\varphi = P''_{t+s}(Qf)o\varphi = R_{t+s}f. \end{aligned}$$

LEMME 4. *Pour tout $f \in \mathcal{C}(Y)$, tout $t > 0$ R_tf représente P_tf dans $L^1(E,\mathcal{B},m)$.*

Démonstration. Le semi-groupe $(P_t)_{t>0}$ étant fortement continu, $P_tf = \lim_{\lambda\to\infty} P_t(\lambda S_\lambda f)$ dans $L^1(m)$. Il en résulte que $P'_t(Qf)o\varphi$ représente P_tf et donc aussi R_tf. □

On rappelle que, dans la construction de Y, on avait utilisé un ensemble $A \subset E$, portant m, envoyé injectivement sur un borélien $\tilde{A}$ de Y par le plongement de A dans son compactifié.

On applique une 2ème fois le lemme de KUZNETSOV au système $((R_t), \tilde{A})$.

THEOREME 5. *Il existe un semi-groupe $(Q_t)_{t>0}$ mesurable de noyaux sous-markoviens sur Y, tels que $1_{\tilde{A}}Q_t1_{\tilde{A}} = Q_t$, m-équivalent à R_t, et qui représente $(P_t)_{t>0}$.*

Nous revenons maintenant à la construction d'un semi-groupe dual. Soit $(E,\mathcal{B})$ un espace lusinien, $m \geq 0$ une mesure bornée sur $(E,\mathcal{B})$ et soit $(P_t)_{t\geq 0}$ un semi-groupe mesurable sous-markovien de vrais noyaux sur $(E,\mathcal{B})$ pour lequel m est excessive. Le semi-groupe $(P_t)_{t>0}$ se prolonge alors en un semi-groupe faiblement mesurable de contractions de $L^2(E,\mathcal{B},m)$. En effet, pour tout $h \in L^\infty(m)$, tout $f \in \mathcal{L}^1(E,\mathcal{B},m)$ l'application $t \mapsto \int h.P_tf dm$ est borélienne sur $\mathbb{R}^+ - \{0\}$.

Comme on a supposé $(E,\mathcal{B})$ lusinien, $L^2(E,\mathcal{B},m)$ est séparable, et les structures boréliennes induites sur $L^1(E,\mathcal{B},m)$ par les topologies fortes et faibles sont identiques. Le semi-groupe (P_t) est donc fortement mesurable dans $L^2(m)$ et en raison d'un théorème de PHILLIPS *cf.* [9], il est automatiquement continu.

Soit $(P^*_t)_{t>0}$ le semi-groupe dual de (P_t) dans $L^2(m)$. Le semi-groupe $(P^*_t)_{t>0}$ est faiblement continu, donc fortement continu dans $L^2(m)$, et se prolonge en un semi-groupe fortement continu dans $L^1(m)$. On applique maintenant le théorème de représentation (th. n° 5) au semi-groupe $(P_t^*)_{t>0}$. Il existe donc un semi-groupe mesurable $(\hat{P}_t)_{t>0}$ de noyaux sur $(E,\mathcal{B})$, qui sont positifs et sous-markoviens, et tels que pour tout $t \in \mathbb{R}^+ \setminus \{0\}$ et $f \in \mathcal{L}^1(E,\mathcal{B},m)$

$$\hat{P}_t f \text{ représente } P_t^* f \in L^1(E,\mathcal{B},m)$$

Par suite, pour h, f, boréliennes bornées sur $(E,\mathcal{B})$, on a

$$\int hP_t f\, dm = \int \hat{P}_t h\, dm.$$

Remarque 1. Le théorème de représentation a été démontré sous l'hypothèse que (P_t) est sous-markovien. Quitte à remplacer (P_t) par $(e^{-\lambda t}P_t)$, on peut se ramener au cas où il existe une fonction u strictement positive telle que $P_t u \leq u \quad \forall\, t > 0$, et $\int u\, dm < +\infty$. On se ramène au cas traité en prenant $m' = u.m, Q_t = \frac{1}{u} P_t.u$.

SUR LES SEMI-GROUPES SEPARANT $(E,\mathcal{B})$.

Dans sa construction du dual d'un semi-groupe mesurable $(P_t)_{t>0}$, défini sur un espace lusinien $(E,\mathcal{B})$, Kuznetsov est amené à faire l'hypothèse de séparation suivante sur (P_t) :

(S) Pour $x, y \in E, x \neq y$, il existe $t > 0$ tel que $\varepsilon_x P_t \neq \varepsilon_y P_t$.

Cette hypothèse lui permet, par un changement de structure convenable et donc de topopogie sur E, de se ramener à un semi-groupe "stochastically continuous". Nous allons voir que cela peut être obtenu simplement par une compactification de Ray, sans passer par des processus de Markov. Quitte à remplacer (P_t) par $(e^{-\lambda t}P_t)$, nous supposerons que $V_0 = \int_0^\infty P_t\, dt$ est un noyau borné.

LEMME 6. *(KUZNETSOV). Si (P_t) sépare les points de E, alors l'image de V_0 sépare les points de E.*

Démonstration. Comme E est lusinien, il existe une suite (f_n) de fonctions boréliennes bornées, dense dans $L^1(\mu)$ pour toute mesure $\mu \geq 0$ sur $(E,\mathcal{B})$. Supposons que $V_\lambda f_n(x) = V_\lambda f_n(y)$ pour tout $\lambda > 0$ et toute f_n. Il en résulte facilement que pour tous $s > t > 0$

$$\int_t^s P_u f_n(x) du = \int_t^s P_u f_n(y) du.$$

On en déduit l'existence d'un ensemble borélien A, négligeable pour la mesure de Lebesgue, tel que pour $t \in A^c, P_t\, f_n(x) = P_t\, f_n(y)$ pour tout n, et donc $\varepsilon_x P_t = \varepsilon_y P_t$ pour tout $t \in A^c$.

Pour tout $s > 0, \varepsilon_x P_{t+s} = \varepsilon_y P_{t+s}$ et finalement $\varepsilon_x P_t = \varepsilon_y P_t$ pour tout $t > 0$, ce qui implique $x = y$.

On suppose maintenant que $H = (f_n)$ est un espace vectoriel réticulé séparable, contenant les constantes, stable par l'action des opérateurs $V_p = \int_0^\infty e^{-pt} P_t, p \in \mathbb{N}$. On désigne par $\mathcal{S}$ le cône des fonctions excessives bornées par rapport à (P_t) (ou ce qui revient au même par rapport à (V_λ)) et l'on désigne par $\overline{\mathcal{S}}$ le saturé inf-stable de $\mathcal{S}$. Pour $v \in \overline{\mathcal{S}}$, on désigne par $\hat{v} = \sup_t P_t v = \sup_p pV_p v$ sa régularisée excessive. On sait que pour $u \in \overline{\mathcal{S}}, u = \hat{u}, m$.presque partout. D'après le théorème de PHILLIPS, $(P_t)_{t>0}$ est continu dans $L^1(m)$ et pour $u \in \overline{\mathcal{S}}, \int P_t u dm = \sup_{s>t} \int P_s u dm$. On a donc aussi $P_t v = P_t \hat{v} = \sup_{s \downarrow t} P_s \hat{v}$, m p.partout.

Nous entreprenons la compactification.

On reprend l'espace vectoriel $H = (f_n)$ et on pose $H_1 = V_0(H)$; on compactifie E en $\hat{E}$, en rendant continues toutes les fonctions de H_1. L'hypothèse de séparation implique que l'application canonique $i : E \to \hat{E}$ est une injection mesurable de E sur un borélien E' de $\hat{E}$. Il existe donc une famille résolvante de Ray $(\tilde{V}_\lambda)_{\lambda>0}$ sur $\hat{E}$, telle que (en identifiant E et E')$1_E \tilde{V}_\lambda 1_E = V_\lambda$. Soit $\hat{E}_0$ l'ensemble des points de non branchement de $\hat{E}$ par rapport à $\tilde{V}_\lambda$. On désigne par $(R_t)_{t>0}$ le semi-groupe de noyaux canoniquement construit sur $\hat{E}_0$, associé à $(\tilde{V}_\lambda)$ *cf.* [2]) par le procédé de HILLE-YOSIDA, adapté aux résolvantes de RAY.

Le semi-groupe (R_t) a les 3 propriétés suivantes :

a) pour tout $f \in \mathcal{C}(\hat{E}), R_t f = \lim_{\lambda \to \infty} R_t(\lambda V_\lambda f)$

b) $\tilde{V}_\lambda = \int_0^\infty e^{-\lambda t} R_t dt$

c) pour toute excessive u pour la résolvante $(\tilde{V}_\lambda)$, $u = \sup_t R_t u$.

THEOREME 7. *Pour tout $f \in \mathcal{C}(X)$. Pour tout $t > 0$, on a $P_t 1_E f = 1_E R_t f, m$.presque partout.*

<u>Démonstration</u>. Soit $C = V_0(\mathcal{C}_+(\hat{E})) + \mathbb{R}^+$ et soit $\overline{C}$ le saturé inf-stable de C. Pour $u \in \overline{C}$, on a

$$\hat{u} = \sup_\lambda \lambda \tilde{V}_\lambda u = \sup_{t>0} R_t u$$

Pour $v = 1_E.u$ on a aussi par rapport à la résolvante $(V_\lambda), \hat{v} = \sup_\lambda \lambda V_\lambda v$ mais aussi $\hat{v} = \sup_\lambda 1_E \lambda \tilde{V}_\lambda u$ de sorte que $\hat{v} = 1_E.\hat{u}$. Considérons maintenant pour $t < s$,

$$B_{t,s} = \frac{1}{s-t} \int_t^s P_r dr \qquad D_{t,s} = \frac{1}{t-s} \int_t^s R_r dr$$

On aura encore $B_{t,s}v = 1_E D_{t,s}u$. On a vu que $P_t v = P_t\hat{v}, m$ p.p., de sorte que $P_t v = \sup_{s\downarrow t} B_{t,s}v$ de même $R_t u = \sup_{s\downarrow t} D_{t,s}u$ et finalement $P_t v = 1_E R_t u$ m.p.p. L'espace vectoriel $F = \overline{C} - \overline{C}$ est dense dans $\mathcal{C}(Y)$, de sorte que finalement, pour $f \in \mathcal{C}(X), P_t 1_E f = 1_E R_t f, m$ p.partout.

Ce résultat s'étend par convergence monotone aux fonctions boréliennes sur $\hat{E}$.

Sous l'hypothèse de séparation pour $(P_t)_{t>0}$, on peut donc toujours considérer qu'on a affaire à un semi-groupe de Ray $(R_t)_{t>0}$, à condition de ne travailler que sur des propriétés vraies m.p.p.

Remarque. Un autre article de Kuznetsov [3] montre que l'hypothèse (L) est nécessaire et suffisante pour obtenir la représentation intégrale des fonctions excessives. La partie nouvelle de ce résultat concerne la nécessité, car la suffisance est "classique" : elle a été établie par l'auteur dès 1969, et figure par exemple dans [7], [5], [2]. Signalons que dans l'article [7], on munit le cône des fonctions excessives d'une topologie qui permet d'appliquer le théorème de représentation intégrale de Choquet.

BIBLIOGRAPHIE

[1] CHOQUET G., Représentation intégrale dans les cônes convexes sans base compacte. *C.R. Acad. Sc. Paris*, t. 253, 1961, pp. 1901-1903.

[2] DELLACHERIE C., MEYER P.A., *Probabilités et potentiel.* Hermann Paris, Ch. XII à XVI (N^{elle} édition).

[3] KUZNETSOV S.E., *More on existence and uniqueness of decomposition of excessives functions into extremes.* Lect. Notes in Maths n° 1526 Springer.

[4] KUZNETSOV S.E., *On the existence of a dual semi-group.* Séminaire de probabilités XXVI, Lecture Notes in Maths n° 1526, Springer.

[5] MEYER P.A., *Représentation intégrale des fonctions excessives, résultats de Mokobodzki,* Séminaire de probabilités V, Lecture notes in Maths. n° 191, Springer.

[6] MOKOBODZKI G., Représentation intégrale des fonctions surharmoniques au moyen des réduites. *Annales de l'Institut Fourier,* T. XIV. 1965.

[7] MOKOBODZKI G., Dualité formelle et représentation intégrale des fonctions excessives, *in Actes Congrès Intern. Maths.* 1970, Tome 2, p. 531-535.

[8] MOKOBODZKI G., *Densité relative de deux potentiels comparables,* Séminaire de probabilités IV, Lecture notes in Maths n° 124, Springer.

[9] PHILLIPS R.S., On one parameter semi-groupes of linear transformations. *Proc. Amer. Math. Soc.* 2, 234-237, (1951).

Gabriel MOKOBODZKI
Equipe d'Analyse
U.R.A. 754 - C.N.R.S.
Université Paris VI
Boîte 186
4, place Jussieu
75252 - PARIS CEDEX 05

INTERPRÉTATION PROBABILISTE ET EXTENSION DES INTÉGRALES STOCHASTIQUES NON COMMUTATIVES

Stéphane ATTAL et Paul-André MEYER

Institut de Recherche Mathématique Avancée
Université Louis Pasteur et C.N.R.S.
7, rue René Descartes
67084 Strasbourg Cedex, France

0 Résumé

Nous donnons une nouvelle présentation des intégrales stochastiques non commutatives définies par Hudson et Parthasarathy [4]. Cette approche, suggérée la première fois par Meyer [5], se place dans une interprétation probabiliste de l'espace de Fock en définissant ces intégrales d'opérateurs grâce à des équations différentielles stochastiques (classiques). Elle permet de voir explicitement l'action de ces opérateurs sur les variables aléatoires de l'espace de Fock.

Nous montrons que ce point de vue est équivalent à celui de Hudson et Parthasarathy sur le domaine $\mathcal{E}_{lb}$ des exponentielles stochastiques à coefficient localement borné. Mais il a l'avantage, dans le cas où les opérateurs considérés sont bornés, d'avoir un sens en dehors de $\mathcal{E}_{lb}$, contrairement au précédent. Nous définissons ainsi une extension probabiliste des intégrales stochastiques non commutatives. Nous donnons une condition suffisante pour que de telles intégrales soient prolongeables à tout l'espace de Fock. Nous montrons que nous avons alors une vraie formule d'Ito non commutative pour la composition des opérateurs. Ce qui nous permet d'exhiber une algèbre de semimartingales non commutatives.

Nous donnons enfin plusieurs applications de cette extension, en particulier une qui permet de donner une interprétation de quatres opérations fondamentales du calcul stochastique classique au moyen des intégrales stochastiques non commutatives.

I Introduction

Notations

Tout cet article est fait dans le cadre d'espaces vectoriels réels, par souci de simplication, mais il n'y aurait aucune difficulté supplémentaire à les considérer complexes. De même, tout l'article est fait dans l'interprétation brownienne de l'espace de Fock, toujours par souci de simplification, mais ce qui est énoncé ici ne dépend pas de l'interprétation probabiliste choisie.

Soit $(\Omega, \mathcal{F}, P)$, l'espace de Wiener. Soit $(W_t)_{t\geq 0}$ le mouvement bronien canonique sur Ω, soient $\mathcal{F}_{t]}$, *resp.* $\mathcal{F}_{[t}$, $\mathcal{F}_{[s,t]}$, les tribus engendrées par les variables aléatoires $\{W_u;\ u \leq t\}$, *resp.* $\{W_u - W_t;\ u \geq t\}$, $\{W_u - W_s;\ s \leq u \leq t\}$, $s \leq t \in \mathbb{R}^+$.

Soient $\Phi, \Phi_{t]}, \Phi_{[t}, \Phi_{[s,t]}$ les espaces de Fock symétriques construits respectivement sur $L^2(\mathbb{R}^+), L^2([0,t]), L^2([t,+\infty[)$ et $L^2([s,t])$.

On a alors les identifications suivantes (cf [6]) :

$$\begin{cases} \Phi \simeq L^2(\Omega, \mathcal{F}, P) \\ \Phi_{t]} \simeq L^2(\Omega, \mathcal{F}_{t]}, P) \\ \Phi_{[t} \simeq L^2(\Omega, \mathcal{F}_{[t}, P) \\ \Phi_{[s,t]} \simeq L^2(\Omega, \mathcal{F}_{[s,t]}, P). \end{cases}$$

La projection orthogonale de Φ sur $\Phi_{t]}$ est notée $\mathbb{E}_t$ (c'est l'opérateur d'espérance conditionnelle par rapport à $\mathcal{F}_t$). Pour tout $u \in L^2(\mathbb{R}^+)$, nous noterons $\varepsilon(u)$ l'exponentielle stochastique de la variable aléatoire $\int_0^\infty u(s)\,dW_s$ et, pour tout $s \leq t$,

$$\begin{cases} u_{t]} = u\mathbb{1}_{[0,t]}, \\ u_{[t} = u\mathbb{1}_{[t,+\infty[}, \\ u_{[s,t]} = u\mathbb{1}_{[s,t]}. \end{cases}$$

Rappelons que la martingale $\varepsilon(u_{t]})$ admet la représentation prévisible suivante : $\varepsilon(u_{t]}) = 1 + \int_0^t u(s)\,\varepsilon(u_{s]})\,dW_s$. Ainsi on a

$$< \varepsilon(u_{t]})\,,\, \varepsilon(v_{t]}) > = exp\Big(\int_0^t u(s)v(s)\,ds\Big), \quad \text{pour tous } u, v \in L^2(\mathbb{R}^+).$$

Soit $L^2_{lb}(\mathbb{R}^+)$ le sous-espace des éléments de $L^2(\mathbb{R}^+)$ qui sont localement bornés. Nous noterons $\mathcal{E}_{lb}$ l'espace des combinaisons linéaires finies de vecteurs $\varepsilon(u)$, pour $u \in L^2_{lb}(\mathbb{R}^+)$. Rappelons que ce sous-espace est dense dans Φ.

Éléments de calcul stochastique non commutatif

Nous rappelons ici quelques éléments du calcul stochastique non commutatif de Hudson et Parthasarathy [4].

Grâce à l'indépendance des accroissements du mouvement brownien on a sur Φ une structure de produit tensoriel continu : pour $s \leq t$,

$$\Phi \simeq \Phi_{s]} \otimes \Phi_{[s,t]} \otimes \Phi_{[t}.$$

Une famille d'opérateurs $(H_t)_{t\geq 0}$ de Φ dans Φ, définie sur $\mathcal{E}_{lb}$, est un *processus adapté* d'opérateurs si, pour tout $u \in L^2_{lb}(\mathbb{R}^+)$, l'application $t \mapsto H_t\varepsilon(u_{t]})$ est fortement mesurable dans Φ et si, pour tout $t \in \mathbb{R}^+$,

$$\begin{cases} H_t\,\varepsilon(u_{t]}) \in \Phi_{t]} \\ H_t\,\varepsilon(u) = [H_t\varepsilon(u_{t]})]\,\varepsilon(u_{[t}). \end{cases}$$

C'est à dire si $H_t = H_{t]} \otimes I_{[t}$ dans la structure $\Phi \simeq \Phi_{t]} \otimes \Phi_{[t}$, pour un opérateur $H_{t]}$ de $\Phi_{t]}$ dans lui-même ($I_{[t}$ désignant l'identité de $\Phi_{[t}$).

Un processus adapté d'opérateurs $(M_t)_{t\geq 0}$ est une *martingale d'opérateurs* si, pour tous $s \leq t$, tous $u, v \in L^2_{lb}(\mathbb{R}^+)$,

$$<\varepsilon(u_{s]})\,,\, M_t\,\varepsilon(v_{s]})> = <\varepsilon(u_{s]})\,,\, M_s\,\varepsilon(v_{s]})>,$$

i.e. $\mathbb{E}_s M_t \mathbb{E}_s = \mathbb{E}_s M_s \mathbb{E}_s \; (= M_s \mathbb{E}_s)$.

Si T est un opérateur sur Φ, de domaine $\mathcal{E}_{lb}$, la famille $(T_t)_{t\geq 0}$, définie par

$$T_t\varepsilon(u) = [\mathbb{E}_t\, T\varepsilon(u_{t]})]\varepsilon(u_{[t}), \quad t \in \mathbb{R}^+,\ u \in L^2_{lb}(\mathbb{R}^+),$$

est une martingale d'opérateurs, appelée *martingale associée* à T.

On a les trois martingales d'opérateurs particulières de création, d'annihilation et de nombre, respectivement notées $(A^+_t)_{t\geq 0}$, $(A^-_t)_{t\geq 0}$, $(A^\circ_t)_{t\geq 0}$ et définies par

$$<\varepsilon(u)\,,\, A^+_t\,\varepsilon(v)> = <\varepsilon(u)\,,\,\varepsilon(v)> \int_0^t u(s)\,ds$$

$$<\varepsilon(u)\,,\, A^-_t\,\varepsilon(v)> = <\varepsilon(u)\,,\,\varepsilon(v)> \int_0^t v(s)\,ds$$

$$<\varepsilon(u)\,,\, A^\circ_t\,\varepsilon(v)> = <\varepsilon(u)\,,\,\varepsilon(v)> \int_0^t u(s)v(s)\,ds$$

pour tout $t \in \mathbb{R}^+$, et tous $u, v \in L^2_{lb}(\mathbb{R}^+)$.

Si H°, H^+, H^- et H sont des processus d'opérateurs adaptés vérifiant, pour tout $u \in L^2_{lb}(\mathbb{R}^+)$, $t \in \mathbb{R}^+$,

$$(1) \quad \int_0^t |u(s)|\,||H^-_s\varepsilon(u)|| + ||H^+_s\varepsilon(u)||^2 + ||H_s\varepsilon(u)|| + |u(s)|^2||H^\circ_s\varepsilon(u)||^2\,ds < \infty$$

alors la famille des intégrales stochastiques non commutatives

$$(2) \quad T_t = \int_0^t H^\circ_s\,dA^\circ_s + \int_0^t H^-_s\,dA^-_s + \int_0^t H^+_s\,dA^+_s + \int_0^t H_s\,ds, \quad t \in \mathbb{R}^+,$$

est bien définie sur $\mathcal{E}_{lb}$, comme un processus adapté d'opérateurs vérifiant, pour tout $t \in \mathbb{R}^+$, et tous $u, v \in L^2_{lb}(\mathbb{R}^+)$,

$$(3) \quad <\varepsilon(u)\,,\, T_t\,\varepsilon(v)> = \int_0^t <\varepsilon(u)\,,\, u(s)v(s)\,H^\circ_s\varepsilon(v) + v(s)\,H^-_s\varepsilon(v) + \\ +u(s)\,H^+_s\varepsilon(v) + H_s\,\varepsilon(v)> ds.$$

Remarque 1 : Les conditions de normes (1) que l'on impose ici sont moins restrictives que celle de Hudson et Parthasarathy.

Remarque 2 : Si le processus adapté $(T_t)_{t\geq 0}$ vérifie (2), il est montré dans [4] que $\int_0^t |u(s)|^2\, ||T_s\varepsilon(u_{s]})||^2\, ds < \infty$.

Remarque 3 : Si les processus adjoints $(H^\epsilon)^*$ sont aussi définis sur $\mathcal{E}_{lb}$ et si l'expression

$$\int_0^t |u(s)|\,||(H^+_s)^*\varepsilon(u)|| + ||(H^-_s)^*\varepsilon(u)||^2 + ||H^*_s\varepsilon(u)|| + |u(s)|^2||(H^\circ_s)^*\varepsilon(u)||^2\, ds$$

est finie, alors le processus $(T^*_t)_{t\geq 0}$ admet la représentation intégrale

$$T^*_t = \int_0^t (H^\circ_s)^*\, dA^\circ_s + \int_0^t (H^+_s)^*\, dA^-_s + \int_0^t (H^-_s)^*\, dA^+_s + \int_0^t H^*_s\, ds\,.$$

Remarque 4 : L'intégrale stochastique non commutative T_t, peut être définie pour $t = +\infty$ de la même façon si (1) est vérifié pour $t = +\infty$. Pour tout $\varepsilon \in \{+, \circ, -\}$, la martingale associée à l'opérateur $\int_0^\infty H^\varepsilon_s\, dA^\varepsilon_s$ est alors $\left(\int_0^t H^\varepsilon_s\, dA^\varepsilon_s\right)_{t\geq 0}$.

Remarque 5 : L'unicité d'une représentation intégrale du type (2) a été démontrée dans [2] dans le cas où tous les opérateurs sont fermables.

Dans la suite, chaque fois qu'une de ces intégrales d'opérateurs apparaîtra, nous supposerons que les processus H°, H^+, H^- et H vérifient (1).

Par commodité, le terme ds sera parfois noté dA_s, où il faut imaginer que le A comporte en exposant un symbole invisible. Cette notation nous permettra de parler des intégrales de la forme $\int_0^t H^\varepsilon_s\, dA^\varepsilon_s$, pour $\varepsilon \in \{+, \circ, -, \ \}$; ces intégrales seront notées I^ε_t.

II Interprétation probabiliste

Nous allons expliquer tout d'abord la démarche intuitive qui a conduit à donner une nouvelle interprétation des intégrales stochastiques non commutatives.

Les définitions initiales des martingales $(A_t^+)_{t\geq 0}$, $(A_t^-)_{t\geq 0}$ et $(A_t^\circ)_{t\geq 0}$ (cf [7]) donnent

$$\begin{cases} dA_t^+ \mathbb{1} = dW_t & dA_t^+ \, dW_t = 0 \\ dA_t^\circ \mathbb{1} = 0 & dA_t^\circ \, dW_t = dW_t \\ dA_t^- \mathbb{1} = 0 & dA_t^- \, dW_t = dt \\ dA_t \mathbb{1} = dt & dA_t \, dW_t = 0. \end{cases}$$

Pour un $\varepsilon \in \{+, \circ, -, \ \}$, on se donne une intégrale d'opérateurs I_t^ε sur Φ et un vecteur $f \in \Phi$, de martingale associée $(f_t)_{t\geq 0}$ et de représentation prévisible $f = \mathbb{E}[f] + \int_0^\infty \dot{f}_s \, dW_s$. L'idée présentée dans [7] est que la famille adaptée $(I_t^\varepsilon f_t)_{t\geq 0}$ est une semimartingale qui doit vérifier une formule d'intégration par parties d'Ito

$$\begin{aligned} d(I_t^\varepsilon f_t) &= (dI_t^\varepsilon) f_t + I_t^\varepsilon (df_t) + (dI_t^\varepsilon)(df_t) \\ &= (H_t^\varepsilon \, dA_t^\varepsilon) f_t + I_t^\varepsilon (\dot{f}_t \, dW_t) + (H_t^\varepsilon \, dA_t^\varepsilon)(\dot{f}_t \, dW_t). \end{aligned}$$

Ce qui, dans la structure $\Phi_{t+dt]} \simeq \Phi_{t]} \otimes \Phi_{[t,\, t+dt]}$, s'écrit

$$\begin{aligned} d(I_t^\varepsilon f_t) &= (H_t^\varepsilon \otimes dA_t^\varepsilon)(f_t \otimes \mathbb{1}) + (I_t^\varepsilon \otimes I)(\dot{f}_t \otimes dW_t) + (H_t^\varepsilon \otimes dA_t^\varepsilon)(\dot{f}_t \otimes dW_t). \\ &= H_t^\varepsilon f_t \otimes dA_t^\varepsilon \mathbb{1} + I_t^\varepsilon \dot{f}_t \otimes dW_t + H_t^\varepsilon \dot{f}_t \otimes dA_t^\varepsilon \, dW_t. \end{aligned}$$

On obtient finalement l'équation

$$d(I_t^\varepsilon F_t) = I_t^\varepsilon \dot{f}_t \, dW_t + \begin{cases} H_t^+ f_t \, dW_t & \text{si } \varepsilon = + \\ H_t^\circ \dot{f}_t \, dW_t & \text{si } \varepsilon = \circ \\ H_t^- \dot{f}_t \, dt & \text{si } \varepsilon = - \\ H_t f_t \, dt & \text{si } \varepsilon = \ \ . \end{cases}$$

Ce sont ces équations qui nous amènent à poser une nouvelle définition des intégrales stochastiques non commutatives, dont nous montrerons ensuite qu'elle est équivalente à celle de Hudson et Parthasarathy sur le domaine $\mathcal{E}_{lb}$.

Extension des intégrales stochastiques non commutatives

Supposons que $(T_t)_{t\geq 0}$ soit un processus d'opérateurs bornés de Φ dans Φ. Supposons que sur $\mathcal{E}_{lb}$ les opérateurs T_t soient de la forme (2), pour des processus adaptés H^ε, $\varepsilon \in \{+, \circ, -, \ \}$, d'opérateurs bornés. Tous les opérateurs considérés étant bornés, ils sont définis sur tout Φ. La définition (3) des intégrales stochastiques non commutatives n'a, a priori, pas d'extension évidente en dehors du domaine $\mathcal{E}_{lb}$. Par contre, les équations intuitives obtenues plus haut ont un sens lorsque f est quelconque dans Φ. C'est ce qui nous amène à poser une nouvelle définition pour les intégrales stochastiques non commutatives.

Avant tout, il nous faut remarquer que la condition (1) peut s'écrire d'une autre manière. Pour tout $f \in \mathcal{E}_{lb}$, de martingale associée $(f_t)_{t\geq 0}$ et de représentation prévisible $f_t = c + \int_0^t \dot{f}_s \, dW_s$, la condition (1) s'écrit

$$(1') \qquad \int_0^t ||H_s^- \dot{f}_s|| + ||H_s^+ f_s||^2 + ||H_s f_s|| + ||H_s^\circ \dot{f}_s||^2 \, ds < \infty$$

<u>Définition</u> : Un domaine $D \subset \Phi$ sera *admissible* s'il contient $\mathcal{E}_{lb}$ et si pour tout $f \in D$, de martingale associée $(f_t)_{t\geq 0}$ et de représentation prévisible $f_t = c + \int_0^t \dot{f}_s \, dW_s$, on a $f_t \in D$ et $\dot{f}_t \in D$ pour (presque) tout t.

<u>Définition</u> : Soient H^ε, $\varepsilon \in \{+, \circ, -, \quad\}$, des processus d'opérateurs définis sur un domaine admissible D, soit $(T_t)_{t\geq 0}$ un processus adapté d'opérateurs <u>fermables</u> définis sur D. Nous dirons que T_t admet la représentation (2) *étendue à* D si, pour tout $f \in D$, de martingale associée $(f_t)_{t\geq 0}$ et de représentation prévisible $f = \mathbb{E}[f] + \int_0^\infty \dot{f}_s \, dW_s$, les processus H^ε vérifient (1'), si $\int_0^t ||T_s \dot{f}_s||^2 \, ds < \infty$ et si, pour tout t,

$$(4) \quad T_t f_t = \int_0^t (T_s + H_s^\circ) \dot{f}_s \, dW_s + \int_0^t H_s^- \dot{f}_s \, ds + \int_0^t H_s^+ f_s \, dW_s + \int_0^t H_s f_s \, ds \, .$$

Avant d'énoncer les résultats liés à cette définition, il nous appartient de vérifier que la relation (4), pour des processus H^ε donnés, détermine le processus T de manière unique. Ce resultat est en fait une conséquence du théorème qui suit. En effet, on va prouver que sur $\mathcal{E}_{lb}$, l'équation (4) est une équation différentielle stochastique classique qui admet une solution unique. L'espace $\mathcal{E}_{lb}$ est dense dans D, l'opérateur T_t^* est densément défini (car T_t est fermable), donc la valeur de T_t sur D est déterminée par limites faibles de ses valeurs sur $\mathcal{E}_{lb}$.

Il faut aussi remarquer qu'un processus T n'admettra de représentation integrale sur le domaine Φ que si tous les operateurs considérés sont borné (en effet tout operateur fermable dont le domaine est l'espace tout entier est borné).

Théorème 1 – *Sur le domaine admissible $\mathcal{E}_{lb}$ la définition étendue* (4) *des intégrales stochastiques non commutatives est équivalente à la définition* (3) *de Hudson et Parthasarathy.*

Démonstration

Nous allons montrer que l'on peut passer de la forme "scalaire" (3) à la forme "vectorielle" (4). Soit $(T_t)_{t\geq 0}$ un processus adapté d'opérateurs de Φ dans Φ, défini sur $\mathcal{E}_{lb}$, de la forme (2). Les processus H^ε vérifient (1), donc (1'). De plus, la condition $\int_0^t |u^2(s)| ||T_s \varepsilon(u_{s]})||^2 \, ds < \infty$ est vérifiée (remarque 2). D'après

(3), on a pour tous u, v dans $L^2_{lb}(\mathbb{R}^+)$,

$$< \varepsilon(u_{t]}) \, , \, T_t \, \varepsilon(v_{t]}) > = \int_0^t < \varepsilon(u_{t]}) \, , \, u(s)v(s) \, H_s^\circ \varepsilon(v_{t]}) + v(s) \, H_s^- \, \varepsilon(v_{t]}) + $$
$$+ u(s) \, H_s^+ \varepsilon(v_{t]}) + H_s \, \varepsilon(v_{t]}) > ds.$$

Grâce à l'adaptation des opérateurs H_s^ϵ, $s \in [0,t]$ et à la structure de produit tensoriel continu $\Phi_{t]} \simeq \Phi_{s]} \otimes \Phi_{[s,t]}$, cette égalité s'écrit

$$< \varepsilon(u_{t]}) \, , \, T_t \, \varepsilon(v_{t]}) > =$$
$$= \int_0^t < \varepsilon(u_{s]}) \, , \, u(s)v(s) \, H_s^\circ \varepsilon(v_{s]}) + v(s) \, H_s^- \, \varepsilon(v_{s]}) + u(s) \, H_s^+ \varepsilon(v_{s]}) + H_s \, \varepsilon(v_{s]}) >$$
$$< \varepsilon(u_{[s,t]}) \, , \, \varepsilon(v_{[s,t]}) > ds.$$
$$= exp\left(\int_0^t u(s)v(s) \, ds\right) \int_0^t \Big[< \varepsilon(u_{s]}) \, , \, u(s)v(s) \, H_s^\circ \varepsilon(v_{s]}) + v(s) \, H_s^- \, \varepsilon(v_{s]}) +$$
$$+ u(s) \, H_s^+ \, \varepsilon(v_{s]}) + H_s \, \varepsilon(v_{s]}) > exp\left(- \int_0^s u(r)v(r) \, dr\right)\Big] \, ds.$$

Ce que nous écrivons, pour simplifier un moment, sous la forme

$$< \varepsilon(u_{t]}) \, , \, T_t \, \varepsilon(v_{t]}) > = exp\Big(\int_0^t u(s)v(s) \, ds\Big) \int_0^t \Big[K(s) \, exp\Big(- \int_0^s u(r)v(r) \, dr\Big)\Big] \, ds.$$

Par différentiation

$$\frac{d}{dt} < \varepsilon(u_{t]}) \, , \, T_t \, \varepsilon(v_{t]}) > =$$
$$= u(t)v(t) \, exp\left(\int_0^t u(s)v(s) \, ds\right) \int_0^t \Big[K(s) \, exp\left(- \int_0^s u(r)v(r) \, dr\right)\Big] \, ds +$$
$$+ exp\left(\int_0^t u(s)v(s) \, ds\right) K(t) \, exp\left(- \int_0^t u(s)v(s) \, ds\right).$$

D'où finalement

$$< \varepsilon(u_{t]}) \, , \, T_t \, \varepsilon(v_{t]}) > = \int_0^t u(s)v(s) < \varepsilon(u_{s]}) \, , \, T_s \, \varepsilon(v_{s]}) > ds + \int_0^t K(s) \, ds.$$

Quand u et v sont localement bornées, cette équation différentielle (ordinaire) admet une solution unique. Grâce à la forme de la représentation prévisible de $\varepsilon(u_{t]})$ et en remplaçant K_t par sa valeur, cette équation s'écrit

$$< \varepsilon(u_{t]}) \, , \, T_t \, \varepsilon(v_{t]}) > = < \varepsilon(u_{t]}) \, , \, \int_0^t v(s) T_s \, \varepsilon(v_{s]}) \, dW_s > +$$
$$+ < \varepsilon(u_{t]}) \, , \, \int_0^t v(s) \, H_s^\circ \varepsilon(v_{s]}) \, dW_s + \int_0^t v(s) \, H_s^- \, \varepsilon(v_{s]}) \, ds + \int_0^t H_s^+ \, \varepsilon(v_{s]}) \, dW_s +$$
$$+ \int_0^t H_s \, \varepsilon(v_{s]}) \, ds >.$$

L'espace $\mathcal{E}_{lb}$ étant dense dans Φ, on peut éliminer les produits scalaires avec $\varepsilon(u_{t]})$ pour en déduire une égalité vectorielle. En notant que si $g_t = \varepsilon(v_{t]})$ on a $\dot{g}_s = v(s)\varepsilon(v_{s]})$, $s \leq t$, cette égalité prend la forme

$$T_t g_t = \int_0^t (T_s + H_s^{\circ})\dot{g}_s\, dW_s + \int_0^t H_s^- \dot{g}_s\, ds + \int_0^t H_s^+ g_s\, dW_s + \int_0^t H_s\, g_s\, ds.$$

Ce qui prouve le théorème dans un sens.

Réciproquement, sur $\mathcal{E}_{lb}$, l'équation (4) est une équation différentielle stochastique admettant une solution unique. En prenant le produit scalaire des deux membres de (4) avec un $\varepsilon(u_{t]})$, on voit facilement que l'on peut remonter la démonstration précédente jusqu'à (3). ■

Remarquons maintenant que, si on ajoute un terme initial à T_t, i.e. si T_t est de la forme $T_t = \lambda I + I_t^{\circ} + I_t^- + I_t^+ + I_t$, alors, d'aprés le résultat précédent, nous avons

$$(T_t - \lambda I)g_t =$$
$$= \int_0^t (T_s - \lambda I + H_s^{\circ})\dot{g}_s\, dW_s + \int_0^t H_s^- \dot{g}_s\, ds + \int_0^t H_s^+ g_s\, dW_s + \int_0^t H_s g_s\, ds.$$

C'est à dire

$$T_t g_t = \lambda \mathbb{E}[g] + \int_0^t (T_s + H_s^{\circ})\dot{g}_s\, dW_s + \int_0^t H_s^- \dot{g}_s\, ds + \int_0^t H_s^+ g_s\, dW_s + \int_0^t H_s g_s\, ds.$$

Nous allons donner une condition suffisante pour qu'une indentité du type (4), vérifiée sur $\mathcal{E}_{lb}$, puisse être étendue à un domaine admissible D.

Théorème 2 – *Soit $(T_t)_{t\geq 0}$ un processus adapté d'opérateurs de Φ dans Φ admettant une représentation intégrale du type (2) sur $\mathcal{E}_{lb}$, avec terme initial, pour des processus adaptés H^ε, $\varepsilon \in \{+, \circ, -,\ \ \}$. Supposons qu'il existe un domaine admissible D sur lequel sont définis tous les opérateurs et sur lequel sont vérifiées les conditions de normes (1') et $\int_0^t \|T_s \dot{f}_s\|^2\, ds < \infty$.*

Si les processus des adjoints $(H^\varepsilon)^*$ vérifient les conditions de normes de la remarque 3 alors la représentation intégrale de $(T_t)_{t\geq 0}$ est vraie au sens étendu (4) sur tout D.

Démonstration

Par le théorème 1, on a, pour tout $f \in \mathcal{E}_{lb}$,

$$T_t f_t = \lambda \mathbb{E}[f] + \int_0^t (T_s + H_s^{\circ})\dot{f}_s\, dW_s + \int_0^t H_s^- \dot{f}_s\, ds + \int_0^t H_s^+ f_s\, dW_s + \int_0^t H_s f_s\, ds.$$

Notons $A(f_t)$ l'expression du second membre. Soit $f \in D$, soit $(f^n)_{n\in\mathbb{N}}$ une suite dans $\mathcal{E}_{lb}$ qui converge vers f. Pour tout $g \in \mathcal{E}_{lb}$ on a

$$|<g_t\,,\,T_tf_t - A(f_t)>| \leq$$
$$\leq |<g_t\,,\,T_tf_t - T_tf_t^n>| + |<g_t\,,\,T_tf_t^n - A(f_t^n)>| + |<g_t\,,\,A(f_t - f_t^n)>|$$
$$\leq ||T_t^*g_t||\,||f_t - f_t^n|| + |<g_t\,,\,A(f_t - f_t^n)>|$$

Il suffit donc de montrer que l'application linéaire $f_t \mapsto <g_t\,,\,A(f_t)>$ est continue.

$$|<g_t\,,\,A(f_t)>| \leq$$
$$\leq |<g_t\,,\,\lambda f_t>| + \int_0^t |<\dot g_s\,,\,T_s\dot f_s>|\,ds + \int_0^t |<\dot g_s\,,\,H_s^\circ \dot f_s>|\,ds +$$
$$+ \int_0^t |<g_t\,,\,H_s^- \dot f_s>|\,ds + \int_0^t |<\dot g_s\,,\,H_s^+ f_s>|\,ds + \int_0^t |<g_t\,,\,H_s f_s>|\,ds.$$

En passant à l'adjoint dans tous les produits scalaires et en appliquant l'inégalité de Schwarz, on obtient

$$|<g_t\,,\,A(f_t)>| \leq$$
$$\leq ||g_t||\,|\lambda|\,||f_t|| + \int_0^t ||T_s^*\dot g_s||\,||\dot f_s||\,ds + \int_0^t ||(H_s^\circ)^*\dot g_s||\,||\dot f_s||\,ds +$$
$$+ \int_0^t ||(H_s^-)^*g_t||\,||\dot f_s||\,ds + \int_0^t ||(H_s^+)^*\dot g_s||\,||f_t||\,ds + \int_0^t ||H_s^*g_t||\,||f_t||\,ds$$
$$\leq \Big[||g_t||\,|\lambda| + \int_0^t ||(H_s^+)^*\dot g_s||\,ds + \int_0^t ||H_s^*g_t||\,ds + \Big(\int_0^t ||T_s^*\dot g_s||^2\,ds\Big)^{1/2} +$$
$$+ \Big(\int_0^t ||(H_s^\circ)^*\dot g_s||^2\,ds\Big)^{1/2} + \Big(\int_0^t ||(H_s^-)^*g_t||^2\,ds\Big)^{1/2}\Big]\,||f_t||.$$

On conclut grâce aux remarques 3 et 2 et à la fermabilité de T_t (son adjoint est densément défini). ■

Ce que l'on peut retirer de cette démonstration c'est que si T et T^* admettent une représentation intégrale du type (4) sur $\mathcal{E}_{lb}$, alors **l'identité (4) pour T et T^* s'étend à tout vecteur f tel que les deux membres de (4) soient bien définis.**

Nous disposons donc d'une extension des intégrales stochastiques non commutatives, ainsi que de conditions suffisantes pour pouvoir l'appliquer. L'équation (4) donne la valeur d'une intégrale étendue appliquée à un vecteur de la forme $\int_0^t g_s\,dW_s$. Mais il arrive parfois que des vecteurs de Φ apparaissent plus naturellement sous la forme $\int_0^t v_s\,ds$. C'est ce qui motive le résultat suivant, qui est un élément important pour la formule d'Ito non commutative présentée plus loin.

Proposition 3 – *Soit $(T_t)_{t\geq 0}$ un processus d'opérateurs bornés admettant une représentation intégrale étendue sur tout Φ. Soit g un élément de $\Phi_{t]}$ de la forme $g = \int_0^t v_s\,ds$, où v_s est dans $\Phi_{s]}$ pour presque tout s. Alors, si on pose $g^s = \int_0^s v_u\,du$,*

$$T_t g_t = \int_0^t T_s v_s\,ds + \int_0^t (H_s^+ + H_s) g^s\,ds.$$

Démonstration

Pour presque tout s, le vecteur v_s admet une représentation prévisible $v_s = c + \int_0^s h(s,u)\,dW_u$. Par la formule (4), on a

$$\begin{aligned} T_t g_t = \int_0^t T_t v_s\,ds = \int_0^t \Big[\Big[\int_0^s T_u h(s,u)\,dW_u + \int_0^s H_u^{\circ} h(s,u)\,dW_u + \\ + \int_0^s H_u^- h(s,u)\,du + \int_0^t H_u^+ \mathbb{E}_u v_s\,dW_u + \int_0^t H_u \mathbb{E}_u v_s\,du\Big]\,ds \\ = \int_0^t \Big[T_s v_s + \int_s^t H_u^+ v_s\,dW_u + \int_s^t H_u v_s\,du\Big]\,ds. \end{aligned}$$

En intervertissant les intégrales doubles on obtient

$$T_t g_t = \int_0^t T_s v_s\,ds + \int_0^t \int_0^s H_s^+ v_u\,du\,dW_s + \int_0^t \int_0^s H_s v_u\,du\,ds.$$

Ce qui permet de conclure (rappellons que les operateurs H_s^+ et H_s sont forcement bornés) . ■

Extension de la formule d'Ito non commutative

Nous allons d'abord présenter intuitivement ce que pourrait être une formule d'intégration par parties pour les intégrales stochastiques non commutatives. Nous énoncerons ensuite sa forme rigoureuse donnée dans [4], puis nous verrons comment elle s'étend dans notre nouveau cadre.

Pour $\varepsilon, \varepsilon'$ dans $\{+, \circ, -, \ \}$, soient I_t^ε et $I_t^{\varepsilon'}$ deux intégrales stochastiques non commutatives par rapport à A^ε et à $A^{\varepsilon'}$ respectivement. Une formulation intuitive d'une formule d'Ito dans ce contexte serait :

$$\begin{aligned} d(I_t^\varepsilon I_t^{\varepsilon'}) &= (dI_t^\varepsilon) I_t^{\varepsilon'} + I_t^\varepsilon (dI_t^{\varepsilon'}) + (dI_t^\varepsilon)(dI_t^{\varepsilon'}) \\ &= H_t^\varepsilon I_t^{\varepsilon'}\,dA_t^\varepsilon + I_t^\varepsilon H_t^{\varepsilon'}\,dA_t^{\varepsilon'} + H_t^\varepsilon H_t^{\varepsilon'}\,dA_t^\varepsilon\,dA_t^{\varepsilon'}. \end{aligned} \tag{5}$$

Les différentes valeurs de $dA_t^\varepsilon\,dA_t^{\varepsilon'}$ peuvent être prévues grâce à la table donnant les valeurs des $dA_t^\varepsilon \mathbb{1}$ et des $dA_t^\varepsilon\,dW_t$. On voit alors que les seuls produits $dA_t^\varepsilon\,dA_t^{\varepsilon'}$ non nuls sont

$$\begin{cases} dA^\circ\,dA^\circ = dA^\circ \\ dA^-\,dA^\circ = dA^- \\ dA^\circ\,dA^+ = dA^+ \\ dA^-\,dA^+ = dt. \end{cases}$$

Cette table définit un produit $(\varepsilon,\varepsilon') \mapsto \varepsilon.\varepsilon'$ de $\{+,\circ,-,\ \}$ dans $\{+,\circ,-,\ ,\emptyset\}$, tel que $dA_t^{\varepsilon}\, dA_t^{\varepsilon'} = dA_t^{\varepsilon.\varepsilon'}$, avec la convention $dA^{\emptyset} = 0$. Notons, pour tout u dans $L^2_{lb}(\mathbb{R}^+)$, u^{ε} la fonction qui vaut u si $\varepsilon = +,\circ$, et $\mathbb{1}$ si $\varepsilon = -,\ $. Notons u_{ε} la fonction qui vaut u si $\varepsilon = -,\circ$, et $\mathbb{1}$ si $\varepsilon = +,\ $. Nous conviendrons que $u^{\emptyset} = u_{\emptyset} = 0$.

Avec ces notations et la formule (3), la formule d'Ito (5) prend la forme :

$$
\begin{aligned}
<\varepsilon(u_{t]})\,,\, I_t^{\varepsilon} I_t^{\varepsilon'}\ \varepsilon(v_{t]})> = & \int_0^t u^{\varepsilon}(s) v_{\varepsilon}(s) <\varepsilon(u_{t]})\,,\, H_s^{\varepsilon} I_s^{\varepsilon'}\ \varepsilon(v_{t]})> ds + \\
& + \int_0^t u^{\varepsilon'}(s) v_{\varepsilon'}(s) <\varepsilon(u_{t]})\,,\, I_s^{\varepsilon} H_s^{\varepsilon'}\ \varepsilon(v_{t]})> ds + \\
& + \int_0^t u^{\varepsilon.\varepsilon'}(s) v_{\varepsilon.\varepsilon'}(s) <\varepsilon(u_{t]})\,,\, H_s^{\varepsilon} H_s^{\varepsilon'}\ \varepsilon(v_{t]})> ds.
\end{aligned}
$$

$$
\begin{aligned}
(6)\quad <(I_t^{\varepsilon})^* \varepsilon(u_{t]})\,,\, I_t^{\varepsilon'}\ \varepsilon(v_{t]})> = & \int_0^t u^{\varepsilon}(s) v_{\varepsilon}(s) <(H_s^{\varepsilon})^* \varepsilon(u_{t]})\,,\, I_s^{\varepsilon'}\ \varepsilon(v_{t]})> ds + \\
& + \int_0^t u^{\varepsilon'}(s) v_{\varepsilon'}(s) <(I_s^{\varepsilon})^* \varepsilon(u_{t]})\,,\, H_s^{\varepsilon'}\ \varepsilon(v_{t]})> ds + \\
& + \int_0^t u^{\varepsilon.\varepsilon'}(s) v_{\varepsilon.\varepsilon'}(s) <(H_s^{\varepsilon})^* \varepsilon(u_{t]})\,,\, H_s^{\varepsilon'}\ \varepsilon(v_{t]})> ds.
\end{aligned}
$$

Dans le cadre général de [4], il n'est pas possible de composer les opérateurs. En effet, ils ne sont définis que sur $\mathcal{E}_{lb}$, or rien ne garantit la stabilité de cet espace sous l'action de ces opérateurs. Aussi la seule forme de formule d'Ito qui ait un sens dans le contexte trés général de Hudson et Parthasarathy est l'équation (6). Cette équation est justement la forme que donne le théorème de Hudson et Parthasarathy à la formule d'intégration par parties non commutative.

Lorsque l'on se place dans le cadre resteint des intégrales étendues au domaine admissible Φ, on peut espérer obtenir une formule du type (5), car on ne travaille qu'avec des opérateurs définis sur tout Φ donc *composables*. C'est l'objet du théorème suivant.

Théorème 4 - *La formule d'Ito non commutative* (5), *présentée ci dessus, est vraie dans le cadre des intégrales stochastiques non commutatives partout définies.*

Démonstration

Soient, $T_t = \lambda I + I_t^{\circ} + I_t^{-} + I_t^{+} + I_t$ et $T_t' = \lambda' I + I_t'^{\circ} + I_t'^{-} + I_t'^{+} + I_t'$ des intégrales d'opérateurs *étendues* à tout Φ. On a donc, pour tout $f \in \Phi$ de martingale associée $(f_t)_{t\geq 0}$ et de représentation prévisible $f = \mathbb{E}[f] + \int_0^{\infty} \dot{f}_s\, dW_s$,

$$
T_t' f_t =
$$

$$
= \lambda' \mathbb{E}[f] + \int_0^t (T_s' + H_s'^{\circ}) \dot{f}_s\, dW_s + \int_0^t H_s'^{-} \dot{f}_s\, ds + \int_0^t H_s'^{+} f_s\, dW_s + \int_0^t H_s' f_s\, ds.
$$

Pour tout t, on note $h_t'^{\circ} = (T_t' + H_t'^{\circ})\dot{f}_t$, $h_t'^{+} = H_t'^{+} f_t$, $h_t'^{-} = H_t'^{-}\dot{f}_t$ et $h_t' = H_t' f_t$. On a donc

$$T_tT_t'F_t = T_t\Big[\lambda'\mathbb{E}[F] + \int_0^t [h_s'^{\circ} + h_s'^{+}]\,dW_s\Big] + T_t\Big[\int_0^t h_s'^{-}\,ds + \int_0^t h_s'\,ds\Big]$$

$$= \lambda\lambda'\mathbb{E}[F] + \int_0^t (T_s + H_s^{\circ})(h_s'^{\circ})\,dW_s + \int_0^t (T_s + H_s^{\circ})h_s'^{+}\,dW_s +$$

$$+ \int_0^t H_s^{-}(h_s'^{\circ})\,ds + \int_0^t H_s^{-}h_s'^{+}\,ds + \int_0^t H_s^{+}\Big[\lambda'\mathbb{E}[F] + \int_0^s [h_u'^{\circ}) + h_u'^{+}]\,dW_u\Big]\,dW_s +$$

$$+ \int_0^t H_s\Big[\lambda'\mathbb{E}[F] + \int_0^s [(h_u'^{\circ}) + h_u'^{+}]dW_u\Big]\,ds + T_t\Big[\int_0^t h_s'^{-}\,ds + \int_0^t h_s'\,ds\Big].$$

Mais, par la proposition 3, on a, pour le dernier terme de cette égalité,

$$T_t\int_0^t [h_s'^{-} + h_s']\,ds = \int_0^t T_s[h_s'^{-} + h_s']\,ds +$$

$$+ \int_0^t H_s^{+}\int_0^s [h_u'^{-} + h_u']\,du\,dW_s + \int_0^t H_s\int_0^s [h_u'^{-} + h_u']\,du\,ds.$$

Lorsque l'on retourne à l'équation initiale, on a ainsi

$$T_tT_t'F_t =$$

$$= \lambda\lambda'\mathbb{E}[F] + \int_0^t (T_s + H_s^{\circ})(h_s'^{\circ})\,dW_s + \int_0^t (T_s + H^{\circ})h_s'^{+}\,dW_s + \int_0^t H_s^{-}(h_s'^{\circ})\,ds +$$

$$+ \int_0^t H_s^{-}h_s'^{+}\,ds + \int_0^t H_s^{+}\Big[\lambda'\mathbb{E}[F] + \int_0^s [h_u'^{\circ} + h_u'^{+}]\,dW_u + \int_0^s h_u'^{-}\,du + \int_0^s h_u'\,du\Big]\,dW_s$$

$$+ \int_0^t H_s\Big[\lambda'\mathbb{E}[F] + \int_0^s [h_u'^{\circ} + h_u'^{+}]\,dW_u + \int_0^s h_u'^{-}\,du + \int_0^s h_u'\,du\Big]\,ds +$$

$$+ \int_0^t T_s h_s'^{-}\,ds + \int_0^t T_s h_s'\,ds.$$

En remplaçant les h'^{ϵ} par leur valeur, on a

$$T_tT_t'F_t = \lambda\lambda'\mathbb{E}[F] + \int_0^t (T_sT_s' + H_s^{\circ}T_s' + T_sH_s'^{\circ} + H_s^{\circ}H_s'^{\circ})\dot{F}_s\,dW_s$$

$$+ \int_0^t (H_s^{-}T_s' + T_sH_s'^{-} + H_s^{-}H_s'^{\circ})\dot{F}_s\,ds + \int_0^t (H_s^{+}T_s' + T_sH_s'^{+} + H_s^{\circ}H_s'^{+})F_s\,dW_s +$$

$$+ \int_0^t (H_sT_s' + T_sH_s')F_s\,ds + \int_0^t H_s^{-}H_s'^{+}F_s\,ds$$

$$T_tT'_tF_t = \Big[\lambda\lambda' I + \int_0^t (H_s^\circ T'_s + T_s H'^\circ_s + H_s^\circ H'^\circ_s)\, dA_s^\circ +$$
$$+ \int_0^t (H_s^- T'_s + T_s H'^-_s + H_s^- H'^\circ_s)\, dA_s^- + \int_0^t (H_s^+ T'_s + T_s H'^+_s + H_s^\circ H'^+_s)\, dA_s^+ +$$
$$+ \int_0^t (H_s T'_s + T_s H'_s)\, ds + \int_0^t H_s^- H'^+_s\, ds\Big] F_t.$$

Ce qui démontre l'extension de la formule d'Ito non commutative. ■

Théorème 5 – *Soit $\mathcal{S}$ l'ensemble des processus adaptés $(T_t)_{t\geq 0}$ d'opérateurs bornés et représentables sous la forme* (2) *(avec terme initial), pour des processus H^ε d'opérateurs bornés tels que*

$t \mapsto ||H_t||$ est localement intégrable

$t \mapsto ||H_t^-||$ et $t \mapsto ||H_t^+||$ sont localement de carré intégrable

$t \mapsto ||H_t^\circ||$ est localement bornée

($\mathcal{S}$ est donc un ensemble de semimartingales non commutatives régulières).

Alors $\mathcal{S}$ est une algèbre pour la composition.

Démonstration

Par le théorème 2, un élément de $\mathcal{S}$ admet une représentation intégrale étendue sur Φ. On peut donc composer les éléments de $\mathcal{S}$. Leur composition vérifie l'extension de la formule d'Ito non commutative. Il est facile de vérifier sur la dernière égalité de la démonstration du théorème 4 que, si deux semimartingales non commutatives ont une norme localement bornée et vérifient les conditions de normes de l'énoncé, alors leur composé les vérifie aussi.

Il suffit donc de montrer que pour tout élément $(T_t)_{t\geq 0}$ de $\mathcal{S}$ on a que $t \mapsto ||T_t||$ est localement bornée.

Intéressons-nous d'abord au terme de la forme $\int_0^t H_s\, ds$ apparaissant dans la représentation intégrale de T. Par l'équation (3), on a, pour tout $u, v \in L^2_{lb}(\mathbb{R}^+)$,

$$< \varepsilon(v_{t]})\, ,\, \int_0^t H_s\, ds\, \varepsilon(u_{t]}) > = < \varepsilon(v_{t]})\, ,\, \int_0^t H_s\, \varepsilon(u_{t]})\, ds >,$$

c'est-à-dire

$$\int_0^t H_s\, ds\, \varepsilon(u_{t]}) = \int_0^t H_s\, \varepsilon(u_{t]})\, ds.$$

Donc nous avons l'estimation

$$||\int_0^t H_s\, ds\, \varepsilon(u_{t]})|| \leq \Big(\int_0^t ||H_s||\, ds\Big) ||\varepsilon(u_{t]})||.$$

Ceci prouve que $\int_0^t H_s\,ds$ est un opérateur borné sur $\mathcal{E}_{lb}$, avec une norme localement bornée en t ; il peut donc être étendu en un opérateur borné sur Φ, avec une norme localement bornée en t.

Le processus Y défini par $Y_t = T_t - \int_0^t H_s\,ds$, $t \in \mathbb{R}^+$, est une martingale d'opérateurs bornés. Donc, pour tout $t \in \mathbb{R}^+$ fixé, tout $s \leq t$ et $f_s \in \Phi_{s]}$, $\mathbb{E}_s Y_t f_s = Y_s f_s$ (par définition des martingales d'opérateurs). Donc $\|Y_s\| \leq \|Y_t\|$. Ce qui prouve que toutes martingale d'opérateurs bornés a une norme localement bornée en t.

Nous avons donc montré que tous les éléments de $\mathcal{S}$ ont une norme localement bornée. Ceci achève de démontrer le théorème. ■

III Applications

La première application de cette extension a été donnée dans [1]. Dans cet article sont étudiées les transformations $\widetilde{T}$ de $(\Omega, \mathcal{F}, P)$ qui préservent P et telles que le mouvement brownien $(\widetilde{W_t})_{t\geq 0}$, image de $(W_t)_{t\geq 0}$ par $\widetilde{T}$ soit un mouvement brownien pour $(\mathcal{F}_t)_{t\geq 0}$. L'opérateur associé sur $L^2(\Omega), TF = F\mathrm{o}\widetilde{T}$, $F \in L^2(\Omega)$, est une isométrie, morphisme de l'algèbre $L^\infty(\Omega)$, qui commute avec les espérances conditionnelles $\mathbb{E}[\,\cdot\,|\mathcal{F}_t]$ de la filtration canonique.

Dans cet article est donnée une caractérisation simple et complète de ces opérateurs grâce au calcul stochastique non commutatif.

On voit bien ici que ce problème concerne des opérateurs bornés et que l'on s'intéresse à leur valeur sur tout Φ. D'autre part, la démonstration de ces résutats utilise plusieurs fois une récurrence sur la valeur d'une intégrale stochastique non commutative appliquée à des éléments des différents chaos de Φ. Ces résultats n'auraient pas pu être obtenu sans l'extension des intégrales non commutatives.

Une autre application de cette extension apparaît dans [3]. Dans cet article sont étudiés les opérateurs de Hilbert-Schmidt sur Φ. Il y est montré que ces opérateurs admettent tous une décomposition chaotique non commutative, i.e. ils sont représentables en une série d'intégrales itérées de la forme

$$\int_0^\infty \int_0^{t_n} \cdots \int_0^{t_2} f(t_1, \ldots, t_n) I\, dA_{t_1}^{\varepsilon_1} \ldots dA_{t_n}^{\varepsilon_n}, \quad \varepsilon_1, \ldots, \varepsilon_n \in \{+, \circ, -\}.$$

La convergence de cette série est montrée au sens fort sur un domaine dense de Φ, contenant strictement $\mathcal{E}_{lb}$. Elle est montrée au sens faible sur un domaine encore plus grand.

Sans l'extension des intégrales stochastiques non commutatives, nous n'aurions pu avoir que des convergences au sens faible et sur $\mathcal{E}_{lb}$ seulement.

Extension du calcul stochastique classique

La dernière application que nous présentons ici traite des liens entre le calcul stochastique non commutatif et le calcul stochastique classique. Plus exactement du premier en tant que généralisation du second.

Il est déjà connu que l'opérateur T_t de multiplication par l'intégrale stochastique $\int_0^t h_s\, dw_s$, pour un processus prévisible $(h_t)_{t\geq 0}$, est représentable en intégrales stochastiques non commutatives sous la forme

$$T_t = \int_0^t H_s\, dA_s^- + \int_0^t H_s\, dA_s^+,$$

où H_s est l'opérateur de multiplication par h_s, $s \in I\!R^+$. Nous allons voir ici que d'autres opérateurs fondamentaux du calcul stochastique classique peuvent être représentés en intégrales stochastiques non commutatives. Cette représentation a l'avantage de montrer le rôle classique joué par chacune des intégrales $\int_0^t H_s^\varepsilon\, dA_s^\varepsilon$, $\varepsilon \in \{+, \circ, -, \ \}$, dans certains cas particuliers. Cela donne une intuition probabiliste de l'action qu'une intégrale $\int_0^t H_s^\varepsilon\, dA_s^\varepsilon$ est censée généraliser.

Soit $\lambda \in I\!R$, soit $(h_t)_{t\geq 0}$ un processus prévisible borné, soit $(n_t)_{t\geq 0}$ une semi-martingale dont le terme à variation bornée est absolument continu par rapport à la mesure de Lebesgue, c'est à dire

$$n_t = c + \int_0^t \dot{n}_s\, dw_s + \int_0^t p_s\, ds, \quad t \in I\!R^+.$$

Soit $(m_t)_{t\geq 0}$ une martingale de représentation prévisible $m_t = c' + \int_0^t \dot{m}_s\, dw_s$ et telle que (presque) chacune des variables aléatoires $\dot{m}_s$ soit bornée.

Soit Φ_b le sous-espace des variables aléatoires de Φ qui sont bornées. Sous les conditions posées ci-dessus, on peut définir sur Φ_b, pour tout $t \in I\!R^+$, les quatre opérateurs fondamentaux suivants :

$$\begin{array}{rcccl} E^\lambda & : & x & \longmapsto & \lambda I\!E[x] \\ I_h^t & : & x & \longmapsto & \int_0^t h_s\, dx_s \\ J_t^n & : & x & \longmapsto & \int_0^t x_s\, dn_s \\ C_t^m & : & x & \longmapsto & \langle x, m\rangle_t, \end{array}$$

où $\langle x, m\rangle_t$ désigne le crochet de x et de m.

Soit H_t l'opérateur de multiplication par h_t, $\dot{N}_t$ l'opérateur de multiplication par $\dot{n}_t$, P_t l'opérateur de multiplication par p_t et $\dot{M}_t$ l'opérateur de multiplication par $\dot{m}_t$, $t \in I\!R^+$.

Proposition 6 – *L'opérateur adapté $T_t = E^\lambda + I_h^t + J_t^n + C_t^m$, défini sur $\Phi_b \cap \Phi_{t]}$, est représentable en intégrales stochastiques non commutatives sur tout Φ_b, avec*

$$T_t = \lambda I + \int_0^t (H_s - T_s)\, dA_s^\circ + \int_0^t \dot{N}_s\, dA_s^+ + \int_0^t P_s\, ds + \int_0^t \dot{M}_s\, dA_s^-.$$

Démonstration

Si $T_t = E^\lambda + I_h^t + J_t^n + C_t^m$, alors, pour tout $x \in \Phi_b$,

$$\begin{aligned}
T_t x_t &= \lambda \mathbb{E}[x] + \int_0^t h_s\, dx_s + \int_0^t x_s\, dn_s + \langle x\,, m\rangle_t \\
&= \lambda \mathbb{E}[x] + \int_0^t h_s \dot{x}_s\, dw_s + \int_0^t x_s \dot{n}_s\, dw_s + \int_0^t x_s p_s\, ds + \int_0^t \dot{x}_s \dot{m}_s\, ds \\
&= \lambda \mathbb{E}[x] + \int_0^t H_s \dot{x}_s\, dw_s + \int_0^t \dot{N}_s x_s\, dw_s + \int_0^t P_s x_s\, ds + \int_0^t \dot{M}_s \dot{x}_s\, ds \\
&= \lambda \mathbb{E}[x] + \int_0^t T_s \dot{x}_s\, dw_s + \int_0^t (H_s - T_s)\dot{x}_s\, dw_s + \int_0^t \dot{N}_s x_s\, dw_s + \\
&\qquad + \int_0^t P_s x_s\, ds + \int_0^t \dot{M}_s \dot{x}_s\, ds.
\end{aligned}$$

Ce qui, d'aprés la définition (4) de l'extension des intégrales stochastiques non commutatives, veut exactement dire que

$$T_t = \lambda I + \int_0^t (H_s - T_s)\, dA_s^\circ + \int_0^t \dot{N}_s\, dA_s^+ + \int_0^t P_s\, ds + \int_0^t \dot{M}_s\, dA_s^-. \qquad \blacksquare$$

Références

[1] ATTAL (S.) : "Représentation des endomorphismes de l'espace de Wiener qui préservent les martingales", prépublication.

[2] ATTAL (S.) : "Problèmes d'unicité dans les représentations d'opérateurs sur l'espace de Fock" *Séminaire de probabilités XXVI*, Springer Verlag, p. 619-632, 1993.

[3] ATTAL (S.) : "Non-commutative chaotic expansion of Hilbert-Schmidt operators on Fock space ", prépublication.

[4] HUDSON (R.L.) & PARTHASARATHY (K.R.) : "Quantum Itô's formula and stochastic evolutions", *Comm. Math. Phys.* 93, p 301-323, 1984.

[5] MEYER (P.A.) : "Quelques remarques au sujet du calcul stochastique sur l'espace de Fock", *Séminaire de Probabilités XX*, Springer Verlag, p. 321-330, 1986.

[6] MEYER (P.A.) : "Eléments de probabilités quantiques", *Séminaire de Probabilités XX*, Springer Verlag, p 186-312, 1986.

[7] MEYER (P.A.) : "Quantum probability for probabilists", L.N.M. 1538, Springer (1993).

Printing: Weihert-Druck GmbH, Darmstadt
Binding: Buchbinderei Schäffer, Grünstadt

Vol. 1463: R. Roberts, I. Stewart (Eds.), Singularity Theory and its Applications. Warwick 1989, Part II. VIII, 322 pages. 1991.

Vol. 1464: D. L. Burkholder, E. Pardoux, A. Sznitman, Ecole d'Eté de Probabilités de Saint- Flour XIX-1989. Editor: P. L. Hennequin. VI, 256 pages. 1991.

Vol. 1465: G. David, Wavelets and Singular Integrals on Curves and Surfaces. X, 107 pages. 1991.

Vol. 1466: W. Banaszczyk, Additive Subgroups of Topological Vector Spaces. VII, 178 pages. 1991.

Vol. 1467: W. M. Schmidt, Diophantine Approximations and Diophantine Equations. VIII, 217 pages. 1991.

Vol. 1468: J. Noguchi, T. Ohsawa (Eds.), Prospects in Complex Geometry. Proceedings, 1989. VII, 421 pages. 1991.

Vol. 1469: J. Lindenstrauss, V. D. Milman (Eds.), Geometric Aspects of Functional Analysis. Seminar 1989-90. XI, 191 pages. 1991.

Vol. 1470: E. Odell, H. Rosenthal (Eds.), Functional Analysis. Proceedings, 1987-89. VII, 199 pages. 1991.

Vol. 1471: A. A. Panchishkin, Non-Archimedean L-Functions of Siegel and Hilbert Modular Forms. VII, 157 pages. 1991.

Vol. 1472: T. T. Nielsen, Bose Algebras: The Complex and Real Wave Representations. V, 132 pages. 1991.

Vol. 1473: Y. Hino, S. Murakami, T. Naito, Functional Differential Equations with Infinite Delay. X, 317 pages. 1991.

Vol. 1474: S. Jackowski, B. Oliver, K. Pawałowski (Eds.), Algebraic Topology, Poznań 1989. Proceedings. VIII, 397 pages. 1991.

Vol. 1475: S. Busenberg, M. Martelli (Eds.), Delay Differential Equations and Dynamical Systems. Proceedings, 1990. VIII, 249 pages. 1991.

Vol. 1476: M. Bekkali, Topics in Set Theory. VII, 120 pages. 1991.

Vol. 1477: R. Jajte, Strong Limit Theorems in Noncommutative L_2-Spaces. X, 113 pages. 1991.

Vol. 1478: M.-P. Malliavin (Ed.), Topics in Invariant Theory. Seminar 1989-1990. VI, 272 pages. 1991.

Vol. 1479: S. Bloch, I. Dolgachev, W. Fulton (Eds.), Algebraic Geometry. Proceedings, 1989. VII, 300 pages. 1991.

Vol. 1480: F. Dumortier, R. Roussarie, J. Sotomayor, H. Żoładek, Bifurcations of Planar Vector Fields: Nilpotent Singularities and Abelian Integrals. VIII, 226 pages. 1991.

Vol. 1481: D. Ferus, U. Pinkall, U. Simon, B. Wegner (Eds.), Global Differential Geometry and Global Analysis. Proceedings, 1991. VIII, 283 pages. 1991.

Vol. 1482: J. Chabrowski, The Dirichlet Problem with L^2-Boundary Data for Elliptic Linear Equations. VI, 173 pages. 1991.

Vol. 1483: E. Reithmeier, Periodic Solutions of Nonlinear Dynamical Systems. VI, 171 pages. 1991.

Vol. 1484: H. Delfs, Homology of Locally Semialgebraic Spaces. IX, 136 pages. 1991.

Vol. 1485: J. Azéma, P. A. Meyer, M. Yor (Eds.), Séminaire de Probabilités XXV. VIII, 440 pages. 1991.

Vol. 1486: L. Arnold, H. Crauel, J.-P. Eckmann (Eds.), Lyapunov Exponents. Proceedings, 1990. VIII, 365 pages. 1991.

Vol. 1487: E. Freitag, Singular Modular Forms and Theta Relations. VI, 172 pages. 1991.

Vol. 1488: A. Carboni, M. C. Pedicchio, G. Rosolini (Eds.), Category Theory. Proceedings, 1990. VII, 494 pages. 1991.

Vol. 1489: A. Mielke, Hamiltonian and Lagrangian Flows on Center Manifolds. X, 140 pages. 1991.

Vol. 1490: K. Metsch, Linear Spaces with Few Lines. XIII, 196 pages. 1991.

Vol. 1491: E. Lluis-Puebla, J.-L. Loday, H. Gillet, C. Soulé, V. Snaith, Higher Algebraic K-Theory: an overview. IX, 164 pages. 1992.

Vol. 1492: K. R. Wicks, Fractals and Hyperspaces. VIII, 168 pages. 1991.

Vol. 1493: E. Benoît (Ed.), Dynamic Bifurcations. Proceedings, Luminy 1990. VII, 219 pages. 1991.

Vol. 1494: M.-T. Cheng, X.-W. Zhou, D.-G. Deng (Eds.), Harmonic Analysis. Proceedings, 1988. IX, 226 pages. 1991.

Vol. 1495: J. M. Bony, G. Grubb, L. Hörmander, H. Komatsu, J. Sjöstrand, Microlocal Analysis and Applications. Montecatini Terme, 1989. Editors: L. Cattabriga, L. Rodino. VII, 349 pages. 1991.

Vol. 1496: C. Foias, B. Francis, J. W. Helton, H. Kwakernaak, J. B. Pearson, H_∞-Control Theory. Como, 1990. Editors: E. Mosca, L. Pandolfi. VII, 336 pages. 1991.

Vol. 1497: G. T. Herman, A. K. Louis, F. Natterer (Eds.), Mathematical Methods in Tomography. Proceedings 1990. X, 268 pages. 1991.

Vol. 1498: R. Lang, Spectral Theory of Random Schrödinger Operators. X, 125 pages. 1991.

Vol. 1499: K. Taira, Boundary Value Problems and Markov Processes. IX, 132 pages. 1991.

Vol. 1500: J.-P. Serre, Lie Algebras and Lie Groups. VII, 168 pages. 1992.

Vol. 1501: A. De Masi, E. Presutti, Mathematical Methods for Hydrodynamic Limits. IX, 196 pages. 1991.

Vol. 1502: C. Simpson, Asymptotic Behavior of Monodromy. V, 139 pages. 1991.

Vol. 1503: S. Shokranian, The Selberg-Arthur Trace Formula (Lectures by J. Arthur). VII, 97 pages. 1991.

Vol. 1504: J. Cheeger, M. Gromov, C. Okonek, P. Pansu, Geometric Topology: Recent Developments. Editors: P. de Bartolomeis, F. Tricerri. VII, 197 pages. 1991.

Vol. 1505: K. Kajitani, T. Nishitani, The Hyperbolic Cauchy Problem. VII, 168 pages. 1991.

Vol. 1506: A. Buium, Differential Algebraic Groups of Finite Dimension. XV, 145 pages. 1992.

Vol. 1507: K. Hulek, T. Peternell, M. Schneider, F.-O. Schreyer (Eds.), Complex Algebraic Varieties. Proceedings, 1990. VII, 179 pages. 1992.

Vol. 1508: M. Vuorinen (Ed.), Quasiconformal Space Mappings. A Collection of Surveys 1960-1990. IX, 148 pages. 1992.

Vol. 1509: J. Aguadé, M. Castellet, F. R. Cohen (Eds.), Algebraic Topology - Homotopy and Group Cohomology. Proceedings, 1990. X, 330 pages. 1992.

Vol. 1510: P. P. Kulish (Ed.), Quantum Groups. Proceedings, 1990. XII, 398 pages. 1992.

Vol. 1511: B. S. Yadav, D. Singh (Eds.), Functional Analysis and Operator Theory. Proceedings, 1990. VIII, 223 pages. 1992.

Vol. 1512: L. M. Adleman, M.-D. A. Huang, Primality Testing and Abelian Varieties Over Finite Fields. VII, 142 pages. 1992.

Vol. 1513: L. S. Block, W. A. Coppel, Dynamics in One Dimension. VIII, 249 pages. 1992.

Vol. 1514: U. Krengel, K. Richter, V. Warstat (Eds.), Ergodic Theory and Related Topics III, Proceedings, 1990. VIII, 236 pages. 1992.

Vol. 1515: E. Ballico, F. Catanese, C. Ciliberto (Eds.), Classification of Irregular Varieties. Proceedings, 1990. VII, 149 pages. 1992.

Vol. 1516: R. A. Lorentz, Multivariate Birkhoff Interpolation. IX, 192 pages. 1992.

Vol. 1517: K. Keimel, W. Roth, Ordered Cones and Approximation. VI, 134 pages. 1992.

Vol. 1518: H. Stichtenoth, M. A. Tsfasman (Eds.), Coding Theory and Algebraic Geometry. Proceedings, 1991. VIII, 223 pages. 1992.

Vol. 1519: M. W. Short, The Primitive Soluble Permutation Groups of Degree less than 256. IX, 145 pages. 1992.

Vol. 1520: Yu. G. Borisovich, Yu. E. Gliklikh (Eds.), Global Analysis – Studies and Applications V. VII, 284 pages. 1992.

Vol. 1521: S. Busenberg, B. Forte, H. K. Kuiken, Mathematical Modelling of Industrial Process. Bari, 1990. Editors: V. Capasso, A. Fasano. VII, 162 pages. 1992.

Vol. 1522: J.-M. Delort, F. B. I. Transformation. VII, 101 pages. 1992.

Vol. 1523: W. Xue, Rings with Morita Duality. X, 168 pages. 1992.

Vol. 1524: M. Coste, L. Mahé, M.-F. Roy (Eds.), Real Algebraic Geometry. Proceedings, 1991. VIII, 418 pages. 1992.

Vol. 1525: C. Casacuberta, M. Castellet (Eds.), Mathematical Research Today and Tomorrow. VII, 112 pages. 1992.

Vol. 1526: J. Azéma, P. A. Meyer, M. Yor (Eds.), Séminaire de Probabilités XXVI. X, 633 pages. 1992.

Vol. 1527: M. I. Freidlin, J.-F. Le Gall, Ecole d'Eté de Probabilités de Saint-Flour XX – 1990. Editor: P. L. Hennequin. VIII, 244 pages. 1992.

Vol. 1528: G. Isac, Complementarity Problems. VI, 297 pages. 1992.

Vol. 1529: J. van Neerven, The Adjoint of a Semigroup of Linear Operators. X, 195 pages. 1992.

Vol. 1530: J. G. Heywood, K. Masuda, R. Rautmann, S. A. Solonnikov (Eds.), The Navier-Stokes Equations II – Theory and Numerical Methods. IX, 322 pages. 1992.

Vol. 1531: M. Stoer, Design of Survivable Networks. IV, 206 pages. 1992.

Vol. 1532: J. F. Colombeau, Multiplication of Distributions. X, 184 pages. 1992.

Vol. 1533: P. Jipsen, H. Rose, Varieties of Lattices. X, 162 pages. 1992.

Vol. 1534: C. Greither, Cyclic Galois Extensions of Commutative Rings. X, 145 pages. 1992.

Vol. 1535: A. B. Evans, Orthomorphism Graphs of Groups. VIII, 114 pages. 1992.

Vol. 1536: M. K. Kwong, A. Zettl, Norm Inequalities for Derivatives and Differences. VII, 150 pages. 1992.

Vol. 1537: P. Fitzpatrick, M. Martelli, J. Mawhin, R. Nussbaum, Topological Methods for Ordinary Differential Equations. Montecatini Terme, 1991. Editors: M. Furi, P. Zecca. VII, 218 pages. 1993.

Vol. 1538: P.-A. Meyer, Quantum Probability for Probabilists. X, 287 pages. 1993.

Vol. 1539: M. Coornaert, A. Papadopoulos, Symbolic Dynamics and Hyperbolic Groups. VIII, 138 pages. 1993.

Vol. 1540: H. Komatsu (Ed.), Functional Analysis and Related Topics, 1991. Proceedings. XXI, 413 pages. 1993.

Vol. 1541: D. A. Dawson, B. Maisonneuve, J. Spencer, Ecole d' Eté de Probabilités de Saint-Flour XXI - 1991. Editor: P. L. Hennequin. VIII, 356 pages. 1993.

Vol. 1542: J.Fröhlich, Th.Kerler, Quantum Groups, Quantum Categories and Quantum Field Theory. VII, 431 pages. 1993.

Vol. 1543: A. L. Dontchev, T. Zolezzi, Well-Posed Optimization Problems. XII, 421 pages. 1993.

Vol. 1544: M.Schürmann, White Noise on Bialgebras. VII, 146 pages. 1993.

Vol. 1545: J. Morgan, K. O'Grady, Differential Topology of Complex Surfaces. VIII, 224 pages. 1993.

Vol. 1546: V. V. Kalashnikov, V. M. Zolotarev (Eds.), Stability Problems for Stochastic Models. Proceedings, 1991. VIII, 229 pages. 1993.

Vol. 1547: P. Harmand, D. Werner, W. Werner, M-ideals in Banach Spaces and Banach Algebras. VIII, 387 pages. 1993.

Vol. 1548: T. Urabe, Dynkin Graphs and Quadrilateral Singularities. VI, 233 pages. 1993.

Vol. 1549: G. Vainikko, Multidimensional Weakly Singular Integral Equations. XI, 159 pages. 1993.

Vol. 1550: A. A. Gonchar, E. B. Saff (Eds.), Methods of Approximation Theory in Complex Analysis and Mathematical Physics IV, 222 pages, 1993.

Vol. 1551: L. Arkeryd, P. L. Lions, P.A. Markowich, S.R. S. Varadhan. Nonequilibrium Problems in Many-Particle Systems. Montecatini, 1992. Editors: C. Cercignani, M. Pulvirenti. VII, 158 pages 1993.

Vol. 1552: J. Hilgert, K.-H. Neeb, Lie Semigroups and their Applications. XII, 315 pages. 1993.

Vol. 1553: J.-L- Colliot-Thélène, J. Kato, P. Vojta. Arithmetic Algebraic Geometry. Editor: E. Ballico. VII, 223 pages. 1993.

Vol. 1554: A. K. Lenstra, H. W. Lenstra, Jr. (Eds.), The Development of the Number Field Sieve. VIII, 131 pages. 1993.

Vol. 1555: O. Liess, Conical Refraction and Higher Microlocalization. X, 389 pages. 1993.

Vol. 1556: S. B. Kuksin, Nearly Integrable Infinite-Dimensional Hamiltonian Systems. XXVII, 101 pages. 1993.

Vol. 1557: J. Azéma, P. A. Meyer, M. Yor (Eds.), Séminaire de Probabilités XXVII. VI, 327 pages. 1993.